土木工程专业毕业设计指南

——混凝土多层框架结构设计

张仲先　主编

中国建筑工业出版社

图书在版编目（CIP）数据

土木工程专业毕业设计指南——混凝土多层框架结构设
计/张仲先主编. —北京：中国建筑工业出版社，2012.3（2023.4重印）
ISBN 978-7-112-15015-1

Ⅰ.①土… Ⅱ.①张… Ⅲ.①混凝土结构-多层结构-结
构设计-毕业实践-高等学校-教学参考资料 Ⅳ.①TU370.4

中国版本图书馆 CIP 数据核字（2013）第 006792 号

　　本书依据最新国家标准和规范《建筑结构荷载规范》GB 50009—2012、《建筑抗震设计规范》GB 50011—2010、《混凝土结构设计规范》GB 50010—2010、《建筑地基基础设计规范》GB 50007—2011、《高层建筑混凝土结构技术规程》JGJ 3—2010 等编写而成，为土木工程专业学生的毕业设计提供大量的建筑设计资料、结构设计资料和详细的设计计算实例。全书的主要内容包括：建筑设计概要、结构选型与结构布置、荷载计算、内力分析与内力组合、钢筋混凝土框架结构设计、基础设计、框架结构电算分析、混凝土结构施工图平面整体表示方法、混凝土框架结构设计计算实例及毕业设计中常见问题。

　　本书内容丰富，具有较强的实用性，可作为高等院校全日制本、专科学生毕业设计参考用书，也可供土木工程设计人员参考使用。

责任编辑：郭　栋　王砾瑶
责任设计：赵明霞
责任校对：陈晶晶　王雪竹

土木工程专业毕业设计指南
——混凝土多层框架结构设计
张仲先　主编

*

中国建筑工业出版社出版、发行（北京西郊百万庄）
各地新华书店、建筑书店经销
北京科地亚盟排版公司制版
北京建筑工业印刷厂印刷

*

开本：787×1092 毫米　1/16　印张：22¼　插页：1　字数：558 千字
2013 年 4 月第一版　　2023 年 4 月第十一次印刷
定价：53.00 元
ISBN 978-7-112-15015-1
（23058）

主要编写人员

主编　张仲先

参编　张仲先　苏　原　郭建华　李　林　江宜城　龙晓鸿

插图、绘图与统稿　程　球

前　言

近几十年来，我国建筑业发展迅速，为丰富广大土木工程专业的学生学习建筑结构设计的学习用书和众多建筑结构专业的工程技术人员的学习与参考用书，编写这本土木工程专业毕业设计指南十分必要。

本书的编写不仅参考了同类的优秀毕业设计指南及其他参考用书，还紧密结合国内外，尤其是我国建筑业的发展与应用现状，严格按照国家现行有关规范与规程进行。这些规范和规程主要包括：《建筑工程抗震设防分类标准》GB 50223—2008、《建筑结构荷载规范》GB 50009—2012、《建筑抗震设计规范》GB 50011—2010、《混凝土结构设计规范》GB 50010—2010、《高层建筑混凝土结构技术规程》JGJ 3—2010、《砌体结构设计规范》GB 50003—2011、《建筑地基基础设计规范》GB 50007—2011 等。学习本书时，读者应具备结构力学、材料力学、混凝土结构、建筑结构抗震设计、砌体结构以及地基与基础等方面的基础知识。通过本书的学习不仅可以帮助读者获得多层建筑结构设计方面的知识，还可帮助读者加深对相关规范与规程的认识与理解。

全书共分 10 章，主要介绍了不同类型的多层建筑的主要特点以及结构分析方法，各种常用结构体系的特点与布置原则、荷载计算与效应组合，对框架结构内力分析方法与设计要求作为重点进行了介绍。第 1 章建筑设计概要和第 7 章框架结构电算分析由龙晓鸿副教授编写；第 2 章结构选型与结构布置由张仲先教授编写；第 3 章荷载计算和第 4 章内力分析与内力组合由李林副教授编写；第 5 章钢筋混凝土框架结构设计和第 6 章基础设计由苏原副教授编写；第 8 章混凝土结构施工图平面整体表示方法和第 10 章毕业设计中常见问题由郭建华副教授编写；第 9 章混凝土框架结构设计计算实例由江宜城副教授编写。

全书由华中科技大学张仲先教授主编。华中科技大学土木工程与力学学院程球和王新洋硕士在本书的编写过程中花了大量的时间，在资料收集、插图绘制、全书的校对以及部分章节的编写方面做了大量的工作，在此一并表示感谢。

由于编者水平有限，时间仓促，不妥之处在所难免，衷心希望广大读者批评指正。

编　者

2012 年 11 月

目　　录

第1章 建筑设计概要

1.1 建筑分类与构成

建筑是指人们用泥土、砖、瓦、石材、木材、钢筋混凝土、型材等建筑材料构成的一种供人居住和使用的空间。建筑物按功能可以分为生产性建筑和民用建筑。生产性建筑主要指工业建筑，如厂房、车间等；也包括农业建筑，如种子库、温室和饲养室等；民用建筑按功能又可以分为居住建筑和公共建筑两大类。居住建筑是指供人们休息、生活起居所使用的建筑物，如住宅、宿舍和旅馆等；而公共建筑是指供人们进行政治、经济和文化科学技术交流活动等所需的建筑物。公共建筑按功能主要分为文化教育、科学技术、医疗卫生、行政办公、商业、服务、公告事业、金融、观赏、体育、展览、纪念、园林等类型的建筑。

建筑按层数和高度分为：（1）单层建筑；（2）多层建筑：层数为 9 层及以下或房屋高度不超过 28m 的住宅建筑和房屋高度不超过 24m 的其他民用建筑；（3）高层建筑：层数为 10 层及以上或房屋高度大于 28m 的住宅建筑和房屋高度大于 24m 的其他民用建筑；（4）超高层建筑：高度为 100m 及以上。

建筑的构成要素包括以下三个：建筑功能、物质技术条件和建筑形象。建筑功能是指建筑物的目的和用途。它通常包括三方面：满足人体尺度及人体活动所必备的空间，这涉及人体工效学的范畴；满足人的生理要求，如采光、通风、保温、隔热和防水等；满足不同类型建筑物的不同使用特点。如对住宅建筑在满足了采光、通风及必备空间的前提下，还应满足建筑物安静、朝向好且冬暖夏凉等要求，而对于教学类建筑，还应满足视听的特殊要求。物质技术条件里面，一般建筑材料、结构、建筑设备和施工技术是建筑的物质要素。建筑物是物质产品，它主要以内部组合和外部建筑体型、立面样式和细部装饰处理等构成一定的建筑形象。建筑形象可表现出某个时代的生产力水平和文化生活水平、社会的精神面貌、民族特点及地方特长。

为了建筑设计、构件生产及施工等方面的尺寸相互协调，并提高建筑工业化水平，减低造价同时提高房屋设计和建造的质量、速度，建筑设计应采用国家规定的建筑统一模数制。建筑模数选定标准尺度单位作为建筑物、建筑构配件、建筑制品及有关设备尺寸相互协调的基础。根据《建筑统一模数制》，我国采用基本模数 M＝100mm，同时由于建筑设计中建筑部位、构件尺寸、构件节点及截面、缝隙等尺寸的不同要求，还分别采用$\frac{1}{2}$M、$\frac{1}{5}$M、$\frac{1}{10}$M、$\frac{1}{20}$M、$\frac{1}{50}$M、$\frac{1}{100}$M 等分数模数和 3M、6M、12M、30M、60M 等扩大模数。其中，$\frac{1}{2}$M、$\frac{1}{5}$M、$\frac{1}{10}$M 各分数模数适用于各种节点构造、构配件的断面及建筑制品的尺寸等，$\frac{1}{20}$M、$\frac{1}{50}$M、$\frac{1}{100}$M各分数模数适用于成材的厚度、直径、缝隙和构造的细小尺寸及建筑制品的公偏差等。1M、3M、6M等基本模数和扩大模数适用于门窗洞口、构配件、建筑制品及建筑物的跨度（进深）、柱距（开间）和层高的尺寸等。12M、30M、60M各个扩大模数适用于大型建筑物的跨度（进深）、柱距（开间）、层高及构配件的尺寸等。

　　房屋一般由基础、墙、楼板层、地坪、楼梯、屋顶和门窗等构成。基础是位于建筑物最下部的承重构件。墙是建筑物的承重构件和围护构件。楼板层是楼房建筑中水平方向的承重构件。地坪是底层房间与土层相接触的部分，它承受底层房间内的荷载。不同地坪应具有耐磨、防潮、防水和保温等不同功能。楼梯是楼房建筑的垂直交通设施，供人们上下楼层和紧急疏散之用。屋顶是建筑物顶部的外围护构件和承重构件。门主要供人们内外交通和分割空间之用，窗主要起采光和通风作用，同时也起分隔和围护作用。见图1-1。

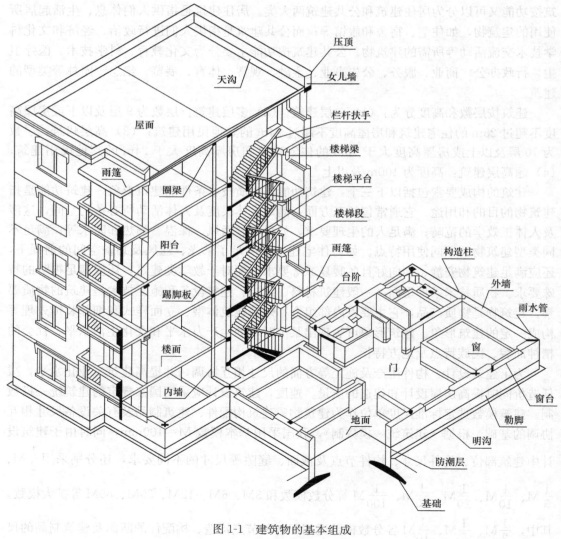

图1-1　建筑物的基本组成

1.2　建筑设计基本要求

建筑设计是指在总体规划的前提下，根据建筑任务书要求和工程技术条件进行房屋的空间组合设计和构造设计，并以建筑设计图的形式表示出来。建筑设计是整个设计工作的先行工作，常处于主导地位。其中，空间组合设计包括总体设计、建筑平面设计、剖面设计、立面设计，构造设计即为建筑各组成的细部设计。

建筑法规、规范和一些相应的建筑标准是对该行业行为和经验的不断总结，具有指导性的意义，尤其是其中一些强制性的规范和标准，具有法定意义。建筑设计除了应满足相关的建筑标准、规范等要求之外，原则上还应符合围绕建筑三要素展开的要求：（1）必须满足功能要求；（2）应采用合理的技术措施；（3）考虑建筑美观。此外，还应符合总体规划，即与四周的建筑物环境相协调，并应具有良好的经济效果，尽量节省工程造价。

1.3　居住类建筑

居住类建筑主要包括住宅等。住宅是指供家庭居住使用的建筑，需要注意的是，住宅并不包括公寓（图1-2）。公寓一般指为特定人群提供独立或半独立居住使用的建筑，通常以栋为单位配套相应的公共服务设施。公寓经常以其居住者的性质冠名，如学生公寓、运动员公寓、专家公寓、外交人员公寓、青年公寓、老年公寓等。公寓中的居住者的人员结构与住宅中的家庭结构相比要简单，且可以采用公共空调、热水供应等计量系统。但是不同公寓之间的某些标准差别很大，如老年公寓在电梯配置、无障碍设计、医疗和看护系统等各方面的要求，要比运动员公寓要高得多。目前，我国尚未编制通用的公寓设计标准。

图1-2　某折线体型住宅

根据《住宅设计规范》（GB 50096—2011）的相关规定可知，住宅应按套型设计，每套住宅应设卧室、起居室（厅）、厨房和卫生间等基本功能空间。

住房套型的使用面积不应低于下列规定：

（1）由卧室、起居室（厅）、厨房和卫生间等组成的住宅套型，其使用面积不应小于30m²；

（2）由兼起居的卧室、厨房和卫生间等组成的住宅最小套型，其使用面积不应小于 22m²。

常用家具尺寸表见表1-1。

常用家具尺寸表 表1-1

家具名称	家具尺寸		占地面间（m²）
	长（m）	宽（m）	
双人床	2.00	1.50	3.00
单人床	2.00	0.90	1.80
餐桌	0.80	0.80	0.64
写字台	1.00	0.60	0.60
写字台	1.20	0.70	0.84
写字台	1.40	0.80	1.12
椅子	0.38	0.43	0.16
凳子	0.38	0.27	0.10
沙发组	2.90	2.60	7.54
床头柜	0.40	0.40	0.16
小衣柜	1.20	0.60	0.72
大衣柜	1.50	0.60	0.90
电视机柜	2.00	0.46	0.92

卧室的使用面积不应小于下列规定（图1-3）：

（1）双人卧室为9m²；

（2）单人卧室为5m²；

（3）兼起居的卧室为12m²。

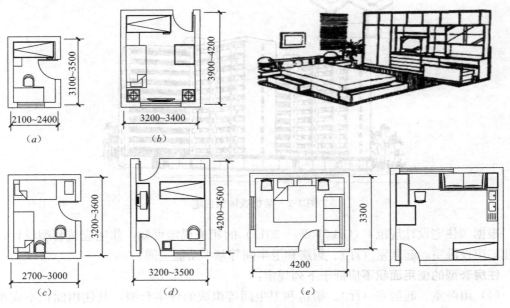

图1-3 卧室典型平面布置（一）

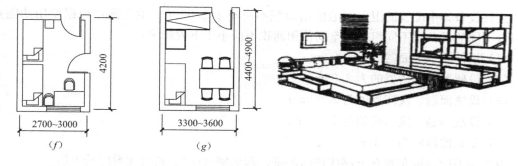

（f）　　　　　　　　（g）

图 1-3　卧室典型平面布置（二）

起居室（厅）的使用面积不应小于 $10m^2$。应减少直接开向起居室（厅）的门的数量，起居室（厅）内家具的墙面直线长度宜大于 3m。无直接采光的餐厅、过厅等，其使用面积不宜大于 $10m^2$（图 1-4）。

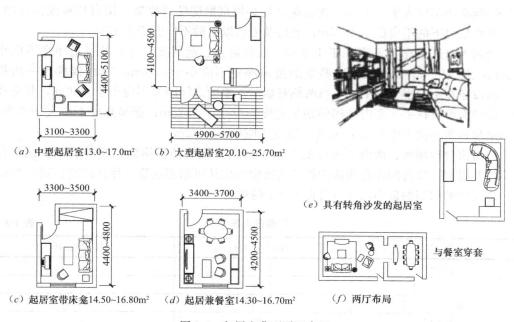

（a）中型起居室13.0~17.0m² 　（b）大型起居室20.10~25.70m²

（c）起居室带床龛14.50~16.80m² 　（d）起居室兼餐室14.30~16.70m²

（e）具有转角沙发的起居室

与餐室穿套

（f）两厅布局

图 1-4　起居室典型平面布置

厨房的使用面积不应小于下列规定：

（1）由卧室、起居室（厅）、厨房和卫生间等组成的住宅套型的厨房使用面积不应小于 $4.0m^2$；

（2）由兼起居的卧室、厨房和卫生间等组成的住宅最小套型的厨房使用面积不应小于 $3.5m^2$。

厨房宜布置在套内近入口处，且应设置洗涤池、案台、炉灶及排油烟机、热水器等设施或为其预留位置。

单排布置设备的厨房净宽不应小于 1.5m；双排布置设备的厨房其两排设备之间的净距不应小于 0.90m。

每套住宅应设卫生间，至少应配置便器、洗浴器、洗面器三件卫生设备或为其预留位置。三件设备集中配置的卫生间的使用面积不应小于 2.50m²。卫生间可根据使用功能要求组合不同的设备。不同组合的空间使用面积不应小于下列规定：

(1) 设便器、洗面器的为 1.80m²；

(2) 设便器、洗浴器的为 2.00m²；

(3) 设洗面器、洗浴器的为 2.00m²；

(4) 设洗面器、洗衣机的为 1.80m²；

(5) 单设便器的为 1.10m²。

卫生间不应直接布置在下层住户的卧室、起居室（厅）、厨房和餐厅的上层。

住宅层高宜为 2.80m。卧室、起居室（厅）的室内净高不应低于 2.40m，局部净高不应低于 2.10m，且其面积不应大于室内使用面积的 1/3。利用坡屋顶内空间作卧室、起居室（厅）时，其 1/2 面积的室内净高不应低于 2.10m。厨房、卫生间的室内净高不应低于 2.20m。每套住宅宜设阳台或平台。阳台栏杆设计应采用防止儿童攀登的构造，栏杆的垂直杆件间净距不应大于 0.11m，放置花盆处必须采取防坠落措施。阳台栏板或栏杆净高，六层及六层以下的不应低于 1.05m；七层及七层以上的不应低于 1.10m。

套内入口过道净宽不宜小于 1.20m；通往卧室、起居室（厅）的过道净宽不应小于 1.00m；通往厨房、卫生间、贮藏室的过道净宽不应小于 0.90m。套内楼梯当一边临空时，梯段净宽不应小于 0.75m；当两侧有墙时，墙面之间净宽不应小于 0.90m，并应在其中一侧墙面设置扶手。套内楼梯的踏步宽度不应小于 0.22m；踏步高度不应大于 0.20m，扇形踏步转角距扶手中心 0.25m 处，宽度不应小于 0.22m。

门窗窗台距楼面、地面的净高低于 0.90m 时，应有防护措施。窗外有阳台或平台时可不受此限制。窗台的净高或防护栏杆的高度均应从可踏面起算，保证净高达到 0.90m。

各部位的门洞的最小尺寸应符合表 1-2 的规定。

门洞最小尺寸 表 1-2

类　别	洞口宽度（m）	洞口高度（m）
共用外门	1.20	2.00
户（套）门	1.00	2.00
起居室（厅）门	0.90	2.00
卧室门	0.90	2.00
厨房门	0.80	2.00
卫生间门	0.70	2.00
阳台门（单扇）	0.70	2.00

注：1. 表中门洞口高度不包括门上亮子高度，宽度以平开门为准。
　　2. 洞口两侧地面有高低差时，以高地面为起算高度。

楼梯间、电梯厅等共用部分的外窗窗台距楼面、地面的净高低于 0.90m 时，应有防护措施。窗外有阳台或平台时可不受此限制。窗台的净高或防护栏杆的高度均应从可踏面起算，保证净高达到 0.90m。

住宅的公共出入口台阶高度超过 0.70m 并侧面临空时，应设防护措施，防护措施净高不应低于 1.05m。住宅的外廊、内天井及上人屋面等临空处的栏杆净高，六层及六层以下不应低于 1.05m，七层及七层以上不应低于 1.10m。防护栏杆必须采用防止儿童攀登的构造，当采用垂直杆件做栏杆时，其杆件净距不应大于 0.11m。住宅的公共出入口台阶踏步高度不宜小于 0.30m，踏步高度不宜大于 0.15m，并不宜小于 0.10m，踏步高度应均匀一致，并应采取防滑措施。台阶踏步数不应小于 2 级，当高差不足 2 级时，应按坡道设置；台阶宽度大于 1.80m 时，两侧宜设栏杆扶手，高度应为 0.90m。

楼梯梯段净宽不应小于 1.10m，不超过六层的住宅，一边设有栏杆的梯段净宽不应小于 1.00m。其中，楼梯梯度净宽指墙面装饰面至扶手中心线之间的水平距离。楼梯踏步宽度不应小于 0.26m，踏步高度不应大于 0.175m。扶手高度不应小于 0.90m。楼梯水平段栏杆长度大于 0.50m 时，其扶手高度不应小于 1.05m。楼梯栏杆垂直杆件间净空不应大于 0.11m。楼梯平台净宽不应小于楼梯梯段净宽，且不得小于 1.20m。楼梯平台的结构下缘至人行通道的垂直高度不应低于 2.00m。入口处地坪与室外地面应有高差，并不应小于 0.10m。其中，楼梯平台净宽指墙面装饰面至扶手中心直接的水平距离；楼梯平台的结构的下缘至人行通道的垂直高度指结构梁（板）的装饰面至地面装饰面的垂直距离。住宅楼梯为剪刀梯时，楼梯平台的净宽不得小于 1.30m。

七层及七层以上住宅或住户入口层楼面距室外设计地面的高度超过 16m 的住宅必须设置电梯。十二层及十二层以上的住宅每单元只设一部电梯时，从第十二层起应设置与相邻住宅单元联通的联系廊。联系廊可隔层设置，上下联系廊之间的间隔不应超过五层。联系廊的净宽不应小于 1.10m，局部净高不应低于 2.00m。十二层及十二层以上的单元由两个及两个以上的住宅单元组成，且其中有一个或一个以上住宅单元未设置可容纳担架的电梯时，应从第十二层起设置与可容纳担架的电梯联通的联系廊。联系廊可隔层设置，上下联系廊之间的间隔不应超过五层。联系廊的净宽不应小于 1.10m，局部净高不应低于 2.00m。《住宅设计规范》的条文解释还是推荐"十二层及十二层以上的住宅设置两部电梯，其中有一部可以容纳担架的电梯"。电梯不应紧邻卧室布置。

每套住宅至少应有一个居住空间能获得冬季日照。需要获得冬季日照的居住空间的窗洞开口宽度不应小于 0.60m。

卧室、起居室（厅）、厨房应有天然采光，且采光窗洞口的窗地面积比不应低于 1/7。当住宅楼梯间设置采光窗时，采光窗洞口的窗地面积比不应低于 1/12。

采光窗下沿离楼面或地面高度低于 0.50m 的窗洞口面积不计入采光面积内，窗洞口上沿距地面高度不宜低于 2.00m。

卧室、起居室（厅）、厨房应有自然通风。每套住宅的自然通风开口面积不应小于地面面积的 5%。

采用自然通风的房间，其直接或间接自然通风开口面积应符合下列规定：

（1）卧室、起居室（厅）、明卫生间的直接自然通风开口面积不应小于该房间地板面积的 1/20；当采用自然通风的房间外设置阳台时，阳台的自然通风开口面积不应小于采用自然通风的房间和阳台地板面积总和的 1/20；

（2）厨房的直接自然通风开口面积不应小于该房间地板面积的 1/10，并不得小于 0.60m²；当厨房外设置阳台时，阳台的自然通风开口面积不应小于厨房和阳台地板面积总和的 1/10，并不得小于 0.60m²。

住宅的建筑设计还应注意功能分区。在住宅基本功能已经明确的前提下，功能分区显得容易了许多。按照一般的解释，住宅的功能分区可以有多种不同的方式，比如南北朝向分区、动静分区、干湿分区等。当然从使用的角度而言，还是以休息区、起居区、炊厨进餐区、卫生间及贮藏间这样的四种划分为宜。功能分区的目的在于使住宅的各个使用部分有一个比较明确的表达，以便对住宅进行技术经济方面的具体量化分析，对于一个南北朝向的住宅楼而言，往往是把主卧室设在朝南的方向，而把厨房、次卧室布置在朝北的方向。起居功能空间一般也力争设在朝南的方向，但并不总是这样，特别是三室及三室以上的住宅，南侧布置起居厅意味着至少有两间卧室朝北。实际上，就住宅的起居功能空间来讲，问题的关键在于，是否与住宅入口及其他房间有着良好便利的空间关系，起居室不仅具有这种过渡空间的作用，同时其本身也应该具有很好的使用性。这是住宅设计中经常遇到的典型例子，当然，卧室、卫生间以及厨房等的合理位置关系与适当的形式都是住宅设计中非常重要的考虑因素。有的住宅把次卧室紧临入口布置，而起居厅却放在里侧，这显然是不适当的。

顶层和底层层高均满足电梯机房及电梯缓冲器坑洞的尺寸要求。可根据《电梯主要参数及轿厢、井道、机房的型式与尺寸》GB/T 7025—2008 来确定。

1.4　教学类建筑

学校的建筑容积率可根据其性质、建筑用地和建筑面积的多少确定。小学不宜大于0.8；中学不宜大于0.9；中师、幼师不宜大于0.7。

学校田径运动场尺寸见表1-3。

学校田径运动场尺寸　　　　　　　　　　　　　　　表1-3

跑道类型　　　　学校类型	小　学	中　学	师范学校	幼儿师范学校
环形跑道（m）	200	250～400	400	300
直跑道长（m）	二组60	二组100	二组100	二组100

注：1. 中学学生人数在900人以下时，宜采用250m环形跑道；学生人数在1200～1500人时，宜采用300m环形跑道。
　　2. 直跑道每组按6条计算。
　　3. 位于市中心区的中小学校，因用地确有困难，跑道的设置可适当减少，但小学不应小于一组60m直跑道；中学不应小于一组100m直跑道。

教学用房、教学辅助用房、行政管理用房、服务用房、运动场地、自然科学园地及生活区应分区明确、布局合理、联系方便、互不干扰。风雨操场应离开教学区、靠近室外运动场地布置。音乐教室、琴房、舞蹈教室应设在不干扰其他教学用房的位置。

建筑物的间距应符合下列规定：

（1）教学用房应有良好的自然通风。

（2）南向的普通教室冬至日底层满窗日照不应小于2h。

（3）两排教室的长边相对时，其间距不应小于25m。教室的长边与运动场地的间距不应小于25m。

中小学、中师、幼师教学及教学辅助用房的组成，应根据学校的类型规模、教学活动要求和条件宜分别设置下列一部分或全部教学用房及教学辅助用房：普通教室、实验室、自然教室、美术教室、书法教室、史地教室、语言教室、微型电子计算机教室、音乐教室、琴房、舞蹈教室、合班教室、体育器材室、教师办公室、图书阅览室、科技活动室等。风雨操场应根据条件和情况设置。教学用房的平面，宜布置成外廊或单内廊的形式。教学用房的平面组合应使功能分区明确、联系方便和有利于疏散。

对于普通教室，**教室内课桌椅的布置**应符合下列规定：

（1）课桌椅的排距：小学不宜小于 850mm，中学不宜小于 900mm；纵向走道宽度均不应小 550mm。课桌端部与墙面（或突出墙面的内壁柱及设备管道）的净距离均不应小于 120mm。

（2）前排边座的学生与黑板远端形成的水平视角不应小于 30°。

（3）教室第一排课桌前沿与黑板的水平距离不宜小于 2000mm；教室最后一排课桌后沿与黑板的水平距离：小学不宜大于 8000mm，中学不宜大于 8500mm。教室后部应设置不小于 600mm 的横向走道。

普通教室应设置黑板、讲台、清洁柜、窗帘杆、银幕挂钩、广播喇叭箱、"学习园地"栏、挂衣钩、雨具存放处。教室的前后墙应各设置一组电源插座。

黑板设计应符合下列规定：

（1）黑板尺寸：高度不应小于 1000mm，宽度：小学不宜小于 3600mm，中学不宜小于 4000mm。

（2）黑板下沿与讲台面的垂直距离：小学宜为 800～900mm；中学宜为 1000～1100mm。

（3）黑板表面应采用耐磨和无光泽的材料。

讲台两端与黑板边缘的水平距离不应小于 200mm，宽度不应小于 650mm，高度宜为 200mm。

室内活动场的设计应符合下列规定：

（1）室内活动场的类型应根据学校的规模及条件确定，并宜符合下表 1-4 的规定。

室内活动场的类型　　　　　　　　　　　表 1-4

项　目		面积/m²	净高/m	使用说明	
				小学	中学　中师　幼师
类型	小型	360	不低于 6.0	容 1～2 班	—
	中型（甲）	650	不低于 7.0	—	容 1～2 班
	中型（乙）	760	不低于 8.0	—	容 2～3 班
	大型	1000	不低于 8.0	—	容 3～4 班

（2）室内活动场的设施、设备应根据学校的教学要求和条件设置。

（3）室内活动场窗台高度不宜低于 2100mm。门窗玻璃、灯具等，均应设置护网或护罩。

（4）室内活动场不应采用刚性地面。固定设备的埋件不应高出地面。

图书阅览室宜设教师阅览室、学生阅览室、书库及管理员办公室（兼借书处）。

阅览室的设计应符合下列规定：

（1）阅览室应设于环境安静并与教学用房联系方便的位置。

（2）教师阅览室与学生阅览室应分开设置。

（3）教师阅览室座位数宜为全校教师人数的 1/3。

（4）学生阅览室座位数：小学宜为全校学生人数的 1/20；中学宜为全校学生人数的

1/12；中师、幼师宜为全校学生人数的1/6。

（5）书库设计应采取通风、防火、防潮、防鼠及遮阳等措施。

学校厕所卫生器具的数量应符合下列规定：

（1）小学教学楼学生厕所，女生应按每20人设一个大便器（或1000mm长大便槽）计算；男生应按每40人设一个大便器（或1000mm长大便槽）和1000mm长小便槽计算。

（2）中学、中师、幼师教学楼学生厕所，女生应按每25人设一个大便器（或1100mm长大便槽）计算；男生应按每50人设一个大便器（或1100mm长大便槽）和1000mm长小便槽计算。

（3）厕所内均应设污水池和地漏。

（4）教学楼内厕所，应按每90人应设一个洗手盆（或600mm长盥洗槽）计算。

教学楼内应分层设饮水处。宜按每50人设一个饮水器。饮水处不应占用走道的宽度。

学生宿舍的居室，应设贮藏空间，每室居住人数不宜多于7~8人。

一层出入口及门窗，应设置安全防护措施。宿舍盥洗室的盥洗槽应按每12人占600mm长度计算；室内应设污水池及地漏。

宿舍的女生厕所应按每12人设一个大便器。（或长1100mm大便槽）计算，男生厕所应按每20人设一个大便器（或1100mm长大便槽）和500mm长小便槽计算。厕所内应设洗手盆、污水池和地漏。

中学、中师、幼师的女厕所内，宜设有女生卫生间。

学校主要房间的**使用面积指标**宜符合表1-5的规定。

主要房间使用面积指标　　　　　　　　　　　　　　　表1-5

房间名称	按使用人数计算每人所占面积（m²）			
	小学	普通中学	中等师范	幼儿师范
普通教室	1.10	1.12	1.37	1.37
实验室	—	1.80	2.00	2.00
自然教室	1.57	—	—	—
史地教室	—	1.80	2.84	2.00
美术教室	1.57	1.80	1.94	2.84
书法教室	1.57	1.50	1.94	1.94
音乐教室	1.57	1.50	—	1.94
舞蹈教室	—	—	2.00	6.00
语言教室	—	—	2.00	2.00
微型电子计算机教室	1.57	1.80	0.95	2.00
微型电子计算机教室附属用房	0.75	0.87	1.37	0.95
演示教室	—	1.22	1.00	1.37
合班教室	1.00	1.00	—	1.00

注：1. 本表按小学每班45人，中学每班50人，中师、幼师每班40人计算。

　　2. 本表不包括实验室、自然教室、史地教室、美术教室、音乐教室、舞蹈教室的附属用房面积指标。

　　3. 本表普通教室的面积指标，系按中小学校课桌规定的最小值，小学课桌长度按1000mm，中学课桌长度按1100mm测算的。

一台钢琴的琴房，每间使用面积不应小于4m²，二台钢琴的琴房，每间使用面积不应小于10m²。实验室设实验员室时，其使用面积每人不应小于4.5m²。阅览室的使用面积应按座位计算，教师阅览室每座不应小于 2.1m²，学生阅览室每座不应小于 1.5m²。教员休息室的使用面积不宜小于 12m²。教师办公室每个教师使用面积不宜小于 3.5m²。中学、中师、幼师学生宿舍的使用面积，应按每床为 2.7m² 计算。学生宿舍贮藏间的使用面积，宜按每生为 0.10～0.12m² 计算。

小学教学楼不应超过四层；中学、中师、幼师教学楼不应超过五层。

学校主要房间的净高，应符合表 1-6 的规定。

主要房间净高 表 1-6

房间名称	净高（m）	房间名称	净高（m）
小学教室	3.10	舞蹈教室	4.50
中学、中师、幼师教室	3.40	教学辅助用房	3.10
实验室	3.40	办公及服务用房	2.80

注：1. 合班教室的净高根据跨度决定，但不应低于 3.6m。
2. 设双层床的学生宿舍，其净高不应低于 3m。

教学用房窗的设计应符合下列规定：

（1）教室、实验室的窗台高度不宜低于 800mm，并不宜高于 1000mm。

（2）教室、实验室靠外廊、单内廊一侧应设窗。但距地面 2000mm 范围内，窗开启后不应影响教室使用、走廊宽度和通行安全。

（3）教室、实验室的窗间墙宽度不应大于 1200mm。

（4）风沙较大地区的语言教室、微型电子计算机教室、实验室、仪器室、标本室、药品室等，宜设防风沙窗。

（5）二层以上的教学楼向外开启的窗，应考虑擦玻璃方便与安全措施。

（6）炎热地区的教室、实验室、风雨操场的窗下部宜设置可开启的百叶窗。

严寒地区教室、实验室的地面宜采用热工性能好的地面材料。语言教室应做防尘地面。舞蹈教室宜做有弹性的架空木地板地面。

教学楼宜设置门厅。在寒冷或风沙大的地区，教学楼门厅入口应设挡风间或双道门。挡风间或双道门的深度，不宜小于 2100mm。

教学楼走道净宽度应符合下列规定：

（1）教学用房：内廊不应小于 2100mm；外廊不应小于 1800mm。

（2）行政及教师办公用房不应小于 1500mm。

走道高差变化处必须设置台阶时，应设于明显及有天然采光处，踏步不应少于三级，并不得采用扇形踏步。外廊栏杆（或栏板）的高度，不应低于 1100mm。栏杆不应采用易于攀登的花格。

对于教学楼楼梯，楼梯间应有直接天然采光。楼梯不得采用螺形或扇步踏步。每段楼梯的踏步，不得多于 18 级，并不应少于 3 级。梯段与梯段之间，不应设置遮挡视线的隔墙。楼梯坡度，不应大于 30°。楼梯梯段的净宽度大于 3000mm 时宜设中间扶手。楼梯井的宽度，不应大于 200mm。当超过 200mm 时，必须采取安全防护措施。室内楼梯栏杆（或栏板）的高度不应小于 900mm。室外楼梯及水平栏杆（或栏板）的高度不应小于 1100mm。楼梯不应采用易于攀登的花格栏杆。

学校用房工作面或地面的采光系数最低值和玻地比应符合表 1-7 的规定，教室光线应自学生座位的左侧射入；当教室南向为外廊，北向为教室时，应以北向窗为主要采光面。

学校用房工作面或地面上的采光系数最低值和玻地比

表 1-7

房间名称	采光系数最低值（%）	玻地比	规定采光系数的平面
普通教室、美术教室、书法教室、语言教室音乐教室、史地教室、合班教室、阅览室	1.5	1：6	课桌面
实验室、自然教室	1.5	1：6	实验桌面
微型电子计算机教室	1.5	1：6	机台面
琴房	1.5	1：6	谱架面
舞蹈教室、风雨操场	1.5	1：6	地面
办公室、保健室	1.5	1：6	桌面
饮水处、厕所、淋浴	0.5	1：10	地面
走道、楼梯间	0.5		地面

注：1. 全年阴天数在 200 天以上，早上八时的云量在七级以上地区，教学及教学用房工作面（或地面）的采光系数最低值不应低于 2%，其玻地比不应低于 1：4.5；临界照度为 4000lx。
2. 走道、楼梯间应直接采光。

1.5 办公类建筑

办公建筑设计应依据使用要求分类，并应符合表 1-8 的规定。

办公建筑分类

表 1-8

类 别	示 例	设计使用年限	耐火等级
一类	特别重要的办公建筑	100 年或 50 年	一级
二类	重要办公建筑	50 年	不低于二级
三类	普通办公建筑	25 年或 50 年	不低于二级

办公建筑应根据使用性质、建设规模与标准的不同，确定各类用房。办公建筑由办公室用房、公共用房、服务用房和设备用房等组成。

办公建筑应根据使用要求、用地条件、结构选型等情况按建筑模数选择开间和进深，合理确定建筑平面，提高使用面积系数，并宜留有发展余地。

五层及五层以上办公建筑应设电梯。

电梯数量应满足使用要求，按办公建筑面积每 $5000 m^2$ 至少设置 1 台。超高层办公建筑的乘客电梯应分层分区停靠。

办公建筑的体形设计不宜有过多的凹凸与错落。

办公建筑的窗应符合下列要求：

（1）底层及半地下室外窗宜采取安全防范措施；

（2）高层及超高层办公建筑采用玻璃幕墙时应设有清洁设施，并必须有可开启部分，或设有通风换气装置；

（3）外窗不宜过大，可开启面积不应小于窗面积的 30%，并应有良好的气密性、水密性和保温隔热性能，满足节能要求。全空调的办公建筑外窗开启面积应满足火灾排烟和自然通风要求。

办公建筑的门应符合下列要求：

（1）门洞口宽度不应小于 1.00m，高度不应小于 2.10m；

（2）机要办公室、财务办公室、重要档案库、贵重仪表间和计算机中心的门应采取防盗措施，室内宜设防盗报警装置。

办公建筑的门厅应符合下列要求：

（1）门厅内可附设传达、收发、会客、服务、问讯、展示等功能房间（场所）。根据使用要求也可设商务中心、咖啡厅、警卫室、衣帽间、电话间等；

（2）楼梯、电梯厅宜与门厅邻近，并应满足防火疏散的要求；

（3）严寒和寒冷地区的门厅应设门斗或其他防寒设施；

（4）有中庭空间的门厅应组织好人流交通，并应满足现行国家防火规范规定的防火疏散要求。

办公建筑的走道应符合下列要求：

宽度应满足防火疏散要求，最小净宽应符合表 1-9 的规定：

走道最小净宽

表 1-9

走道长度（m）	走道净宽（m）	
	单面布房	双面布房
≤40	1.30	1.50
>40	1.50	1.80

注：1. 高层内筒结构的回廊式走道净宽最小值同单面布房走道。
2. 高差不足两级踏步时，不应设置台阶，应设坡道，其坡度不宜大于 1:8。

根据办公建筑分类，办公室的净高应满足：一类办公建筑不应低于 2.70m；二类办公建筑不应低于 2.60m；三类办公建筑不应低于 2.50m。

办公建筑的走道净高不应低于 2.20m，贮藏间净高不应低于 2.00m。

特殊重要的办公建筑主楼的正下方不宜设置地下汽车库。

办公建筑的防火设计除应执行本规范外，尚应符合现行国家标准《建筑设计防火规范》GB 50016、《高层民用建筑设计防火规范》GB 50045 等有关规定。办公建筑的开放式、半开放式办公室，其室内任何一点至最近的安全出口的直线距离不应超过 30m。

1.6 工业建筑

工业建筑是指用于工业生产的各种房屋，一般称为厂房。工业建筑一般具有以下特点：（1）满足生产工艺要求；（2）内部有较大的通敞空间；（3）采用大型的承重骨架结构；（4）结构、构造复杂，技术要求高。

工业建筑通常按照厂房的用途、内部生产状况及层数分类。按厂房用途可分为主要生产厂房、辅助生产厂房、动力用厂房、储藏类建筑、运输工具用房；按厂房生产状况可分为冷加工厂房、热加工厂房、恒温恒湿厂房、洁净厂房；按厂房层数可分为单层厂房、多层厂房、混合层数厂房。也有科研、生产、储存综合（建筑）体。即在同一建筑里既有行政办公、科研开发，又有工业生产、产品储存的综合性建筑，是现代高新产业界出现的新型建筑。

工业建筑设计是指根据我国的建筑方针和政策，按照"坚固适用、技术先进、经济合理"的设计原则，在满足工艺要求的前提下，处理好厂房的平面、剖面、立面，选择合适的建筑材料，确定合理的承重结构、围护结构和构造做法。工业建筑的设计要求如下：

（1）符合工艺生产的要求

为满足生产工艺的各种要求，便于设备的按照、操作和维修，要正确选择厂房的平面、剖面、立面形式及跨度、高度和柱距。确定合理的载重、围护结构与细部构造。

（2）满足相关的技术要求

厂房应坚固耐久，能够经受自然条件、外力、温湿度变化和化学侵蚀等各种不利因素的影响。应具有较大的通用性和适当的扩展条件。应遵循《厂房建筑模数协调标准》，合理选择建筑参数（高度、跨度、柱距等）。应尽量选用标准构件，提高建筑工业化水平。

（3）具有良好的经济效益

厂房在满足生产使用、保证质量的前提下，应适当控制面积、体积，合理利用空间，尽量降低建筑造价、节约材料和日常维修费用。

（4）满足卫生等要求

厂房应消除或隔离生产中产生的各种有害因素，如：冲击振动、有害气体、烟尘余热、易燃易爆、噪声等，有可靠的防火安全措施，创造良好的工作环境，以利于工人的身体健康。

厂房建筑的平面和竖向协调模数的基数，宜取扩大模数 3M（M 为基本模数，1M＝100mm）。厂房建筑构件截面尺寸小于或等于 400mm 时，宜按 1/2M 进级；大于 400mm 时，宜按 1M 进级。厂房建筑构件的纵横向定位，宜采用单轴线；当需设置插入距或联系尺寸时，可采用双轴线。

厂房建筑屋面坡度，宜采用 1：5、1：10、1：15、1：20、1：30。

单层工业建筑的高度是指由室内地坪到屋顶承重结构最低点的距离，通常以柱顶标高来代表工业建筑的高度。但当特殊情况下屋顶承重结构必须是由地坪面至屋顶承重结构的最低点。

在无吊车工业结构中，柱顶标高是按最大生产设备高度计安装检修所需的净空高度来确定的，且应符合《工业企业设计卫生标准》TJ 36 的要求，同时柱顶标高还必须符合扩大模数 3M 数列的规定。无吊车工业建筑柱顶标高一般不得低于 3.9m。

有吊车工业建筑的柱顶标高可以按照下式来计算：

$$H = H_1 + h_6 + h_7$$

式中，H 为柱顶标高（m），必须符合 3M 的模数；H_1 为吊车轨道顶面标高（m），一般由工艺设计人员给出；h_6 为吊车轨顶至小车顶面的高度（m），可根据吊车资料查出；h_7 为小车顶面到屋架下弦底面之间的安全净空尺寸（mm）。此间隙尺寸按国家标准及根据吊车起重量可取 300mm、400mm 及 500mm。

关于吊车轨道顶面标高 H_1，应为柱牛腿标高（应符合扩大模数 3M 数列，如果牛腿标高大于 7.2m 时，应符合扩大模数 6M 数列）与吊车梁高、吊车轨高及垫层厚度之和。

由于吊车梁的高度、吊车轨道及其固定方案的不同，计算得出的轨顶标高 H_1 可能与工艺设计人员所提出的轨顶标高有差异。最后轨顶标高应等于或大于工艺设计人员提出的轨顶标高。H_1 重新确定后，再进行 H 值的计算。

为了简化结构、构造和施工，当相邻两跨间的高差不大时，可采用等高跨，虽然增加了用料，但总体上还是经济的。基于这种考虑，《工业建筑统一化基本规定》规定：在多跨工业建筑中，当高差值等于或小于 1.2m 时不设高差；在不取暖的多跨工业建筑中，高跨一侧仅有一个低跨，且高差值等于或小于 1.8m 时，也不设高差。另外，有关建筑抗震的技术文件还建议，当有地震设防要求时，若上述高差小于 2.4m，宜做等高跨处理。

确定室内外地坪标高（±0.000）就是确定室内地坪相对于室外地面的高差。设此高差的目的是防止雨水浸入室内，同时考虑到单层工业建筑运输工具进出频繁，若室内外高差值过大则出入不方便，故一般取为 150mm。

1.6.1 钢筋混凝土结构厂房

钢筋混凝土结构厂房的跨度小于或等于 18m 时，应采用扩大模数 30M 数列；大于 18m 时，宜采用扩大模数 60M 数列，见图 1-5。厂房的柱距，应采用扩大模数 3M 数列，见图 1-6（a）。有起重机的厂房，自室内地面至支承起重机梁的高度亦应采用扩大模数 3M 数列，见图 1-6（a）；当自室内地面至支承起重机梁的牛腿面的高度大于 7.2m 时，宜采用扩大模数 6M 数列，见图 1-6（b）。钢筋混凝土结构厂房山墙处抗风柱的柱距，宜采用扩大模数 15M 数列，见图 1-5。

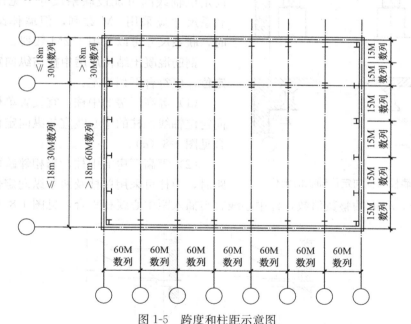

图 1-5 跨度和柱距示意图

钢筋混凝土结构厂房墙、柱与横向定位轴线的定位，应符合下列规定：

（1）除变形缝处的柱和端部柱以外，柱的中心线应与横向定位轴线相重合；横向变形缝处应采用双柱及两条横向定位轴线，柱的中心线均应自定位轴线向两侧各移 600mm，两条横向定位轴线间所需缝的宽度（图 1-7a）宜结合个体设计确定；

（2）山墙内缘应与横向定位轴线相重合，且端部柱的中心线应自横向定位轴线向内移 600mm（图 1-7b）。

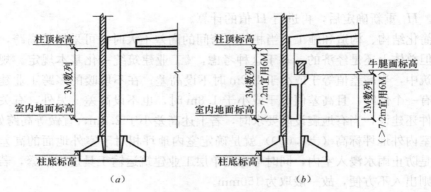

图 1-6　高度示意图

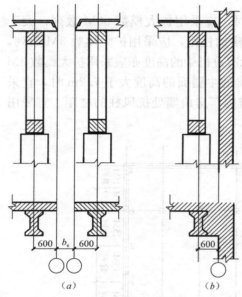

图 1-7　墙柱与横向定位轴线的定位

钢筋混凝土结构**厂房墙、边柱与纵向定位轴线的定位**，应符合下列规定：

（1）边柱外缘和墙内缘宜与纵向定位轴线相重合。

（2）在有起重机梁的厂房中，当需要满足起重机起重量、柱距或构造要求时，边柱边缘和纵向定位轴线间可加设联系尺寸，见图 1-8（b），联系尺寸应采用 3M 数列，但墙体结构为砌体时，联系尺寸可以采用 1/2M 数列。

钢筋混凝土结构**厂房中柱与纵向定位轴线的定位**，应符合下列规定：

（1）等高厂房的中柱，宜设置单柱和一条纵向定位轴线，柱的中心线宜与纵向定位轴线相重合见图 1-8（a）。

（2）等高厂房的中柱，当相邻跨内需设插入距时，中柱可采用单柱及两条纵向定位轴线，插入距应符合 50mm 的整数倍数，柱中心线宜与插入距中心线相重合，见图 1-8（b）。

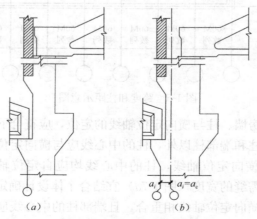

图 1-8　中柱与纵向定位轴线的定位（一）

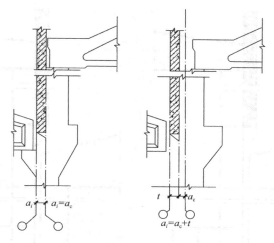

图 1-8　中柱与纵向定位轴线的定位（二）

（3）高低跨处采用单柱时，高跨上柱外缘与封墙内缘宜与纵向定位轴线相重合，当上柱外缘与纵向定位轴线不能重合时，宜采用两条纵向定位轴线，插入距与联系尺寸相同，也可等于墙体厚度或等于墙体厚度加联系尺寸，见图 1-9。

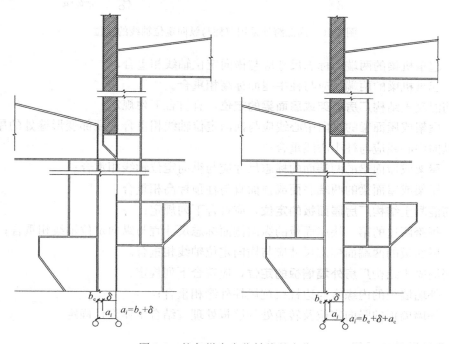

图 1-9　柱与纵向定位轴线的定位

（4）高低跨处采用双柱时，应采用两条纵向定位轴线，并设插入距，柱与纵向定位轴线的定位规定和边柱相同，见图 1-10。

钢筋混凝土结构**厂房起重机梁的定位**，应符合下列规定：

（1）起重机梁的纵向中心线与纵向定位轴线的距离宜为 750mm，亦可采用 1000mm 或 500mm；

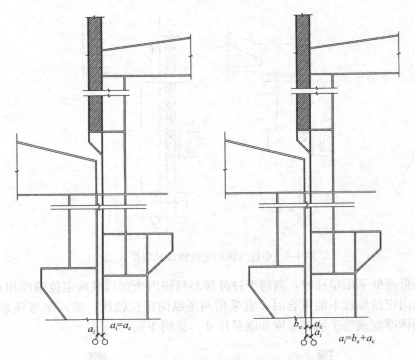

图 1-10 高低跨处采用双柱与纵向定位轴线的定位

（2）起重机梁的两端面标志尺寸应与横向定位轴线相重合；

（3）起重机梁的两端面应与柱牛腿面标高相重合。

钢筋混凝土结构厂房屋架或屋面梁的定位，宜符合下列规定：

（1）屋架或屋面梁的纵向中心线应与横向定位轴线相重合；端部变形缝处的屋架或屋面梁的纵向中心线应与柱中心线重合；

（2）屋架或屋面梁的两端面的标志尺寸应与纵向定位轴线相重合；

（3）屋架或屋面梁的两端底面或顶面宜与柱顶标高相重合。

钢筋混凝土结构厂房屋面板的定位，应符合下列规定：

（1）每跨两边的第一块屋面板的纵向侧面标志尺寸宜与纵向定位轴线相重合；

（2）屋面板的两端面标志尺寸应与横向定位轴线相重合。

钢筋混凝土结构厂房外墙墙板的定位，应符合下列规定：

（1）外墙墙板的内缘宜与边柱或抗风柱外缘相重合；

（2）外墙墙板的竖向定位及转角处的墙板处理宜结合个体设计确定。

1.6.2 普通钢结构厂房

普通钢结构厂房的跨度小于 30m 时，宜采用扩大模数 30M 数列；大于或等于 30m 时，宜采用扩大模数 60M 数列。

普通钢结构厂房的柱距宜采用扩大模数 15M 数列，且宜采用 6m、9m、12m。无起重机的中柱柱距宜采用 12m、15m、18m、24m。

普通钢结构厂房自室内地面至柱顶的高度应采用扩大模数 3M 数列；有起重机的厂

房，自室内地面至支承起重机梁的牛腿面的高度宜采用基本模数数列。普通钢结构厂房山墙处抗风柱柱距，宜采用扩大模数 15M 数列。

普通钢结构厂房墙、柱与横向定位轴线的定位，应符合下列规定：

（1）除变形缝处的柱和端部柱外，柱的中心线应与横向定位轴线相重合；

（2）横向变形缝处应采用双柱及两条横向定位轴线，轴线间缝的宽度应符合现行国家标准《建筑地基基础设计规范》GB 50007、《建筑抗震设计规范》GB 50011 的有关规定。采用大型屋面板时，柱的中心线均应自定位轴线向两侧各移 600mm；

（3）采用大型屋面板时，山墙内缘应与横向定位轴线相重合，且端部柱的中心线应自横向定位轴线向内移 600mm。厂房两端横向定位轴线可与端部承重柱子中心线重合。当横向定位轴线与山墙内缘重合时，端部承重柱子的中心线与横向定位轴线间的尺寸应取 50mm 的整数倍数。

普通钢结构厂房墙、柱与纵向定位轴线的定位，宜符合下列规定：

（1）等高厂房的中柱，宜设置单柱和一条纵向定位轴线，柱的中心线宜与纵向定位轴线相重合；

（2）等高厂房的中柱，当相邻跨内需设插入距时，中柱可采用单柱及两条纵向定位轴线，插入距应符合 50mm 的整数倍数，柱中心线宜与插入距中心线相重合；

（3）高低跨处采用单柱时，高跨上柱外缘与封墙内缘宜与纵向定位轴线重合；当上柱外缘与纵向定位轴线不能重合时，宜采用两条定位轴线，插入距应与联系尺寸相同，也可等于墙体厚度或等于墙体厚度加联系尺寸；

（4）当高低跨处采用双柱时，应采用两条纵向定位轴线，并应设插入距，柱与纵向定位轴线的定位可按边柱的有关规定确定。

普通钢结构厂房起重机梁的定位，应符合下列规定：

（1）起重机梁的纵向中心线与纵向定位轴线的距离宜为 750mm，亦可采用 1000mm 或 500mm；

（2）起重机梁的两端面标志尺寸应与横向定位轴线相重合；

（3）起重机梁的两端面应与柱牛腿面标高相重合。

普通钢结构厂房屋架或屋面梁的定位，宜符合下列规定：

（1）屋架或屋面梁的纵向中心线应与横向定位轴线相重合；端部变形缝处的屋架或屋面梁的纵向中心线应与柱中心线重合；

（2）屋架或屋面梁的两端面的标志尺寸应与纵向定位轴线相重合；

（3）屋架或屋面梁的两端底面或顶面宜与柱顶标高相重合。

普通钢结构厂房大型屋面板的定位，应符合下列规定：

（1）跨两边的第一块屋面板的纵向侧面宜与纵向定位轴线相重合；

（2）屋面板的两端面的标志尺寸应与横向定位轴线相重合。

普通钢结构厂房外墙墙板的定位，宜符合下列规定：

（1）外墙墙板的内缘宜与边柱或抗风柱外缘相重合；

（2）外墙墙板的两端端面宜与横向定位轴线或抗风柱中心线相重合；

（3）外墙墙板的竖向定位及转角处的墙板处理宜结合个体设计确定。

1.6.3 轻型钢结构厂房

轻型钢结构厂房的跨度小于或等于18m时，宜采用扩大模数30M数列；大于18m时，宜采用扩大模数60M数列。

轻型钢结构厂房的柱距宜采用扩大模数15M数列，且宜采用6.0m、7.5m、9.0m、12.0m。无起重机的中柱柱距宜采用12m、15m、18m、24m。

当生产工艺需要时，轻型钢结构厂房可采用多排多列纵横式柱网，同方向柱距（跨度）尺寸宜取一致，纵横向柱距可采用扩大模数5M数列，且纵横向柱距相差不超过25%。

轻型钢结构厂房自室内地面至柱顶或房屋檐口的高度，应采用扩大模数3M数列。有起重机的厂房，自室内地面至起重机梁的牛腿面高度，应采用扩大模数3M数列。轻型钢机构厂房山墙处抗风柱柱距，宜采用扩大模数5M数列。

轻型钢结构厂房墙、柱与横向定位轴线的定位，应符合下列规定：

（1）除变形缝处的柱和端部柱外，柱的中心线应与横向定位轴线相重合；

（2）横向变形缝处应采用双柱及两条横向定位轴线，柱的中心线均应自定位轴线向两侧各移600mm，两条横向定位轴线间所需缝的宽度应采用50mm的整数倍数；

（3）厂房两端横向定位轴线可与端部承重柱子中心线重合。当横向定位轴线与山墙内缘重合时，端部承重柱子的中心线与横向定位轴线间的尺寸应取50mm的整数倍数。

轻型钢结构厂房墙、柱与纵向定位轴线的定位，应符合下列规定：

（1）厂房纵向定位轴线除边跨外，应与柱列中心线重合。当中柱列有不同柱子截面时，可取主要柱子的中心线作为纵向定位轴线；

（2）厂房纵向定位轴线在边跨处应与边柱外缘重合；

（3）厂房纵向设双柱变形缝时，其柱子中心线应与纵向定位轴线重合，两轴线间距离应取50mm的整数倍数。设单柱变形缝时，可不取柱子中心线，但应在柱子截面内。

多层厂房：钢筋混凝土结构和普通钢结构厂房的跨度小于或等于12m时，宜采用扩大模数15M；大于12m时宜采用30M数列，且宜采用6.0m、7.5m、9.0m、10.5m、12.0m、15.0m、18.0m。钢筋混凝土结构和普通钢结构厂房的柱距，应采用扩大模数6M数列，且宜采用6.0m、6.6m、7.2m、7.8m、8.4m、9.0m。钢筋混凝土结构和普通钢结构内廊式厂房的跨度，宜采用扩大模数6M数列，且宜采用6.0m、6.6m、7.2m；走廊的跨度应采用扩大模数3M数列，且宜采用2.4m、2.7m、3.0m。

钢筋混凝土结构和普通钢结构厂房各层楼、地面间的层高，应采用扩大模数3M数列。层高大于4.8m时，宜采用5.4m、6.0m、6.6m、7.2m等数值。

轻型钢结构厂房的跨度、柱距宜符合钢筋混凝土和普通钢结构厂房的规定。当有中间廊时，走廊跨度应取扩大模数3M数列，宜采用2.4m、2.7m、3.0m。走廊的纵向定位轴线宜取柱中心线或靠走廊一侧的边缘。

轻钢结构厂房各层楼、地面间的层高，应采用扩大模数3M数列。层高大于4.8m时，宜采用5.4m、6.0m、6.6m、7.2m等数值。

1.7 建筑施工图表示方法

建筑施工图主要用来表达建筑设计的内容，即表示建筑物的总体布局、外观造型、内部布置、内外装饰、细部构造及施工要求。它包括首页图、总平面图、建筑平面图、建筑立面图、建筑剖面图和建筑详图等。

施工图首页一般由图纸目录、设计总说明、构造做法表及门窗表组成。图纸目录放在一套图纸的最前面，说明本工程的图纸类别、图号编排，图纸名称和备注等，以方便图纸的查阅。图纸目录包括建筑施工图的图名和类型，设计总说明主要说明工程的概况和总要求。内容包括工程设计依据（如工程地质、水文、气象资料）；设计标准（建筑标准、结构荷载等级、抗震要求、耐火等级、防水等级）；建筑规模（占地面积、建筑面积）、工程做法（墙体、地面、楼面、屋面等的做法）及材料要求。门窗表反映门窗的类型、编号、数量、尺寸规格、所在标准图集等相应内容，以备工程施工、结算所需。

1.7.1 建筑平面图的画法

建筑平面图的形成过程是这样的：假想用一水平剖切平面经门、窗洞将房屋剖开，移去剖切面上方的部分，将剖切平面以下部分从上向下作正投影所得到的水平剖视图，见图 1-11。

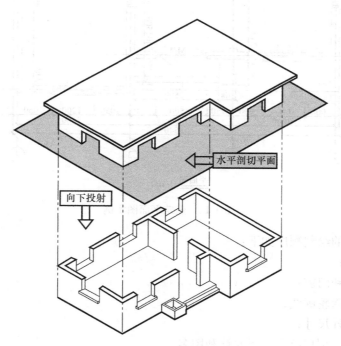

水平剖切平面

向下投射

图 1-11　建筑平面图的形成

建筑平面图反映房屋的平面形状、大小和房间的布置、墙或柱的位置、大小、厚度和材料、门窗的类型和位置等情况。建筑物有几层就画几张建筑平面图；楼层平面布置相同时，只画出一张标准层平面图即可。

建筑平面图的绘制需要注意的以下地方：

（1）建筑平面图的比例宜采用 1：50、1：100、1：200。

（2）横向轴线编号为用阿拉伯数字按从左到右的顺序编写。

（3）纵向编号为用大写拉丁字母按从下到上的顺序编写，同时 I、O、Z 这 3 个跟数字相近的字母不能用于编号。当字母数量不够使用时，可增用双字母或单字母加数字注脚。

（4）底层建筑平面图需要画上指北针。指北针圆的直径宜为 24mm，用细实线绘制；指针尾部的宽度宜为 3mm，指针头部应注"北"或"N"字。需用较大直径绘制指北针时，指北针尾部的宽度宜为直径的 1/8。

（5）断面轮廓为粗实线，断面后的可见轮廓为细实线，门线为中粗线。

（6）标高符号应以直角等腰三角形表示，直角顶点到斜边的高约为 3mm。一个建筑平面图实例，见图 1-12。

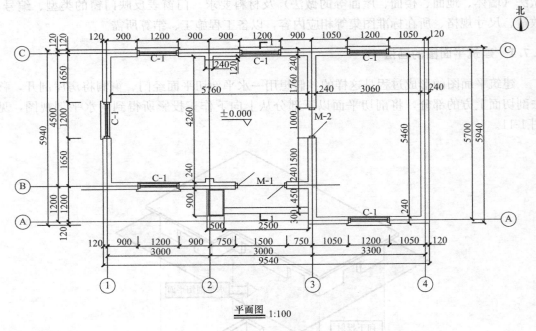

平面图 1:100

图 1-12　建筑平面图实例

建筑平面图的绘制顺序如下：

（1）画轴网；

（2）画墙身和门窗；

（3）加粗加深轮廓线；

（4）标注内外尺寸；

（5）注标高、剖切符号、指北针和图名。

1.7.2　建筑立面图的画法

建筑立面图的形成过程是这样的：沿房屋某个方向的外墙面投影过去，直接作出沿投影方向可见的构配件的正投影图，即可得到建筑立面图，见图 1-13。

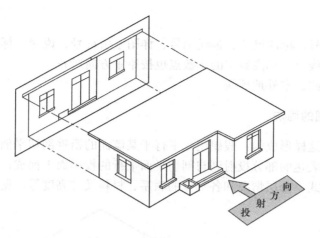

图 1-13　建筑立面图的形成

建筑立面图的绘制需要注意以下地方：

（1）比例宜采用 1：50、1：100、1：200，通常与平面图相同。

（2）在立面图中一般只画出里面两端的定位轴线和编号，以便于平面图对应起来阅读。

（3）外轮廓线为粗线，地坪线为特粗线。具体说来，用线宽为 b 的粗实线画建筑里面的外轮廓，用线宽为 0.5b 的中实线画里面上凹进或凸出墙面的轮廓线、门窗洞口、较大的建筑构配件的轮廓线，用线宽 0.25b 的细实线画较小的建筑构配件或装修线，用线宽 1.25~1.5b 的特粗线画地坪线。

（4）对于外墙面上的其他构配件、装饰物的形状、位置、用料和做法，应画出或注写出里面上能够看得见的细部。

一个建筑立面图实例，见图 1-14。

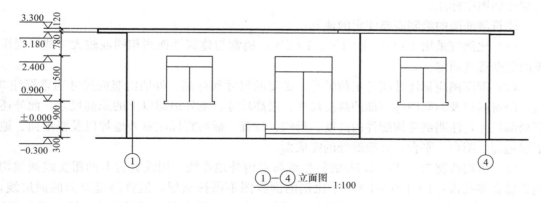

图 1-14　建筑立面图实例

建筑立面图的绘制步骤如下：

（1）画定位轴线、室外地坪线、楼面线和房屋的外轮轮廓线。

（2）画墙体的转角线、屋面、门窗洞口、阳台、台阶等较大构配件的轮廓。

（3）画窗台、雨水管、水斗、雨篷、花架等较小构配件，门窗框和门窗扇、贴面等构配件的细部。

（4）画标高符号，标注尺寸、轴线编号、详图索引符号、说明。标高符号的顶点宜尽量排列在一条铅垂线上，标高数字的小数点也按铅垂方向对齐。

（5）加深轮廓线、室外地坪线。

1.7.3 建筑剖面图的画法

建筑剖面图是这样形成的：假想用一平行于某墙面的铅垂剖切平面将房屋从屋顶到基础全部剖开，把需表达的部分投射到与剖切平面平行的投影面上而成。剖面图表示房间内部的结构或构造形式、分层情况和各部位的联系、材料及其高度等，见图1-15。

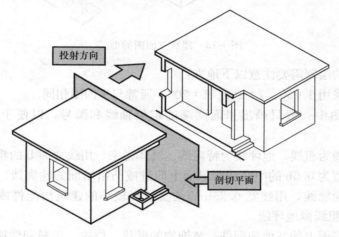

图1-15 建筑剖面图的形成

剖切平面应选择剖到房屋内部较复杂的部位，可横剖、纵剖或阶梯剖。剖切位置应在底层平面图中标注。

建筑剖面图的绘制需要注意的地方：

（1）比例宜采用1：50、1：100、1：200，通常与建筑平面图相同或较大一些，视房屋的复杂程度而定。

（2）剖面图应标注外墙的定位轴号、必要的尺寸和标高。外墙的竖向尺寸通常标注3道：门窗洞口及洞间墙等细部的高度尺寸、层高尺寸、室外地面以上的总高尺寸。此外还有局部尺寸，注明细部构配件的高度、形状、位置。标高宜标注室外地坪以及楼地面、地下层地面、阳台、平台、台阶等处的完成面。

（3）可用线宽为1.25～1.5b的特粗线画室内外地坪线，用线宽为b的粗实线画剖切到的墙和多孔板；1：100～1：200比例的剖视图不画抹灰层，但宜画楼地面的面层线，以便准确地表示出完成面的尺寸及标高；用0.5b的中粗实现画可见的轮廓线；用0.25b的细实线画较小的建筑构配件与装饰面层线。

建筑剖面图实例，见图1-16。

画建筑剖面图的步骤：

（1）画定位轴线、室内外地面线、楼面线、休息平台面、屋面板顶面、楼梯踏步的起止点。

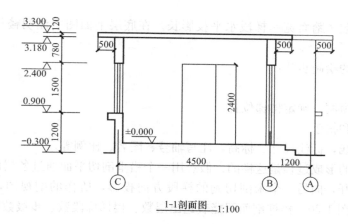

图 1-16 建筑剖面图实例

（2）画主要的构配件：剖切到得墙身、楼板、屋面板、平台板以它们的面层线、楼梯、梁，以及可见墙面上的门洞轮廓等。

（3）画门窗图例、楼梯的栏杆扶手、室内墙面靠近地面的踢脚板等细小构配件，画标高符号，标准尺寸、轴线编号、详图索引符号、说明。

（4）加粗室内外地坪线以及剖切到的墙身轮廓线。

1.7.4 建筑详图的画法

建筑详图是建筑细部的施工图，根据施工需要，将建筑平、立面图和剖面图中的某些建筑构配件或细部（也成节点）用较大比例清楚地表达出其详细构造，如形状、尺寸、材料和做法等。因此，建筑详图是建筑平、立面图和剖面图必要的补充。

为了详图中做到尺寸标注齐全，图文说明详尽、清晰，详图常用 1∶1、1∶2、1∶5、1∶10、1∶20、1∶50 等较大比例绘制。

建筑详图中的图线要求是：用线宽为 b 的粗实线画建筑构配件的断面轮廓线；用线宽为 0.25b 的细实线或线宽为 0.5b 的中实线画构配件的可见轮廓；用 0.25b 的细实线画材料图例线。

楼梯详图：楼梯是上下交通的主要设施，要求满足行走方便安全、人流疏散畅通、坚固耐久。楼梯由楼梯段（简称梯段，包括踏步或斜梁）、平台（包括平台板和梁）和栏板（或栏杆）等组成。

楼梯详图主要表示楼梯的类型、结构形式、各部位的尺寸及装修做法。楼梯详图一般包括平面图、剖面图及踏步、栏板详图等，并尽可能画在同一张图纸内。平、剖面图的比例要一致，以便对照看图。踏步、栏板详图比例要大些。

一般每一层楼都应画一幅楼梯平面图。三层以上的房屋，若中间各层的楼梯位置及其梯段数、踏步数和大小都相同时，通常只画出底层、中间层和顶层三个平面图即可。

除顶层外，楼梯平面图的剖切位置，通常为从该层上行第一梯段（休息平台下）的任一位置处水平剖切。被折断的梯段用 30° 的折断线折断，并用长箭头加注"上 X 级"或"下 X 级"，级数为两层间的总踏步级数。应标注楼梯间的定位轴线、楼地面、平台面的标高及有关的尺寸（如楼梯间的开间和进深尺寸、平台尺寸和细部尺寸），注意梯段长度尺寸应注成：踏面数×踏面宽＝梯段水平投影长。在底层平面图中注明楼梯剖面图的剖切位置。

楼梯平面图的绘制步骤：

（1）画轴线；

（2）画墙和窗洞，确定楼梯位置；

（3）画踏步和扶手；

（4）加深图线，标注尺寸、标高，注写轴号、图名、比例等。

楼梯剖面图的形成过程是这样的：假想用一个铅垂剖切平面通过各层的一个梯段和门窗洞，将楼梯剖开，向另一个未剖切到的梯段方向投影，所作的剖视图，即为楼梯剖面图，见图1-17～图1-20。楼梯剖面图能表达出层数、楼梯梯段数、步级数以及楼梯的类型及其结构形式。

楼梯剖面图的绘制应注意以下几点：

（1）各同向梯段的板底线、扶手线应平行。

（2）应标注定位轴线、楼梯间进深、梯段高、门窗洞口高和其定位尺寸及有关部位的标高。

（3）步级数×踢面高＝梯段高度。

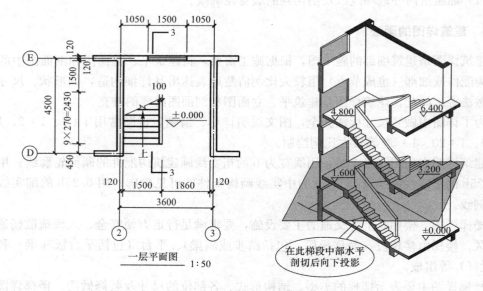

图1-17 楼梯底层平面图实例

楼梯剖面图的绘制步骤如下（图1-21）：

（1）画轴线，定楼面及地面、平台、梯段位置。

（2）画墙身，定踏步位置和栏板高度。

（3）画窗、窗台、梁、楼地面厚度、栏板和扶手高度等。

（4）加深图线，标注尺寸和标高、图名、比例等。

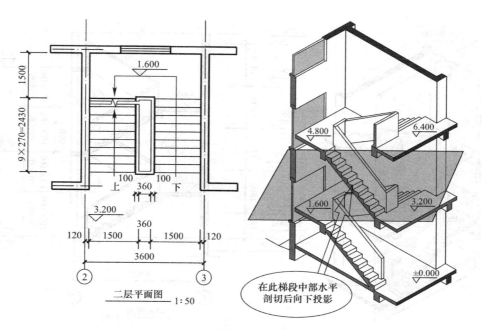

图 1-18　楼梯二层平面图实例

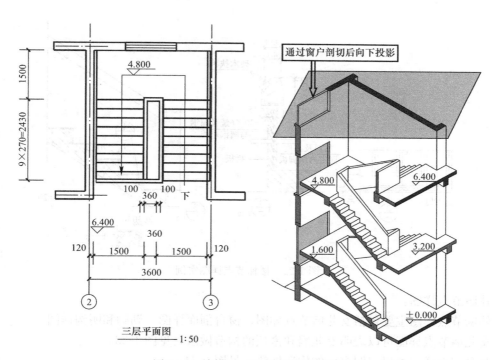

图 1-19　楼梯三（顶）层平面图实例

楼梯节点详图能表明踏步、栏杆、扶手的形状、构造和尺寸。

节点详图实例见图 1-22。

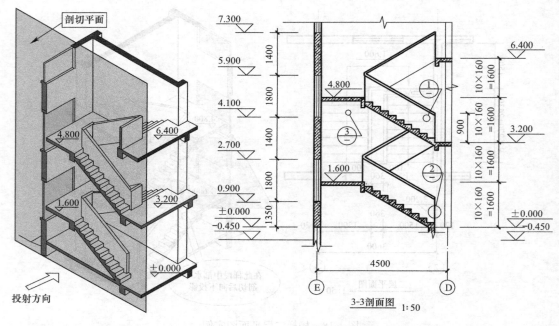

图 1-20 楼梯剖面图的形成

图 1-21 楼梯剖面图实例

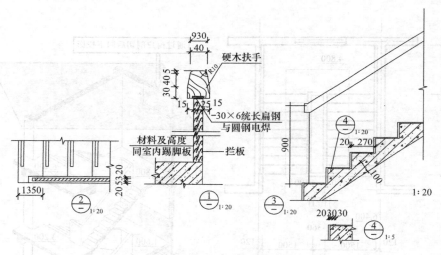

图 1-22 楼梯节点详图实例

外墙节点详图：

外墙节点详图主要包括女儿墙节点详图、窗台剖面详图、勒脚和明沟详图。

女儿墙节点详图可以表明女儿墙和窗顶的构造做法，见图 1-23。

窗台剖面详图可以表明窗台的构造做法，见图 1-24。

门窗详图：门窗详图常用立面图表示门窗的外形尺寸和开启方向，并配以比较大比例的节点剖面图或断面详图，表明门窗的节目、用料、安装位置、门窗扇与框的连接关系等，再列出门窗五金材料表和有关文字，对门窗所用小五金的规格、数量和门窗制作作出说明。

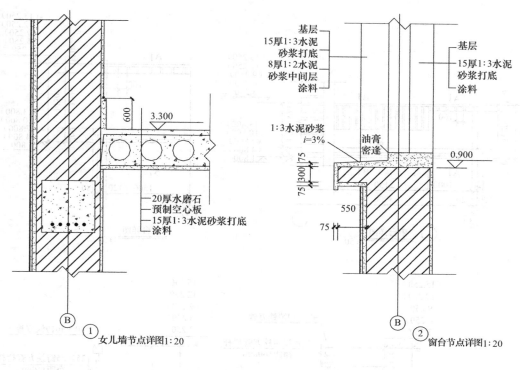

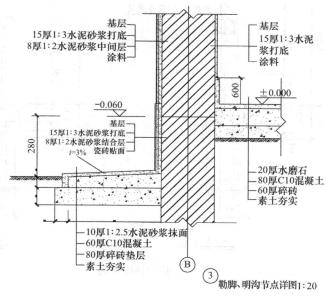

图 1-23　外墙详图实例

　　一般建筑上常常选用标准图集或通用图集中的门窗型号，由门窗加工厂按相应的图集制作，不必另画门窗详图。对于非标准的门窗，当截面、用料、窗扇与框的连接关系与标准型号的门窗相同时，只需画出它们的立面图，标注出门窗加工尺寸及其与门窗洞口尺寸的关系，提供给门窗加工厂加工。

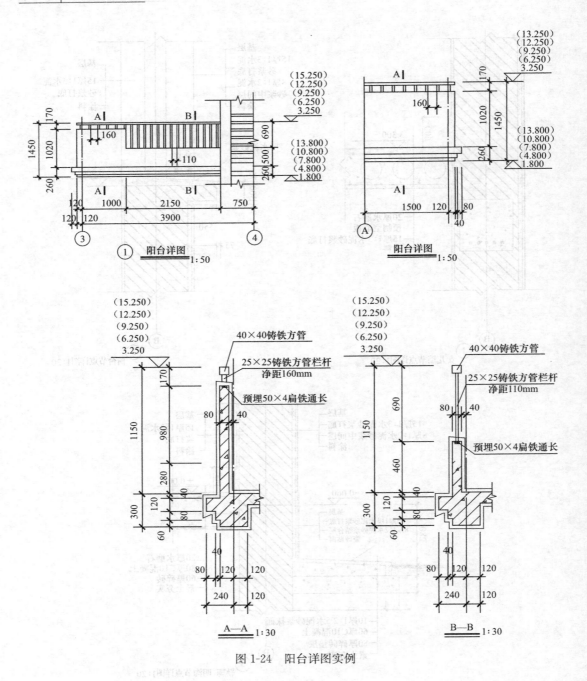

图 1-24　阳台详图实例

第2章 结构选型与结构布置

随着社会的迅速发展，各种新型的建筑纷纷林立。建筑物的结构如同建筑的骨骼，要承受各种力的作用，形成支撑体系，是建筑物赖以存在的物质基础。

从建筑层面上理解，建筑结构是形成一定空间及造型，并具有承受人为和自然界施加于建筑物的各种荷载作用，使建筑物得以安全使用的骨架，用来满足人类的生产、生活需求以及对建筑物的美观要求；从结构层面上理解，建筑结构是在建筑中，由若干构件（如梁、板、柱等）连接而构成的能承受各种外界作用（如荷载、温度变化、地基不均匀沉降等）的体系。

建设结构设计的过程就是通过对建筑物进行深层分析和概念设计、结构选型与结构布置、结构荷载统计与计算、结构内力计算与组合、结构构件设计和验算等，设计出满足建筑结构的安全性、适用性、经济性和耐久性要求的建筑结构的过程。其中，结构选型与结构布置是后面各步骤的基础和依据，是结构设计必不可少的一部分。本章主要从结构选型与总体设计要求、结构布置原则、结构布置要点、结构构件尺寸初步确定和结构计算简图的确定这五个方面，对毕业设计过程中的结构选型与结构布置作一个简介。

2.1 结构选型与总体设计要求

2.1.1 结构选型的原则

在建筑设计中，空间组合和建筑造型的主要环节是选择最佳结构方案，即结构选型。结构选型应遵循以下几条原则：适应建筑功能的要求、满足建筑造型的需要、充分发挥结构自身的优势、考虑材料和施工的条件、尽可能降低造价。

1. 适应建筑功能的要求

对于有些公共建筑，其功能有视听要求，如：体育馆为保证较好的观看视觉效果，比赛大厅内不能设柱，必须采用大跨度结构；大型超市为满足购物的需要，室内空间具有流动性和灵活性，所以应采用框架结构。如图 2-1 和图 2-2 所示。

图 2-1 采用大跨度结构的体育馆　　　　图 2-2 采用框架结构的超市

2. 满足建筑造型的需要

对于建筑的平面和立面造型较为复杂时，为了保证结构布置的规则性，通常要按实际需要，在建筑物的适当部位设置结构缝，形成较多有规则的结构单元。如图 2-3 所示。

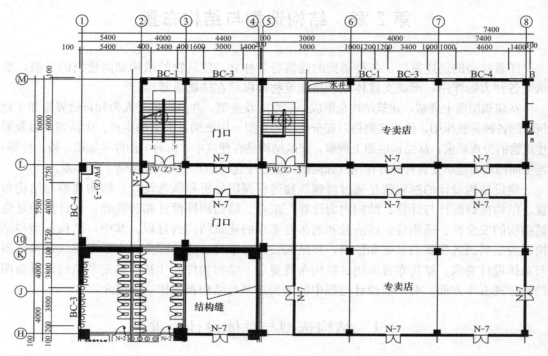

图 2-3　某商住楼局部结构平面布置图中的结构缝

3. 充分发挥结构自身的优势

每种结构形式都有各自的优点和缺点，因而有其各自的适用范围，如砌体结构刚度较大，耐火性和耐久性较好，但其抗拉抗剪强度比钢材和混凝土的强度低得多，故通常适用于六层及以下的住宅、宿舍、办公室、学校、医院等民用建筑以及中小型工业建筑；框架结构体系空间分隔灵活，自重轻，节省材料，但框架节点应力集中显著，结构的侧向刚度小，故框架结构通常适用多层建筑和建筑高度不高的高层建筑。相应典型结构体系的优缺点和适用范围详见 2.1.4。故进行结构选型时，要结合建筑设计的具体情况综合考虑。

4. 考虑材料和施工的条件

由于材料和施工技术的不同，其结构形式也不同。例如：砌体结构所用材料多为就地取材，施工简单，适用于低层、多层建筑。如图 2-4 所示。在

图 2-4　多层砌体结构房屋

特定的条件下，当钢材供应紧缺或钢材加工、施工技术不完善时，一般不大量采用钢结构。在结构构件轴压力要求较高的结构中，通常还会用到钢和混凝土组合结构。组合结构组合结构有节约钢材、提高混凝土利用系数，降低造价，抗震性能好，施工方便等优点。

一般情况下，当结构设计条件没有特别要求时，多用钢筋混凝土结构，这也是目前各类建筑中用得最多的结构形式。

5. 尽可能降低造价

当几种结构形式都有可能满足建筑设计条件与使用功能要求时，经济条件就是决定因素，尽量采用能降低工程造价的结构形式。

2.1.2 结构体系的总体设计要求

《混凝土结构设计规范》GB 50010—2010 对混凝土结构体系作出了比较具体的规定，主要表现在如下几个方面：

1. 混凝土结构设计方案

灾害调查和事故分析表明：结构方案对建筑物的安全有着决定性的影响。在与建筑方案协调时应考虑结构体形（高宽比、长宽比）适当；传力途径和构件布置能够保证结构的整体稳固性；避免因局部破坏引发结构连续倒塌。

混凝土结构的设计方案应符合下列要求：

（1）合理的结构体系、构件形式和布置；

（2）结构的平、立面布置宜规则，各部分的质量和刚度宜均匀、连续；

（3）结构传力途径应简捷、明确，竖向构件宜连续贯通、对齐；

（4）宜采用超静定结构，重要构件和关键传力部位应增加冗余约束或有多条传力途径；

（5）宜采取减小偶然作用影响的措施。

2. 混凝土结构的结构缝

结构设计时通过设置结构缝将结构分割为若干相对独立的单元。结构缝包括伸缩缝、沉降缝、防震缝、构造缝、防连续倒塌的分割缝等。不同类型的结构缝是为消除下列不利因素的影响：混凝土收缩、温度变化引起的胀缩变形；基础不均匀沉降；刚度及质量突变；局部应力集中；结构防震；防止连续倒塌等。除永久性的结构缝以外，还应考虑设置施工接槎、后浇带、控制缝等临时性的缝以消除某些暂时性的不利影响。

结构中结构缝的设计应符合下列要求：

（1）应根据结构受力特点及建筑尺度、形状、使用功能要求，合理确定结构缝的位置和构造形式；

（2）宜控制结构缝的数量，并应采取有效措施减少设缝对使用功能的不利影响；

（3）可根据需要设置施工阶段的临时性结构缝。

结构缝的设置应考虑对建筑功能（如装修观感、止水防渗、保温隔声等）、结构传力（如结构布置、构件传力）、构造做法和施工可行性等造成的影响。应遵循"一缝多能"的设计原则，采取有效的构造措施。

3. 结构构件的连接

结构构件的连接应符合下列要求：

（1）连接部位的承载力应保证被连接构件之间的传力性能；

（2）当混凝土构件与其他材料构件连接时，应采取可靠的措施；

（3）应考虑构件变形对连接节点及相邻结构或构件造成的影响。

构件之间连接构造设计的原则是：保证连接节点处被连接构件之间的传力性能符合设计要求；保证不同材料（混凝土、钢、砌体等）结构构件之间的良好结合；选择可靠的连接方式以保证可靠传力；连接节点尚应考虑被连接构件之间变形的影响以及相容条件，以避免、减少不利影响。

《建筑抗震设计规范》GB 50011—2010 也对结构体系作了比较具体的规定，主要表现在如下几个方面：

1. 结构体系的抗震设防要求

抗震结构体系要通过综合分析，采用合理而经济的结构类型。结构体系应根据建筑的抗震设防类别、抗震设防烈度、建筑高度、场地条件、地基、结构材料和施工等因素，经技术、经济和使用条件综合比较确定。结构的地震反应同场地的频谱特性有密切关系，场地的地面运动特性又同地震震源机制、震级大小、震中的远近有关；建筑的重要性、装修的水准对结构的侧向变形大小有所限制，从而对结构选型提出要求；结构的选型又受结构材料和施工条件的制约以及经济条件的许可等。故这是一个综合的技术经济问题，应周密加以考虑。

（1）结构体系应符合下列各项要求：

1）应具有明确的计算简图和合理的地震作用传递途径。

2）应避免因部分结构或构件破坏而导致整个结构丧失抗震能力或对重力荷载的承载能力。

3）应具备必要的抗震承载力，良好的变形能力和消耗地震能量的能力。

4）对可能出现的薄弱部位，应采取措施提高其抗震能力。

抗震结构体系要求受力明确、传力途径合理且传力路线不间断，使结构的抗震分析更符合结构在地震时的实际表现，对提高结构的抗震性能十分有利，是结构选型与布置结构抗侧力体系时首先考虑的因素之一。

（2）结构体系尚宜符合下列各项要求：

1）宜有多道抗震防线。

所谓多道防线的概念，通常指的是：第一，整个抗震结构体系由若干个延性较好的分体系组成，并由延性较好的结构构件连接起来协同工作。如框架-抗震墙体系是由延性框架和抗震墙两个系统组成；双肢或多肢抗震墙体系由若干个单肢墙分系统组成；框架-支撑框架体系由延性框架和支撑框架两个系统组成；框架-筒体体系由延性框架和筒体两个系统组成。第二，抗震结构体系具有最大可能数量的内部、外部赘余度，有意识地建立起一系列分布的塑性屈服区，以使结构能吸收和耗散大量的地震能量，一旦破坏也易于修复。设计计算时，需考虑部分构件出现塑性变形后的内力重分布，使各个分体系所承担的地震作用的总和大于不考虑塑性内力重分布时的数值。

2）宜具有合理的刚度和承载力分布，避免因局部削弱或突变形成薄弱部位，产生过大的应力集中或塑性变形集中。

抗震薄弱层（部位）的概念，也是抗震设计中的重要概念，包括：①结构在强烈地震下不存在强度安全储备，构件的实际承载力分析（而不是承载力设计值的分析）是判断薄弱层（部位）的基础；②要使楼层（部位）的实际承载力和设计计算的弹性受力之比在总体上保持一个相对均匀的变化，一旦楼层（或部位）的这个比例有突变时，会由于塑性内力重分布导致塑性变形的集中；③要防止在局部上加强而忽视整个结构各部位刚度、强度的协调；④在抗震设计中有意识、有目的地控制薄弱层（部位），使之有足够的变形能力又不使薄弱层发生转移，这是提高结构总体抗震性能的有效手段。

3）结构在两个主轴方向的动力特性宜相近。这主要是考虑到有些建筑结构，横向抗侧力构件（如墙体）很多而纵向很少，在强烈地震中往往由于纵向的破坏导致整体倒塌。

2. 结构构件的设计要求

结构构件应符合下列要求：

（1）砌体结构应按规定设置钢筋混凝土圈梁和构造柱、芯柱，或采用约束砌体、配筋砌体等。无筋砌体本身是脆性材料，只能利用约束条件（圈梁、构造柱、组合柱等来分割、包围）使砌体发生裂缝后不致崩塌和散落，地震时不致丧失对重力荷载的承载能力。

（2）混凝土结构构件应控制截面尺寸和受力钢筋、箍筋的设置，防止剪切破坏先于弯曲破坏、混凝土的压溃先于钢筋的屈服、钢筋的锚固粘结破坏先于钢筋破坏。钢筋混凝土构件抗震性能与砌体相比是比较好的，但若处理不当，也会造成不可修复的脆性破坏。这种破坏包括：混凝土压碎、构件剪切破坏、钢筋锚固部分拉脱（粘结破坏），应力求避免；混凝土结构构件的尺寸控制，包括轴压比、截面长宽比、墙体高厚比、宽厚比等，当墙厚偏薄时，也有自身稳定问题。

（3）预应力混凝土的构件，应配有足够的非预应力钢筋。

（4）钢结构构件的尺寸应合理控制，避免局部失稳或整个构件失稳。钢结构杆件的压屈破坏（杆件失去稳定）或局部失稳也是一种脆性破坏，应予以防止。

（5）多、高层的混凝土楼、屋盖宜优先采用现浇混凝土板。当采用预制装配式混凝土楼、屋盖时，应从楼盖体系和构造上采取措施确保各预制板之间连接的整体性。

主体结构构件之间的连接应遵守的原则：通过连接的承载力来发挥各构件的承载力、变形能力，从而获得整个结构良好的抗震能力。

3. 结构各构件之间的连接要求

结构各构件之间的连接，应符合下列要求：

（1）构件节点的破坏，不应先于其连接的构件。

（2）预埋件的锚固破坏，不应先于连接件。

（3）装配式结构构件的连接，应能保证结构的整体性。

（4）预应力混凝土构件的预应力钢筋，宜在节点核心区以外锚固。

装配式单层厂房的各种抗震支撑系统，应保证地震时厂房的整体性和稳定性。支撑系统指屋盖支撑。支撑系统的不完善，往往导致屋盖系统失稳倒塌，使厂房发生灾难性的震害，因此在支撑系统布置上应特别注意保证屋盖系统的整体稳定性。

《高层建筑混凝土结构技术规程》JGJ 3—2010对结构体系作了相应规定，如下：

高层建筑结构应注重概念设计，重视结构的选型和平面、立面布置的规则性，加强构造措施，择优选用抗震和抗风性能好且经济合理的结构体系。在抗震设计时，应保证结构的整体抗震性能，使整体结构具有必要的承载能力、刚度和延性。注重高层建筑的概念设计，保证结构的整体性，是国内外历次大地震及风灾的重要经验总结。概念设计及结构整体性能是决定高层建筑结构抗震、抗风性能的重要因素，若结构严重不规则、整体性差，按目前的结构设计及计算技术水平，较难保证结构的抗震、抗风性能，尤其是抗震性能。

高层建筑混凝土结构可采用框架、剪力墙、框架-剪力墙、板柱-剪力墙和筒体结构等结构体系。

规则结构一般指：体型（平面和立面）规则，结构平面布置均匀、对称并具有较好的抗扭刚度；结构竖向布置均匀，结构的刚度、承载力和质量分布均匀、无突变。

1. 高层建筑不应采用严重不规则的结构体系，并应符合下列规定：

（1）应具有必要的承载能力、刚度和延性；

（2）应避免因部分结构或构件的破坏而导致整个结构丧失承受重力荷载、风荷载和地震作用的能力；

（3）对可能出现的薄弱部位，应采取有效的加强措施。

2. 高层建筑的结构体系尚宜符合下列规定：

（1）结构的竖向和水平布置宜使结构具有合理的刚度和承载力分布，避免因刚度和承载力局部突变或结构扭转效应而形成薄弱部位；

（2）抗震设计时宜具有多道防线，避免因部分结构或构件的破坏而导致整个结构丧失承受水平风荷载、地震作用和重力荷载的能力。

2.1.3 结构形式及其分类

建筑结构按材料的不同可以分为：混凝土结构、砌体结构（砖、砌块、石）、钢结构、木结构、索和膜结构、组合结构及其他金属结构（铝合金、不锈钢）。其中，混凝土结构还是目前建筑的主流，它按照配筋的区别又可以分为以下三类：钢筋混凝土结构，即配置受力的普通钢筋，钢筋网或钢骨架的结构；预应力混凝土结构，即配置预应力钢筋的混凝土结构；素混凝土结构，即没有配置受力的钢筋的混凝土结构。

建筑结构按层数和构造上的特点不同可以分为单层结构、多层结构、高层结构和大跨度结构。

结构体系类型通常包括砌体结构体系、框架结构体系、剪力墙结构体系、框架-剪力墙结构（框架-筒体结构）体系、筒中筒结构体系、多筒体系、钢（桁架、塔架、网架/网壳、排架、膜结构）体系以及其他结构体系（如底框结构、异形柱结构及组合结构体系等）。

2.1.4 常用结构体系的优缺点及适用范围

由上一节可知，针对多层和高层结构常见的结构体系为砌体结构体系、框架结构体系、剪力墙结构体系和框架-剪力墙结构体系。下面分述各种结构体系的优缺点及适用范围，供学生在毕业设计过程中参考。

1. 砌体结构体系

砌体结构是指墙体、基础等竖向承重构件采用砖砌体结构，楼盖、屋盖等水平承重构件采用装配式或现浇钢筋混凝土结构。其中，砖墙既是承重结构，又是围护结构。

（1）砌体结构的优点：

1）砌体结构所用材料便于就地取材，施工较简单，施工进度快，技术要求低，施工设备简单；

2) 砌体结构刚度较大，具有良好的耐火性和较好的耐久性；

3) 砌体结构的综合经济指标好，实际造价低廉；

4) 砖墙和砌块墙体在防寒、隔热、隔音、抗风雨侵袭和化学稳定性等建筑物理性能方面较为优越、物美价廉。

（2）砌体结构的缺点：

1) 砌体强度比钢材和混凝土的强度低得多，故建造房屋的层数有限，一般不超过7层。

2) 砌体是脆性材料，抗压能力尚可，抗拉、抗剪强度都很低，且用砌筑时用水泥砂浆搭接在一起，结构的整体性较差，两方面原因导致砌体结构的抗震性能较差。

3) 多层砌体房屋一般宜采用刚性方案，故其横墙间距受到限制，因此不可能获得较大的空间。

4) 砌体结构构件的截面尺寸较大，材料用量多，自重大，且砌体的砌筑基本上是手工方式，施工劳动量大。

（3）砌体结构的适用范围：

鉴于砖混结构的上述优缺点，通常该结构适用于六层及以下的住宅、宿舍、办公室、学校、医院等民用建筑以及中小型工业建筑。

2. 框架结构体系

框架结构是指由梁和柱以刚接或者铰接相连接而成构成承重体系的结构，即由梁和柱组成框架共同抵抗使用过程中出现的水平荷载和竖向荷载。采用框架结构的房屋墙体不承重，仅起到围护和分隔作用，一般用预制的加气混凝土、膨胀珍珠岩、空心砖或多孔砖、浮石、蛭石、陶粒等轻质板材等材料砌筑或装配而成。框架结构最理想的施工材料是钢筋混凝土，这是因为钢筋混凝土节点具有天然的刚性。框架结构体系也可以用于钢结构建筑中，但钢结构的抗弯节点处理费用相对较高。框架结构模型如图 2-5 所示。

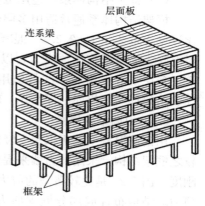

图 2-5　框架结构模型

（1）按施工方法的分类

钢筋混凝土框架结构按施工方法的不同可以分以下几种类型：

1) 梁、板、柱全部现场浇筑的现浇框架。

2) 楼板预制，梁、柱现场浇筑的现浇框架。

3) 梁、板预制，柱现场浇筑的半装配式框架。

4) 梁、板、柱全部预制的全装配式框架等。

（2）框架结构体系的优点

框架结构体系的优点主要表现在：

1) 空间分隔灵活，自重轻，节省材料；

2) 具有可以较灵活地配合建筑平面布置的优点，利于安排需要较大空间的建筑结构；

3) 框架结构的梁、柱构件易于标准化、定型化，便于采用装配整体式结构，以缩短施工工期；

4) 采用现浇混凝土框架时，结构的整体性、刚度较好，设计处理好也能达到较好的抗震效果，而且可以把梁或柱浇注成各种需要的截面形状。

（3）框架结构体系的缺点

框架结构体系的缺点主要表现在：

1）框架节点应力集中显著；框架结构的侧向刚度小，属柔性结构框架，在强烈地震作用下，结构所产生水平位移较大，易造成严重的非结构性破坏；

2）构件数量多，吊装次数多，接头工作量大，工序多，浪费人力，施工受季节、环境影响较大；

3）不适宜建造高层建筑，框架是由梁柱构成的杆系结构，其承载力和刚度都较低，特别是水平方向的（即使可以考虑现浇楼面与梁共同工作以提高楼面水平刚度，但也是有限的），它的受力特点类似于竖向悬臂剪切梁，其总体水平位移上大下小，但相对于各楼层而言，层间变形上小下大。对于钢筋混凝土框架，当高度大、层数相当多时，结构底部各层不但柱的轴力很大，而且梁和柱由水平荷载所产生的弯矩和整体的侧移亦显著增加，从而导致截面尺寸和配筋增大，对建筑平面布置和空间处理，就可能带来困难，影响建筑空间的合理使用，在材料消耗和造价方面，也趋于不合理。

（4）框架结构体系的适用范围

框架结构体系通常适用多层建筑和建筑高度不高的高层建筑，其最大适用高度和高宽比详见本章2.2.1、2.2.2。混凝土框架结构广泛用于住宅、学校、办公楼，也有根据需要对混凝土梁或板施加预应力，以适用于较大的跨度；钢框架结构常用于大跨度的公共建筑、多层工业厂房和一些特殊用途的建筑物中，如剧场、商场、体育馆、火车站、展览厅、造船厂、飞机库、停车场、轻工业车间等。

3. 剪力墙结构体系

用钢筋混凝土墙板来承受竖向荷载并抵抗侧向力的结构称为剪力墙结构。剪力墙结构较之框架结构，采用剪力墙来提供很大的抗剪强度和侧向刚度，从而提高整体结构的侧向刚度。图2-23是比较典型的剪力墙结构的平面布置图，当底部需要局部大空间时可以将剪力墙结构布置成部分框支剪力墙结构，部分框支剪力墙结构立面布置示意图如图2-6所示。

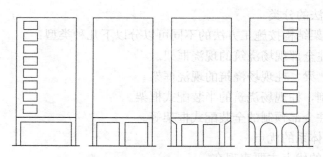

图2-6 部分框支剪力墙结构立面布置示意图

（1）剪力墙结构的主要优点：

1）采用现浇钢筋混凝土，整体性好，承载力及侧向刚度大，用钢量省；

2）房间不露梁柱，整齐美观；

3）可以做成平面比较复杂，体型优美的建筑物。

（2）剪力墙结构的主要缺点：

1）剪力墙间距不能太大，平面布置不灵活，不能满足公共建筑的使用要求；

2）空间的局限导致使用范围的局限性，多用于住宅或旅馆建筑；

3）剪力墙结构采用钢筋混凝土墙板，结构的自重大。

（3）剪力墙结构的适用范围：

剪力墙结构通常应用于 10 层以上的高层或超高层建筑，适用于小开间的公寓住宅、旅馆等建筑。

4. 框架-剪力墙结构体系

框架-剪力墙结构体系是在框架结构中设置适当数量的剪力墙，使框架和剪力墙两者结合起来，共同承受竖向荷载和抵抗水平荷载的结构。这种结构体系综合了框架和剪力墙结构的优点并在一定程度上规避了两者的缺点，达到了扬长避短的目的，使得建筑功能要求和结构设计协调得比较好。它既具有框架结构平面布置灵活、使用方便的特点，又有较大的刚度和较好的抗震能力，因而在高层建筑中应用非常广泛。它与框架结构、剪力墙结构是目前最常用的三大常规结构。

剪力墙作为竖向悬臂构件，其变形曲线以弯曲型为主，越向上，层间侧移增加越快。而框架则类似于竖向悬臂剪切梁，其变形曲线为剪切型，越向上，层间侧移增加越慢。在同一层中由于刚性楼板的作用，两者的变形协调一致。在框架-剪力墙结构中，剪力墙较大的侧向刚度使得它分担了大部分的水平剪力，这对减小梁柱的截面尺寸，改善了框架的受力状况对结构体系的内力分布相对有利。框架所承受的水平剪力较小且沿高度分布比较均匀，因此柱子的断面尺寸和配筋都比较均匀。在框架-剪力墙结构的底部，剪力墙部分所承受的剪力比框架部分承受的剪力大，因此框架部分承受的剪力比纯框架承受的剪力要小，从而有利于控制框架的变形；而在结构上部，框架的水平位移有比剪力墙的位移小的趋势，剪力墙还承受框架约束的负剪力。框架-剪力墙结构很好地综合了框架的剪切变形和剪力墙的弯曲变形，具有较好的受力性能，它们的协同工作使各层层间变形趋于均匀，改善了纯框架或纯剪力墙结构中上部和下部楼层层间变形相差较大的缺点。框架-剪力墙结构模型如图 2-7 所示。

在实际应用中还有另外一些与框架-剪力墙的受力和变形性能相似的结构体系，如框架-支撑结构和板柱-剪力墙结构等。在框架-支撑结构中，

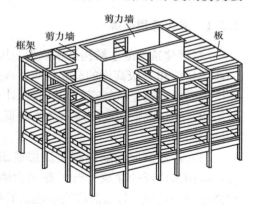

图 2-7 框架-剪力墙结构模型

支撑构件本身是轴向受力的杆件，支撑的作用类似于框-剪结构中的剪力墙，其较大的侧向刚度和轴向刚度抵抗了大部分的水平作用和竖向荷载；而在板柱-剪力墙结构中，板柱就相当于框-剪结构中的框架部分，其框架作用由板、柱和板柱节点形成。

2.2　结构布置原则

由于地震作用的随机性、复杂性和不确定性，以及在结构内力分析时人为的理想化，

如将空间结构简化为平面结构、动力作用简化为等效静力荷载、非弹性性质简化为弹性性质，而且未能充分考虑材料时效、阻尼变化等各种因素，导致根据实际结构进行建模的结构分析存在着非确定性，即分析结果和实际结构之间存在差异。要使结构抗震设计更好地符合客观实际，必须着眼于建筑总体抗震能力的概念设计。概念设计涉及的范围很广，要考虑的方面很多。具体地说，要正确认识地震作用的复杂性、间接性、随机性和耦联性，尽量创造减少地震动的客观条件，避免地面变形的直接危害和减少地震能量的输入。在结构总体布置上：首先在房屋体形、结构体系、刚度和承载力的分布、构件延性等主要方面创造结构整体的良好抗震条件，从根本上消除建筑中的抗震薄弱环节。然后，再辅以必要的计算、内力调整和构造措施。因此，国内外工程界常将概念设计作为设计的主导，认为它比数值计算更显重要，在抗震规范中所涉及的若干基本概念如下：

（1）预防为主、全面规划。

（2）选择抗震有利场地，避开抗震不利地段。

（3）建筑体形和结构布置规则。

（4）设置多道抗震防线。

（5）防止薄弱层塑性变形集中。

（6）承载力、刚度和变形能力协调统一。

（7）确保结构的整体性。

（8）非结构构件的抗震措施。

本节所述结构布置原则主要包括结构的最大适用高度、结构高宽比限值、结构的抗震等级、结构的平面布置和竖向布置、变形缝、水平位移限值、结构抗震性能化设计以及结构抗连续倒塌设计等方面的具体规定和设计要求。

2.2.1 最大适用高度

《高层建筑混凝土结构技术规程》JGJ 3—2010（以下简称《高规》）划分了 A 级高度的高层建筑和 B 级高度的高层建筑。A 级高度的高层建筑是指常规的、一般的建筑。B 级高度的高层建筑是指较高的，因而设计有更严格要求的建筑。平面及竖向不规则的高层建筑结构，其最大适用高度应该适当降低。《高规》没有采用定义不清晰的"超高层建筑"一词。

（1）A 级高度钢筋混凝土高层建筑指符合表 2-1 高度限值的建筑，也是目前数量最多，应用最广泛的建筑。当框架-剪力墙、剪力墙及筒体结构超出表 2-1 的高度时，列入 B 级高度高层建筑。B 级高度高层建筑的最大适用高度不宜超过表 2-2 的规定，并应遵守高规规定的更严格的计算和构造措施，同时需经过专家的审查复核。

A 级高度钢筋混凝土高层建筑的最大适用高度（m） 表 2-1

结构体系	非抗震设计	抗震设防烈度				
		6 度	7 度	8 度		9 度
				0.20g	0.30g	
框架	70	60	50	40	35	—
框架-剪力墙	150	130	120	100	80	50

续表

结构体系		非抗震设计	抗震设防烈度				
			6度	7度	8度		9度
					0.20g	0.30g	
剪力墙	全部落地剪力墙	150	140	120	100	80	60
	部分框支剪力墙	130	120	100	80	50	不应采用
筒体	框架-核心筒	160	150	130	100	90	70
	筒中筒	200	180	150	120	100	80
板柱-剪力墙		110	80	70	55	40	不应采用

注：1. 房屋高度指室外地面至主要屋面高度，不包括局部突出屋面的电梯机房、水箱、构架等高度。
2. 部分框支剪力墙结构指地面以上有部分框支剪力墙的剪力墙结构。
3. 表中框架不含异形柱框架。
4. 甲类建筑，6、7、8度时宜按本地区设防烈度提高一度后符合本表的要求，9度时应专门研究。
5. 框架结构、板柱-剪力墙结构以及9度抗震设防的表列其他结构，当房屋高度超过表中数值时，结构设计应有可靠数据，并采取有效措施。

B级高度钢筋混凝土高层建筑的最大适用高度（m）　　　　表 2-2

结构体系		非抗震设计	抗震设防烈度			
			6度	7度	8度	
					0.20g	0.30g
框架-剪力墙		170	160	140	120	100
剪力墙	全部落地剪力墙	180	170	150	130	110
	部分框支剪力墙	150	140	120	100	80
筒体	框架-核心筒	220	210	180	140	120
	筒中筒	300	280	230	170	150

注：1. 甲类建筑，6、7度时宜按本地区设防烈度提高一度后符合本表的要求，8度时应专门研究。
2. 当房屋高度超过表中数值时，结构设计应有可靠数据，并采取有效措施。

对于房屋高度超过 A 级高度高层建筑最大适用高度的框架结构、板柱-剪力墙结构以及 9 度抗震设计的各类结构，因研究成果和工程经验不足，在 B 级高度高层建筑中未予列入。

（2）具有较多短肢剪力墙的剪力墙结构的抗震性能有待进一步研究和工程实践检验，高规第 7.1.8 条规定其最大适用高度比剪力墙结构适当降低，7 度、8 度（0.2g）和 8 度（0.3g）时分别不应大于 100m、80m 和 60m；B 级高度高层建筑以及抗震设防烈度为 9 度的 A 级高度高层建筑，不宜布置短肢剪力墙，不应采用具有较多短肢剪力墙的剪力墙结构。

（3）高度超出表 2-2 的特殊工程，应通过专门的审查、论证，补充多方面的计算分析，必要时进行相应的结构试验研究，采取专门的加强构造措施，才能予以实施。

（4）框架-核心筒结构中，除周边框架外，内部带有部分仅承受竖向荷载的板柱结构时，不属于本条所说的板柱-剪力墙结构。

（5）在高规最大适用高度表中，框架-剪力墙结构的高度均低于框架核心筒结构的高度。其主要原因是，高规中规定的框架-核心筒结构的核心筒相对于框架-剪力墙结构的剪力墙较强，核心筒成为主要抗侧力构件。

2.2.2 高宽比限值

高层建筑的高宽比，是对结构刚度、整体稳定、承载能力和经济合理性的宏观控制。A级高度高层建筑的高宽比限值（表2-3）。从目前大多数常规A级高度高层建筑来看，这一限值是各方面都可以接受的，也是比较经济合理的。目前国内超限高层建筑中，高宽比超过这一限制的是极个别的，修订后的《高规》不再区分A级高度高层建筑和B级高度高层建筑的最大高宽比限值。

钢筋混凝土高层建筑适用的最大高宽比限值　　　　表2-3

结构体系	非抗震设计	抗震设防烈度		
		6、7度	8度	9度
框架	5	4	3	—
板柱-剪力墙	6	5	4	—
框架-剪力墙、剪力墙	7	6	5	4
框架-核心筒	8	7	6	4
筒中筒	8	8	7	5

在复杂体型的高层建筑中，如何计算高宽比是比较难以确定的问题。一般情况下，可按所考虑方向的最小宽度计算高宽比，但对突出建筑物平面很小的局部结构（如楼梯间、电梯间等），一般不应包含在计算宽度内；对于不宜采用最小宽度计算高宽比的情况，应由设计人员根据实际情况确定合理的计算方法；对带有裙房的高层建筑，当裙房的面积和刚度相对于其上部塔楼的面积和刚度较大时，计算高宽比的房屋高度和宽度可按裙房以上塔楼结构考虑。

2.2.3 结构的抗震等级

钢筋混凝土房屋的抗震等级是重要的设计参数，应根据设防类别、结构类型、烈度和房屋高度四个因素确定。抗震等级的划分，体现了对不同抗震设防类别、不同结构类型、不同烈度、同一烈度但不同高度的钢筋混凝土房屋结构延性要求的不同，以及同一种构件在不同结构类型中的延性要求的不同。钢筋混凝土房屋结构应根据抗震等级采取相应的抗震措施。这里，抗震措施包括抗震计算时的内力调整措施和各种抗震构造措施。

钢筋混凝土房屋应根据设防类别、烈度、结构类型和房屋高度采用不同的抗震等级，并应符合相应的计算和构造措施要求。丙类建筑的抗震等级应按表2-4采用。

现浇钢筋混凝土房屋的抗震等级　　　　表2-4

结构类型		设防烈度								
		6度		7度			8度			9度
框架结构	高度（m）	≤24	>24	≤24		>24	≤24		>24	≤24
	框架	四	三	三		二	二		一	一
	大跨度框架	三		二			一			一
框架-抗震墙结构	高度（m）	≤60	>60	≤24	25～60	>60	≤24	25～60	>60	≤24	25～50
	框架	四	三	四	三	二	三	二	一	二	一
	抗震墙	三		三	二		二	一		一	

续表

结构类型			设防烈度									
			6度		7度			8度			9度	
抗震墙结构	高度（m）		≤80	>80	≤24	25~80	>80	≤24	25~80	>80	≤24	25~60
	剪力墙		四	三	四	三	二	三	二	一	二	一
部分框支抗震墙结构	高度（m）		≤80	>80	≤24	25~80	>80	≤24	25~80			
	抗震墙	一般部位	四	三	四	三	二	三	二			
		加强部位	三	二	三	二	一	二	一			
	框支层框架		二		二		一	一				
框架-核心筒结构	框架		三		二							
	核心筒		二		一							
筒中筒结构	外筒		三		二							
	内筒		三		二							
板柱-抗震墙结构	高度（m）		≤35	>35	≤35	>35		≤35	>35			
	框架、板柱的柱		三	二	二	二		二				
	抗震墙		二	二	二	二		二	二			

注：1. 建筑场地为Ⅰ类时，除6度外应允许按表内降低一度所对应的抗震等级采取抗震构造措施，但相应的计算要求不应降低；

2. 接近或等于高度分界时，应允许结合房屋不规则程度及场地、地基条件确定抗震等级；

3. 大跨度框架指跨度不小于18m的框架；

4. 高度不超过60m的框架-核心筒结构按框架-抗震墙的要求设计时，应按表中框架，抗震墙结构的规定确定其抗震等级。

钢筋混凝土房屋抗震等级的确定，尚应符合下列要求：

（1）设置少量抗震墙的框架结构，在规定的水平力作用下，底层框架部分所承担的地震倾覆力矩大于结构总地震倾覆力矩的50%时，其框架的抗震等级应按框架结构确定，抗震墙的抗震等级可与其框架的抗震等级相同。这里的底层指计算嵌固端所在的层。

（2）裙房与主楼相连，除应按裙房本身确定抗震等级外，相关范围不应低于主楼的抗震等级；主楼结构在裙房顶板对应的相邻上下各一层应适当加强抗震构造措施。裙房与主楼分离时，应按裙房本身确定抗震等级。

（3）当地下室顶板作为上部结构的嵌固部位时，地下一层的抗震等级应与上部结构相同，地下一层以下抗震构造措施的抗震等级可逐层降低一级，但不应低于四级。地下室中无上部结构的部分，抗震构造措施的抗震等级可根据具体情况采用三级或四级。

（4）当甲乙类建筑按规定提高一度确定其抗震等级而房屋的高度超过表2-1相应规定的上界时，应采取比一级更有效的抗震构造措施。

另外，《高规》中规定：结构抗震等级比一级有更高要求时则提升至特一级，其计算和构造措施比一级更严格。A级高度的高层建筑结构，应按表2-1确定其抗震等级；甲类建筑9度设防时，应采取比9度设防更有效的措施；乙类建筑9度设防时，抗震等级提升至特一级。B级高度的高层建筑，其抗震等级有更严格的要求，其抗震等级应按《高规》中表3.9.4采用；特一级构件除符合一级抗震要求外，尚应符合《高规》第3.10节的规定以及第10章的有关规定。

在结构受力性质与变形方面，框架-核心筒结构与框架-剪力墙结构基本上是一致的，尽管框架-核心筒结构由于剪力墙组成筒体而大大提高了其抗侧力能力，但其周边的稀柱框架相对较弱，设计上与框架-剪力墙结构基本相同。由于框架-核心筒结构的房屋高度一般较高（大于 60m），其抗震等级不再划分高度，而统一取用了较高的规定。

2.2.4 结构平面布置与竖向布置的规则性

合理的建筑形体和布置在抗震设计中是头等重要的。通常在结构布置时，提倡平、立面简单对称。建筑设计应根据抗震概念设计的要求明确建筑形体的规则性。不规则的建筑应按规定采取加强措施；特别不规则的建筑应进行专门研究和论证，采取特别的加强措施；严重不规则的建筑不应采用。震害表明，简单、对称的建筑在地震时较不容易破坏。而且道理也很清楚，简单、对称的结构容易估计其地震时的反应，容易采取抗震构造措施和进行细部处理。"规则"包含了对建筑的平、立面外形尺寸，抗侧力构件布置、质量分布，直至承载力分布等诸多因素的综合要求。"规则"的具体界限，随着结构类型的不同而异，需要建筑师和结构工程师互相配合，才能设计出抗震性能良好的建筑。

建筑设计应重视其平面、立面和竖向剖面的规则性对抗震性能及经济合理性的影响，宜择优选用规则的形体，其抗侧力构件的平面布置宜规则对称、侧向刚度沿竖向宜均匀变化、竖向抗侧力构件的截面尺寸和材料强度宜自下而上逐渐减小、避免侧向刚度和承载力突变。规则的建筑方案体现在体型（平面和立面的形状）简单，抗侧力体系的刚度和承载力上下变化连续、均匀，平面布置基本对称。即在平立面、竖向剖面或抗侧力体系上，没有明显的、实质的不连续（突变）。

建筑结构体型的不规则性可分为两类，一是建筑结构平面的不规则，另一是建筑结构竖向剖面和立面的不规则，后一种不规则性的危害性更大。

1. 建筑结构平面的不规则

平面不规则结构的不规则类型分为扭转不规则、凸凹不规则、楼板局部不连续 3 种。其相应规定详见表 2-5。

平面不规则的类型　　　　　　　　　　　　　　　　表 2-5

不规则类型	定　义
扭转不规则	楼层的最大弹性水平位移（或层间位移），大于该楼层两端弹性水平位移（或层间位移）平均值的 1.2 倍
凸凹不规则	结构平面凹进的一侧尺寸，大于相应投影方向总尺寸的 30%
楼板局部不连续	楼板的尺寸和平面刚度急剧变化，例如，有效楼板宽度小于该层楼板典型宽度的 50%，或开洞面积大于该层楼面面积的 30%，或较大的楼层错层

建筑平面的长宽比不宜过大，一般宜小于 6，以避免因两端相距太远，振动不同步，产生扭转等复杂的振动而使结构受到损害。为了保证楼板平面内刚度较大，使楼板平面内不产生大的振动变形，建筑平面的突出部分长度 l 应尽可能小。平面凹进时，应保证楼板宽度 B 足够大。Z 形平面则应保证重叠部分 l' 足够长。另外，由于在凹角附近，楼板容易产生应力集中，要加强楼板的配筋。建筑结构平面扭转不规则如图 2-8 所示。建筑结构凹凸不规则

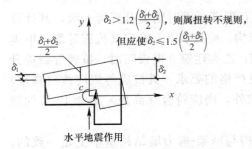

图 2-8　建筑结构平面的扭转不规则示例

如图 2-9 所示。建筑结构楼板局部不连续（大开洞及错层）如图 2-10 所示。

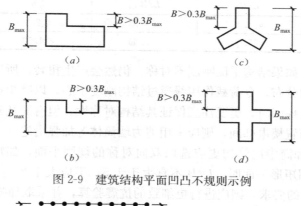

图 2-9　建筑结构平面凹凸不规则示例

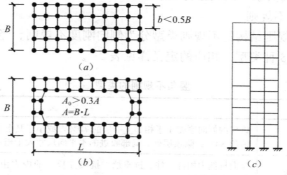

图 2-10　建筑结构楼板局部不连续示例

在设计中，L/B 的数值 6、7 度设防时最好不超过 4；8、9 度设防时最好不超过 3。l/b 的数值最好不超过 1.0。当平面突出部分长度 $l/b \leqslant 1$ 且 $l/B_{max} \leqslant 0.3$、质量和刚度分布比较均匀对称时，可以按规则结构进行抗震设计。结构平面各部分尺寸（如图 2-11 所示）宜满足表 2-6 的要求。

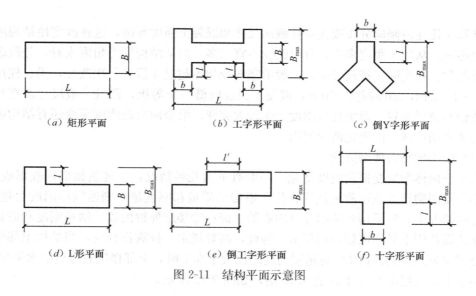

（a）矩形平面　　　　（b）工字形平面　　　　（c）倒Y字形平面

（d）L形平面　　　　（e）倒工字形平面　　　　（f）十字形平面

图 2-11　结构平面示意图

平面尺寸 L、l、l' 的限值 表 2-6

设防烈度	L/B	L/B_{max}	l/b	l'/B_{max}
6、7 度	≤6.0	≤0.35	≤2.0	≥1
8、9 度	≤5.0	≤0.30	≤1.50	≥1

在规则平面中，如果结构平面刚度不对称，仍然会产生扭转。所以，在布置抗侧力结构时，应使结构均匀分布，令荷载作用线通过结构刚度中心，以减少扭转的影响。尤其是布置刚度较大的楼电梯间时，更要注意保证其结构对称性。但有时从建筑功能考虑，在平面拐角部位和端部布置楼电梯间，则应采用剪力墙筒体等加强措施。

框架-筒体结构和筒中筒结构更应选取双向对称的规则平面，如矩形、正方形、正多边形、圆形，当采用矩形平面时，L/B 不宜大于 1.5，不应大于 2。如果采用了复杂的平面而不能满足表 2-5 的要求，则应进行更细致的抗震验算，并采取加强措施。

2. 建筑结构竖向不规则

建筑结构竖向不规则结构的不规则类型分为侧向刚度不规则、竖向抗侧力构件不连续以及楼层承载力突变 3 种类型。相应的定义详见表 2-7。

竖向不规则的类型 表 2-7

不规则类型	定义
侧向刚度不规则	该层的侧向刚度小于相邻上一层的 70%，或小于其上相邻 3 个楼层侧向刚度平均值的 80%；除顶层外，局部收进的水平向尺寸大于相邻下一层的 25%
竖向抗侧力构件不连续	竖向抗侧力构件（柱、抗震墙、抗震支撑）的内力由水平转换构件（梁、桁架等）向下传递
楼层承载力突变	抗侧力结构的层间受剪承载力小于相邻上一楼层的 80%

抗震设防的建筑结构竖向布置应使体型规则、均匀，避免有较大的外挑和内收，结构的承载力和刚度宜自下而上逐渐地减小。高层建筑结构的高宽比 H/B 不宜过大，如图 2-11 所示，宜控制在 5～6 以下，高宽比大于 5 的高层建筑应进行整体稳定验算和倾覆验算。

计算时往往沿竖向分段改变构件截面尺寸和混凝土强度等级，这种改变使结构刚度自下而上递减。从施工角度来看，分段改变不宜太多，但从结构受力角度来看，分段改变却宜多而均匀。在实际工程设计中，一般沿竖向变化不超过 4 段。每次改变，梁、柱尺寸减小 100～150mm，墙厚减少 50mm，混凝土强度降低一个等级，而且一般尺寸改变与强度改变要错开楼层布置、避免楼层刚度产生较大突变。沿竖向出现刚度突变还有结构的竖向体型突变和结构体系的变化两个原因。

(1) 结构的竖向体型突变

由于竖向体型突变而使刚度变化，一般有下面几种情况：①建筑顶部内收形成塔楼。顶部小塔楼因鞭梢效应而放大地震作用，塔楼的质量和刚度越小则地震作用放大越明显。在可能的情况下，宜采用台阶形逐级内收的立面；②楼层外挑内收。结构刚度和质量变化大，在地震作用下易形成较薄弱环节。为此，高规规定，抗震设计时，当结构上部楼层收进部分到室外地面的高度 H_1 与房屋高度之比大于 0.2 时，上部楼层收进后的水平尺寸 B_1 不宜小于下部楼层水平尺寸 B 的 0.75 倍，如图 2-12 所示。

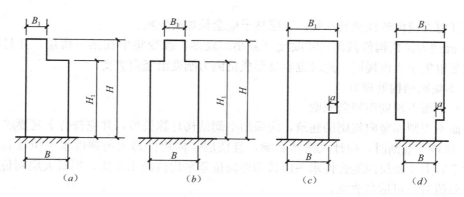

图 2-12 结构竖向收进和外挑示意图

（2）结构体系的变化

抗侧力结构布置改变主要在下列四种情况下发生（图 2-13～图 2-15）。

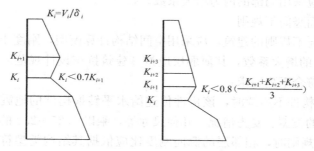

图 2-13 沿竖向的侧向刚度不规则（有软弱层）

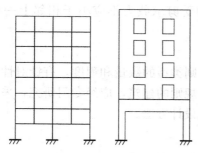

图 2-14 竖向抗侧力构件
不连续示例

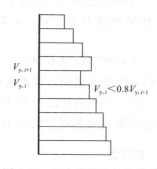

图 2-15 竖向抗侧力结构楼层
受剪承载力突变（有薄弱层）

① 剪力墙结构或框筒结构的底部大空间需要，底层或底部若干层剪力墙不落地，可能产生刚度突变。这时应尽量增加其他落地剪力墙、柱或筒体的截面尺寸，并适当提高相应楼层混凝土强度等级，尽量使刚度的变化减小。

② 中部楼层部分剪力墙中断。如果建筑功能要求必须取消中间楼层的部分墙体，则取消的墙不宜多于 1/3，不得超过半数，其余墙体应加强配筋。

③ 顶层设置空旷的大空间，取消部分剪力墙或内柱。由于顶层刚度削弱，高振型影响会使地震作用加大。顶层取消的剪力墙也不宜多于 1/3，不得超过半数。框架取消内柱

后，全部剪力应由外柱箍筋承受，顶层柱子应全长加密配箍。

④ 抗侧力结构构件截面尺寸改变（减小）较多，改变集中在某一楼层，并且混凝土强度改变也集中于该楼层，此时也容易形成抗侧力刚度沿竖向突变。

3. 不规则结构处理方式

(1) 平面不规则而竖向规则

平面不规则而竖向规则的建筑，应采用空间结构计算模型，并应符合下列要求：

① 扭转不规则时，应计入扭转影响，且楼层竖向构件最大的弹性水平位移和层间位移分别不宜大于楼层两端弹性水平位移和层间位移平均值的 1.5 倍，当最大层间位移远小于规范限值时，可适当放宽；

② 凹凸不规则或楼板局部不连续时，应采用符合楼板平面内实际刚度变化的计算模型；高烈度或不规则程度较大时，宜计入楼板局部变形的影响；

③ 平面不对称且凹凸不规则或局部不连续，可根据实际情况分块计算扭转位移比，对扭转较大的部位应采用局部的内力增大系数。

(2) 平面规则而竖向不规则

平面规则而竖向不规则的建筑，应采用空间结构计算模型，刚度小的楼层的地震剪力应乘以不小于 1.15 的增大系数，其薄弱层应按《建筑抗震设计规范》有关规定进行弹塑性变形分析，并应符合下列要求：

① 竖向抗侧力构件不连续时，该构件传递给水平转换构件的地震内力应根据烈度高低和水平转换构件的类型、受力情况、几何尺寸等，乘以 1.25～2.0 的增大系数；

② 侧向刚度不规则时，相邻层的侧向刚度比应依据其结构类型符合《建筑抗震设计规范》相关章节的规定。对框架结构，楼层与其相邻上层的侧向刚度比 γ_1 不宜小于 0.7，且该楼层与相邻上部三层刚度平均值的比值不宜小于 0.8。

③ 楼层承载力突变时，薄弱层抗侧力结构的受剪承载力不应小于相邻上一楼层的65%。

(3) 平面和竖向都不规则

平面不规则且竖向不规则的建筑，应根据不规则类型的数量和程度，有针对性地采取不低于 (1)、(2) 款要求的各项抗震措施。特别不规则的建筑，应经专门研究，采取更有效的加强措施或对薄弱部位采用相应的抗震性能化设计方法。

2.2.5 变形缝

变形缝包括沉降缝、伸缩缝和防震缝。在多层及高层建筑中，为防止结构因温度变化和混凝土收缩而产生裂缝，常隔一定距离用温度-收缩缝分开；在塔楼和裙房之间，由于沉降不同，往往设沉降缝分开；建筑物各部分层数、质量、刚度差异过大，或有错层时，也可用防震缝分开。温度-收缩缝、沉降缝或防震缝将建筑物划分为若干个结构独立的部分，成为独立的结构单元。

建筑中设置"三缝"，可以解决产生过大变形和内力的问题，但又产生许多新的问题。例如：由于缝两侧均需布置剪力墙或框架而使结构复杂或建筑使用不便；"三缝"使建筑立面处理相对困难；地下部分容易渗漏，防水困难等。更为突出的是：地震时缝两侧结构进入弹塑性状态，位移急剧增大而可能发生的相互碰撞，会产生严重的震害。1976 年我国的唐山地震中，京津唐地区设缝的高层建筑（缝宽为 50~150mm），除北京饭店东楼（18 层框架-剪力墙结构，缝宽 600mm）外，许多房屋结构都发生程度不等的碰撞。轻者外装修、女儿墙、檐口损坏，重者主体结构破坏。1985 年墨西哥城地震中，由于碰撞而使顶部楼层破坏的震害相当多。所以，多高层建筑结构设计和施工经验总结表明：建筑设计时应当调整平面尺寸和结构布置，采取构造措施和施工措施，能不设缝就不设缝，能少设缝就少设缝；如果没有采取措施或必须设缝时，则必须保证有必要的缝宽以防止震害。

1. 伸缩缝

温度-收缩缝也称为伸缩缝。高层建筑结构不仅平面尺度大，而且竖向的高度也很大，温度变化和混凝土收缩不仅会产生水平方向的变形和内力，而且也会产生竖向的变形和内力。但是，高层钢筋混凝土结构一般不计算由于温度收缩产生的内力。因为一方面高层建筑的温度场分布和收缩参数等都很难准确决定；另一方面混凝土又不是弹性材料，它既有塑性变形，还有徐变和应力松弛，实际的内力要远小于按弹性结构得出的计算值。广州白云宾馆（33 层，高 112m，长 70m）的温度应力计算表明，温度-收缩应力计算值过大，难以作为设计的依据。曾经计算过温度-收缩应力的其他建筑也遇到类似的情况。因此，钢筋混凝土高层建筑结构的温度-收缩问题，一般由构造措施来解决。

当屋面无隔热或保温措施时，或位于气候干燥地区、夏季炎热且暴雨频繁地区的结构，可适当减少伸缩缝的距离；当混凝土的收缩较大或室内结构因施工而外露时间较长时，伸缩缝的距离也应减小，相反，当有充分依据，采取有效措施时，伸缩缝间距可以放宽。

目前已建成的许多高层建筑结构，由于采取了充分有效的措施，并进行合理的施工，伸缩缝的间距已超出了规定的数值。例如 1973 年施工的广州白云宾馆长度已达 70m。目前最大的间距已超过 100m 的有：如北京昆仑饭店（30 层剪力墙结构）长度达 114m；北京京伦饭店（12 层剪力墙结构）达 138m 等。

在较长的区段上不设温度-收缩缝要采取以下的构造措施和施工措施。

（1）在温度影响较大的部位提高配筋率。这些部位是：顶层、底层、山墙、内纵墙端开间。对于剪力墙结构，这些部位的最小构造配筋率为 0.25%，实际工程一般都在 0.3% 以上。

（2）直接受阳光照射的屋面应加厚屋面隔热保温层，或设置架空通风双层屋面，避免屋面结构温度变化过于激烈。

（3）顶层可以局部改变为刚度较小的形式（如剪力墙结构顶层局部改为框架-剪力墙结构），或顶层分为长度较小的几段。

（4）施工中留后浇带。一般每 40m 左右设一道，后浇带宽 700~1000mm，混凝土后浇，钢筋搭接长度 35d（d 为钢筋直径）（图 2-16）。留出后浇带后，施工过程中混凝土可以自由收缩，从而大大减少了收缩应力。

图 2-16 后浇带

混凝土的抗拉强度有较多部分用来抵抗温度应力，提高结构抵抗温度变化的能力。

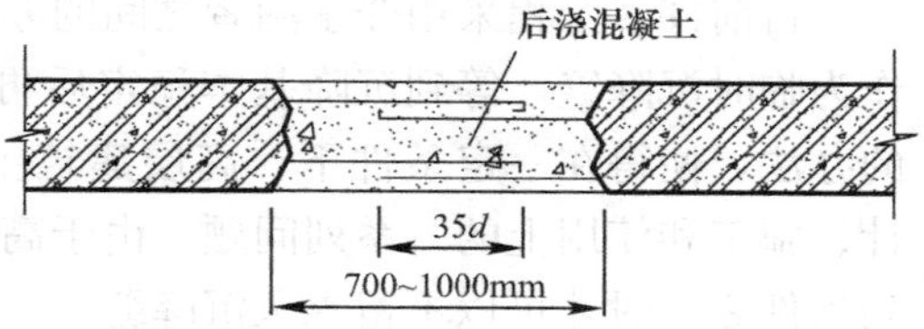

后浇带采用浇筑混凝土进行灌筑，必要时可在混凝土内的水泥中掺微量铅粉使其有一定的膨胀性，防止新老混凝土之间出现裂缝，一般也可采用强度等级提高一级的混凝土灌

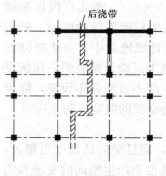

图 2-17 后浇带位置

筑。后浇带混凝土可在主体混凝土施工后 60d 浇筑，后浇混凝土施工时的温度尽量与主体混凝土施工时的温度相近。

后浇带应通过建筑物的整个横截面，分开全部墙、梁和楼板，使得两边都可以自由收缩。后浇带可以选择对结构受力影响较小的部位曲折通过。不要在一个平面内，以免全部钢筋都在同一平面内搭接。一般情况下，后浇带可设在框架梁和楼板的 1/3 跨处，设在剪力墙洞口上方连梁的跨中或内外墙连接处，如图 2-17 所示。由于后浇带混凝土后浇，钢筋搭接，其两侧结构长期处于悬臂状态，所以模板的支柱在本跨不能全部拆除。当框架主梁跨度较大时，梁的钢筋可以直通而不切断，以免搭接长度过长而产生施工困难，也防止悬臂状态下产生不利的内力和变形。

2. 沉降缝

当同一建筑物中的各部分由于基础沉降不同而产生显著沉降差，有可能产生结构难以承受的内力和变形时，可采用沉降缝将两部分分开。沉降缝不仅应贯通上部结构，而且应贯通基础本身。通常，沉降缝用来划分同一建筑中层数相差很多、荷载相差很大的各部分，最典型的是用来分开主楼和裙房。

是否设缝，应根据具体条件综合考虑。设沉降缝后，由于上部结构须在缝的两侧均设独立的抗侧力结构，形成双梁、双柱和双墙，建筑、结构问题较多，地下室渗漏不容易解决。通常，建筑物各部分沉降差大体上有 3 种方法来处理。

(1) "放"——设沉降缝，让各部分自由沉降，互不影响，避免出现由于不均匀沉降时产生的内力。

(2) "抗"——采用端承桩或利用刚度较大的其他基础。前者由坚硬的基岩或砂卵石层来承受，尽可能避免显著的沉降差；后者则用基础本身的刚度来抵抗沉降差。

(3) "调"——在设计与施工中采取措施，调整各部分沉降，减少其差异，降低由沉降差产生的内力。

采用"放"的方法，似乎比较省事，而实际上如前所述，结构、建筑、设备、施工各方面困难不少。有抗震要求时，缝宽还要考虑防震缝的宽度要求。用设刚度很大的基础来抵抗沉降差而不设缝的做法，虽然在一些情况下能"抗"住，但基础材料用量多，不经济。采用无沉降的端承桩只能在有坚硬基岩的条件下实施，而且桩基造价较高。

目前许多工程采用介乎两者之间的办法，调整各部分沉降差，在施工过程中留后浇段作为临时沉降缝，等到沉降基本稳定后再连为整体，不设永久性沉降缝。采用这种"调"的办法，使得在一定条件下，高层建筑主楼与裙房之间可以不设沉降缝，从而解决了设计、施工和使用上的一系列问题。由于高层建筑的主楼和裙房的层数相差很远，在具有下列条件之一时才可以不留永久沉降缝。

(1) 采用端承桩，桩支承在基岩上。

(2) 地基条件较好，沉降差小。

(3) 有较多的沉降观测资料，沉降计算比较可靠。

在后两种情况下，可按"调"的办法采取如下措施：

（1）调压力差。主楼部分荷载大，采用整体的箱形基础或筏形基础，降低土压力，并加大埋深，减少附加压力；低层部分采用较浅的交叉梁基础等，增加土压力，使高低层沉降接近。

（2）调时间差。先施工主楼，主楼工期长，沉降大，待主楼基本建成，沉降基本稳定，再施工裙房，使后期沉降基本相近。

在上述几种情况下，都要在主楼与裙房之间预留后浇带，钢筋连通，混凝土后浇，待两部分沉降稳定后再连为整体。目前，广州、深圳等地多采用基岩端承桩，主楼、裙房间不设缝；而北京的高层建筑则一般较多采用施工时留后浇带的做法。

3. 防震缝

抗震设计的建筑结构在下列情况下宜设防震缝：

（1）平面长度和外伸长度尺寸超出了规程限值而又没有采取加强措施时。

（2）各部分结构刚度相差很远，采取不同材料和不同结构体系时。

（3）各部分质量相差很大时。

（4）各部分有较大错层时。

此外，各结构单元之间设置伸缩缝和沉降缝时，其缝宽应满足防震缝宽度的要求。

防震缝应在地面以上沿全高设置，当不作为沉降缝时，基础可以不设防震缝。但在防震缝处基础应加强连接构造，高低层之间不要采用主楼框架柱设牛腿，低层屋面或楼面梁搁在牛腿上的做法，也不要用牛腿托梁的办法设防震缝，因为地震时各单元之间，尤其是高低层之间的振动情况是不相同的，连接处容易被压碎、拉断，唐山地震中，天津友谊宾馆主楼（9层框架）和裙房（单层餐厅）之间的牛腿支承处压碎、拉断，发生严重破坏。

因此，建筑各部分之间凡是设缝的，就要分得彻底；凡是不设缝的，就要连接牢固。绝不要将各部分之间设计的似分不分，似连不连，"藕断丝连"，否则连接处在地震中很容易被破坏。

4. 规范对伸缩缝、沉降缝和防震缝的有关规定

钢筋混凝土结构的伸缩缝的最大间距宜符合表 2-8 的规定。

钢筋混凝土伸缩缝最大间距（m）　　　　　　　　表 2-8

结构类型		室内或土中	露　天
框架结构	装配式	75	50
	现浇式	55	35
剪力墙结构	装配式	65	40
	现浇式	45	30
挡土墙、地下室墙壁等类结构	装配式	40	30
	现浇式	30	20

注：1. 装配整体式结构房屋的伸缩缝间距宜按表中现浇式的数值取用。
　　2. 框架-剪力墙结构或框架-核心筒结构房屋的伸缩缝间距可根据结构的具体布置情况取表中框架结构与剪力墙结构之间的数值。
　　3. 当屋面无保温或隔热措施时，框架结构、剪力墙结构的伸缩缝间距宜按表中露天栏的数值取用。
　　4. 现浇挑檐、雨罩等外露结构的伸缩缝间距不宜大于12m。

如有下列情况，表 2-8 中的伸缩缝最大间距宜适当缩小：

（1）位于气候干燥地区、夏季炎热且暴雨频繁地区的结构或经常处于高温作用下的

结构。

（2）采用滑模类施工工艺的剪力墙结构。

（3）材料收缩较大、室内结构因施工外露时间较长等。

对下列情况，如有充分依据和可靠措施，表 2-8 中的伸缩缝最大间距可适当增大：

（1）混凝土浇筑采用后浇带分段施工。

（2）采用专门的预加应力措施。

（3）采取能减小混凝土温度变化或收缩的措施。

当增大伸缩缝间距时，尚应考虑温度变化和混凝土收缩对结构的影响。

防震缝最小宽度应符合下列要求：

（1）框架结构房屋，高度不超过 15m 的部分，缝宽不应小于 100mm；超过 15m 的部分，6 度、7 度、8 度和 9 度相应每增加高度 5m、4m、3m 和 2m，缝宽宜加宽 20mm。

（2）框架-剪力墙结构房屋可按第一项规定数值的 70% 采用，剪力墙结构房屋可按第一项规定数值的 50% 采用，但二者均不应小于 70mm。

防震缝两侧结构体系不同时，防震缝宽度应按不利的结构类型确定。防震缝两侧的房屋高度不同时，防震缝宽度应按较低的房屋高度确定。当相邻结构的基础存在较大沉降差时，宜增大防震缝的宽度。防震缝宜沿房屋全高设置。地下室、基础可不设防震缝，但在与上部防震缝对应处应加强构造和连接。结构单元之间或主楼与裙房之间如无可靠措施，不应采用牛腿托梁的做法设置防震缝。

抗震设计时伸缩缝、沉降缝的宽度均应符合防震缝最小宽度的要求。

2.2.6 水平位移限值要求

高层建筑层数多、高度大，为保证高层建筑结构具有必要的刚度，应对其楼层位移加以控制。侧向位移控制实际上是对构件截面大小、刚度大小的一个宏观指标。

1. 限制高层建筑结构层间位移的目的

在正常使用条件下，限制高层建筑结构层间位移的主要目的有两点：

（1）保证主结构基本处于弹性受力状态，对钢筋混凝土结构来讲，要避免混凝土墙或柱出现裂缝；同时，将混凝土梁等楼面构件的裂缝数量、宽度和高度限制在规范允许范围之内。

（2）保证填充墙、隔墙和幕墙等非结构构件的完好，避免产生明显损伤。

迄今，控制层间变形的参数有三种：即层间位移与层高之比（层间位移角）；有害层间位移角；区格广义剪切变形。

2. 建筑结构层间位移控制限值

按弹性方法计算的风荷载或多遇地震标准值作用下的楼层层间最大水平位移与层高之比 $\Delta u/h$ 宜符合下列规定：

（1）高度不大于 150m 的高层建筑，其楼层层间最大位移与层高之比 $\Delta u/h$ 不宜大于表 2-9 的限值。

（2）高度不小于 250m 的高层建筑，其楼层层间最大位移与层高之比 $\Delta u/h$ 不宜大于 1/500。

（3）高度在 150～250m 的高层建筑，其楼层层间最大位移与层高之比 $\Delta u/h$ 的限值可按本条第 1 款和第 2 款的限值线性插入取用。

注：楼层层间最大位移 Δu 以楼层竖向构件最大的水平位移差计算，不扣除整体弯曲变形。抗震设计时，本条规定的楼层位移计算可不考虑偶然偏心的影响。

楼层层间最大位移与层高之比的限值　　　　　　　　　　　表 2-9

结构体系	$\Delta u/h$ 限值
框架	1/550
框架-剪力墙、框架-核心筒、板柱-剪力墙	1/800
筒中筒、剪力墙	1/1000
除框架结构外的转换层	1/1000

2.2.7 结构抗震性能化设计

结构抗震性能设计应分析结构方案的特殊性、选用适宜的结构抗震性能目标，并采取满足预期的抗震性能目标的措施。结构抗震性能目标应综合考虑抗震设防类别、设防烈度、场地条件、结构的特殊性、建造费用、震后损失和修复难易程度等各项因素选定。结构抗震性能目标分为 A、B、C、D 四个等级，结构抗震性能分为 1、2、3、4、5 五个水准，每个性能目标均与一组在指定地震地面运动下的结构抗震性能水准相对应。如表 2-10 及表 2-11 所示。

结构抗震性能目标　　　　　　　　　　　表 2-10

性能目标 地震水准 　　性能水准	A	B	C	D
多遇地震	1	1	1	1
设防烈度地震	1	2	3	4
预估的罕遇地震	2	3	4	5

各性能水准结构预期的震后性能状况　　　　　　　　　　　表 2-11

结构抗震 性能水准	宏观损坏 程度	损坏部位			继续使用的 可能性
		关键构件	普通竖向构件	耗能构件	
1	完好、无损坏	无损坏	无损坏	无损坏	不需修理即可继续使用
2	基本完好、轻微损坏	无损坏	无损坏	轻微损坏	稍加修理即可继续使用
3	轻度损坏	轻微损坏	轻微损坏	轻度损坏、部分中度损坏	一般修理后可继续使用
4	中度损坏	轻度损坏	部分构件中度损坏	中度损坏、部分比较严重损坏	修复或加固后可继续使用
5	比较严重损坏	中度损坏	部分构件比较严重损坏	比较严重损坏	需排险大修

注："关键构件"是指该构件的失效可能引起结构的连续破坏或危及生命安全的严重破坏；"普通竖向构件"是指"关键构件"之外的竖向构件；"耗能构件"包括框架梁、剪力墙连梁及耗能支撑等。

结构抗震性能设计有三项主要工作：

1. 确定结构设计是否需要采用抗震性能设计方法

分析结构方案在房屋高度、规则性、结构类型、场地条件或抗震设防标准等方面的特殊要求，确定结构设计是否需要采用抗震性能设计方法，并作为选用抗震性能目标的主要依据。结构方案特殊性的分析中要注重分析结构方案不符合抗震概念设计的情况和程度。国内外历次大地震的震害经验已经充分说明，抗震概念设计是决定结构抗震性能的重要因素。多数情况下，需要按本节要求采用抗震性能设计的工程，一般表现为不能完全符合抗震概念设计的要求。结构工程师应根据本规程有关抗震概念设计的规定，与建筑师协调，改进结构方案，尽量减少结构不符合概念设计的情况和程度，不应采用严重不规则的结构方案。对于特别不规则结构，可按本节规定进行抗震性能设计，但需慎重选用抗震性能目标，并通过深入的分析论证。

2. 选用抗震性能目标

建筑抗震设计规范和高层建筑混凝土结构技术规程提出 A、B、C、D 四级结构抗震性能目标和五个结构抗震性能水准（1、2、3、4、5），四级抗震性能目标与《建筑抗震设计规范》GB 50011 提出结构抗震性能 1、2、3、4 是一致的。地震地面运动一般分为三个水准，即多遇地震（小震）、设防烈度地震（中震）及预估的罕遇地震（大震）。

A、B、C、D 四级性能目标的结构，在小震作用下均应满足第 1 抗震性能水准，即满足弹性设计要求；在中震或大震作用下，四种性能目标所要求的结构抗震性能水准有较大的区别。A 级性能目标是最高等级，中震作用下要求结构达到第 1 抗震性能水准，大震作用下要求结构达到第 2 抗震性能水准，即结构仍处于基本弹性状态；B 级性能目标，要求结构在中震作用下满足第 2 抗震性能水准，大震作用下满足第 3 抗震性能水准，结构仅有轻度损坏；C 级性能目标，要求结构在中震作用下满足第 3 抗震性能水准，大震作用下满足第 4 抗震性能水准，结构中度损坏；D 级性能目标是最低等级，要求结构在中震作用下满足第 4 抗震性能水准，大震作用下满足第 5 性能水准，结构有比较严重的损坏，但不致倒塌或发生危及生命的严重破坏。选用性能目标时，需综合考虑抗震设防类别、设防烈度、场地条件、结构的特殊性、建造费用、震后损失和修复难易程度等因素。鉴于地震地面运动的不确定性以及对结构在强烈地震下非线性分析方法（计算模型及参数的选用等）存在不少经验因素，缺少从强震记录、设计施工资料到实际震害的验证，对结构抗震性能的判断难以十分准确，尤其是对于长周期的超高层建筑或特别不规则结构的判断难度更大，因此在性能目标选用中宜偏于安全一些。

3. 结构抗震性能分析论证的重点

结构抗震性能分析论证的重点是深入的计算分析和工程判断，找出结构有可能出现的薄弱部位，提出有针对性的抗震加强措施，必要的试验验证，分析论证结构可达到预期的抗震性能目标。一般需要进行如下工作：

（1）分析确定结构超过本规程适用范围及不规则性的情况和程度；

（2）认定场地条件、抗震设防类别和地震动参数；

（3）深入的弹性和弹塑性计算分析（静力分析及时程分析）并判断计算结果的合理性；

（4）找出结构有可能出现的薄弱部位以及需要加强的关键部位，提出有针对性的抗震加强措施；

（5）必要时还需进行构件、节点或整体模型的抗震试验，补充提供论证依据，例如对本规程未列入的新型结构方案又无震害和试验依据或对计算分析难以判断、抗震概念难以接受的复杂结构方案；

（6）论证结构能满足所选用的抗震性能目标的要求。

2.2.8 结构抗连续倒塌设计

结构连续倒塌是指结构因突发事件或严重超载而造成局部结构破坏失效，继而引起与失效破坏构件相连的构件连续破坏，最终导致相对于初始局部破坏更大范围的倒塌破坏。结构产生局部构件失效后，破坏范围可能沿水平方向和竖直方向发展，其中破坏沿竖向发展影响更为突出。当偶然因素导致局部结构破坏失效时，如果整体结构不能形成有效的多重荷载传递路径，破坏范围就可能沿水平或者竖直方向蔓延，最终导致结构发生大范围的倒塌甚至是整体倒塌。

结构连续倒塌事故在国内外并不罕见，英国 Ronan Point 公寓煤气爆炸倒塌，美国 AlfredP. Murrah 联邦大楼、WTC 世贸大楼倒塌，我国湖南衡阳大厦特大火灾后倒塌，法国戴高乐机场候机厅倒塌等都是比较典型的结构连续倒塌事故。每一次事故都造成了重大人员伤亡和财产损失，给地区乃至整个国家都造成了严重的负面影响。进行必要的结构抗连续倒塌设计，当偶然事件发生时，将能有效控制结构破坏范围。

安全等级为一级的高层建筑结构应满足抗连续倒塌概念设计要求；有特殊要求时，可采用拆除构件方法进行抗连续倒塌设计。

1. 《高层建筑混凝土结构技术规程》的相关规定

《高层建筑混凝土结构技术规程》关于抗连续倒塌概念设计应符合下列规定：

（1）应采取必要的结构连接措施，增强结构的整体性。

（2）主体结构宜采用多跨规则的超静定结构。

（3）结构构件应具有适宜的延性，避免剪切破坏、压溃破坏、锚固破坏、节点先于构件破坏。

（4）结构构件应具有一定的反向承载能力。

（5）周边及边跨框架的柱距不宜过大。

（6）转换结构应具有整体多重传递重力荷载途径。

（7）钢筋混凝土结构梁柱宜刚接，梁板顶、底钢筋在支座处宜按受拉要求连续贯通。

（8）钢结构框架梁柱宜刚接。

（9）独立基础之间宜采用拉梁连接。

高层建筑结构应具有在偶然作用发生时适宜的抗连续倒塌能力，不允许采用摩擦连接传递重力荷载，应采用构件连接传递重力荷载；应具有适宜的多余约束性、整体连续性、稳固性和延性；水平构件应具有一定的反向承载能力，如连续梁边支座、非地震区简支梁支座顶面及连续梁、框架梁梁中支座底面应有一定数量的配筋及合适的锚固连接构造，防止偶然作用发生时，该构件产生过大破坏。

2. 《混凝土结构设计规范》中相关规定

《混凝土结构设计规范》中关于混凝土结构防连续倒塌设计宜符合下列要求：

（1）采取减小偶然作用效应的措施；

（2）采取使重要构件及关键传力部位避免直接遭受偶然作用的措施；

（3）在结构容易遭受偶然作用影响的区域增加冗余约束，布置备用的传力途径；

（4）增强疏散通道、避难空间等重要结构构件及关键传力部位的承载力和变形性能；

（5）配置贯通水平、竖向构件的钢筋，并与周边构件可靠地锚固；

（6）设置结构缝，控制可能发生连续倒塌的范围。

3. 重要结构的防连续倒塌设计方法

重要结构的防连续倒塌设计可采用下列方法：

（1）局部加强法：提高可能遭受偶然作用而发生局部破坏的竖向重要构件和关键传力部位的安全储备，也可直接考虑偶然作用进行设计。

（2）拉结构件法：在结构局部竖向构件失效的条件下，可根据具体情况分别按梁-拉结模型、悬索-拉结模型和悬臂-拉结模型进行承载力验算，维持结构的整体稳固性。

（3）拆除构件法：按一定规则拆除结构的主要受力构件，验算剩余结构体系的极限承载力；也可采用倒塌全过程分析进行设计。

当进行偶然作用下结构防连续倒塌的验算时，作用宜考虑结构相应部位倒塌冲击引起的动力系数。在抗力函数的计算中，混凝土强度取强度标准值 f_{ck}；普通钢筋强度取极限强度标准值 f_{stk}，预应力筋强度取极限强度标准值 f_{ptk} 并考虑锚具的影响。宜考虑偶然作用下结构倒塌对结构几何参数的影响。必要时尚应考虑材料性能在动力作用下的强化和脆性，并取相应的强度特征值。

2.3 结构布置要点

2.3.1 结构体系的传力路径

建筑结构的作用是承受建筑及结构本身的重量以及其他多种多样的荷载和作用，它是一个空间的结构整体。一般而言，结构总体系包括水平结构体系、竖向结构体系和基础结构体系。结构体系中常见构件的布置示意图如图 2-18 所示。

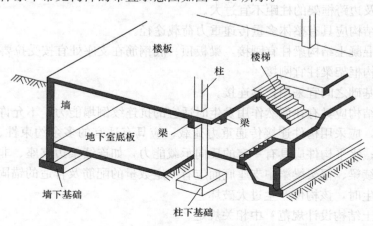

图 2-18 结构体系中常见构件示意图

水平结构体系也称楼（屋）盖体系。水平结构体系一般由板、梁、桁（网）架组成，如板-梁结构体系和桁（网）架体系。其作用为：①在竖直方向，它通过构件的弯曲变形承受楼面或屋面的竖向荷载，并把它传递给竖向承重体系；②在水平方向，它起隔板作用，并保持竖向结构的稳定，保持其界面的结合形状。

竖向结构体系一般由柱、墙、筒体组成，如框架体系、墙体系和井筒体系等。其作用为：①在竖直方向，承受水平结构体系传来的全部荷载，并把它们传给基础体系；②在水平方向，抵抗水平作用力，如风荷载、地震作用等，并把它们传给基础体系。

通常，竖向结构体系必须由水平结构体系联系在一起，以便使结构具有更好的抗弯和抗压曲能力。同时，水平结构体系作为竖向结构体系的横向支撑将竖向构件连接起来，减小其计算长度并影响其侧向刚度及侧向稳定性。竖向结构体系的间距也影响水平结构体系的选型及布置。

基础结构体系一般由独立基础、条形基础、交叉基础、筏形基础、箱形基础（一般为浅埋）以及桩、沉井（一般为深埋）组成。其作用为：①把上述两类结构体系传来的重力荷载全部传给地基；②承受地面以上的上部结构传来的水平作用力，并把它们传给地基；③限制整个结构的沉降，避免不允许的不均匀沉降和结构的滑移。

建筑上部结构的基本构件有板、梁、柱、墙、筒体和支撑等，基本构件或其组合如柱、墙、桁架、框架、实腹筒、框筒等便是联系杆件和分体系的"桥梁"，它是建筑结构的基本受力单元，称作承重单体或抗侧力单元。尽管单个的杆件可以作为基本的受力单元，如柱、墙等，但构件只有作为单独的一个基本的受力单元时才可称其为承重单体或抗侧力单元。如由梁柱组成的一榀平面框架、由4片墙围成的墙筒或由4片密柱深梁型框架围成的框筒，尽管其基本构件依旧是线型或面型构件，但此时它们已转变成具有不同力学特性的平面或空间抗力单元，考虑竖向荷载时它们是基本的承重单体，考虑侧向荷载时它们是基本的抗侧力单元。建筑结构体系通常也是按照其承重单体与抗侧力单元的特性来命名的，如基本的承重单体与抗侧力单元为框架、墙的，则称其为框架或剪力墙结构，承重单体或抗侧力单元包含框筒的，则称其为框筒结构。

竖向承重单体或抗侧力结构单元是竖向或水平分体系的基本组成部分，它们的抗力是房屋建筑结构分体系的抗力的基本组成单元。如在高层建筑中，结构的竖向荷载比较大，但它作用在结构上引起的结构响应通常都能被比较好地抵抗，因此竖向承重单体的问题比较好解决。相比之下，风荷载与地震作用等水平力的作用要严重得多，其内力和挠度等都比较大且要花大工夫来抵抗。

2.3.2 常用结构体系的结构布置要点

1. 砌体结构体系

（1）砌体结构承重方案

砌体结构体系进行结构布置时，主要是确定结构的承重方案。通常，砌体结构的承重方案主要包括横墙承重方案、纵墙承重方案、纵横墙承重方案、内框架承重方案。

1）横墙承重方案

横墙承重方案的受力特点是楼层荷载通过板、梁传至横墙，横墙作为主要的竖向承重构件，纵墙仅起围护、隔断、自承重及形成整体的作用。

横墙承重方案的优点是横墙布置较密，房屋横向刚度大、整体刚度大，外纵墙立面处理较为方便、可开设较大的门窗洞口；缺点是横墙间距小，导致房间布置灵活性差。

该承重方案通常于适用于宿舍、住宅等居住建筑。

2）纵墙承重方案

纵墙承重方案分为无梁纵墙承重（板→纵墙→基础）和有梁纵墙承重（板→梁→纵墙→基础）两种类型。其受力特点是纵墙为主要承重墙，横墙设置主要为满足房屋刚度及整体性需要，横墙间距可以较大。

纵墙承重方案的优点是空间较大、平面布置灵活，墙体面积小；缺点是刚度较差，纵墙受集中力处需加厚或设墙垛，纵墙门窗洞口大小和位置受限。

该承重方案主要适用于需要大空间或隔墙布置灵活的房屋，如教学楼、办公楼、实验楼、医院、图书馆、食堂、仓库等。

3）纵横墙承重方案

纵横墙承重方案的受力特点是为了满足建筑使用上的功能要求和结构的合理性，将纵墙和横墙均布置为承重墙体，采用预制短向楼板或现浇钢筋混凝土楼板。

纵横墙承重方案的优点是开间较横墙承重体系大；缺点是房间布置灵活性较纵墙承重体系差。

该承重方案通常适用于教学楼、办公楼、医院等建筑。

4）内框架承重方案

内框架承重方案的受力特点是外墙采用砖墙，内部采用钢筋混凝土梁、柱和预制板，由外部砖墙和内部框架共同组成承重体系。

内框架承重方案的优点是内部空间大，梁的跨度较纵墙承重体系小；缺点是外部砖墙和内部钢筋混凝土柱差别较大，房屋不均匀沉降导致结构附加内力较大，整体刚度较差。

该承重方案通常适用于多层工业、商业和文教用房等建筑，或仅用于建筑的底层（门面），或底层框架结构、上部砌体结构。

（2）砌体结构布置要点

砌体结构布置时，通常需注意以下要点：

1）横墙间距尽量小些，可使结构整体性和空间刚度较好，还可防止地基不均匀沉降引起的墙体开裂；

2）纵墙宜贯通，可利于防止墙体开裂，且易于设置圈梁；

3）梁跨度较大时，其支承处应加设壁柱；

4）适当设置伸缩缝和沉降缝，可预防和减少墙体开裂；

5）房屋平、立面布置规则，房屋质量分布和刚度变化均匀，限制房屋的高度、层高和高宽比，设置防震缝，选用配筋砌体，设置圈梁和构造柱，可提高砌体结构的抗震性能。

2. 框架结构体系

对于框架结构而言，确定合理的结构布置，需要充分考虑建筑的功能、造型、荷载、高度、施工条件等。

（1）框架结构承重方案

框架结构的承重方案主要有三种，即横向框架承重，纵向框架承重和纵横向框架承重三种。

1）横向框架承重方案

横向框架承重方案是指结构横向的梁为承重的主框架梁，纵向的梁为纵向框架梁。这种方案通常用于长宽比较大的房屋，可以有效提高其横向的抗侧力强度和刚度。此种布置在结构上较为合理，在建筑上利于立面处理和室内采光。如图 2-19 所示。

2）纵向框架承重方案

纵向框架承重方案是指结构纵向的梁为承重的主框架梁，横向的梁为横向框架梁。纵向框架承重方案中横向框架梁截面高度较小，便于纵向管道通过而不影响净高。此种布置房屋横向刚度较差，因而应用的局限性较大，通常只用于低层非抗震设防区的厂房。如图 2-20 所示。

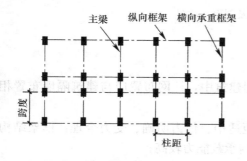

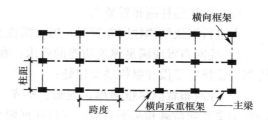

图 2-19　横向框架承重方案　　　　　　　图 2-20　纵向框架承重方案

3）纵横向框架承重方案

纵横向框架承重方案是指结构的纵横向的梁均为承重的主框架梁。这种方案用于长宽比较小或抗震设防区的房屋，可使其纵横两个方向均具有足够的强度和刚度。此种布置适用性强、应用广泛。如图 2-21 所示。

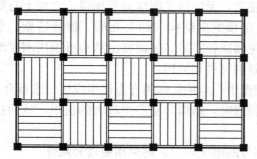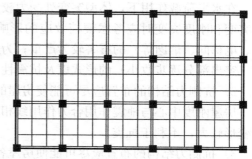

图 2-21　纵横向框架承重方案

（2）框架结构布置要点

整体上，为使框架结构的受力和传力合理，框架结构布置主要有以下要点：

1）一般要求框架梁宜连通，框架柱在纵横两个方向上应与框架梁连接；

2）梁、柱中心线宜重合，框架柱宜纵横对齐、上下对中；

3）结构的平、立面布置宜规则，各部分的质量和刚度宜均匀、连续；

4）框架结构可采用抽梁、抽柱、内收、外挑、斜梁、斜柱等形式，以满足使用功能或建筑造型的要求。

框架结构布置示例如图 2-22 所示。

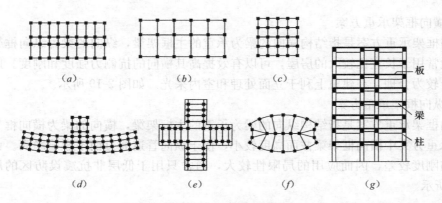

图 2-22　框架结构布置及剖面示意图

（3）框架格柱网布置要点

在进行框架结构柱网布置时，通常需注意：

1）柱网布置应满足建筑功能的要求：在民用建筑中，柱网布置应与建筑隔墙布置相协调，常将柱子设在纵横墙交错处；

2）柱网布置应尽量简单、规则、整齐、间距适中、传力明确、受力合理：框架结构同时承受竖向荷载和水平荷载，并且在框架平面内承载能力较高；

3）柱网布置应便于施工：设计时尽量减少构件规格，尽量使梁、板布置也简单、规则，施工方便可加快施工进度、降低工程造价。

（4）抗震设防区对框架的布置要求

抗震设防区，对框架结构体型与布置也有要求：

1）房屋的平、立面宜用简单体型

在水平荷载作用下，体型突变处受力较为复杂，无法避免则应局部加强；立面上有局部突变和刚度突变时应考虑鞭梢效应的影响；屋顶突出结构（如女儿墙、建筑造型、水箱、电梯间、烟囱等）的震害较为严重；为避免和减轻震害，屋顶突出结构可采用刚度渐变（突出部分逐步收小）的形式以及抗震性良好的材料和结构。

2）抗侧力结构的布置应尽可能使房屋的刚度中心与地震作用合力作用线接近或重合

房屋刚度中心与地震作用合力作用线相距较远时，结构容易产生较大的扭矩，从而扭转变形较大，不利于抗震。

3）抗侧力结构的布置应尽可能使房屋各部分的刚度均匀，避免相差过分悬殊

在地震作用下，刚度相差过分悬殊的两部分结构之间会出现相互作用力，使得结构受力更为复杂。如无法避免，可采用防震缝隔开刚度相差过分悬殊的两部分结构。

4）在地震烈度较高的抗震设防区，楼、电梯间不宜布置在结构单元的两端和拐角处

在地震作用下，结构单元两端和拐角处地震效应大、受力复杂，各层楼板在楼、电梯间处都要中断，否则地震时易发生震害，如无法避免，应采用加强措施。

5）应注意控制房屋的侧向变形和层间相对变形

控制房屋的侧向变形和层间相对变形的目的是防止竖向荷载引起的附加弯矩的加剧，防止填充墙的装修材料的破坏，避免相邻房屋结构的相互碰撞，减轻摇晃的感觉。

6）各层楼板应尽量设置在同一标高处或错开很少，避免采用复式框架

各层楼板设置在同一标高处或错开很少，避免采用复式框架的原因是同一楼层的楼板错开较多时，不利于抗震，复式框架存在楼板多处中断的情况，框架柱刚度差别较大，易引起震害。

7）房屋高低层不宜用牛腿相连，宜用防震缝隔开

房屋高低层连接处刚度相差悬殊，地震效应较大，牛腿连接处将产生很大的应力集中，震害严重。

3. 剪力墙结构体系

剪力墙结构体系布置时，通常需要注意以下要点：

（1）单片剪力墙为平面构件，双向布置，规则，对称，受板跨限制剪力墙间距一般在3～8m，剪力墙结构的侧向刚度不宜过大。

（2）剪力墙宜自下到上连续布置，避免刚度突变。

（3）剪力墙的门窗洞口宜成列上下对齐布置，形成明确的墙肢和连梁。宜避免使墙肢刚度相差悬殊的洞口设置。抗震设计时，一、二、三级抗震等级剪力墙的底部加强部位不宜采用错洞墙；一、二、三级抗震等级的剪力墙均不宜采用叠合错洞墙。

（4）截面宜简单，规则，I、L、T形等较好；较长的剪力墙宜开设洞口，将其分成长度较为均匀的若干墙段，墙段之间宜采用弱连梁连接；每个独立墙段的总高度与其截面高度之比不应小于2；墙肢截面高度不宜大于8m。剪力墙结构布置示例如图2-23所示。

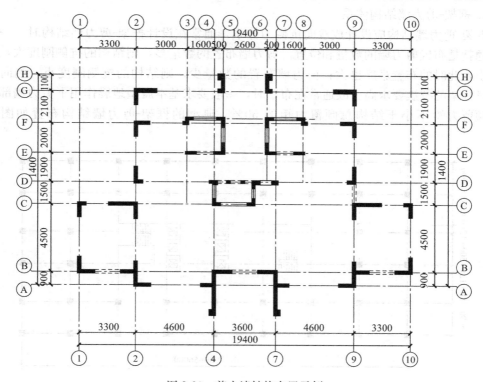

图2-23 剪力墙结构布置示例

（5）应控制剪力墙平面外的弯矩。当剪力墙墙肢与其平面外方向的楼面梁连接时，应至少采取以下措施中的一个措施，减小梁端部弯矩对墙的不利影响。①沿梁轴线方向设置

与梁相连的剪力墙，抵抗该墙肢平面外弯矩；②当不能设置与梁轴线方向相连的剪力墙时，宜在墙与梁相交处设置扶壁柱。扶壁柱宜按计算确定截面及配筋；③当不能设置扶壁柱时，应在墙与梁相交处设置暗柱，并宜按计算确定配筋；④必要时，剪力墙内可设置型钢。

（6）抗震设计时，一般剪力墙结构底部加强部位的高度应从地下室顶板算起；底部加强部位的高度可取底部两层和墙体总高度的 1/10 二者的较大值，带转换层的高层建筑结构，其剪力墙底部加强部位宜取至转换层以上两层且不宜小于房屋高度的 1/10；当结构计算嵌固端位于地下一层底板或以下时，底部加强部位宜延伸到计算嵌固端。

（7）不宜将楼面主梁支承在剪力墙之间的连梁上。楼面梁与剪力墙连接时，梁内纵向钢筋应伸入墙内，并可靠锚固。

（8）在高层建筑结构的底部，当上部楼层部分竖向构件（剪力墙、框架柱）不能直接连续贯通落地时，应设置结构转换层，在结构转换层布置转换结构构件。转换结构构件可采用梁、桁架、空腹桁架、箱形结构、斜撑等；非抗震设计和 6 度抗震设计时转换构件可采用厚板，7、8 度抗震设计的地下室的转换构件可采用厚板。

（9）底部大空间部分框支剪力墙高层建筑结构在地面以上的大空间层数：8 度时不宜超过 3 层；7 度时不宜超过 5 层；6 度时其层数可适当增加。底部带转换层的框架-核心筒结构和外筒为密柱框架的筒中筒结构，其转换层位置可适当提高。

4. 框架-剪力墙结构体系

框架-剪力墙结构应设计成双向抗侧力体系。通常在设计框架-剪力墙结构时，一个关键问题就是布置剪力墙的数量和位置。剪力墙布置的数量多，则结构的抗侧刚度大，侧向变形小，此时的布置难度也大；剪力墙布置的数量少，则结构的抗侧刚度小，侧向变形大，对框架的抗震要求高。故通常在布置时，一般要求基本震型地震作用下剪力墙部分承受的倾覆力矩不小于结构总倾覆力矩的 50%。典型的框架-剪力墙结构布置如图 2-24 所示。

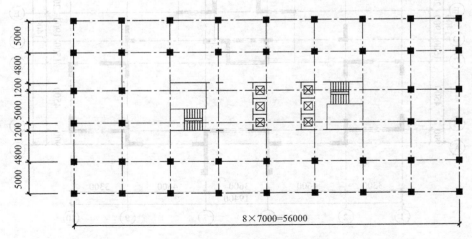

图 2-24 框架-剪力墙结构布置示例

框架-剪力墙结构中，剪力墙数量通常按下表 2-12 确定。表 2-12 中 A_w 为剪力墙截面面积；A_c 为框架柱截面面积；A_f 为楼面面积。

底层结构截面面积与楼面面积比　　　　　　　表 2-12

烈度及场地类别	面积比	
	$(A_w + A_c)/A_f$	A_w/A_f
7 度 Ⅱ 类场地	3%～5%	1.5%～2%
8 度 Ⅱ 类场地	4%～6%	2%～2.5%

框架-剪力墙结构中剪力墙的布置宜符合下列要求：

（1）剪力墙宜均匀布置在建筑物的周边附近、楼梯间、电梯间、平面形状变化及恒载较大的部位，剪力墙间距不宜过大；

（2）平面形状凹凸较大时，宜在凸出部分的端部附近布置剪力墙；

（3）纵、横剪力墙宜组成 L 形、T 形和 I 形等形式；

（4）对称布置，刚度分布均匀，减少扭转效应；

（5）剪力墙宜贯通建筑物的全高，宜避免刚度突变；剪力墙开洞时，洞口宜上下对齐；

（6）楼、电梯间等竖井宜尽量与靠近的抗侧力结构结合布置；

（7）抗震设计时，剪力墙的布置宜使结构各主轴方向的侧向刚度接近；

（8）单片剪力墙底部承担的水平剪力不宜超过结构底部总水平剪力的 40%；

（9）剪力墙间距不宜过大。剪力墙间距的取值应符合表 2-13 的要求。表中 B 为楼面宽度，单位为"m"。现浇层厚度大于 60mm 的叠合楼板可以作为现浇板考虑。

剪力墙间距（取较小值）　　　　　　　　　表 2-13

楼、屋盖类型	非抗震设计	抗震设防烈度		
		6、7 度	8 度	9 度
现浇	5.0B，60	4.0B，50	3.0B，40	2.0B，30
装配整体	3.5B，40	3.0B，40	2.5B，30	

2.4　结构构件尺寸的初步确定

2.4.1　框架结构的柱网尺寸

柱网布置是框架结构布置的重要组成部分。所谓柱网布置通常是指框架柱在平面上纵横两个方向的排列。柱网布置的任务就是确定柱子的排列形式与柱距，形成柱网。柱网的布置依据和原则一方面要满足建筑使用要求，同时还要考虑结构的合理性与施工的可行性。

各种不同使用功能的建筑，通常其柱网的布置与其使用功能密切相关。比如办公建筑的柱网尺寸由单间办公室的开间大小确定；图书馆书库的柱网尺寸与书架尺寸及存取书的方式有关；商业建筑柱网尺寸通常是根据柜台、货架、店员工作及顾客购物行走的通道宽度、商场规模、经营性质、商场所处环境及商场人流量确定；旅馆建筑的柱网尺寸通常取决于合适的客房开间，而合适的客房开间又取决于合理的家具布置、卫生间大小以及相应的服务等级；对于车库建筑，柱网尺寸与交通流线的组织及停车数量的多少有关。

对于常见的工业建筑和民用建筑，其柱网的布置方式和尺寸通常也有差别。

1. 对工业厂房，常采用的柱网布置方式有内廊式、等跨式与不等跨式。

（1）内廊式柱网常采用对称三跨，两边跨跨度较大且一般等跨，中间跨为走廊，一般跨度较小。

（2）等跨式柱网通常为两跨或两跨以上，适用于厂房、仓库、商店等。

（3）对称不等跨柱网常用于建筑平面宽度较大的厂房。

上述三种柱网布置方式的具体尺寸通常是根据实际工程需要取定。

2. 对宾馆、办公楼等民用建筑，柱网布置应与建筑分隔墙布置相协调，一般将柱子设在纵横墙交叉点上。柱网的尺寸还受到梁跨度的限制，一般梁跨度在 6～9m。

（1）在宾馆建筑中，一般两边是客房，中间为走道，柱网布置可有两种方案：

一种是将柱子布置在走道两侧成对称三跨式，对称两跨为包括客房和卫生间，中间跨仅为走道。如图 2-25 所示。

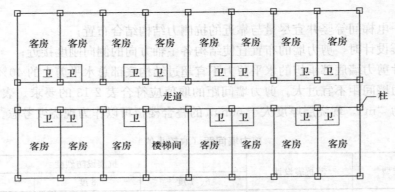

图 2-25 中间跨为走道的对称三跨式布置示意图

另一种是在横向跨度方向上将柱子布置在客房与卫生间之间，即将走道与两侧的卫生间并为一跨，边跨仅布置客房。该形式也是对称三跨式，但跨度相对均匀，受力较好。如图 2-26 所示。

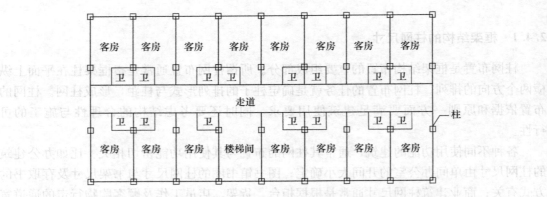

图 2-26 中间跨为走道及两侧卫生间的对称三跨式布置示意图

（2）在办公楼建筑中，一般是两边为办公室，中间为走道，这时可将两列中柱布置在走道两侧，其布置方式同图 2-25。而当房屋进深较小时，也可取消纵向的一列中柱，布置成两跨框架。如图 2-27 所示。

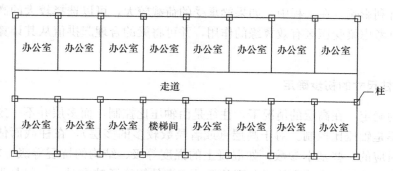

图 2-27　取消一列中柱的框架柱网布置示意图

多层框架主要承受竖向荷载，柱网布置时，应考虑到结构内力分布的均匀性。纵向柱列的布置对结构受力也有影响，框架柱距一般可取建筑开间。但如开间较小，层数又较少时，柱子截面配筋常按构造要求定，导致材料强度不能充分利用。同时过小的柱距也使建筑平面难以灵活布置，为此可考虑在纵向柱列方向上，将柱距取为两个开间，即每两个开间布置一排横向框架柱，如图 2-28 所示。

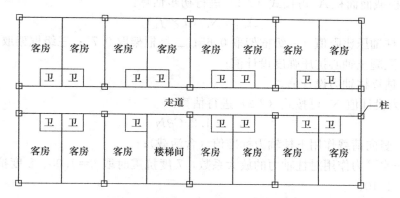

图 2-28　每两个开间布置一排横向柱的框架柱网布置示意图

2.4.2　框架梁截面尺寸的初步确定

钢筋混凝土框架结构的承载能力取决于梁、柱的强度，其刚度亦与梁、柱的刚度直接相关，因此框架梁、柱截面尺寸的初步选择要考虑强度和刚度的需要。

通常，框架梁尺寸按下述方法初步确定。

《高规》中规定：

1. 框架结构的主梁截面高度可按计算跨度的 $1/18 \sim 1/10$ 确定；在选用时，上限 $1/10$ 可适用于荷载较大，跨度较大的情况。当设计确有可靠依据且工程上有需要时，梁的高跨比也可小于 $1/18$。

2. 梁净跨与截面高度之比不宜小于 4。

3. 梁的截面宽度不宜小于梁截面高度的 $1/4$（通常取 $1/3 \sim 1/2$），也不宜小于 200mm。

当梁高较小或采用扁梁时，除应验算其承载力和受剪截面要求外，尚应满足刚度和裂缝的有关要求。在计算梁的挠度时，可扣除梁的合理起拱值；对现浇梁板结构，宜考虑梁受压翼缘的有利影响。在工程中，如果梁承受的荷载较大，可以选择较大的高跨比。在计算挠度时，可考虑梁受压区有效翼缘的作用，并可将梁的合理起拱值从其计算所得挠度中扣除。

2.4.3 框架柱尺寸的初步确定

柱截面的确定，在高层的情况下，往往是由轴压比控制，而多层并不一定是。层数越少，越可能不是轴压比控制。对于高层（或者层数较多的多层），在柱截面估算时，应当先明确设计对应的一些基本参数，如混凝土的强度等级、结构的抗震等级、轴压比限值，才能估算轴力，进而初步确定柱子截面的尺寸。在估算柱子轴力时，一般是先确定每层柱受荷的面积。此部分的面积，在平面图中，可简单的取柱的左右跨度之和的一半与上下跨度之和的一半，两者的乘积。再根据结构形式及活荷载的情况，确定每层的自重。值得注意的是，这里的自重是标准值，而在算柱轴压比时应当采用设计值。最后，对每层的受荷面积累加并乘以结构的自重，可算出柱轴力，柱轴力除以轴压比限值可得出柱截面面积。具体对于框架柱截面的估算步骤如下。

1. 框架柱截面面积 A_c 可按式（2-1）进行初步估算：

$$A_c \geqslant N_c/(a \times f_c) \tag{2-1}$$

式中　a——柱轴压比限值（一级框架取 0.65；二级框架取 0.75；三级框架取 0.85）；

f_c——混凝土轴心抗压强度设计值；

N_c——估算柱轴力设计值。

2. 柱轴力设计值 N_c 可按式（2-2）进行估算：

$$N_c = 1.25C\beta N \tag{2-2}$$

式中　N——竖向荷载作用下柱轴力标准值（含活载）；

β——水平力作用对柱轴力的放大系数，7 度抗震时取 $\beta=1.05$，8 度抗震时取 $\beta=1.10$；

C——中柱 $C=1$、边柱 $C=1.1$、角柱 $C=1.2$。

3. 竖向荷载作用下柱轴力标准值 N 可按正式估算：

$$N = nAq \tag{2-3}$$

式中　n——柱承受楼层数；

A——柱子从属面积；

q——竖向荷载标准值（含活载），根据《高规》条文说明 5.1.8 规定，框架与框架-剪力墙结构约为 $12\sim14\text{kN/m}^2$，剪力墙和筒体结构约为 $13\sim16\text{kN/m}^2$，其中包含活荷载部分约为 $2\sim3\text{kN/m}^2$。

框架结构设计过程中，柱截面通常选用方形或矩形。在确定框架尺寸时，通常保持柱网和框架梁截面不变，柱截面可调。

《高规》中规定：

柱截面尺寸宜符合下列规定：

（1）矩形截面柱的边长，非抗震设计时不宜小于 250mm，抗震设计时，四级不宜小于 300mm，一、二、三级时不宜小于 400mm；圆柱直径，非抗震和四级抗震设计时不宜小于 350mm，一、二、三级时不宜小于 450mm；

（2）柱剪跨比宜大于 2；

（3）柱截面高宽比不宜大于 3。

2.4.4 板厚的初步确定

在结构设计过程中，混凝土板通常按下列原则进行计算：

1. 两对边支承的板应按单向板计算；

2. 四边支承的板应按下列规定计算：

1）当长边与短边长度之比不大于 2.0 时，应按双向板计算；

2）当长边与短边长度之比大于 2.0，但小于 3.0 时，宜按双向板计算；

3）当长边与短边长度之比不小于 3.0 时，宜按沿短边方向受力的单向板计算，并应沿长边方向布置构造钢筋。

现浇混凝土板的尺寸宜符合下列规定：

1. 板的跨厚比：钢筋混凝土单向板不大于 30，双向板不大于 40；无梁支承的有柱帽板不大于 35，无梁支承的无柱帽板不大于 30。预应力板可适当增加；当板的荷载、跨度较大时宜适当减小。

2. 现浇钢筋混凝土板的厚度不应小于表 2-14 规定的数值。

现浇钢筋混凝土板的最小厚度

表 2-14

板的类别		最小厚度
单向板	屋面板	60
	民用建筑楼板	60
	工业建筑楼板	70
	行车道下的楼板	80
板的类别		最小厚度
双向板		80
密肋楼盖	面板	50
	肋高	250
悬臂板（根部）	悬臂长度不大于 500mm	60
	悬臂长度 1200mm	100
无梁楼板		150
现浇空心楼盖		200

2.4.5 剪力墙结构构件尺寸的初步确定

《高规》中规定：剪力墙结构中，剪力墙不宜过长，较长剪力墙宜设置跨高比较大的连梁将其分成长度较均匀的若干墙段，各墙段的高度与墙段长度之比不宜小于 3，墙段长度不宜大于 8m。剪力墙结构应具有延性，细高的剪力墙（高宽比大于 3）容易设计成具有延性的弯曲破坏剪力墙。当墙的长度很长时，可通过开设洞口将长墙分成长度较小的墙段，使每个墙段成为高宽比大于 3 的独立墙肢或联肢墙，分段宜较均匀。用以分割墙段的洞口上可设置约束弯矩较小的弱连梁（其跨高比一般宜大于 6）。此外，当墙段长度（即墙段截面高度）很长时，受弯后产生的裂缝宽度会较大，墙体的配筋容易拉断，因此墙段的长度不宜大于 8m。

剪力墙结构设计中，其截面厚度通常应符合下列规定：

1. 应符合墙体稳定验算要求。

2. 一、二级剪力墙：底部加强部位不应小于 200mm，其他部位不应小于 160mm。一字形独立剪力墙底部加强部位不应小于 220mm，其他部位不应小于 180mm。

3. 三、四级剪力墙：不应小于 160mm，一字形独立剪力墙的底部加强部位尚不应小于 180mm。

4. 非抗震设计时不应小于 160mm。

5. 剪力墙井筒中，分隔电梯井或管道井的墙肢截面厚度可适当减小，但不宜小于 160mm。

在抗震设计时，短肢剪力墙截面厚度除应符合上述要求外，底部加强部位尚不应小于 200mm，其他部位尚不应小于 180mm。不宜采用一字形短肢剪力墙，不宜在一字形短肢剪力墙上布置平面外与之相交的单侧楼面梁。

《抗规》中规定：

抗震墙的厚度，一、二级不应小于 160mm 且不宜小于层高或无支长度的 1/20，三、四级不应小于 140mm 且不宜小于层高或无支长度的 1/25；无端柱或翼墙时，一、二级不宜小于层高或无支长度的 1/16，三、四级不宜小于层高或无支长度的 1/20。

底部加强部位的墙厚，一、二级不应小于 200mm 且不宜小于层高或无支长度的 1/16，三、四级不应小于 160mm 且不宜小于层高或无支长度的 1/20；无端柱或翼墙时，一、二级不宜小于层高或无支长度的 1/12，三、四级不宜小于层高或无支长度的 1/16。

试验表明，有边缘构件约束的矩形截面抗震墙与无边缘构件约束的矩形截面抗震墙相比，极限承载力约提高 40%，极限层间位移角约增加一倍，对地震能量的消耗能力增大 20%左右，且有利于墙板的稳定。对一、二级抗震墙底部加强部位，当无端柱或翼墙时，墙厚需适当增加。

2.5　结构计算简图的确定

确定结构的计算简图是结构设计的一个重要步骤，直接影响到结构设计的质量。选取结构计算简图时通常应该遵守两个原则：

1. 尽可能反映结构的真实受力情况；

2. 尽可能使计算过程简化。

计算单元：为体现结构纵向和横向之间的空间联系，通常忽略各构件的抗扭作用，将空间框架简化为横向框架和纵向框架分别按平面框架进行分析计算，如图 2-29 (c)、(d) 所示。通常，横向框架的间距和荷载均相同或有相同部分，可取有代表性的一榀中间横向框架作为计算单元。纵向框架上的荷载、间距等往往各不相同，故常有中列柱和边列柱的差别。中列柱纵向框架的计算单元宽度可取相邻两侧跨距的一半；边列柱纵向框架的计算单元宽度可取一侧跨距的一半。取出的平面框架所承受的竖向荷载与楼盖结构相关，当采用现浇楼盖时，楼面均布荷载按角平分线传至两侧的梁上。梯形及三角形竖向均布荷载可简化为均布荷载，水平荷载则简化为节点集中力，如图 2-29（c）、（d）所示。

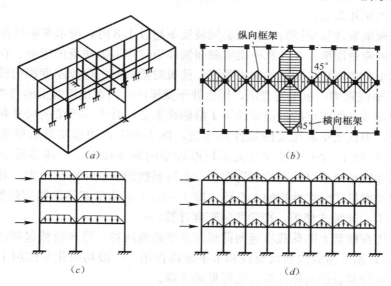

图 2-29 框架结构的计算单元和计算简图
（a）空间框架计算模型；（b）纵向框架、横向框架的荷载从属面积；
（c）横向框架计算单元；（d）纵向框架计算单元

节点：对于计算单元中的节点，通常现浇框架结构中，梁柱内纵向受力钢筋均穿过节点或锚入节点内，在按照平面框架结构分析时，将节点简化成刚接节点。框架支座有固定、铰支两种，现浇钢筋混凝土框架一般简化成固定支座，如有特殊要求时也可将现浇的梁柱节点设计成铰接。

跨度：在结构计算简图中，杆件用其中轴线来表示。框架梁的跨度通常取柱子构件轴线之间的距离。在实际工程中，框架柱的截面尺寸通常沿房屋高度变化。当上层柱截面尺寸减小但其形心轴仍与下层柱的形心轴重合时，其计算简图与各层柱截面不变时的相同。当上、下层柱截面尺寸不同且形心轴也不重合时，一般采取近似方法，即将顶层柱（最小柱截面处）的形心线作为整个柱子的轴线，但是必须注意，在框架结构的内力和变形分析中，各层梁的计算跨度及线刚度仍应按实际情况取；另外，尚应考虑上、下层柱轴线不重合，由上层柱传来的轴力在变截面处所产生的力矩。此力矩应视为外荷载，与其他竖向荷载一起进行框架内力分析。

层高：框架的层高即框架柱的长度，可取相应的建筑层高，即取本层楼面至上层楼面结构的高度，但底层的层高则应取基础顶面到二层楼板顶面之间的距离，当有地下室时且地下室顶板满足作为上部结构嵌固条件时，底层的层高则应取地下室顶板到二层楼板顶面之间的距离。跨度与层高的确定见图 2-30 所示。

当框架梁是有支托的加腋时，若 $I_m/I < 4$ 或 $h_m/h < 1.6$，则可不考虑支托的影响，简化为

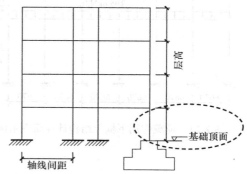

图 2-30 框架结构计算单元跨度与层高的选取

无支托的等截面梁。式中，I_m、h_m 分别是支托端最高截面的惯性矩和高度，而 I、h 则是跨中截面的惯性矩和高度。

通常，在框架取计算简图时，屋面斜梁坡度不超过 1/8 时，按水平梁计算。

构件截面的弯曲刚度：在计算框架梁截面惯性矩时应考虑楼板的影响。在框架梁两端节点附近，梁承受负弯矩，顶部的楼板受拉，楼板对梁截面的弯曲刚度影响较小；在框架梁跨中，为 T 形截面梁，承受正弯矩，楼板处于受压区，因而楼板对梁的弯曲刚度影响输较大。为方便设计，假定梁的截面惯性矩 I 沿轴线不变，对于一般梁的尺寸和板厚比较适中的现浇楼盖，中框架梁取梁实际惯性矩 2 倍，即 $I=2I_0$；边框架梁取梁实际惯性矩的 1.5 倍，即 $I=1.5I_0$；对于梁尺寸较大而板厚较小的现浇楼盖，上述系数取值应略微降低；对于梁尺寸较小而板厚较大的现浇楼盖，上述系数的取值应略微增大。对装配整体式楼盖，中框架梁取梁实际惯性矩的 1.5 倍，即 $I=1.5I_0$；边框架梁取梁实际惯性矩的 1.2 倍，即 $I=1.2I_0$。装配式楼盖，按梁实际刚度计算。

荷载：作用在框架上的荷载有竖向荷载和水平荷载两种。竖向荷载包括结构自重、楼（屋）面活荷载；水平荷载包括风荷载和水平地震作用，一般均简化为作用于框架节点的水平集中力。各种荷载的具体计算方法详见第 3 章。

框架计算简图确定后，分别计算出计算简图中梁、柱的线刚度，从而计算出框架柱各层的侧移刚度，并验算侧移刚度比，初步判断框架的竖向是否规则。具体的计算方法和验算要点后续章节将会详细介绍，此处不予赘述。荷载作用下的结构计算简图示例如图 2-31 所示。梁柱线刚度结构计算简图示例如图 2-32 所示。

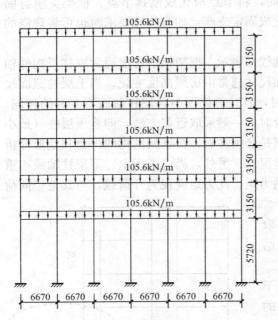

图 2-31 荷载作用下框架结构计算简图示例

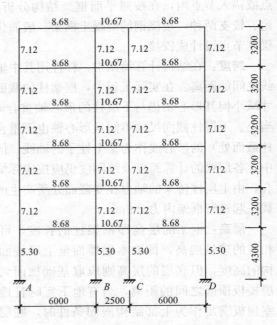

图 2-32 梁柱线刚度结构计算简图示例

第 3 章 荷载计算

结构上的荷载可分为三类：永久荷载、可变荷载和偶然荷载。永久荷载包括结构自重、土压力、预应力等；可变荷载有楼面活荷载、屋面活荷载和积灰荷载、风荷载、雪荷载等；偶然荷载包括爆炸力、撞击力等。

荷载有四种代表值，即标准值、组合值、频遇值和准永久值。对永久荷载应采用标准值作为代表值，对可变荷载应根据设计要求采用标准值、组合值、频遇值或准永久值作为代表值。标准值是荷载的基本代表值，是结构在使用期间，在正常情况下可能出现的具有一定保证率的偏大荷载值，其他三种代表值由标准值乘以相应的系数得出。组合值由可变荷载的组合值系数乘以可变荷载的标准值得到，采用荷载组合值是使组合后的荷载效应在设计基准期内的超越概率与该荷载单独出现时的相应概率趋于一致。频遇值由可变荷载的频遇值系数乘以可变荷载的标准值得到，荷载频遇值是在设计基准期内可变荷载超越的总时间为规定的较小比率或超越频率为规定频率的荷载值。准永久值由可变荷载的准永久值系数乘以可变荷载的标准值得到，荷载准永久值是在设计基准期内，可变荷载超越的总时间约为设计基准期一半的荷载值。

作用在多层框架结构上的荷载，通常由永久荷载中的结构自重、可变荷载中的活荷载、风荷载和雪荷载组成，对于抗震设防的建筑，还需要考虑地震作用。

3.1 永久荷载计算

作用在多层框架上的永久荷载，通常包括结构构件、围护构件、面层及装饰、固定设备、长期储物的自重。结构自重标准值等于构件的体积乘以材料单位体积的自重，或等于构件面积乘以材料的单位面积自重。对于自重变异较大的材料和构件（如现场制作的保温材料、混凝土薄壁构件等），自重的标准值应根据对结构的不利状态，取上限值或下限值。常用材料单位体积（面积）自重如表 3-1 所示。

常用材料的自重   表 3-1

名　称	自　重	名　称	自　重
钢筋混凝土	$24\sim25kN/m^3$	钢材	$78.5kN/m^3$
水泥砂浆	$20kN/m^3$	混合砂浆	$17kN/m^3$
普通砖	$18\sim19kN/m^3$	玻璃	$25.6kN/m^3$
蒸压粉煤灰加气混凝土砌块	$5.5kN/m^3$	混凝土空心小砌块	$11.8kN/m^3$
钢框玻璃窗	$0.4\sim0.45kN/m^2$	木框玻璃窗	$0.2\sim0.3kN/m^2$
钢铁门	$0.4\sim0.45kN/m^2$	木门	$0.1\sim0.2kN/m^2$

注：更多材料和构件自重见现行国家标准《建筑结构荷载规范》GB 50009 附录 A。

3.2 可变荷载计算

作用在多层框架结构上的可变荷载，通常包括活荷载、雪荷载和风荷载，本节和下节分别介绍它们的计算方法。

3.2.1 活荷载计算

1. 民用建筑楼面均布活荷载

1）民用建筑楼面均布活荷载取值

民用建筑楼面均布活荷载的标准值及其组合值、频遇值、准永久值系数的最小值，应按表 3-2 的规定取用。

民用建筑楼面均布活荷载标准值及其组合值、频遇值和准永久值系数　　　表 3-2

项次	类　别	标准值 (kN/m²)	组合值系数 ψ_c	频遇值系数 ψ_f	准永久值系数 ψ_q
1	（1）住宅、宿舍、旅馆、办公楼、医院病房、托儿所、幼儿园 （2）试验室、阅览室、会议室、医院门诊	2.0 2.0	0.7 0.7	0.5 0.6	0.4 0.5
2	教室、食堂、餐厅、一般资料档案室	2.5	0.7	0.6	0.5
3	（1）礼堂、剧场、影院、有固定座位的看台 （2）公共洗衣房	3.0 3.0	0.7 0.7	0.5 0.6	0.3 0.5
4	（1）商店、展览厅、车站、港口、机场大厅及其旅客等候室 （2）无固定座位的看台	3.5 3.5	0.7 0.7	0.6 0.5	0.5 0.3
5	（1）健身房、演出舞台 （2）运动场、舞厅	4.0 4.0	0.7 0.7	0.6 0.6	0.5 0.3
6	（1）书库、档案室、贮藏室 （2）密集柜书库	5.0 12.0	0.9 0.9	0.9 0.9	0.8 0.8
7	通风机房、电梯机房	7.0	0.9	0.9	0.8
8	汽车通道及停车库： （1）单向板楼盖（板跨不小于 2m）和双向板楼盖（板跨不小于 3m×3m） 客车 消防车 （2）双向板楼盖（板跨不小于 6m×6m）和无梁楼盖（柱网不小于 6m×6m） 客车 消防车	 4.0 35.0 2.5 20.0	 0.7 0.7 0.7 0.7	 0.7 0.5 0.7 0.5	 0.6 0.0 0.6 0.0
9	厨房： （1）其他 （2）餐厅	2.0 4.0	0.7 0.7	0.6 0.7	0.5 0.7
10	浴室、卫生间、盥洗室	2.5	0.7	0.6	0.5

续表

项次	类 别	标准值 (kN/m²)	组合值系数 ψ_c	频遇值系数 ψ_f	准永久值系数 ψ_q
11	走廊、门厅：				
	(1) 宿舍、旅馆、医院病房、托儿所、幼儿园、住宅	2.0	0.7	0.5	0.4
	(2) 办公楼、餐厅、医院门诊部	2.5	0.7	0.6	0.5
	(3) 教学楼及其他可能出现人员密集的情况	3.5	0.7	0.5	0.3
12	楼梯：				
	(1) 多层住宅	2.0	0.7	0.5	0.4
	(2) 其他	3.5	0.7	0.5	0.3
13	阳台：				
	(1) 其他	2.5	0.7	0.6	0.5
	(2) 可能出现人员密集的情况	3.5	0.7	0.6	0.5

注：1. 本表所给各项活荷载适用于一般使用条件，当使用荷载较大、情况特殊或有专门要求时，应按实际情况采用。

　　2. 第 6 项书库活荷载当书架高度大于 2m 时，书库活荷载尚应按每米书架高度不小于 2.5kN/m² 确定。

　　3. 第 8 项中的客车活荷载只适用于停放载人少于 9 人的客车；消防车活荷载是适用于满载总重为 300kN 的大型车辆；当不符合本表的要求时，应将车轮的局部荷载按结构效应的等效原则，换算为等效均布荷载。

　　4. 第 8 项消防车活荷载，当双向板楼盖板跨介于 3m×3m～6m×6m 之间时，应按线性插值确定。

　　5. 第 12 项楼梯活荷载，对预制楼梯踏步平板，尚应按 1.5kN 集中荷载验算。

　　6. 本表各项荷载不包括隔墙自重和二次装修荷载。对固定隔墙的自重应按永久荷载考虑，当隔墙位置可灵活自由布置时，非固定隔墙的自重应取不小于 1/3 的每延米长墙重（kN/m）作为楼面活荷载的附加值（kN/m²）计入，附加值不应小于 1.0kN/m²。

2) 楼面活荷载折减

表 3-2 中的楼面均布荷载标准值在设计楼板时可以直接取用，而作用在楼面上的活荷载，不会以标准值的大小同时满布在所有楼面上，因此在设计墙、梁、柱和基础时，还要考虑实际荷载沿楼面的分布情况对荷载进行折减，即在确定墙、梁、柱和基础的荷载标准值时，还应按各种不同的情况用折减系数乘以楼面活荷载标准值。楼面活荷载标准值折减系数的最小值应按下列规定采用。

（1）设计楼面梁时的折减系数

表 3-2 中第 1（1）项当楼面梁从属面积超过 25m² 时，应取 0.9；第 1（2）～7 项当楼面梁从属面积超过 50m² 时，应取 0.9；第 8 项对单向板楼盖的次梁和槽形板的纵肋应取 0.8，对单向板楼盖的主梁应取 0.6，对双向板楼盖的梁应取 0.8；第 9～13 项应采用与所属房屋类别相同的折减系数。

（2）设计墙、柱和基础时的折减系数

表 3-2 中第 1（1）项应按表 3-3 规定采用；第 1（2）～7 项应采用与其楼面梁相同的折减系数；第 8 项对单向板楼盖应取 0.5，对双向板楼盖和无梁楼盖应取 0.8；第 9～13 项应采用与所属房屋类别相同的折减系数。

楼面梁的从属面积应按梁两侧各延伸二分之一梁间距的范围内的实际面积确定。

活荷载按楼层的折减系数　　　　　　　　　　　　　　　　　表 3-3

墙、柱、基础计算截面以上的层数	1	2~3	4~5	6~8	9~20	>20
计算截面以上各楼层活荷载总和的折减系数	1.0 (0.9)	0.85	0.70	0.65	0.60	0.55

注：当楼面梁的从属面积超过 25m² 时，应采用括号内的系数。

2. 工业建筑楼面活荷载

工业建筑楼面在生产使用或安装检修时，由设备、管道、运输工具及可能拆移的隔墙产生的局部荷载，均应按实际情况考虑，可采用等效均布活荷载代替。对设备位置固定的情况，可直接按固定位置对结构进行计算，但应考虑因设备安装和维修过程中的位置变化可能出现的最不利效应。

工业建筑楼面（包括工作平台）上无设备区域的操作荷载，包括操作人员、一般工具、零星原料和成品的自重，可按均布活荷载考虑，采用 2.0kN/m²。在设备所占区域内可不考虑操作荷载和堆料荷载。生产车间的楼梯活荷载，可按实际情况采用，但不宜小于 3.5kN/m²。生产车间的参观走廊活荷载，可采用 3.5kN/m²。

工业建筑楼面活荷载的组合值系数、频遇值系数和准永久值系数应按实际情况采用；但在任何情况下，组合值和频遇值系数不应小于 0.7，准永久值系数不应小于 0.6。

3. 屋面活荷载

房屋建筑的屋面，其水平投影面上的屋面均布活荷载的标准值及其组合值、频遇值和准永久值系数的最小值，应按表 3-4 规定采用。屋面均布活荷载，不应与雪荷载同时组合。

屋面均布活荷载标准值及其组合值、频遇值和准永久值系数　　　　表 3-4

项　次	类　别	标准值 (kN/m²)	组合值系数 ψ_c	频遇值系数 ψ_f	准永久值系数 ψ_q
1	不上人的屋面	0.5	0.7	0.5	0
2	上人的屋面	2.0	0.7	0.5	0.4
3	屋顶花园	3.0	0.7	0.6	0.5
4	屋顶运动场	3.0	0.7	0.6	0.4

注：1. 不上人的屋面，当施工或维修荷载较大时，应按实际情况采用；对不同类型的结构应按有关设计规范的规定采用，但不得低于 0.3kN/m²。
2. 上人的屋面，当兼作其他用途时，应按相应楼面活荷载采用。
3. 对于因屋面排水不畅、堵塞等引起的积水荷载，应采取构造措施加以防止；必要时，应按积水的可能深度确定屋面活荷载。
4. 屋顶花园活荷载不包括花圃土石等材料自重。

3.2.2 雪荷载计算

1. 雪荷载计算公式

屋面水平投影面上的雪荷载标准值，应按下式计算：

$$s_k = \mu_r s_0 \tag{3-1}$$

式中　s_k——雪荷载标准值（kN/m²）；

　　　μ_r——屋面积雪分布系数，实际上就是地面基本雪压换算为屋面雪荷载的换算系数。它与屋面形式、朝向及风力等有关；

　　　s_0——基本雪压（kN/m²）。

屋面积雪分布系数与屋面形式有关，常见的单坡和双坡屋面积雪分布系数见表 3-5。基本雪压应按现行国家标准《建筑结构荷载规范》GB 50009—2012 附录 E 中表 E.5 给出的 50 年一遇的雪压采用。

屋面积雪分布系数 表 3-5

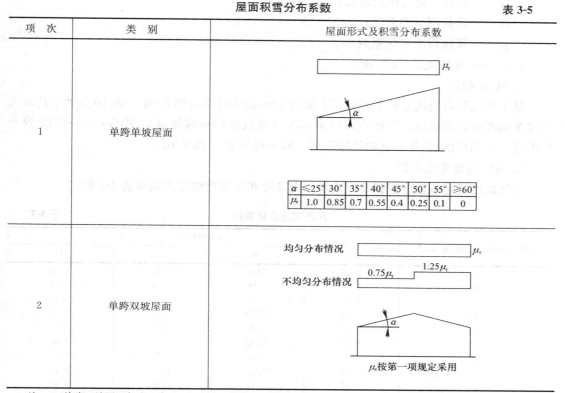

项 次	类 别	屋面形式及积雪分布系数
1	单跨单坡屋面	α ≤25° 30° 35° 40° 45° 50° 55° ≥60° μ_r 1.0 0.85 0.7 0.55 0.4 0.25 0.1 0
2	单跨双坡屋面	均匀分布情况 μ_r 不均匀分布情况 0.75μ_r 1.25μ_r μ_r 按第一项规定采用

注：1. 单跨双坡屋面仅当 20°≤α≤30°时，可采用不均匀分布情况。
   2. 更多屋面形式积雪分布系数见《建筑结构荷载规范》GB 50009—2012 表 7.2.1。

设计建筑结构的屋面板时，积雪按不均匀分布的最不利情况采用；框架可按积雪全跨均匀分布情况采用。

2. 雪荷载的组合值、频遇值和准永久值系数取值

雪荷载的组合值、频遇值和准永久值系数取值 表 3-6

组合值系数	频遇值系数	准永久值系数		
		Ⅰ区	Ⅱ区	Ⅲ区
0.7	0.6	0.5	0.2	0

注：雪荷载分区应按《建筑结构荷载规范》GB 50009—2012 附录 E.5 中给出的或附图 E.6.2 的规定采用。

3.3 风荷载计算

1. 风荷载计算公式

《建筑结构荷载规范》GB 50009—2012 规定的风荷载是指垂直于建筑物表面上的荷载标准值，与风振系数、风荷载体型系数、风压高度变化系数和基本风压有关。对于主要受

力结构，计算公式为

$$w_k = \beta_z \mu_s \mu_z w_0 \tag{3-2}$$

式中　w_k——风荷载标准值（kN/m^2）；

　　　　β_z——高度 z 处的风振系数；

　　　　μ_s——风荷载体型系数；

　　　　μ_z——风压高度变化系数；

　　　　w_0——基本风压（kN/m^2）。

2. 基本风压

基本风压是以当地空旷平坦地面上离地 10m 高统计所得的 50 年一遇 10 分钟平均最大风速为标准确定的风压，应按现行国家标准《建筑结构荷载规范》GB 50009—2012 附录 E 中表 E.5 给出的 50 年一遇的风压采用，但不得小于 0.3kN/m^2。

3. 风压高度变化系数

风压高度变化系数应根据地面或海平面高度和地面粗糙度类别按表 3-7 确定。

风压高度变化系数　　　　　　　　　　　　表 3-7

离地面或海平面高度（m）	地面粗糙度			
	A	B	C	D
5	1.09	1.00	0.65	0.51
10	1.28	1.00	0.65	0.51
15	1.42	1.13	0.65	0.51
20	1.52	1.23	0.74	0.51
30	1.67	1.39	0.88	0.51
40	1.79	1.52	1.00	0.60
50	1.89	1.62	1.10	0.69
60	1.97	1.71	1.20	0.77
70	2.05	1.79	1.28	0.84
80	2.12	1.87	1.36	0.91
90	2.18	1.93	1.43	0.98
100	2.23	2.00	1.50	1.04
150	2.46	2.25	1.79	1.33
200	2.64	2.46	2.03	1.58
250	2.78	2.63	2.24	1.81
300	2.91	2.77	2.43	1.02
350	2.91	2.91	2.60	2.22
400	2.91	2.91	2.76	2.40
450	2.91	2.91	2.91	2.58
500	2.91	2.91	2.91	2.74
≥550	2.91	2.91	2.91	2.91

　　注：地面粗糙度可分为 A、B、C、D 四类；A 类指近海海面和海岛、海岸、湖岸及沙漠地区；B 类指田野、乡村、丛林、丘陵以及房屋比较稀疏的乡镇；C 类指有密集建筑群的城市市区；D 类指有密集建筑群且房屋较高的城市市区。

4. 风荷载体型系数

根据风速得到的风压表征自由气流中的风速因阻碍而完全停滞所产生的对障碍表面的压力。因一般建筑并不能理想地使自由气流停滞，而是让气流以不同的方式在建筑表面绕过，因此需要对风压进行修正。其修正系数与建筑物的体型有关，表 3-8 列出了几种常见房屋和构筑物的风载体型系数。

常见房屋和构筑物风载体型系数　　　　　　　　表 3-8

项 次	类 别	体型及体型系数 μ_s
1	封闭式双坡屋面	（右上表格） α / μ_s：≤15° / −0.6；30° / 0；≥60° / +0.8 中间值按线性插入法计算，μ_s 的绝对值不小于0.1
2	封闭式单坡屋面	迎风坡面的 μ_s 同封闭双坡屋面
3	封闭式房屋和构筑物	（a）正多边形（包括矩形）平面 （b）Y型平面 （c）L型平面

续表

项 次	类 别	体型及体型系数 μ_s

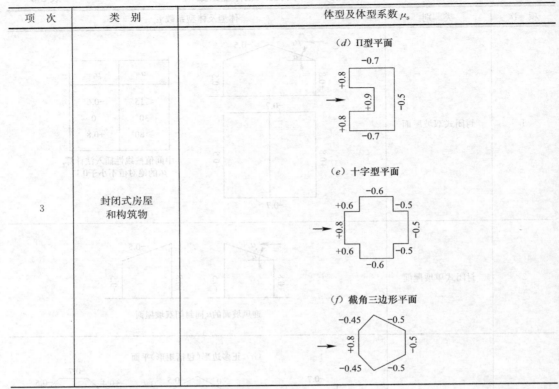

3　封闭式房屋和构筑物

（d）Π型平面

（e）十字型平面

（f）截角三边形平面

注：更多风载体型系数系数见《建筑结构荷载规范》表8.3.1。

5. 风振系数

对于高度不大于30m或高宽比不大于1.5的房屋，可不考虑风振影响，取 $\beta_z=1$，多层框架结构一般符合此条件。对于高度大于30m且高宽比大于1.5的房屋结构，应考虑风压脉动对结构产生顺风向风振的影响，计算公式参见《建筑结构荷载规范》式8.4.3。

6. 风荷载的组合值、频遇值和准永久值系数取值

风荷载的组合值、频遇值和准永久值系数取值见表3-9。

风荷载的组合值、频遇值和准永久值系数　　　　　　　表 3-9

组合值系数	频遇值系数	准永久值系数
0.6	0.4	0

3.4　地震作用计算

3.4.1　基本规定

1. 建筑工程抗震设防分类

（1）抗震设防类别

建筑物应根据其使用功能的重要性分为特殊设防类（甲类）、重点设防类（乙类）、标准设防类（丙类）和适度设防类（丁类）。甲类指使用上有特殊设施，涉及国家公共安全

的重大建筑工程和地震时可能发生严重次生灾害等特别重大灾害后果，需要进行特殊设防的建筑。乙类指地震时使用功能不能中断或需尽快恢复的生命线相关建筑，以及地震时可能导致大量人员伤亡等重大灾害后果，需要提高设防标准的建筑。丁类指使用上人员稀少且震损不致产生次生灾害，允许在一定条件下适度降低要求的建筑。丙类指大量的除甲类、乙类和丁类以外按标准要求进行设防的建筑。

各类建筑的抗震设防类别见《建筑工程抗震设防分类标准》GB 50223—2008。

（2）抗震设防标准

各抗震设防类别建筑的抗震设防标准，应符合下列要求：

1）丙类，应按本地区抗震设防烈度确定其抗震措施和地震作用，达到在遭遇高于当地抗震设防烈度的预估罕遇地震影响时不致倒塌或发生危及生命安全的严重破坏的抗震设防目标。

2）乙类，应按高于本地区抗震设防烈度一度的要求加强其抗震措施；但抗震设防烈度为 9 度时应按比 9 度更高的要求采取抗震措施；地基基础的抗震措施，应符合有关规定。同时，应按本地区抗震设防烈度确定其地震作用。

3）甲类，应按高于本地区抗震设防烈度提高一度的要求加强其抗震措施；但抗震设防烈度为 9 度时应按比 9 度更高的要求采取抗震措施。同时，应按批准的地震安全性评价的结果且高于本地区抗震设防烈度的要求确定其地震作用。

4）丁类，允许比本地区抗震设防烈度的要求适当降低其抗震措施，但抗震设防烈度为 6 度时不应降低。一般情况下，仍应按本地区抗震设防烈度确定其地震作用。

注：对于划为重点设防类而规模很小的工业建筑，当改用抗震性能较好的材料且符合抗震设计规范对结构体系的要求时，允许按标准设防类设防。

我国主要城镇（县级及县级以上城镇）中心地区的抗震设防烈度、设计基本地震加速度值和所属的设计地震分组见《建筑抗震设计规范》GB 50011—2010 附录 A。

2. 场地和地基

选择建筑场地时，应根据工程需要和地震活动情况、工程地质和地震地质的有关资料，对抗震有利、一般、不利和危险地段做出综合评价。对不利地段，应提出避开要求；当无法避开时应采取有效的措施。对危险地段，严禁建造甲、乙类的建筑，不应建造丙类的建筑。

根据土层等效剪切波速和场地覆盖层厚度，建筑场地分为Ⅰ类、Ⅱ类、Ⅲ类和Ⅳ类 4 个类别，其中Ⅰ类分为Ⅰ₀和Ⅰ₁两个亚类（表 3-10）。当有可靠的剪切波速和覆盖层厚度且其值处于表 3-10 中所列场地类别的分界线附近时，应允许按插值方法确定地震作用计算所用的特征周期。建筑场地为Ⅰ类时，对甲、乙类的建筑应允许仍按本地区抗震设防烈度的要求采取抗震构造措施；对丙类建筑应允许按本地区抗震设防烈度降低一度的要求采取抗震构造措施，但抗震设防烈度为 6 度时仍应按本地区抗震设防烈度的要求采取抗震构造措施。

各类建筑场地的覆盖层厚度 表 3-10

岩石的剪切波速或土的等效剪切波速（m/s）	场地类别				
	I_0	I_1	II	III	IV
$v_s > 800$	0				
$800 \geqslant v_s > 500$		0			
$500 \geqslant v_{se} > 250$		<5	≥5		

岩石的剪切波速或土的 等效剪切波速 (m/s)	场地类别				
	Ⅰ₀	Ⅰ₁	Ⅱ	Ⅲ	Ⅳ
$250 \geqslant v_{se} > 150$		<3	3~50	>50	
$v_{se} \leqslant 150$		<3	3~15	15~80	>80

注：表中 v_s 系岩石的剪切波速。

3. 建筑形体及其构件的平面及竖向不规则划分及处理方法

建筑形体指建筑平面形状和立面、竖向剖面的变化。建筑设计应根据抗震概念设计的要求明确建筑形体的规则性。对于不规则的建筑应按规定采取加强措施；特别不规则的建筑应进行专门研究和论证，采取特别的加强措施；严重不规则的建筑不应采用。

建筑设计应重视其平面、立面和竖向剖面的规则性对抗震性能及经济合理性的影响，宜择优选用规则的形体，其抗侧力构件的平面布置宜规则对称、侧向刚度沿竖向宜均匀变化、竖向抗侧力构件的截面尺寸和材料强度宜自下而上逐渐减小、避免侧向刚度和承载力突变。

(1) 平面不规则与竖向不规则

混凝土房屋、钢结构房屋和钢-混凝土混合结构房屋存在表 3-11 所列举的某项平面不规则类型或表 3-12 列举的某项竖向不规则类型以及类似的不规则类型，应属于不规则的建筑。

平面不规则的主要类型 表 3-11

不规则类型	定义和参考指标
扭转不规则	在规定的水平力作用下，楼层的最大弹性水平位移或（层间位移），大于该楼层两端弹性水平位移（或层间位移）平均值的 1.2 倍（图 3-1）
凹凸不规则	平面凹进的尺寸，大于相应投影方向总尺寸的 30%（图 3-2）
楼板局部不连续	楼板的尺寸和平面刚度急剧变化，例如，有效楼板宽度小于该层楼板典型宽度的 50%，或开洞面积大于该层楼面面积的 30%，或较大的楼层错层（图 3-3）

竖向不规则的主要类型 表 3-12

不规则类型	定义和参考指标
侧向刚度不规则	该层的侧向刚度小于相邻上一层的 70%，或小于其上相邻三个楼层侧向刚度平均值的 80%；除顶层或突出屋面小建筑外，局部收进的水平向尺寸大于相邻下一层的 25%（图 3-4）

续表

不规则类型	定义和参考指标
竖向抗侧力构件不连续	竖向抗侧力构件（柱、抗震墙、抗震支撑）的内力由水平转换构件（梁、桁架等）向下传递（图3-5）
楼层承载力突变	抗侧力结构的层间受剪承载力小于相邻上一楼层的80%

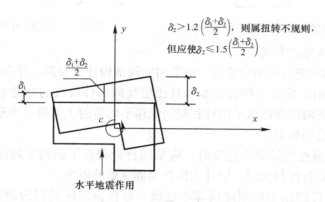

图 3-1　建筑结构的平面扭转不规则示例

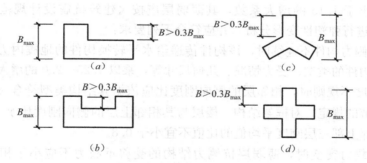

图 3-2　建筑结构的平面凸角或凹角不规则示例

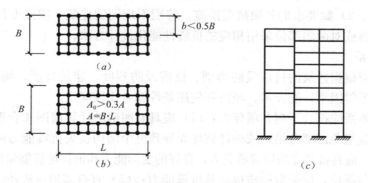

图 3-3　建筑结构平面的局部不连续示例

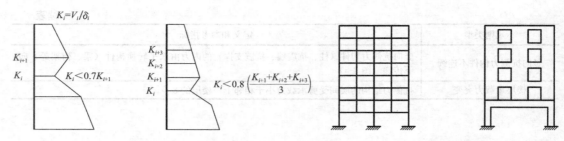

图 3-4　沿竖向的侧向刚度不规则　　　图 3-5　竖向抗侧力构件不连续示例

（2）不规则结构处理方式

1）平面不规则而竖向规则的建筑，应采用空间结构计算模型，并应符合下列要求：

① 扭转不规则时，应计入扭转影响，且楼层竖向构件最大的弹性水平位移和层间位移分别不宜大于楼层两端弹性水平位移和层间位移平均值的 1.5 倍，当最大层间位移远小于规范限值时，可适当放宽；

② 凹凸不规则或楼板局部不连续时，应采用符合楼板平面内实际刚度变化的计算模型；高烈度或不规则程度较大时，宜计入楼板局部变形的影响；

③ 平面不对称且凹凸不规则或局部不连续，可根据实际情况分块计算扭转位移比，对扭转较大的部位应采用局部的内力增大系数。

2）平面规则而竖向不规则的建筑，应采用空间结构计算模型，刚度小的楼层的地震剪力应乘以不小于 1.15 的增大系数，其薄弱层应按《建筑抗震设计规范》GB 50011—2010 有关规定进行弹塑性变形分析，并应符合下列要求：

① 竖向抗侧力构件不连续时，该构件传递给水平转换构件的地震内力应根据烈度高低和水平转换构件的类型、受力情况、几何尺寸等，乘以 1.25～2.0 的增大系数；

② 侧向刚度不规则时，相邻层的侧向刚度比应依据其结构类型符合《建筑抗震设计规范》相关章节的规定。对框架结构，楼层与其相邻上层的侧向刚度比 γ_1 不宜小于 0.7，且该楼层与相邻上部三层刚度平均值的比值不宜小于 0.8。

③ 楼层承载力突变时，薄弱层抗侧力结构的受剪承载力不应小于相邻上一楼层的 65%。

3）平面不规则且竖向不规则的建筑，应根据不规则类型的数量和程度，有针对性地采取不低于 1）、2）款要求的各项抗震措施。特别不规则的建筑，应经专门研究，采取更有效的加强措施或对薄弱部位采用相应的抗震性能化设计方法。

4. 结构体系

结构体系应根据建筑的抗震设防类别、抗震设防烈度、建筑高度、场地条件、地基、结构材料和施工等因素，经技术、经济和使用条件综合比较确定。

通常结构体系应符合下列各项要求：（1）应具有明确的计算简图和合理的地震作用传递途径；（2）应避免因部分结构或构件破坏而导致整个结构丧失抗震能力或对重力荷载的承载能力；（3）应具备必要的抗震承载力，良好的变形能力和消耗地震能量的能力；（4）对可能出现的薄弱部位，应采取措施提高其抗震能力；（5）宜有多道抗震防线；（6）宜具有合理的刚度和承载力分布，避免因局部削弱或突变形成薄弱部位，产生过大的应力集中或塑性变形集中；（7）结构在两个主轴方向的动力特性宜相近。

5. 结构分析

(1) 建筑结构应进行多遇地震作用下的内力和变形分析。此时，可假定结构与构件处于弹性工作状态，内力和变形分析可采用线性静力方法或线性动力方法。

(2) 不规则且具有明显薄弱部位可能导致重大地震破坏的建筑结构，应按有关规定进行罕遇地震作用下的弹塑性变形分析。此时，可根据结构特点采用静力弹塑性分析或弹塑性时程分析方法。

6. 结构材料

建筑抗震设计中，结构材料性能指标，应符合下列最低要求：

(1) 砌体结构材料应符合下列规定：

1) 普通砖和多孔砖的强度等级不应低于 MU10，其砌筑砂浆强度等级不应低于 M5；

2) 混凝土小型空心砌块的强度等级不应低于 MU7.5，其砌筑砂浆强度等级不应低于 Mb7.5。

(2) 混凝土结构材料应符合下列规定：

1) 混凝土的强度等级，框支梁、框支柱及抗震等级为一级的框架梁、柱、节点核芯区，不应低于 C30；构造柱、芯柱、圈梁及其他各类构件不应低于 C20；

2) 抗震等级为一、二、三级的框架和斜撑构件（含梯段），其纵向受力钢筋采用普通钢筋时，钢筋的抗拉强度实测值与屈服强度实测值的比值不应小于 1.25；钢筋的屈服强度实测值与屈服强度标准值的比值不应大于 1.3，且钢筋在最大拉力下的总伸长率实测值不应小于 9%；

(3) 钢结构的钢材应符合下列规定：

1) 钢材的屈服强度实测值与抗拉强度实测值的比值不应大于 0.85；

2) 钢材应有明显的屈服台阶，且伸长率不应小于 20%；

3) 钢材应有良好的焊接性和合格的冲击韧性。

7. 建筑抗震性能化设计

建筑结构的抗震性能化设计的计算应符合下列要求：

(1) 分析模型应正确、合理地反映地震作用的传递途径和楼盖在不同地震动水准下是否整体或分块处于弹性工作状态。

(2) 弹性分析可采用线性方法，弹塑性分析可根据性能目标所预期的结构弹塑性状态，分别采用增加阻尼的等效线性化方法以及静力或动力非线性分析方法。

(3) 结构非线性分析模型相对于弹性分析模型可有所简化，但二者在多遇地震下的线性分析结果应基本一致；应计入重力二阶效应、合理确定弹塑性参数，应依据构件的实际截面、配筋等计算承载力，可通过与理想弹性假定计算结果的对比分析，着重发现构件可能破坏的部位及其弹塑性变形程度。

3.4.2 地震作用与结构抗震验算的一般规定

1. 各类建筑结构的地震作用，应符合下列规定：

(1) 一般情况下，应至少在建筑结构的两个主轴方向分别计算水平地震作用，各方向的水平地震作用应由该方向抗侧力构件承担。

(2) 有斜交抗侧力构件的结构，当相交角度大于 15°时，应分别计算各抗侧力构件方向的水平地震作用。

（3）质量和刚度分布明显不对称的结构，应计入双向水平地震作用下的扭转影响；其他情况，应允许采用调整地震作用效应的方法计入扭转影响。

（4）8、9 度时的大跨度和长悬臂结构及 9 度时的高层建筑，应计算竖向地震作用。

根据第（4）条规定，一般情况下，多层框架结构不需计算竖向地震作用，只需要计算水平地震作用。

2. 多层框架结构地震作用计算方法

《建筑抗震设计规范》第 5.1.2 条规定："高度不超过 40m、以剪切变形为主且质量和刚度沿高度分布比较均匀的结构，以及近似于单质点体系的结构，可采用底部剪力法等简化方法"。

一般的多层框架结构符合此条规定的要求，因此可采用底部剪力法进行抗震计算。不符合此条规定要求的建筑结构，视具体情况采用振型分解反应谱法或时程分析法进行计算。

3. 重力荷载代表值

计算地震作用时，建筑的重力荷载代表值应取结构和构件自重标准值和可变荷载组合值之和。各可变荷载的组合值系数，应按表 3-13 采用。

组合值系数 表 3-13

可变荷载种类		组合值系数
雪荷载		0.5
屋面积灰荷载		0.5
屋面活荷载		不计入
按实际情况计算的楼面活荷载		1.0
按等效均布荷载计算的楼面活荷载	藏书库、档案库	0.8
	其他民用建筑	0.5

4. 地震影响系数和特征周期

建筑结构的地震影响系数应根据烈度、场地类别、设计地震分组和结构自振周期以及阻尼比确定。水平地震影响系数最大值按表 3-14 采用；特征周期根据场地类别和设计地震分组按表 3-15 采用，计算罕遇地震作用时，特征周期应增加 0.05s。

水平地震影响系数最大值 表 3-14

地震影响	6 度	7 度	8 度	9 度
多遇地震	0.04	0.08（0.12）	0.16（0.24）	0.32
罕遇地震	0.28	0.50（0.72）	0.90（1.20）	1.40

注：括号中数值分别用于设计基本地震加速度为 0.15g 和 0.30g 的地区。

特征周期值 表 3-15

设计地震分组	场地类别				
	I_0	I_1	II	III	IV
第一组	0.20	0.25	0.35	0.45	0.65
第二组	0.25	0.30	0.40	0.55	0.75
第三组	0.30	0.35	0.45	0.65	0.90

5. 建筑结构地震影响系数曲线

建筑结构地震影响系数曲线如图 3-6 所示。其阻尼调整和形状参数应符合下列要求：

（1）除有专门规定外，建筑结构的阻尼比应取 0.05，地震影响系数曲线的阻尼调整系数应按 1.0 采用，形状参数应符合下列规定：

1）直线上升段，周期小于 0.1s 的区段。

2）水平段，自 0.1s 至特征周期区段，应取最大值（α_{max}）。

3）曲线下降段，自特征周期至 5 倍特征周期区段，衰减指数应取 0.9。

4）直线下降段，自 5 倍特征周期至 6s 区段，下降斜率调整系数应取 0.02。

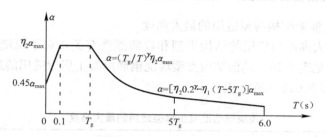

图 3-6　地震影响系数曲线

α—地震影响系数；α_{max}—地震影响系数最大值；η_1—直线下降段的下降斜率调整系数；

γ—衰减指数；T_g—特征周期；η_2—阻尼调整系数；T—结构自振周期

（2）当建筑结构的阻尼比按有关规定不等于 0.05 时，地震影响系数曲线的阻尼调整系数和形状参数应符合以下规定：

1）曲线下降段的衰减指数应按下式确定：

$$\gamma = 0.9 + \frac{0.05 - \zeta}{0.3 + 6\zeta} \tag{3-3}$$

式中　γ——曲线下降段的衰减指数；

　　　ζ——阻尼比。

2）直线下降段的斜率调整系数应按下式确定：

$$\eta_1 = 0.02 + \frac{0.05 - \zeta}{4 + 32\zeta} \tag{3-4}$$

式中　η_1——直线下降段的下降斜率调整系数，小于 0 时取 0。

3）阻尼调整系数应按下式确定：

$$\eta_2 = 1 + \frac{0.05 - \zeta}{0.08 + 1.6\zeta} \tag{3-5}$$

式中　η_2——阻尼调整系数，当小于 0.55 时，应取 0.55。

6. 结构的截面抗震验算规定

建筑结构在不同地震烈度下的截面抗震验算按照以下规定进行：

（1）6 度时的建筑（不规则建筑及建造于Ⅳ类场地上较高的高层建筑除外），以及生土房屋和木结构房屋等，应符合有关的抗震措施要求，但应允许不进行截面抗震验算。

（2）6 度时不规则建筑、建造于Ⅳ类场地上较高的高层建筑，7 度和 7 度以上的建筑结构（生土房屋和木结构房屋除外），应进行多遇地震作用下的截面抗震验算。

7. 抗震变形验算

多遇地震作用下的多层框架结构楼层内最大的弹性层间位移应符合下式要求：

$$\Delta u_e \leqslant [\theta_e] h \tag{3-6}$$

式中　Δu_e——多遇地震作用标准值产生的楼层内最大的弹性层间位移；

　　　$[\theta_e]$——弹性层间位移角限值，对于钢筋混凝土框架取 1/550，多层钢结构取 1/250；

　　　h——计算楼层层高。

3.4.3　多层钢筋混凝土房屋抗震计算的一般规定

1. 钢筋混凝土框架结构房屋适用的最大高度

房屋适用的最大高度与房屋的结构类型和设防烈度有关，对于现浇钢筋混凝土框架，其最大的适用高度见表 3-16。其他结构类型现浇钢筋混凝土房屋适用的最大高度见《建筑抗震设计规范》GB 50011—2010 表 6.1.1。

现浇钢筋混凝土框架适用的最大高度　　　　　　　　表 3-16

结构类型	烈度				
	6	7	8 (0.2g)	8 (0.3g)	9
框架	60	50	40	35	24

注：房屋高度指室外地面到主要屋面板板顶的高度（不包括局部突出屋顶部分）。

2. 框架结构房屋的抗震等级

抗震等级是确定结构构件抗震计算和抗震措施的标准。房屋结构的抗震等级应根据抗震设防类别、烈度、结构类型和房屋高度采用不同的抗震等级，共分四个等级。丙类现浇钢筋混凝土框架其抗震等级见表 3-17。其他结构类型现浇钢筋混凝土房屋的抗震等级见《建筑抗震设计规范》GB 50011—2010 表 6.1.2。

现浇钢筋混凝土框架的抗震等级　　　　　　　　表 3-17

结构类型		设防烈度						
		6		7		8		9
框架结构	高度（m）	≤24	>24	≤24	>24	≤24	>24	≤24
	框架	四	三	三	二	二	一	一
	大跨度框架	三		二		一		一

注：1. 建筑场地为 I 类时，除 6 度外应允许按表内降低一度所对应的抗震等级采取抗震构造措施，但相应的计算要求不应降低；

　　2. 接近或等于高度分界时，应允许结合房屋不规则程度及场地、地基条件确定抗震等级；

　　3. 大跨度框架指跨度不小于 18m 的框架。

3.4.4　多层钢结构房屋抗震计算的一般规定

1. 钢框架结构房屋适用的最大高度

钢框架结构房屋，其最大的适用高度见表 3-18。其他结构类型钢结构房屋适用的最大高度见《建筑抗震设计规范》GB 50011—2010 表 8.1.1。

结构类型	6、7度 (0.10g)	7度 (0.15g)	8度		9度 (0.40g)
			8 (0.2g)	8 (0.3g)	
框架	110	90	90	70	50

钢结构房屋适用的最大高度（m）   表 3-18

注：房屋高度指室外地面到主要屋面板板顶的高度（不包括局部突出屋顶部分）。

2. 钢结构民用房屋适用的最大高宽比

钢结构民用房屋的最大高宽比不宜超过表 3-19 规定。

钢结构民用房屋适用的最大高宽比   表 3-19

烈　度	6、7	8	9
最大高宽比	6.5	6.0	5.5

3. 钢结构房屋的抗震等级

钢结构房屋应根据设防分类、烈度和房屋高度采用不同的抗震等级，并应符合相应的计算和构造措施要求。丙类建筑的抗震等级应表 3-20 按确定。

钢结构房屋的抗震等级   表 3-20

房屋高度	烈度			
	6	7	8	9
≤50m		四	三	二
>50m	四	三	二	一

注：1. 高度接近或等于高度分界时，应允许结合房屋不规则程度和场地、地基条件确定抗震等级；

2. 一般情况，构件的抗震等级应与结构相同；当某个部位各构件的承载力均满足 2 倍地震作用组合下的内力要求时，7～9 度的构件抗震等级应允许按降低一度确定。

3.4.5 底部剪力法

采用底部剪力法计算多层框架结构的水平地震作用时，各楼层可仅取一个自由度，结构水平地震作用计算简图见图 3-7。

1. 结构总水平地震作用标准值

结构总水平地震标准值，按下式计算

$$F_{Ek} = \alpha_1 G_{eq} \qquad (3-7)$$

式中　F_{Ek}——结构总水平地震作用标准值；

α_1——相应于结构基本自振周期的水平地震影响系数值；

G_{eq}——结构等效总重力荷载，单质点应取总重力荷载代表值，多质点可取总重力荷载代表值的 85%。

2. 质点 i 水平地震作用标准值

质点 i 水平地震作用标准值按下式计算

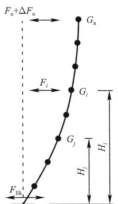

图 3-7　结构水平地震作用计算简图

$$F_i = \frac{G_i H_i}{\sum_{j=1}^{n} G_j H_j} F_{Ek}(1 - \delta_n) \quad (i = 1, 2, \cdots, n) \qquad (3-8)$$

式中　F_i——质点 i 的水平地震作用标准值；

　　G_i，G_j——分别为集中于质点 i，j 的重力荷载代表值；

　　H_i，H_j——分别为质点 i，j 的计算高度；

　　δ_n——顶部附加地震作用系数，多层钢筋混凝土和钢结构房屋可按表 3-21 采用，其他房屋可采用 0.0。

顶部附加地震作用系数　　　　　　　　　　表 3-21

$T_g(s)$	$T_1 > 1.4 T_g$	$T_1 \leqslant 1.4 T_g$
$T_g \leqslant 0.35$	$0.08 T_1 + 0.07$	
$0.35 < T_g \leqslant 0.55$	$0.08 T_1 + 0.01$	0.0
$T_g > 0.55$	$0.08 T_1 - 0.02$	

注：T_1 为结构基本自振周期。

3. 顶部附加水平地震作用标准值

主体结构顶层附加水平地震作用标准值可按下式计算

$$\Delta F_n = \delta_n F_{Ek} \tag{3-9}$$

式中　ΔF_n——顶部附加水平地震作用标准值。

4. 突出屋面部分对地震作用效应的影响

采用底部剪力法时，为考虑鞭梢效应，突出屋面的屋顶间、女儿墙、烟囱等地震作用效应宜乘以增大系数 3，此增大部分不往下传递，但与该突出部分相连的构件应予计入。

第4章 内力分析与内力组合

结构设计时，需要计算各单项作用下的结构内力，然后根据《建筑结构荷载规范》GB 50009—2012 和《建筑抗震设计规范》GB 50011—2010 有关条款进行各种内力组合，组合结果作为结构配筋的依据。多层框架结构在竖向荷载作用下的手算方法通常采用分层法或弯矩二次分配法，水平荷载作用下采用反弯点法或 D 值法。本章介绍上述结构内力计算方法以及结构在无地震作用和有地震作用下的内力组合方式。

4.1 竖向荷载作用下内力分析

4.1.1 分层法

1. 基本假定

在竖向荷载作用下的框架近似作为无侧移框架进行分析。根据弯矩传递的特点，当某层框架梁作用竖向荷载时，假定竖向荷载只在该层梁及相邻柱产生弯矩和剪力，而在其他楼层梁和隔层的框架柱不产生弯矩和剪力。

2. 计算方法

（1）叠加原理计算方法

按照叠加原理，多层多跨框架在多层竖向荷载同时作用下的内力，可以看成是各层竖向荷载单独作用下内力的叠加，见图 4-1（a）。又根据分层法所作的假定，可将各层框架梁及与其相连的框架柱作为一个独立的计算单元，柱远端按固定端考虑，图 4-1（b）。先分别采用弯矩分配法计算独立计算单元在各自竖向荷载作用下的内力，然后叠加得到多层竖向荷载共同作用下的多层框架内力。各独立计算单元竖向荷载作用下计算得到的梁端弯矩即为其最终弯矩，而每一层柱的最终弯矩由相邻独立计算单元对应柱的弯矩叠加得到。

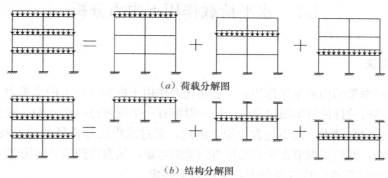

（a）荷载分解图

（b）结构分解图

图 4-1 分层法计算简图

（2）计算误差的修正

由于各独立计算单元柱的远端按固定端考虑，这与实际框架节点的弹性连接情况不吻合，因此在计算中采用下列措施进行修正：除底层外其他各层柱的线刚度均乘以折减系数 0.9；除底层柱外，其他各层柱的弯矩传递系数由 1/2 改为 1/3；底层柱线刚度和弯矩传递系数保持不变。

（3）不平衡弯矩的处理方法

由于每一层柱均是由相邻上下独立计算单元对应柱的弯矩叠加得到，因此除顶层外各节点肯定存在不平衡弯矩。节点处不平衡弯矩较大的可再分配一次，但不再传递。

根据弯矩计算结果，竖向荷载作用下梁的跨中弯矩、梁端剪力及柱的轴力由静力平衡条件得到。

4.1.2 弯矩二次分配法

弯矩二次分配法中，将各节点的不平衡弯矩同时作分配和传递。第一次弯矩分配是按梁柱线刚度分配固端弯矩，并将分配弯矩传递一次（传递系数均为 1/2），再对各节点的不平衡弯矩作一次分配即可，即进行弯矩的第二次分配。最后，将各杆端的固端弯矩、分配弯矩和传递弯矩相加，即得各杆端弯矩。

4.1.3 竖向活荷载的最不利布置及梁支座弯矩调幅

活荷载为可变荷载，按理应考虑其最不利位置确定框架梁、柱计算截面的最不利内力，但这样使计算量大大增加，故手算时一般采用简化方法。对于一般民用建筑，活荷载产生的内力远小于恒载及水平力产生的内力，可不考虑活荷载的最不利布置，而把活荷载同时布置在所有框架梁上，这样求得的内力在支座处与按最不利荷载布置求得的内力很接近，可直接进行内力组合。但求得的梁跨中弯矩偏小，因此需对梁跨中弯矩乘以 1.1～1.2 的增大系数。

为了便于施工及提高框架结构的延性，通常对竖向荷载作用下的梁端负弯矩进行调幅，然后进行内力组合。对现浇框架结构，调幅系数可取 0.8～0.9；对装配式框架结构，调幅系数可取 0.7～0.8。梁支座弯矩调幅后，跨中弯矩应按调幅后的支座弯矩及相应荷载用平衡条件求得，且梁跨中正弯矩不小于按简支梁计算的跨中弯矩的一半。

4.2 水平荷载作用下内力分析

4.2.1 反弯点法

风或地震对框架结构的水平作用，一般简化为作用于框架节点上的水平力。节点水平力作用下的框架结构的杆件弯矩图呈直线，且一般都有一个反弯点（图 4-2）。在反弯点处，杆件内力只包含剪力和轴力，而不包含弯矩，因此，通过求出反弯点处的剪力及反弯点位置，可计算柱端弯矩，然后根据节点平衡条件得到梁端弯矩，从而得到整个结构弯矩图。

为确定柱内反弯点的位置及剪力，采用以下假定：

（1）求各柱的剪力时，假定梁的线刚度与柱的线刚度之比为无穷大；

（2）确定柱的反弯点位置时，假定除底层以外，各柱的上、下端节点转角均相同，即除底层外，各层框架柱的反弯点位于层高的中点；对于底层柱，则假定其反弯点位于距支座 2/3 层高处；

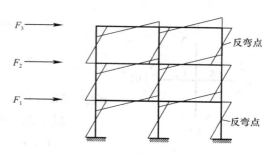

图 4-2 框架在水平力作用下的弯矩图

（3）梁端弯矩可由节点平衡条件求得，节点左右梁的弯矩按各自线刚度进行分配。

按水平力的平衡条件，有

$$V_j = \sum_{i=j}^{n} F_i$$

$$V_j = V_{j1} + \cdots + V_{jk} + \cdots V_{jm} = \sum_{k=1}^{m} V_{jk}$$

(4-1)

式中　F_i——作用在楼层 i 的水平力；

　　　V_j——水平力 F 在第 j 层所产生的层间剪力；

　　　V_{jk}——第 j 层第 k 柱承受的剪力；

　　　m——第 j 层内的柱子数；

　　　n——楼层数。

由假定（1），可得楼层各柱按线刚度分配楼层的层间剪力，即

$$V_{jk} = \frac{i_{jk}}{\sum_{k=1}^{m} i_{jk}} V_j$$

(4-2)

式中　i_{jk}——第 j 层第 k 柱的线刚度。

根据求得的各柱所承受剪力，由假定（2）可求得各柱的杆端弯矩，对于底层柱，有

$$\left. \begin{aligned} M_{c1k}^{t} &= V_{1k} \cdot \frac{h_1}{3} \\ M_{c1k}^{b} &= V_{1k} \cdot \frac{2h_1}{3} \end{aligned} \right\}$$

(4-3)

式中　M_{c1k}^{t}——第 1 层 k 号柱的柱顶弯矩；

　　　M_{c1k}^{b}——第 1 层 k 号柱的柱底弯矩；

　　　h_1——第 1 层层高。

对于上部各层柱，有

$$\left. \begin{aligned} M_{cjk}^{t} &= V_{jk} \cdot \frac{h_j}{2} \\ M_{cjk}^{b} &= V_{jk} \cdot \frac{h_j}{2} \end{aligned} \right\}$$

(4-4)

式中　M_{cjk}^{t}——第 j 层 k 号柱的柱顶弯矩；

　　　M_{cjk}^{b}——第 j 层 k 号柱的柱底弯矩；

　　　h_j——第 j 层层高。

在求得柱端弯矩以后，由图 4-3 所示的节点弯矩平衡条件并根据假定（3），即可求得梁端弯矩

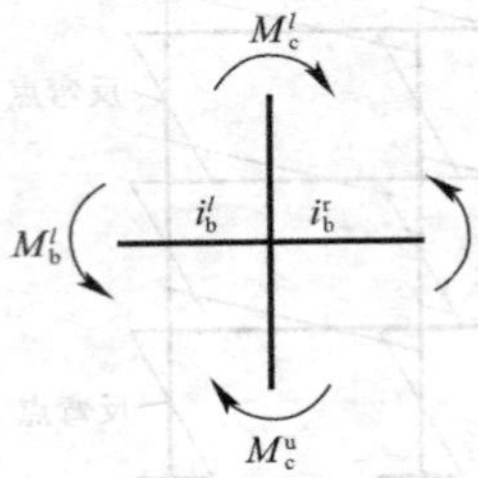

$$M_{\mathrm{b}}^l = \frac{i_{\mathrm{b}}^l}{i_{\mathrm{b}}^l + i_{\mathrm{b}}^r}(M_{\mathrm{c}}^{\mathrm{u}} + M_{\mathrm{c}}^l) \left.\begin{array}{c} \\ \\ \end{array}\right\}$$
$$M_{\mathrm{b}}^r = \frac{i_{\mathrm{b}}^r}{i_{\mathrm{b}}^l + i_{\mathrm{b}}^r}(M_{\mathrm{c}}^{\mathrm{u}} + M_{\mathrm{c}}^l) \qquad (4\text{-}5)$$

式中　M_{b}^l、M_{b}^r——节点处左、右的梁端弯矩；

　　　$M_{\mathrm{c}}^{\mathrm{u}}$、$M_{\mathrm{c}}^l$——节点处柱上、下端弯矩；

　　　i_{b}^l、i_{b}^r——节点左、右的梁的线刚度。

图 4-3　节点平衡条件　　以各个梁为脱离体，将梁的左右端弯矩之和除以该梁的跨长，便得梁内剪力。自上而下逐层叠加节点左右的梁端剪力，即可得到柱内轴力。

4.2.2　D 值法

D 值法通过考虑梁柱线刚度比、上下层横梁的线刚度比、上下层层高的变化等因素，对反弯点法中柱的侧向刚度和反弯点高度的计算方法进行了改进，提高了计算精度。

1. 改进后的柱侧向刚度 D

改进后柱的侧向刚度 D 为

$$D = \alpha \frac{12 i_{\mathrm{c}}}{h_j^2} \qquad (4\text{-}6)$$

式中　i_{c}——柱的线刚度；

　　　α——柱刚度修正系数，按表 4-1 采用。

柱刚度修正系数　　　　　　　　　　　　　　　　表 4-1

楼 层	简 图		K	α
一般层	i_2 i_{c} i_4	i_1 i_2 i_{c} i_3 i_4	$K = \dfrac{i_1 + i_2 + i_3 + i_4}{2 i_{\mathrm{c}}}$	$\alpha = \dfrac{K}{2 + K}$
底层	i_2 i_{c}	i_1 i_2 i_{c}	$K = \dfrac{i_1 + i_2}{i_{\mathrm{c}}}$	$\alpha = \dfrac{0.5 + K}{2 + K}$

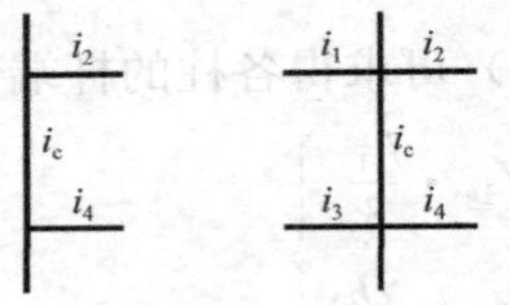

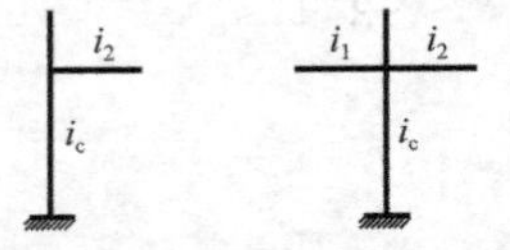

2. 修正后的反弯点高度

柱的反弯点高度比按式（4-7）修正

$$yh = (y_0 + y_1 + y_2 + y_3)h \qquad (4\text{-}7)$$

式中　y_0——标准反弯点高度，由框架横梁的线刚度、框架柱的线刚度和层高沿框架高度保持不变的情况下求得的反弯点高度比。其值与结构总层数 n、该柱所在的层次 j、框架梁柱线刚度比 K 及侧向荷载的形式等因素有关，见表 4-2、表 4-3。风荷载作用下的反弯点高度按均布水平力考虑，地震作用下按倒三角分布水平力考虑。表中 K 值按表 4-1 计算；

　　　y_1——上、下层梁刚度比变化引起的修正值，见表 4-4。当 $(i_1 + i_2) < (i_3 + i_4)$ 时，反弯点上移，由 $I = (i_1 + i_2)/(i_3 + i_4)$ 查表即得 y_1 值，当 $(i_1 + i_2) > (i_3 + i_4)$ 时，

反弯点下移，查表时应取 $I=(i_3+i_4)/(i_1+i_2)$，查得的 y_1 应冠以负号，对于底层柱，不考虑反弯点修正，即取 $y_1=0$；

y_2——上层层高变化引起的修正值，见表 4-5，对于顶层柱 $y_2=0$；

y_3——下层层高变化引起的修正值，见表 4-5，对于底层柱 $y_3=0$。

规则框架承受均布水平力作用时标准反弯点的高度比 y_0 值　　　　表 4-2

n	j \ K	0.1	0.2	0.3	0.4	0.5	0.6	0.7	0.8	0.9	1.0	2.0	3.0	4.0	5.0
1	1	0.80	0.75	0.70	0.65	0.65	0.60	0.60	0.60	0.60	0.55	0.55	0.55	0.55	0.55
2	2	0.45	0.40	0.35	0.35	0.35	0.35	0.40	0.40	0.40	0.40	0.45	0.45	0.45	0.45
	1	0.95	0.80	0.75	0.70	0.65	0.65	0.65	0.60	0.60	0.55	0.55	0.55	0.55	0.50
3	3	0.15	0.20	0.20	0.25	0.30	0.30	0.30	0.35	0.35	0.35	0.40	0.45	0.45	0.45
	2	0.55	0.50	0.45	0.45	0.45	0.45	0.45	0.45	0.45	0.45	0.50	0.50	0.50	0.50
	1	1.00	0.85	0.80	0.75	0.70	0.70	0.65	0.65	0.65	6.00	0.55	0.55	0.55	0.55
4	4	−0.05	0.05	0.15	0.20	0.25	0.30	0.30	0.35	0.35	0.35	0.40	0.45	0.45	0.45
	3	0.25	0.30	0.30	0.35	0.35	0.40	0.40	0.40	0.40	0.45	0.45	0.50	0.50	0.50
	2	0.65	0.55	0.50	0.50	0.45	0.45	0.45	0.45	0.45	0.45	0.50	0.50	0.50	0.50
	1	1.10	0.90	0.80	0.75	0.70	0.70	0.65	0.65	0.65	0.65	0.55	0.55	0.55	0.55
5	5	−0.20	0.00	0.15	0.20	0.25	0.30	0.30	0.30	0.35	0.35	0.40	0.45	0.45	0.45
	4	0.10	0.20	0.25	0.30	0.35	0.35	0.40	0.40	0.40	0.40	0.45	0.45	0.50	0.50
	3	0.40	0.40	0.40	0.40	0.40	0.45	0.45	0.45	0.45	0.45	0.50	0.50	0.50	0.50
	2	0.65	0.55	0.50	0.50	0.50	0.50	0.50	0.50	0.50	0.50	0.50	0.50	0.50	0.50
	1	1.20	0.95	0.80	0.75	0.75	0.70	0.70	0.65	0.65	0.65	0.55	0.55	0.55	0.55
6	6	−0.30	0.00	0.10	0.20	0.25	0.25	0.30	0.30	0.35	0.35	0.40	0.45	0.45	0.45
	5	0.00	0.20	0.25	0.30	0.35	0.35	0.40	0.40	0.40	0.40	0.45	0.45	0.50	0.50
	4	0.20	0.30	0.35	0.35	0.40	0.40	0.40	0.45	0.45	0.45	0.45	0.50	0.50	0.50
	3	0.40	0.40	0.40	0.45	0.45	0.45	0.45	0.45	0.45	0.45	0.50	0.50	0.50	0.50
	2	0.70	0.60	0.55	0.50	0.50	0.50	0.50	0.50	0.50	0.50	0.50	0.50	0.50	0.50
	1	1.20	0.95	0.85	0.80	0.75	0.70	0.70	0.65	0.65	0.65	0.55	0.55	0.55	0.55
7	7	−0.35	−0.05	0.10	0.20	0.20	0.25	0.30	0.30	0.35	0.35	0.40	0.45	0.45	0.45
	6	−0.01	0.15	0.25	0.30	0.35	0.35	0.35	0.40	0.40	0.40	0.45	0.45	0.50	0.50
	5	0.10	0.25	0.30	0.35	0.40	0.40	0.40	0.45	0.45	0.45	0.45	0.50	0.50	0.50
	4	0.30	0.35	0.40	0.40	0.40	0.45	0.45	0.45	0.45	0.45	0.50	0.50	0.50	0.50
	3	0.50	0.45	0.45	0.45	0.45	0.45	0.45	0.45	0.45	0.45	0.50	0.50	0.50	0.50
	2	0.75	0.60	0.55	0.50	0.50	0.50	0.50	0.50	0.50	0.50	0.50	0.50	0.50	0.50
	1	1.20	0.95	0.85	0.80	0.75	0.70	0.70	0.65	0.65	0.65	0.55	0.55	0.55	0.55
8	8	−0.35	−0.15	0.10	0.15	0.25	0.25	0.30	0.30	0.35	0.35	0.40	0.45	0.45	0.45
	7	−0.10	0.15	0.25	0.30	0.35	0.35	0.40	0.40	0.40	0.40	0.45	0.45	0.50	0.50
	6	0.05	0.25	0.30	0.35	0.40	0.40	0.40	0.45	0.45	0.45	0.45	0.50	0.50	0.50
	5	0.20	0.30	0.35	0.40	0.40	0.45	0.45	0.45	0.45	0.45	0.50	0.50	0.50	0.50
	4	0.35	0.40	0.40	0.45	0.45	0.45	0.45	0.45	0.45	0.45	0.50	0.50	0.50	0.50
	3	0.50	0.45	0.45	0.45	0.45	0.45	0.45	0.50	0.50	0.50	0.50	0.50	0.50	0.50
	2	0.75	0.60	0.55	0.55	0.50	0.50	0.50	0.50	0.50	0.50	0.50	0.50	0.50	0.50
	1	1.20	1.00	0.85	0.80	0.75	0.70	0.70	0.65	0.65	0.65	0.55	0.55	0.55	0.55

续表

n	j \ K	0.1	0.2	0.3	0.4	0.5	0.6	0.7	0.8	0.9	1.0	2.0	3.0	4.0	5.0
9	9	−0.40	−0.05	0.10	0.20	0.25	0.25	0.30	0.30	0.35	0.35	0.45	0.45	0.45	0.45
	8	−0.15	0.15	0.25	0.30	0.35	0.35	0.35	0.40	0.40	0.40	0.45	0.45	0.50	0.50
	7	0.05	0.25	0.30	0.35	0.40	0.40	0.40	0.45	0.45	0.45	0.45	0.50	0.50	0.50
	6	0.15	0.30	0.35	0.40	0.40	0.45	0.45	0.45	0.45	0.45	0.50	0.50	0.50	0.50
	5	0.25	0.35	0.40	0.40	0.45	0.45	0.45	0.45	0.45	0.45	0.50	0.50	0.50	0.50
	4	0.40	0.40	0.40	0.45	0.45	0.45	0.45	0.45	0.45	0.45	0.50	0.50	0.50	0.50
	3	0.55	0.45	0.45	0.45	0.45	0.45	0.45	0.45	0.50	0.50	0.50	0.50	0.50	0.50
	2	0.80	0.65	0.55	0.55	0.50	0.50	0.50	0.50	0.50	0.50	0.50	0.50	0.50	0.50
	1	1.20	1.00	0.85	0.80	0.75	0.70	0.70	0.65	0.65	0.65	0.55	0.55	0.55	0.55
10	10	−0.40	−0.05	0.10	0.20	0.25	0.30	0.30	0.30	0.35	0.35	0.40	0.45	0.45	0.45
	9	−0.15	0.15	0.25	0.30	0.35	0.35	0.40	0.40	0.40	0.40	0.45	0.45	0.50	0.50
	8	0.00	0.25	0.30	0.35	0.40	0.40	0.40	0.45	0.45	0.45	0.45	0.50	0.50	0.50
	7	0.10	0.30	0.35	0.40	0.40	0.45	0.45	0.45	0.45	0.45	0.50	0.50	0.50	0.50
	6	0.20	0.35	0.40	0.40	0.45	0.45	0.45	0.45	0.45	0.45	0.50	0.50	0.50	0.50
	5	0.30	0.40	0.40	0.45	0.45	0.45	0.45	0.45	0.45	0.50	0.50	0.50	0.50	0.50
	4	0.40	0.40	0.45	0.45	0.45	0.45	0.45	0.45	0.45	0.50	0.50	0.50	0.50	0.50
	3	0.55	0.50	0.45	0.45	0.45	0.50	0.50	0.50	0.50	0.50	0.50	0.50	0.50	0.50
	2	0.80	0.65	0.55	0.55	0.55	0.50	0.50	0.50	0.50	0.50	0.50	0.50	0.50	0.50
	1	1.30	1.00	0.85	0.80	0.75	0.70	0.70	0.65	0.65	0.65	0.60	0.55	0.55	0.55
11	11	−0.40	0.05	0.10	0.20	0.25	0.30	0.30	0.30	0.35	0.35	0.40	0.45	0.45	0.45
	10	−0.15	0.15	0.25	0.30	0.35	0.35	0.40	0.40	0.40	0.40	0.45	0.45	0.50	0.50
	9	0.00	0.25	0.30	0.35	0.40	0.40	0.40	0.45	0.45	0.45	0.45	0.50	0.50	0.50
	8	0.10	0.30	0.35	0.40	0.40	0.45	0.45	0.45	0.45	0.45	0.50	0.50	0.50	0.50
	7	0.20	0.35	0.40	0.45	0.45	0.45	0.45	0.45	0.45	0.45	0.50	0.50	0.50	0.50
	6	0.25	0.35	0.40	0.45	0.45	0.45	0.45	0.45	0.45	0.45	0.50	0.50	0.50	0.50
	5	0.35	0.40	0.40	0.45	0.45	0.45	0.45	0.45	0.45	0.50	0.50	0.50	0.50	0.50
	4	0.40	0.45	0.45	0.45	0.45	0.45	0.45	0.50	0.50	0.50	0.50	0.50	0.50	0.50
	3	0.55	0.50	0.50	0.50	0.50	0.50	0.50	0.50	0.50	0.50	0.50	0.50	0.50	0.50
	2	0.80	0.65	0.60	0.55	0.55	0.50	0.50	0.50	0.50	0.50	0.50	0.50	0.50	0.50
	1	1.30	1.00	0.85	0.80	0.75	0.70	0.70	0.65	0.65	0.65	0.60	0.55	0.55	0.55
12 以 上	↓1	−0.40	−0.05	0.10	0.20	0.25	0.30	0.30	0.30	0.35	0.35	0.40	0.45	0.45	0.45
	2	−0.15	0.15	0.25	0.30	0.35	0.35	0.40	0.40	0.40	0.40	0.45	0.45	0.50	0.50
	3	0.00	0.25	0.30	0.35	0.40	0.40	0.40	0.45	0.45	0.45	0.50	0.50	0.50	0.50
	4	0.10	0.30	0.35	0.40	0.40	0.45	0.45	0.45	0.45	0.45	0.50	0.50	0.50	0.50
	5	0.20	0.35	0.40	0.40	0.45	0.45	0.45	0.45	0.45	0.45	0.50	0.50	0.50	0.50
	6	0.25	0.35	0.40	0.45	0.45	0.45	0.45	0.45	0.45	0.45	0.50	0.50	0.50	0.50
	7	0.30	0.40	0.40	0.45	0.45	0.45	0.45	0.45	0.50	0.50	0.50	0.50	0.50	0.50
	8	0.35	0.40	0.45	0.45	0.45	0.45	0.45	0.50	0.50	0.50	0.50	0.50	0.50	0.50
	中间	0.40	0.40	0.45	0.45	0.45	0.45	0.50	0.50	0.50	0.50	0.50	0.50	0.50	0.50
	4	0.45	0.45	0.45	0.45	0.50	0.50	0.50	0.50	0.50	0.50	0.50	0.50	0.50	0.50
	3	0.60	0.50	0.50	0.50	0.50	0.50	0.50	0.50	0.50	0.50	0.50	0.50	0.50	0.50
	2	0.80	0.65	0.60	0.55	0.55	0.50	0.50	0.50	0.50	0.50	0.50	0.50	0.50	0.50
	↑1	1.30	1.00	0.85	0.80	0.75	0.70	0.70	0.65	0.65	0.65	0.55	0.55	0.55	0.55

规则框架承受倒三角形分布水平力作用时标准反弯点的高度比 y_0 值   表 4-3

n	j \ K	0.1	0.2	0.3	0.4	0.5	0.6	0.7	0.8	0.9	1.0	2.0	3.0	4.0	5.0
1	1	0.80	0.75	0.70	0.65	0.65	0.60	0.60	0.60	0.60	0.55	0.55	0.55	0.55	0.55
2	2	0.50	0.45	0.40	0.40	0.40	0.40	0.40	0.40	0.40	0.45	0.45	0.45	0.45	0.50
	1	1.00	0.85	0.75	0.70	0.70	0.65	0.65	0.60	0.60	0.55	0.55	0.55	0.55	0.55
3	3	0.25	0.25	0.25	0.30	0.30	0.35	0.35	0.35	0.40	0.40	0.45	0.45	0.45	0.50
	2	0.60	0.50	0.50	0.50	0.50	0.45	0.45	0.45	0.45	0.45	0.50	0.50	0.50	0.50
	1	1.15	0.90	0.80	0.75	0.75	0.70	0.70	0.65	0.65	0.65	0.60	0.55	0.55	0.55
4	4	0.10	0.15	0.20	0.25	0.30	0.30	0.35	0.35	0.35	0.40	0.45	0.45	0.45	0.45
	3	0.35	0.35	0.35	0.40	0.40	0.40	0.40	0.45	0.45	0.45	0.45	0.50	0.50	0.50
	2	0.70	0.60	0.55	0.50	0.50	0.50	0.50	0.50	0.50	0.50	0.50	0.50	0.50	0.50
	1	1.20	0.95	0.85	0.80	0.75	0.70	0.70	0.70	0.65	0.65	0.55	0.55	0.55	0.55
5	5	−0.05	0.10	0.20	0.25	0.30	0.30	0.35	0.35	0.35	0.35	0.40	0.45	0.45	0.45
	4	0.20	0.25	0.35	0.35	0.40	0.40	0.40	0.40	0.40	0.45	0.45	0.50	0.50	0.50
	3	0.45	0.40	0.45	0.45	0.45	0.45	0.45	0.45	0.45	0.45	0.50	0.50	0.50	0.50
	2	0.75	0.60	0.55	0.55	0.50	0.50	0.50	0.50	0.50	0.50	0.50	0.50	0.50	0.50
	1	1.30	1.00	0.85	0.80	0.75	0.70	0.70	0.65	0.65	0.65	0.65	0.55	0.55	0.55
6	6	−0.15	0.05	0.15	0.20	0.25	0.30	0.30	0.35	0.35	0.35	0.40	0.45	0.45	0.45
	5	0.10	0.25	0.30	0.35	0.35	0.40	0.40	0.40	0.45	0.45	0.45	0.50	0.50	0.50
	4	0.30	0.35	0.40	0.40	0.45	0.45	0.45	0.45	0.45	0.45	0.50	0.50	0.50	0.50
	3	0.50	0.45	0.45	0.45	0.45	0.45	0.45	0.45	0.45	0.50	0.50	0.50	0.50	0.50
	2	0.80	0.65	0.55	0.55	0.55	0.55	0.50	0.50	0.50	0.50	0.50	0.50	0.50	0.50
	1	1.30	1.00	0.85	0.80	0.75	0.70	0.70	0.65	0.65	0.65	0.60	0.55	0.55	0.55
7	7	−0.20	0.05	0.15	0.20	0.25	0.30	0.30	0.35	0.35	0.35	0.45	0.45	0.45	0.45
	6	0.05	0.20	0.30	0.35	0.35	0.40	0.40	0.40	0.40	0.45	0.45	0.50	0.50	0.50
	5	0.20	0.30	0.35	0.40	0.40	0.45	0.45	0.45	0.45	0.45	0.50	0.50	0.50	0.50
	4	0.35	0.40	0.40	0.45	0.45	0.45	0.45	0.45	0.45	0.45	0.50	0.50	0.50	0.50
	3	0.55	0.50	0.50	0.50	0.50	0.50	0.50	0.50	0.50	0.50	0.50	0.50	0.50	0.50
	2	0.80	0.65	0.60	0.55	0.55	0.55	0.50	0.50	0.50	0.50	0.50	0.50	0.50	0.50
	1	1.30	1.00	0.90	0.80	0.75	0.70	0.70	0.70	0.65	0.65	0.60	0.55	0.55	0.55
8	8	−0.20	0.05	0.15	0.20	0.25	0.30	0.30	0.35	0.35	0.35	0.45	0.45	0.45	0.45
	7	0.00	0.20	0.30	0.35	0.35	0.40	0.40	0.40	0.40	0.45	0.45	0.50	0.50	0.50
	6	0.15	0.30	0.35	0.40	0.40	0.45	0.45	0.45	0.45	0.45	0.50	0.50	0.50	0.50
	5	0.30	0.45	0.40	0.45	0.45	0.45	0.45	0.45	0.45	0.45	0.50	0.50	0.50	0.50
	4	0.40	0.45	0.45	0.45	0.45	0.45	0.45	0.50	0.50	0.50	0.50	0.50	0.50	0.50
	3	0.60	0.50	0.50	0.50	0.50	0.50	0.50	0.50	0.50	0.50	0.50	0.50	0.50	0.50
	2	0.85	0.65	0.60	0.55	0.55	0.55	0.50	0.50	0.50	0.50	0.50	0.50	0.50	0.50
	1	1.30	1.00	0.90	0.80	0.75	0.70	0.70	0.70	0.65	0.65	0.60	0.55	0.55	0.55
9	9	−0.25	0.00	0.15	0.20	0.25	0.30	0.30	0.35	0.35	0.40	0.45	0.45	0.45	0.45
	8	−0.00	0.20	0.30	0.35	0.35	0.40	0.40	0.40	0.40	0.45	0.45	0.50	0.50	0.50
	7	0.15	0.30	0.35	0.40	0.40	0.45	0.45	0.45	0.45	0.45	0.50	0.50	0.50	0.50
	6	0.25	0.35	0.40	0.40	0.45	0.45	0.45	0.45	0.45	0.50	0.50	0.50	0.50	0.50

续表

n	K \ j	0.1	0.2	0.3	0.4	0.5	0.6	0.7	0.8	0.9	1.0	2.0	3.0	4.0	5.0
9	5	0.35	0.40	0.45	0.45	0.45	0.45	0.45	0.45	0.50	0.50	0.50	0.50	0.50	0.50
	4	0.45	0.45	0.45	0.45	0.45	0.50	0.50	0.50	0.50	0.50	0.50	0.50	0.50	0.50
	3	0.60	0.50	0.50	0.50	0.50	0.50	0.50	0.50	0.50	0.50	0.50	0.50	0.50	0.50
	2	0.85	0.65	0.60	0.55	0.55	0.55	0.55	0.50	0.50	0.50	0.50	0.50	0.50	0.50
	1	1.35	1.00	0.90	0.80	0.75	0.75	0.70	0.70	0.65	0.65	0.60	0.55	0.55	0.55
10	10	−0.25	0.00	0.15	0.20	0.25	0.30	0.30	0.35	0.35	0.40	0.45	0.45	0.45	0.45
	9	−0.05	0.20	0.30	0.35	0.35	0.40	0.40	0.40	0.40	0.45	0.45	0.50	0.50	0.50
	8	0.10	0.30	0.35	0.40	0.40	0.40	0.45	0.45	0.45	0.45	0.50	0.50	0.50	0.50
	7	0.20	0.35	0.40	0.40	0.45	0.45	0.45	0.45	0.45	0.50	0.50	0.50	0.50	0.50
	6	0.30	0.40	0.40	0.45	0.45	0.45	0.45	0.45	0.50	0.50	0.50	0.50	0.50	0.50
	5	0.40	0.45	0.45	0.45	0.45	0.45	0.45	0.50	0.50	0.50	0.50	0.50	0.50	0.50
	4	0.50	0.45	0.45	0.45	0.50	0.50	0.50	0.50	0.50	0.50	0.50	0.50	0.50	0.50
	3	0.60	0.55	0.50	0.50	0.50	0.50	0.50	0.50	0.50	0.50	0.50	0.50	0.50	0.50
	2	0.85	0.65	0.60	0.55	0.55	0.55	0.55	0.50	0.50	0.50	0.50	0.50	0.50	0.50
	1	1.35	1.00	0.90	0.80	0.75	0.75	0.70	0.70	0.65	0.65	0.60	0.55	0.55	0.55
11	11	−0.25	0.00	0.15	0.20	0.25	0.30	0.30	0.30	0.35	0.35	0.45	0.45	0.45	0.45
	10	−0.05	0.20	0.25	0.30	0.35	0.40	0.40	0.40	0.40	0.45	0.45	0.50	0.50	0.50
	9	0.10	0.30	0.35	0.40	0.40	0.40	0.45	0.45	0.45	0.45	0.50	0.50	0.50	0.50
	8	0.20	0.35	0.40	0.40	0.45	0.45	0.45	0.45	0.45	0.45	0.50	0.50	0.50	0.50
	7	0.25	0.40	0.40	0.45	0.45	0.45	0.45	0.45	0.45	0.50	0.50	0.50	0.50	0.50
	6	0.35	0.40	0.45	0.45	0.45	0.45	0.45	0.50	0.50	0.50	0.50	0.50	0.50	0.50
	5	0.40	0.45	0.45	0.45	0.45	0.50	0.50	0.50	0.50	0.50	0.50	0.50	0.50	0.50
	4	0.50	0.50	0.50	0.50	0.50	0.50	0.50	0.50	0.50	0.50	0.50	0.50	0.50	0.50
	3	0.65	0.55	0.50	0.50	0.50	0.50	0.50	0.50	0.50	0.50	0.50	0.50	0.50	0.50
	2	0.85	0.65	0.60	0.55	0.55	0.55	0.55	0.50	0.50	0.50	0.50	0.50	0.50	0.50
	1	1.35	1.05	0.90	0.80	0.75	0.75	0.70	0.70	0.65	0.65	0.60	0.55	0.55	0.55
12 以 上	↓1	−0.30	0.00	0.15	0.20	0.25	0.30	0.30	0.30	0.35	0.35	0.40	0.45	0.45	0.45
	2	−0.10	0.20	0.25	0.30	0.35	0.40	0.40	0.40	0.40	0.40	0.45	0.45	0.45	0.50
	3	0.05	0.25	0.35	0.40	0.40	0.40	0.45	0.45	0.45	0.45	0.45	0.50	0.50	0.50
	4	0.15	0.30	0.40	0.40	0.45	0.45	0.45	0.45	0.45	0.45	0.45	0.50	0.50	0.50
	5	0.25	0.35	0.50	0.45	0.45	0.45	0.45	0.45	0.45	0.45	0.50	0.50	0.50	0.50
	6	0.30	0.40	0.50	0.45	0.45	0.45	0.45	0.50	0.50	0.50	0.50	0.50	0.50	0.50
	7	0.35	0.40	0.55	0.45	0.45	0.45	0.50	0.50	0.50	0.50	0.50	0.50	0.50	0.50
	8	0.35	0.45	0.55	0.45	0.50	0.50	0.50	0.50	0.50	0.50	0.50	0.50	0.50	0.50
	中间	0.45	0.45	0.55	0.45	0.50	0.50	0.50	0.50	0.50	0.50	0.50	0.50	0.50	0.50
	4	0.55	0.50	0.50	0.50	0.50	0.50	0.50	0.50	0.50	0.50	0.50	0.50	0.50	0.50
	3	0.65	0.55	0.50	0.50	0.50	0.50	0.50	0.50	0.50	0.50	0.50	0.50	0.50	0.50
	2	0.70	0.70	0.60	0.55	0.55	0.55	0.55	0.50	0.50	0.50	0.50	0.50	0.50	0.50
	↑1	1.35	1.05	0.90	0.80	0.75	0.70	0.70	0.70	0.65	0.65	0.60	0.55	0.55	0.55

上下层横梁线刚度比对 y_0 的修正值 y_1 　　　　　表 4-4

α_1 ＼ K	0.1	0.2	0.3	0.4	0.5	0.6	0.7	0.8	0.9	1.0	2.0	3.0	4.0	5.0
0.4	0.55	0.40	0.30	0.25	0.20	0.20	0.20	0.15	0.15	0.15	0.05	0.05	0.05	0.05
0.5	0.45	0.30	0.20	0.20	0.15	0.15	0.15	0.10	0.10	0.10	0.05	0.05	0.05	0.05
0.6	0.30	0.20	0.15	0.15	0.10	0.10	0.10	0.10	0.05	0.05	0.05	0.05	0.05	0.00
0.7	0.20	0.15	0.10	0.10	0.10	0.05	0.05	0.05	0.05	0.05	0.05	0.00	0.00	0.00
0.8	0.15	0.10	0.05	0.05	0.05	0.05	0.05	0.05	0.05	0.05	0.00	0.00	0.00	0.00
0.9	0.05	0.05	0.05	0.05	0.05	0.00	0.00	0.00	0.00	0.00	0.00	0.00	0.00	0.00

上下层高变化对 y_0 的修正值 y_2 和 y_3 　　　　　表 4-5

α_2	α_3 ＼ K	0.1	0.2	0.3	0.4	0.5	0.6	0.7
2.0		0.25	0.15	0.15	0.10	0.10	0.10	0.10
1.8		0.20	0.15	0.10	0.10	0.10	0.05	0.05
1.6	0.4	0.15	0.10	0.10	0.05	0.05	0.05	0.05
1.4	0.6	0.10	0.05	0.05	0.05	0.05	0.05	0.05
1.2	0.8	0.05	0.05	0.05	0.00	0.00	0.00	0.00
1.0	1.0	0.00	0.00	0.00	0.00	0.00	0.00	0.00
0.8	1.2	−0.05	−0.05	−0.05	0.00	0.00	0.00	0.00
0.6	1.4	−0.10	−0.05	−0.05	−0.05	−0.05	−0.05	−0.05
0.4	1.6	−0.15	−0.10	−0.10	−0.05	−0.05	−0.05	−0.05
	1.8	−0.20	−0.15	−0.10	−0.10	−0.10	−0.05	−0.05
	2.0	−0.25	−0.15	−0.15	−0.10	−0.10	−0.10	−0.10

α_2	α_3 ＼ K	0.8	0.9	1.0	2.0	3.0	4.0	5.0
2.0		0.10	0.05	0.05	0.05	0.05	0.00	0.00
1.8		0.05	0.05	0.05	0.05	0.00	0.00	0.00
1.6	0.4	0.05	0.05	0.05	0.00	0.00	0.00	0.00
1.4	0.6	0.05	0.05	0.05	0.00	0.00	0.00	0.00
1.2	0.8	0.00	0.00	0.00	0.00	0.00	0.00	0.00
1.0	1.0	0.00	0.00	0.00	0.00	0.00	0.00	0.00
0.8	1.2	0.00	0.00	0.00	0.00	0.00	0.00	0.00
0.6	1.4	0.00	0.00	0.00	0.00	0.00	0.00	0.00
0.4	1.6	−0.05	−0.05	−0.05	0.00	0.00	0.00	0.00
	1.8	−0.05	−0.05	−0.05	−0.05	0.00	0.00	0.00
	2.0	−0.10	−0.05	−0.05	−0.05	−0.05	0.00	0.00

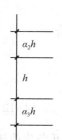

注：

y_2——按照 K 及 α_2 求得，上层较高时为正值；

y_3——按照 K 及 α_3 求得。

3. D 值法计算步骤

D 值法计算步骤与反弯点法类似，首先计算各层柱的修正后抗侧刚度 D 和反弯点位置，然后将层间剪力分配到该层的每个柱，柱剪力分配公式为

$$V_{jk} = \frac{D_{jk}}{\sum\limits_{k=1}^{m} D_{jk}} V_j \qquad (4\text{-}8)$$

式中 D_{jk}——第 j 层第 k 柱的侧向刚度。

根据柱剪力和反弯点位置，可计算柱上、下端弯矩为

$$\left.\begin{array}{l} M_{cjk}^{t} = V_{jk} \cdot (1 - y_{jk})h_j \\ M_{cjk}^{b} = V_{jk} \cdot y_{jk} \cdot h_j \end{array}\right\} \tag{4-9}$$

式中 y_{jk}——第 j 层第 k 柱的反弯点高度比。

梁端弯矩计算同反弯点法。

4.2.3 框架结构侧移计算

框架结构的侧移主要由梁柱弯曲变形所产生的剪切型变形和柱轴向变形所产生的弯曲型变形组成，一般多层框架结构的侧移主要是剪切型侧移，而弯曲型侧移所占比例很小常常忽略不计。框架结构在水平荷载作用下的剪切型侧移可按式（4-10）和式（4-11）进行计算。根据层间剪力和侧移刚度，可计算框架层间水平位移和顶点总水平位移：

$$\Delta u_j = \frac{V_j}{\sum\limits_{k=1}^{m} D_{jk}} \tag{4-10}$$

$$u = \sum_{j=1}^{n} \Delta u_j \tag{4-11}$$

式中 Δu_j——第 j 层层间水平位移；

u——顶点总水平位移。

4.3 无震内力组合

结构在使用期间，可能同时遇到永久荷载和两种以上可变荷载的作用。但这些荷载同时达到最大值的概率较小，而且，对某些控制截面来说，并非全部可变荷载同时作用时其内力最大，因此，应进行荷载效应的最不利组合。

由各种荷载代表值的荷载效应可进行基本组合、偶然组合、标准组合、频遇组合和准永久组合。其中基本组合和偶然组合用于承载能力极限状态计算，标准组合、频遇组合和准永久组合用于正常使用极限状态计算。一般情况下，框架结构的构件截面承载力计算采用基本组合，结构层间位移和地基承载力计算采用标准组合。

1. 基本组合

荷载基本组合分为由可变荷载效应控制的组合和由永久荷载效应控制的组合。

（1）由可变荷载效应控制的组合

由可变荷载效应控制时构件内力设计值可按（4-12）式进行组合。

$$S_d = \sum_{j=1}^{m} \gamma_{Gj} S_{Gjk} + \gamma_{Q1} \gamma_{L1} S_{Q1k} + \sum_{i=2}^{n} \gamma_{Qi} \gamma_{Li} \psi_{ci} S_{Qik} \tag{4-12}$$

式中 γ_{Gj}——第 j 个永久荷载分项系数。当永久荷载效应对结构不利时，对由可变荷载效应控制的组合，应取 1.2，对由永久荷载效应控制的组合，应取 1.35；当永久荷载效应对结构有利时的组合，应取 1.0；

γ_{Qi}——第 i 个可变荷载分项系数，其中 γ_{Q1} 为可变荷载 Q_1 的分项系数。可变荷载分

项系数，一般情况应取 1.4；对于标准值大于 $4kN/m^2$ 的工业房屋楼面结构的活荷载，应取 1.3；

γ_{Li}——第 i 个可变荷载考虑设计使用年限的调整系数，其中 γ_{L_1} 为可变荷载 Q_1 考虑设计使用年限的调整系数。当结构设计使用年限分别为 5、50 和 100 年时，调整系数分别取 0.9、1.0 和 1.1；

S_{Gjk}——按永久荷载标准值 G_{jk} 计算的荷载效应值；

S_{Qik}——按可变荷载标准值 Q_{ik} 计算的荷载效应值，其中 S_{Q1k} 为诸可变荷载效应中起控制作用者；

ψ_{ci}——可变荷载 Q_i 的组合值系数；

m——参与组合的永久荷载数；

n——参与组合的可变荷载数。

（2）由永久荷载效应控制的组合

由永久荷载效应控制时构件内力设计值可按式（4-13）进行组合。

$$S_d = \sum_{j=1}^{m} \gamma_{Gj} S_{Gjk} + \sum_{i=1}^{n} \gamma_{Qi} \gamma_{Li} \psi_{ci} S_{Qik} \qquad (4\text{-}13)$$

2. 标准组合

$$S_d = \sum_{j=1}^{m} S_{Gjk} + S_{Q1k} + \sum_{i=2}^{n} \psi_{ci} S_{Qik} \qquad (4\text{-}14)$$

3. 多层框架结构无震内力组合

对于多层框架结构，按照基本组合和标准组合公式，考虑重力荷载、活荷载和风荷载作用下的内力组合如下：

（1）基本组合

1) $1.2S_{Gk} + 1.4S_{Qk}$

2) $1.2S_{Gk} \pm 1.4S_{wk}$

3) $1.2S_{Gk} + 1.4S_{Qk} \pm 0.6 \times 1.4S_{wk} = 1.2S_{Gk} + 1.4S_{Qk} \pm 0.84S_{wk}$

4) $1.2S_{Gk} \pm 1.4S_{wk} + 0.7 \times 1.4S_{Qk} = 1.2S_{Gk} \pm 1.4S_{wk} + 0.98S_{Qk}$

5) $1.35S_{Gk} + 0.7 \times 1.4S_{Qk} = 1.35S_{Gk} + 0.98S_{Qk}$

6) $1.35S_{Gk} \pm 0.6 \times 1.4S_{wk} = 1.35S_{Gk} \pm 0.84S_{wk}$

7) $1.35S_{Gk} + 0.7 \times 1.4S_{Qk} \pm 0.6 \times 1.4S_{wk} = 1.35S_{Gk} + 0.98S_{Qk} \pm 0.84S_{wk}$

8) $1.0S_{Gk} + 1.4S_{Qk}$

9) $1.0S_{Gk} \pm 1.4S_{wk}$

10) $1.0S_{Gk} + 1.4S_{Qk} \pm 0.6 \times 1.4S_{wk} = 1.0S_{Gk} + 1.4S_{Qk} \pm 0.84S_{wk}$

11) $1.0S_{Gk} \pm 1.4S_{wk} + 0.7 \times 1.4S_{Qk} = 1.0S_{Gk} \pm 1.4S_{wk} + 0.98S_{Qk}$

通常，可能起控制作用的组合为（3）、（4）、（5）、（7）、（9）。

（2）标准组合

1) $S_{Gk} + S_{Qk}$

2) $S_{Gk} + S_{wk}$

3) $S_{Gk} + S_{Qk} \pm 0.6S_{wk}$

4) $S_{Gk} \pm S_{wk} + 0.7S_{Qk}$

4.4 有震内力组合

1. 基本组合

当进行地震作用下结构构件的截面抗震验算时，应采用地震作用效应和其他荷载效应的基本组合。结构构件的地震作用效应和其他荷载效应的基本组合，应按式（4-15）计算：

$$S = \gamma_G S_{GE} + \gamma_{Eh} S_{Ehk} + \gamma_{Ev} S_{Evk} + \psi_w \gamma_w S_{wk} \qquad (4\text{-}15)$$

式中

S——结构构件内力组合的设计值，包括组合的弯矩、轴向力和剪力设计值等；

γ_G——重力荷载分项系数，一般情况应采用 1.2，当重力荷载效应对构件承载能力有利时，不应大于 1.0；

γ_{Eh}、γ_{Ev}——分别为水平、竖向地震作用分项系数，当仅计算水平地震作用时，取 1.3；

γ_w——风荷载分项系数，应采用 1.4；

S_{GE}——重力荷载代表值效应；

S_{Ehk}——水平地震作用标准值的效应，尚应乘以相应的增大系数或调整系数；

S_{Evk}——竖向地震作用标准值的效应，尚应乘以相应的增大系数或调整系数；

S_{wk}——风荷载标准值的效应；

ψ_w——风荷载组合值系数，一般结构取 0.0，风荷载起控制作用的建筑应采用 0.2。

2. 标准组合

当进行多遇地震作用下的抗震变形验算时，式（4-15）中的分项系数均采用 1.0 来计算多遇地震作用标准值产生的楼层内弹性层间位移。

3. 多层框架结构有震内力组合

对于多层框架结构，一般仅需考虑重力荷载代表值效应和水平地震作用效应的组合，具体如下：

（1）基本组合

1）$1.2 S_{GE} \pm 1.3 S_{Ehk}$

2）$1.0 S_{GE} \pm 1.3 S_{Ehk}$

（2）标准组合

$S_{GE} \pm S_{Ehk}$

第5章 钢筋混凝土框架结构设计

本章内容包括混凝土现浇楼盖设计、混凝土框架梁及次梁设计、框架柱和节点设计，内容主要涉及混凝土结构和建筑抗震设计的相关知识，是毕业设计中非常重要的部分。本章将毕业设计框架设计中常用的相关资料进行汇编（不包括预应力混凝土构件），以方便学生在毕业设计时查阅使用。

5.1 混凝土构件设计的一般要求

5.1.1 混凝土结构设计的基本规定

1. 重要性系数 γ_0

（1）设计使用年限

建筑结构和结构构件在正常设计、正常施工、正常使用和维护条件下所应达到的使用年限，一般按表 5-1 确定。若建设单位提出更高的要求，也可按建设单位的要求确定。

设计使用年限分类 表 5-1

类 别	设计使用年限（年）	示 例	γ_0
1	5	临时性建筑	$\geqslant 0.9$
2	25	易于替换的结构构件	
3	50	普通房屋和构筑物	$\geqslant 1.0$
4	100	纪念性建筑和特别重要的建筑结构	$\geqslant 1.1$

（2）建筑结构的安全等级

根据建筑结构破坏后果的严重程度，建筑结构划分为三个安全等级。所谓破坏后果是指危及人的生命、造成经济损失和产生的社会影响三个方面。不同的安全等级是通过结构重要性系数体现的，设计时可根据具体情况，按表 5-2 的规定选用。

建筑结构的安全等级 表 5-2

安全等级	破坏后果	建筑物类型	γ_0
一级	很严重	重要的建筑物	$\geqslant 1.1$
二级	严重	一般的建筑物	$\geqslant 1.0$
三级	不严重	次要的建筑物	$\geqslant 0.9$

2. 实用设计表达式

（1）承载能力极限状态的设计表达式

$$\gamma_0 S \leqslant R \text{（非抗震设计）} \tag{5-1}$$

$$S \leqslant R/\gamma_{RE} \text{（抗震设计）} \tag{5-2}$$

式中　γ_0——结构重要性系数；

　　　S——承载能力极限状态的荷载效应组合值（内力）；

　　　R——结构构件的承载力设计值；

　　　γ_{RE}——承载力抗震调整系数。

（2）正常使用极限状态的设计表达式

$$S \leqslant R \tag{5-3}$$

式中　S——正常使用极限状态的荷载效应组合值；

　　　R——结构构件达到正常使用要求所规定的变形、裂缝、振幅、加速度、应力的限值，按建筑结构有关设计规范、规程的规定采用。

3. 正常使用极限状态挠度限值及裂缝宽度控制的规定

（1）受弯构件的最大挠度应按荷载效应的标准组合并考虑荷载长期作用影响进行计算，其计算值不应超过表 5-3 规定的挠度限值。

受弯构件的挠度限值　　　　　　　　　　　表 5-3

构件类型	挠度限值
吊车梁：手动吊车	$l_0/500$
电动吊车	$l_0/600$
屋盖、楼盖及楼梯构件	
当 $l_0 < 7\text{m}$ 时	$l_0/200$（$l_0/250$）
当 $7\text{m} \leqslant l_0 \leqslant 9\text{m}$ 时	$l_0/250$（$l_0/300$）
当 $l_0 > 9\text{m}$ 时	$l_0/300$（$l_0/400$）

注：① 表中 l_0 为构件的计算跨度；
　　② 表中括号内的数值适用于使用上对挠度有较高要求的构件；
　　③ 如果构件制作时预先起拱，则验算挠度时，可将计算所得的挠度值减去起拱值；
　　④ 计算悬臂构件的挠度限值时，其计算跨度 l_0 按实际悬臂长度的 2 倍使用。

（2）结构构件应根据结构类别和表 5-4 规定的环境类别，选用不同的裂缝控制等级及最大裂缝宽度限值 ω_{lim}。

结构构件的裂缝控制等级及最大裂缝宽度限值　　　表 5-4

环境类别	钢筋混凝土结构	
	裂缝控制等级	ω_{lim}（mm）
一	三级	0.3（0.4）
二 a		0.2
二 b		
三 a、三 b		

注：① 对处于年平均相对湿度小于 60% 地区一类环境下的受弯构件，其最大裂缝宽度限值可采用括号内的数值；
　　② 在一类环境下，对钢筋混凝土屋架，托架及需作疲劳验算的吊车梁，其最大裂缝宽度限值应取为 0.2mm；对钢筋混凝土屋面梁和托梁，其最大裂缝宽度限值应取为 0.3mm；
　　③ 对于烟囱，筒仓和处于液体压力下的结构构件，其裂缝控制要求应符合专门标准的有关规定；
　　④ 对于处于四、五类环境下的结构构件，其裂缝控制要求应符合专门标准的有关规定；
　　⑤ 表中的最大裂缝宽度限值为用于验算荷载作用引起的最大裂缝宽度。

4. 耐久性规定

（1）耐久性设计内容

混凝土结构应该根据设计使用年限和环境类别进行耐久性设计，耐久性设计包括以下内容：

1）确定结构所处的环境类别；

2）提出对混凝土材料的耐久性基本要求；

3）确定构件中钢筋的混凝土保护层厚度；

4）不同环境条件下的耐久性技术措施；

5）提出结构使用阶段的检测与维护要求。

（2）混凝土结构的耐久性应根据表 5-5 的环境类别和设计使用年限进行设计。

混凝土结构的环境类别　　　　表 5-5

环境类别	条　件
一	室内正常环境；无侵蚀性静水浸没环境
二 a	室内潮湿环境；非严寒和非寒冷地区的露天环境，与无侵蚀性的水或土壤直接接触的环境；严寒和寒冷地区的冰冻线以下与无侵蚀性的水或土壤直接接触的环境
二 b	干湿交替环境；水位频繁变动环境；严寒和寒冷地区的露天环境，严寒和寒冷地区冰冻线以上与无侵蚀性的水或土壤直接接触的环境
三 a	受除冰盐影响环境；严寒和寒冷地区冬季水位变动的环境；海风环境
三 b	盐渍土环境；受除冰盐作用环境；海岸环境
四	海水环境
五	受人为或自然的侵蚀性物质影响的环境

注：① 室内潮湿环境是指构件表面经常处于结露或湿润状态的环境；
　　② 严寒和寒冷地区的划分应符合现行国家标准《民用建筑热工设计规范》GB 50176 的有关规定；
　　③ 海岸环境和海风环境宜根据当地情况，考虑主导风向及结构所处迎风、背风部位等因素的影响，由调查研究和工程经验确定；
　　④ 受除冰盐影响环境是指受到除冰盐盐雾影响的环境；受除冰盐作用环境是指被除冰盐溶液溅射的环境以及使用除冰盐地区的洗车房、停车楼等建筑。
　　⑤ 暴露的环境是指混凝土结构表面所处的环境。

（3）一类、二类和三类环境中，设计使用年限为 50 年的结构混凝土应符合表 5-6 的规定。

结构混凝土耐久性的基本要求　　　　表 5-6

环境等级	最大水胶比	最低强度等级	最大氯离子含量（%）	最大碱含量（kg/m³）
一	0.60	C20	0.30	不限制
二 a	0.55	C25	0.20	3.0
二 b	0.50（0.55）	C30（C25）	0.15	3.0
三 a	0.45（0.50）	C35（C30）	0.15	3.0
三 b	0.40	C40	0.10	3.0

注：① 氯离子含量系指其占胶凝材料总量的百分率；
　　② 预应力构件混凝土中的最大氯离子含量为 0.06%，最低混凝土强度等级应按表中规定提高两个等级；
　　③ 素混凝土构件的水胶比及最低强度等级的要求可适当放松；
　　④ 有可靠工程经验时，二类环境中的最低混凝土强度等级可降低一个等级；
　　⑤ 处于严寒和寒冷地区二 b、三 a 类环境中的混凝土应使用引气剂，并可采用括号中的有关参数；
　　⑥ 当使用非碱活性骨料时，对混凝土中的碱含量可不作限制。

5.1.2 材料

1. 混凝土

（1）混凝土轴心抗压，轴心抗拉强度标准值 f_{ck}，f_{tk} 和设计值应按表 5-7 采用。

混凝土强度标准值（N/mm²）　　　　　　　　　　　　　表 5-7

混凝土强度等级		C15	C20	C25	C30	C35	C40	C45	C50	C55	C60	C65	C70	C75	C80
标准值	f_{ck}	10.0	13.4	16.7	20.1	23.4	26.8	29.6	32.4	35.5	38.5	41.5	44.5	47.4	50.2
	f_{tk}	1.27	1.54	1.78	2.01	2.20	2.39	2.51	2.64	2.74	2.85	2.93	2.99	3.05	3.11
设计值	f_c	7.2	9.6	11.9	14.3	16.7	19.1	21.1	23.1	25.3	27.5	29.7	31.8	33.8	35.9
	f_t	0.91	1.10	1.27	1.43	1.57	1.71	1.80	1.89	1.96	2.04	2.09	2.14	2.18	2.22

（2）混凝土受压和受拉的弹性模量 E_c 应按表 5-8 采用。

混凝土的弹性模量（×10⁴N/mm²）　　　　　　　　　表 5-8

混凝土强度等级	C15	C20	C25	C30	C35	C40	C45	C50	C55	C60	C65	C70	C75	C80
E_c	2.20	2.55	2.80	3.00	3.15	3.25	3.35	3.45	3.55	3.60	3.65	3.70	3.75	3.80

混凝土的剪切变形模量 G_c 可按相应弹性模量值的 0.40 倍采用。混凝土泊松比 v_c 可按 0.20 采用。

2. 钢筋

（1）混凝土结构的钢筋应按下列规定选用：

1）纵向受力普通钢筋宜采用 HRB400、HRB500、HRBF400、HRBF500 钢筋，也可采用 HPB300、HRB335、HRBF335、RRB400 钢筋；

2）梁、柱纵向受力普通钢筋应采用 HRB400、HRB500、HRBF400、HRBF500 钢筋；

3）箍筋宜采用 HRB400、HRBF400、HPB300、HRB500、HRBF500 钢筋，也可采用 HRB335、HRBF335 钢筋；

4）预应力筋宜采用预应力钢丝、钢绞线和预应力螺纹钢筋。

（2）普通钢筋的屈服强度标准值 f_{yk}、极限强度标准值 f_{stk} 应按表 5-9 采用。

普通钢筋强度标准值（N/mm²）　　　　　　　　　表 5-9

牌　号	符　号	公称直径 d(mm)	屈服强度标准值 f_{yk}(N/mm²)	极限强度标准值 f_{stk}(N/mm²)
HPB300	Φ	6～22	300	420
HRB335	Φ	6～50	335	455
RHBF335	ΦF			
HRB400	Φ	6～50	400	540
HRBF400	ΦF			
RRB400	ΦR			
HRB500	Φ	6～50	500	630
HRBF500	ΦF			

（3）普通钢筋的抗拉强度设计值 f_y、抗压强度设计值 f_y' 应按表 5-10 采用。

普通钢筋强度设计值（N/mm²）　　　　　　　　　　表 5-10

牌　号	抗拉强度设计值 f_y	抗压强度设计值 f_y'
HPB300	270	270
HRB335、HRBF335	300	300
HRB400、HRBF400、RRB400	360	360
HRB500、HRBF500	435	410

（4）钢筋的弹性模量 E_s 应按表 5-11 采用。

钢筋的弹性模量（×10⁵N/mm²）　　　　　　　　　　表 5-11

牌号或种类	弹性模量 E_s
HPB300 钢筋	2.10
HRB335、HRB400、HRB500 钢筋 HRBF335、HRBF400、HRBF500 钢筋	2.00

构件中的钢筋可采用并筋的配置形式。直径 28mm 及以下的钢筋并筋数量不应超过 3 根；直径 32mm 的钢筋并筋数量宜为 2 根；直径 36mm 及以上的钢筋不应采用并筋。并筋应按单根等效钢筋进行计算，等效钢筋的等效直径应按截面面积相等的原则换算确定。

5.1.3　混凝土结构的基本计算方法

1. 正截面受弯承载力的计算

（1）单筋矩形截面和翼缘位于受拉边的 T 形截面受弯构件正截面承载力的计算

当 T 形截面梁的翼缘位于受拉边时，在弯矩作用下，翼缘受拉开裂退出工作，故其正截面承载力计算和相同梁宽、梁高的矩形截面梁是一样的。

1）计算公式及适用条件

基本公式为：

$$\alpha_1 f_c bx = f_y A_s \tag{5-4}$$

$$M \leqslant \alpha_1 f_c bx (h_0 - x/2) \tag{5-5}$$

或：

$$M \leqslant f_y A_s (h_0 - x/2) \tag{5-6}$$

式中　M——弯矩设计值；

　　　A_s——纵向受拉钢筋截面面积；

　　　α——系数，当混凝土强度等级不超过 C50 时，α_1 取为 1.0，当混凝土强度等级为 C80 时，α_1 取为 0.94，其间按线性内插法确定；

　　　f_c——混凝土轴心抗压强度设计值；

　　b, h_0——混凝土截面宽度和有效高度；

　　　x——等效矩形应力图形的混凝土受压区高度。

适用条件：

$x \leqslant \xi_b h_0$，防止梁的超筋破坏；

$\rho = \dfrac{A_s}{bh} \geqslant \rho_{min}$，防止梁的少筋破坏。

2）计算方法

通常情况是已知 M、f_s、α_1、f_y、b、h，求 A_s。

实际工程设计中，除了 A_s 未知外，截面尺寸及材料强度也是未知的。这时可根据构造要求和以往工程经验，先假定截面尺寸及材料强度再求 A_s。

由式（5-5）求出 $x = h_0 - \sqrt{h_0^2 - 2M/(\alpha_1 f_c b)}$，在验算满足 $x \leqslant \xi_b h_0$ 后代入式（5-4），即可求出 $A_s = \dfrac{\alpha_1 f_c b x}{f_y}$，当混凝土强度等级不大于 C50 时的 ξ_b 见表 5-12。再验算 $\rho = \dfrac{A_s}{bh} \geqslant \rho_{\min}$ 即可，纵向受力钢筋的最小配筋百分率见表 5-12。

混凝土强度等级不大于 C50 时的相对界限受压区高度 ξ_b 表 5-12

钢筋级别	HPB300	HRB335、HRBF335	HRB400、HRBF400、RRB400	HRB500、HRBF500
ξ_b	0.568	0.550	0.518	0.482

（2）双筋矩形截面受弯构件正截面受弯承载力的计算

在正截面受弯构件承载力的设计中，采用纵向受压钢筋帮助混凝土抗压是不经济的。但双筋截面中的纵向受压钢筋对提高截面的延性、抗裂性、抗变形能力等都是有利的；同时，梁在不同荷载组合下，截面承受变号弯矩时，也应采用双筋截面。

1）计算公式及适用条件

基本公式为：

$$\alpha_1 f_c b x + f'_y A'_s = f_y A_s \tag{5-7}$$

$$M \leqslant \alpha_1 f_c b x (h_0 - x/2) + f'_y A'_s (h_0 - a'_s) \tag{5-8}$$

式中 f'_y——纵向受压钢筋抗压强度设计值；

       A'_s——纵向受压钢筋截面面积；

       a'_s——纵向受压钢筋合力点至截面受压边缘的距离。

适用条件：

$x \leqslant \xi_b h_0$，防止梁超筋破坏；

$x \geqslant 2a'_s$，保证受压钢筋屈服。

当不满足条件 $x \geqslant 2a'_s$ 时，正截面受弯承载力可按下式计算：

$$M \leqslant f_y A_s (h_0 - a'_s) \tag{5-9}$$

若由构造要求或按正常使用极限状态计算要求配置的纵向受拉钢筋截面面积大于正截面受弯承载力要求，则在验算 $x \leqslant \xi_b h_0$ 时，可仅取正截面受弯承载力条件所需的纵向受拉钢筋面积。

2）计算方法

① 截面设计：双筋梁的截面设计有两种情况。

情况 1：已知截面尺寸 b、h、f_c、α_1、f_y、f'_y、M，求 A' 及 A_s。

取 $\xi = \xi_b$，由式（5-8）可得：

$$A'_s = \frac{M - \alpha_1 f_c b x_b (h_0 - x_b/2)}{f'_y (h_0 - a'_s)} = \frac{M - \alpha_1 f_c b h_0^2 \xi_b (1 - 0.5 x_b)}{f'_y (h_0 - a'_s)}$$

由式（5-7）：

$$A_s = A'_s \frac{f'_y}{f_y} + \xi_b \frac{\alpha_1 f_c b h_0}{f_y}$$

实际工程中，一般 $f'_y = f_y$，故 $A_s = A'_s + \xi_b \dfrac{\alpha_1 f_c b h_0}{f_y}$

情况 2：已知截面尺寸 b、h、f_c、α_1、f_y、f'_y、M 及 A'_s，求 A_s。

在式（5-7）及式（5-8）中，仅 x 及 A'_s 为未知数，故可直接联立求解。

$$x = h_0 - \sqrt{h_0^2 - 2[M - f'_y A'_s (h_0 - a'_s)]/(\alpha_1 f_c b)} \qquad (5\text{-}10)$$

求出 x 后，可能有三种情况：

若 $x \leqslant \xi_b h_0$，说明 A'_s 配筋适当，受拉钢筋也在适筋范围，可由式（5-7）求出 A_s。

$$A_s = \frac{f'_y}{f_y} A'_s + \frac{\alpha_1 f_c b x}{f_y}$$

若 $\xi > \xi_b$，说明原有的 A'_s 不足，可按 A'_s 未知的情况 1 计算；

若 $x < 2a'_s$ 时，即表明 A'_s 过多，钢筋未屈服，不能到达其抗压强度设计值。可令 $x = 2a'$，近似认为此时力臂为 $(h - a'_s)$，解出 $A_s = \dfrac{M}{f_y(h_0 - a'_s)}$ （5-10.1）

② 截面校核：

已知截面尺寸 b、h、f_c、α_1、f_y、f'_y、M、A'_s 及 A_s。求正截面受弯承载力 M_u。

由式（5-7）求 x：

若 $\xi_b h \geqslant x \geqslant 2a'_s$，可代入式（5-8）求 M_u；

若 $x < 2a'$，可利用式（5-10.1）求 M_u；

若 $x > \xi_b h_0$，则令 $x = x_b$，代入式（5-8）求 M_u，这时说明双筋梁的破坏始自受压区；同样，若 $M_u/M > 1$ 则安全，$M_u/M < 1$ 不安全，应修改设计。

（3）T 形截面受弯构件正截面受弯承载力的计算

这里所说的 T 形截面梁，是指混凝土受压区在翼缘一侧，即翼缘混凝土受压。T 形截面梁在工程中应用广泛。例如在现浇肋梁楼盖中，楼板与梁浇注在一起形成 T 形截面梁。

1）计算公式及适用条件

T 形截面梁的破坏特征和单筋矩形梁的破坏特征是一致的。但由于中和轴位置不同，可分为两种类型：

第一种类型：中和轴在翼缘内，即 $x \leqslant h'_f$。

第二种类型：中和轴在梁肋内，即 $x > h'_f$。

① 第一种类型

这种类型与梁宽为 b'_f 的矩形梁完全相同，其计算公式为：

$$\alpha_1 f_c b'_f x = f_y A_s \qquad (5\text{-}11)$$

$$M \leqslant \alpha_1 f_c b'_f x (h_0 - x/2) \qquad (5\text{-}12)$$

适用条件：

$x \leqslant \xi_b h_0$，因为 $\xi = x/h_0 \leqslant h'_f/h_0$，一般 h'_f/h_0 较小，故一般均可满足 $\xi \leqslant \xi_b$，不必验算。

$\rho \leqslant \rho_{min}$，必须注意，此处 ρ 是对梁腹部计算的，即 $\rho = A_s/bh$，而不是相对于 $b'_f h$ 的配筋率。

② 第二种类型

计算公式：

$$\alpha_1 f_c(b'_f - b)h'_f + \alpha_1 f_c bx = f_y A_s \tag{5-13}$$

$$M \leqslant \alpha_1 f_c(b'_f - b)h'_f \left(h_0 - \frac{h'_f}{2}\right) + \alpha_1 f_c bx \left(h_0 - \frac{x}{2}\right) \tag{5-14}$$

适用条件：

$x \leqslant \xi_b h_0$，和单筋矩形受弯构件一样，是为了保证破坏时是由受拉钢筋的屈服。

$\rho \geqslant \rho_{min}$，一般均能满足，可不必验算。

2）计算方法

截面设计

一般已知 b、h、f_c、b'_f、h'_f、α_1、f_y，求 A_s。

首先判别截面类型：

若
$$M \leqslant \alpha_1 f_c b'_f h'_f \left(h_0 - \frac{h'_f}{2}\right)$$

即压区在翼缘内，则为第一种类型。按 $b'_f \times h$ 的单筋矩形梁进行计算。

若
$$M > \alpha_1 f_c b'_f h'_f \left(h_0 - \frac{h'_f}{2}\right)$$

即压区已进入腹板，为第二种类型，利用式（5-14）计算 x。

$$x = h_0 - \sqrt{h_0^2 - 2\left[M - \alpha_1 f_c(b'_f - b)h'_f \left(h_0 - \frac{h'_f}{2}\right)\right] / (\alpha_1 f_c b)}$$

再代入式（5-13）求出受拉钢筋截面面积 A_s。

验算 $x \leqslant \xi_b h_0$。

2. 正截面受压承载力的计算

（1）轴心受压构件正截面受压承载力的计算

配有纵筋和普通箍筋柱的正截面承载力计算，计算公式为：

$$N \leqslant 0.9\varphi(f_c A + f'_y A'_s) \tag{5-15}$$

式中　N——轴向压力设计值；

　　　φ——钢筋混凝土构件的稳定系数，按表 5-13 采用；

　　　f_c——混凝土轴心抗压强度设计值，按表 5-7 采用；

　　　A——构件截面面积；

　　　A'_s——全部纵向钢筋的截面面积。

当纵向钢筋配筋率大于 3% 时，式（5-15）中的 A 应改用（$A - A'_s$）代替。

钢筋混凝土轴心受压构件的稳定系数　　　　　　　　　　表 5-13

l_0/b	$\leqslant 8$	10	12	14	16	18	20	22	24	26	28
l_0/d	$\leqslant 7$	8.5	10.5	12	14	15.5	17	19	31	22.5	24
l_0/i	$\leqslant 28$	35	42	48	55	62	69	76	83	90	97
φ	1.00	0.98	0.95	0.92	0.87	0.81	0.75	0.70	0.65	0.60	0.56
l_0/b	30	32	34	36	38	40	42	44	46	48	50
l_0/d	26	28	29.5	31	33	34.5	36.5	38	40	41.5	43
l_0/i	104	111	118	125	132	139	146	153	160	167	174
φ	0.52	0.48	0.44	0.40	0.36	0.32	0.29	0.26	0.23	0.21	0.19

注：表中 l_0 为构件的计算长度；b 为矩形截面的短边尺寸，d 为圆形截面的直径，i 为截面的最小回转半径。

轴压构件还必须满足最小配筋率的要求，即 $\rho' > \rho'_{\min}$。

（2）偏心受压构件正截面承载力的计算

1）偏心距

① 初始偏心距：

$$e_i = e_0 + e_a \tag{5-16}$$

式中　e_0——轴向力对截面重心的偏心距，$e_0 = M/N$；考虑轴向压力在挠曲杆件中产生的二阶效应后控制截面弯矩设计值 M 应按式（5-19）计算；

$\quad\quad e_a$——附加偏心距，$e_a = \max(h/30, 20\text{mm})$。

② 二阶效应的影响

弯矩作用平面内截面对称的偏心受压构件，当同一主轴方向的杆端弯矩比 M_1/M_2 不大于 0.9 且设计轴压比不大于 0.9 时，若构件的长细比满足式（5-17）的要求，可不考虑轴向压力在该方向挠曲杆件中产生的附加弯矩影响；否则应按截面的两个主轴方向分别考虑轴向压力在挠曲杆件中产生的附加弯矩影响。

$$l_c/i \leqslant 34 - 12(M_1/M_2) \tag{5-17}$$

式中　M_1、M_2——分别为偏心受压构件两端截面按结构分析确定的对同一主轴的组合弯矩设计值，绝对值较大端为 M_2，绝对值较小端为 M_1，当构件按单曲率弯曲时，M_1/M_2 取正值，否则取负值；

$\quad\quad l_c$——构件的计算长度，可近似取偏心受压构件相应主轴方向上下支撑点之间的距离；

$\quad\quad i$——偏心方向的截面回转半径。

对于矩形截面柱，式（5-17）可改写为：

$$l_c/h \leqslant \left(34 - 12\frac{M_1}{M_2}\right)/\sqrt{12} \tag{5-18}$$

除排架结构柱以外的偏心受压构件，考虑轴向压力在挠曲杆件中产生的二阶效应后控制截面弯矩设计值应按下列公式计算：

$$M = C_m \eta_{ns} M_2 \tag{5-19.1}$$

$$C_m = 0.7 + 0.3 \frac{M_1}{M_2} \tag{5-19.2}$$

$$\eta_{ns} = 1 + \frac{1}{1300(M_2/N + e_a)/h_0} \left(\frac{l_c}{h}\right) \zeta_c \tag{5-19.3}$$

$$\zeta_c = \frac{0.5 f_c A}{N} \tag{5-19.4}$$

式中　C_m——构件端截面偏心距调节系数，当小于 0.7 时取 0.7；

$\quad\quad \eta_{ns}$——弯矩增大系数；

$\quad\quad N$——与弯矩设计值 M_2 相应的轴向压力设计值；

$\quad\quad e_a$——附加偏心距；

$\quad\quad \zeta_c$——截面曲率修正系数，当计算值大于 1.0 时取 1.0；

$\quad\quad h$——截面高度；对环形截面，取外直径；对圆形截面，取直径；

$\quad\quad h_0$——截面有效高度；

$\quad\quad A$——构件截面面积。

当 $C_m \eta_{ns}$ 小于 1.0 时取为 1.0。

2）矩形截面偏心受压构件正截面承载力的计算

① 矩形截面大偏心受压构件正截面受压承载力的计算公式

大偏心受压破坏特征是受拉钢筋屈服，受压区混凝土压碎，同时受压钢筋屈服，为延性破坏。

计算公式为：

$$N \leqslant \alpha_1 f_c bx + f'_y A'_s - f_y A_s \tag{5-20}$$

$$Ne \leqslant \alpha_1 f_c bx (h_0 - x/2) + f'_y A'_s (h_0 - a'_s) \tag{5-21}$$

式中 e——轴向力作用点至受拉钢筋 A_s 合力点之间的距离，$e = e_i + h/2 - a_s$

适用条件：

$x \leqslant x_b$，保证构件破坏时受拉钢筋屈服；

$x \geqslant 2a'$，保证构件破坏时受压钢筋屈服。

② 矩形截面小偏心受压构件正截面受压承载力的计算公式

小偏心受压破坏时，受压区混凝土压碎，受压钢筋 A'_s 屈服，而离纵向里较远一侧钢筋 A_s 可能受拉也可能受压，一般不屈服，为脆性破坏。

计算公式为：

$$N \leqslant \alpha_1 f_c bx + f'_y A'_s - \sigma_s A_s \tag{5-22}$$

$$Ne \leqslant \alpha_1 f_c bx (h_0 - x/2) + f'_y A'_s (h_0 - a'_s) \tag{5-23.1}$$

或

$$N_u e' = \alpha_1 f_c bx (x/2 - a'_s) + \sigma_s A_s (h_0 - a'_s) \tag{5-23.2}$$

$$e = e_i + h/2 - a_s \tag{5-24.1}$$

$$e' = h/2 - e_i - a'_s \tag{5-24.2}$$

$$\sigma_s = \frac{f_y}{\xi_b - \beta_1} \left(\frac{x}{h_0} - \beta_1 \right) \tag{5-24.3}$$

$$-f'_y \leqslant \sigma_s \leqslant f_y \tag{5-24.4}$$

式中 x——受压区计算高度，当 $x > h$，取 $x = h$；

e、e'——分别为轴向力作用点至受拉钢筋 A_s 合力点和受压钢筋 A'_s 合力点之间的距离。

对非对称配筋的小偏心受压构件，当偏心距很小时，为避免发生反向破坏，防止 A_s 受压屈服，除按式（5-22）和式（5-23）计算外，尚应按下式进行验算：

$$N[h/2 - a' - (e_0 - e_a)] \leqslant \alpha_1 f_c bh (h'_0 - h/2) + f'_y A_s (h'_0 - a_s) \tag{5-25}$$

式中 h'_0——钢筋 A'_s 合力点至离纵向力较远一侧边缘的距离，即 $h'_0 = h - a_s$。

此处，不考虑偏心距增大系数，并引进了初始偏心距 $e_i = e_0 - e_a$。

3）对称配筋矩形截面偏心受压构件正截面受压承载力的计算方法

对称配筋时，$A_s = A'_s$，$f'_y = f_y$，$a_s = a'_s$。

截面设计

A. 大小偏心的判别

一般对称配筋时，$f_y A_s = f'_y A'_s$。

由式（5-20）有：

$$\xi = \frac{N}{\alpha_1 f_c bh_0} \tag{5-26}$$

当 $\xi \leqslant \xi_b$ 时为大偏心受压；

当 $\xi > \xi_b$ 时为小偏心受压。

B. 大偏心受压构件的计算

当 $x \geqslant 2a_s'$ 时，将所求得的 x 代入式（5-21）即可求得：

$$A_s = A_s' = \frac{Ne - \alpha_1 f_c bx(h_0 - x/2)}{f_y'(h_0 - a_s')} \qquad (5-27)$$

当 $x < 2a_s'$ 时，令 $x = 2a_s'$，对受压钢筋取矩，有

$$A_s = A_s' = \frac{N(e_i - h/2 + a_s)}{f_y'(h_0 - a_s')} \qquad (5-28)$$

C. 小偏心受压构件的计算

对称配筋的钢筋混凝土小偏心受压构件，按下列近似公式计算纵向钢筋截面面积：

$$A_s = A_s' = \frac{Ne - \xi(1 - 0.5)\alpha_1 f_c bh_0^2}{f_y'(h_0 - a_s')} \qquad (5-29)$$

此处，相对受压区高度 ξ 可按下列公式计算：

$$\xi = \frac{N - \xi_b \alpha_1 f_c bh_0}{\dfrac{Ne - 0.43\alpha_1 f_c bh_0^2}{(\beta_1 - \xi_b)(h_0 - a_s')} + \alpha_1 f_c bh_0} + \xi_b \qquad (5-30)$$

3. 正截面受拉承载力的计算

（1）轴心受拉构件正截面承载力的计算

计算公式：

$$N \leqslant f_y A_s \qquad (5-31)$$

式中 N——轴向拉力设计值。

（2）偏心受拉构件正截面受拉承载力的计算

1）小偏心受拉构件 $(e_0 \leqslant h/2 - a_s)$

计算公式如下：

$$Ne \leqslant f_y A_s'(h_0 - a_s') \qquad (5-32.1)$$
$$Ne' \leqslant f_y' A_s(h_0' - a_s) \qquad (5-32.2)$$

式中，$e = \dfrac{h}{2} - e_0 - a_s$，$e' = e_0 + \dfrac{h}{2} - a_s'$。

截面设计：已知轴向拉力设计值 N，偏心距 e_0 $(e_0 \leqslant h/2 - a_s)$，截面尺寸 b，h，a_s，a_s' 及材料强度 f_y，直接代入式（5-32）可得到钢筋截面面积 A_s 和 A_s'，计算所得的配筋率应满足大于或等于最小配筋率的要求。

承载力校核时已知截面尺寸 b、h、a_s、a_s'、A_s、A_s'；材料强度 f_y 及 e_0 $(e_0 \leqslant h/2 - a_s)$，则直接代入式（5-32）得到轴向受拉承载力 N，取两个计算结果中较小者作为轴向受拉承载力 N_u。

2）大偏心受拉构件 $(e_0 > h/2 - a_s')$

① 计算公式

$$N \leqslant f_y A_s - f_y' A_s' - \alpha_1 f_c bx \qquad (5-33)$$
$$Ne \leqslant \alpha_1 f_c bx(h_0 - x/2) + f_y' A_s'(h_0 - a_s') \qquad (5-34)$$

适用条件：$x \leqslant x_b$，保证受拉钢筋屈服；

$x \geqslant 2a_s'$，保证受压钢筋屈服。

② 截面设计

截面设计有两种情况：

情况 1：已知 b、h、a_s、a_s'；材料强度，f_y、f_y'、f_c、N、M；求 A_s，A_s'。

计算时应考虑充分发挥混凝土的抗压作用，取 $x = x_b$。代入式（5-33）和式（5-34）可得：

$$A_s' = \frac{Ne - \alpha_1 f_c b x_b (h_0 - x_b/2)}{f_y'(h_0 - a_s')} \tag{5-35.1}$$

$$A_s = \frac{\alpha_1 f_c b x_b + N}{f_y} + \frac{f_y'}{f_y} A_s' \tag{5-35.2}$$

$$e = e_0 - h/2 + a_s \tag{5-35.3}$$

当 $x < 2a_s'$ 时，钢筋 A_s 的应力可能受拉或受压，但未达到抗压强度设计值。此时，可按偏心受压的相应情况类似处理，即取 $x = 2a_s'$，并对 A_s' 合力点取矩和取 $A_s' = 0$ 分别计算 A_s 值，最后按所得较小值配筋。

情况 2：已知截面尺寸，b、h、a_s、a_s'、f_y、f_y'、f_c、N、M 及 A_s'，求 A_s。

首先由式（5-34）求 x。

当 $x \geqslant 2a_s'$ 时

$$A_s = \frac{N + \alpha_1 f_c b x + A_s' f_y'}{f_y} \tag{5-36}$$

当 $x < 2a_s'$ 时

$$A_s = \frac{Ne'}{f_y(h_0 - a_s')} \tag{5-37}$$

（3）承载力校核

已知截面尺寸，b、h、a_s、a_s'、A_s、A_s'；材料强度，f_y、f_y'、f_c 及 e_0 求 N、M。

一般情况下有 $f_y = f_y'$，则由式（5-33）及式（5-34）联立可求出 x；当 $x > 2a_s'$ 时，代入式（5-33）可求 N；

当 $x \leqslant 2a_s'$ 时，令 $x = 2a_s'$，对受压钢筋取矩可得：

$$N = f_y A_s(h_0 - a_s')/e' \tag{5-38}$$

（4）对称配筋受拉构件

在对称配筋情况下，受拉一侧钢筋 A_s 的应力一定达到屈服强度 f_y，故压区混凝土的高度 x 通常很小。A_s' 钢筋不可能达到受压强度设计值；否则，混凝土压区高度 x 将为负值。所以截面受拉承载力也由式（5-38）计算。所以，在对称配筋情况下，不论大小偏心受拉构件，受拉承载力均按式（5-38）计算。

4. 斜截面受剪承载力的计算

（1）受弯构件斜截面受剪承载力的计算

1）集中荷载作用下的矩形、T 形和 I 形截面的独立梁，当仅配箍筋时斜截面受剪承载力的计算

计算公式为：

$$V \leqslant \frac{1.75}{\lambda + 1.0} f_t b h_0 + f_{yv} \frac{A_{sv}}{s} h_0 \tag{5-39}$$

式中 λ——计算截面的剪跨比，可取 $\lambda = a/h_0$，a 为集中荷载作用点至支座或节点边缘的距离；当 $\lambda < 1.5$ 时，取 $\lambda = 1.5$，当 $\lambda > 3$ 时，取 $\lambda = 3$；集中荷载作用点至支座之间的箍筋，应均匀配置。

"集中荷载作用下"是指包括作用有多种荷载，其中集中荷载对支座截面或节点边缘所产生的剪力值占总剪力值的 75% 以上的情况；"独立梁"是指不与楼板整体浇筑的梁。

当框架结构承受水平荷载（风载、地震作用等）时，由其产生的框架独立梁剪力值也归属于集中荷载作用产生的剪力值。例如由风载、地震作用在单独梁某支座截面上产生的剪力超过了支座截面总剪力的 75%，则应用式（5-39）计算其斜截面受剪承载力。

2）均布荷载下矩形、T 形和 I 形截面的一般受弯构件当仅配箍筋时斜截面受剪承载力的计算

计算公式为：

$$V \leqslant 0.7 f_t b h_0 + f_{yv} \frac{A_{sv}}{s} h_0 \tag{5-40}$$

式中 f_t——混凝土轴心抗拉强度设计值；

f_{yv}——箍筋抗拉强度设计值；

A_{sv}——配置在同一截面内箍筋各肢的全部截面面积，$A_{sv} = n A_{sv1}$，其 n 中在同一个截面内箍筋的肢数，A_{sv1} 为单肢箍筋的截面面积；

s——沿构件长度方向箍筋的间距；

b——矩形截面的宽度，T 形或 I 形截面的腹板宽度。

3）设有弯起钢筋时梁的受剪承载力计算

当梁中还设有弯起钢筋时，其受剪承载力的计算公式中，应增加一项弯起钢筋所承担的剪力值：

$$V_{sb} = 0.8 f_y A_{sb} \sin\alpha_s \tag{5-41}$$

式中 f_y——弯起钢筋的抗拉强度设计值；

A_{sb}——与斜裂缝相交的配置在同一弯起平面内的弯起钢筋截面面积；

α_s——弯起钢筋与梁纵轴线的夹角。当 $h < 800\text{mm}$ 时，取 $\alpha = 45°$；当 $h \geqslant 800\text{mm}$ 时，$\alpha = 60°$。

4）适用范围

① 为了防止梁发生斜压破坏，同时也为了防止梁在使用阶段斜裂缝过宽（主要是薄腹梁），必须控制梁的截面尺寸。

当 $\dfrac{h_w}{b} \leqslant 4$ 时，

$$V \leqslant 0.25 \beta_c f_c b h_0 \tag{5-42.1}$$

当 $\dfrac{h_w}{b} \geqslant 6$ 时，

$$V \leqslant 0.2 \beta_c f_c b h_0 \tag{5-42.2}$$

当 $4 < \dfrac{h_w}{b} < 6$ 时，按线性内插取用。

式中 h_w——截面的腹板高度，矩形截面取有效高度 h_0，T 形截面取有效高度减去翼缘高度，I 形截面取腹板净高；

β_c——混凝土强度影响系数，当混凝土强度等级不超过 C50 时取 $\beta_c=1.0$；当混凝土强度等级为 C80 时取 $\beta_c=0.8$；其间按线性内插法确定。

② $\rho_{sv}=\dfrac{nA_{sv}}{bs}\geqslant\rho_{sv,min}$，防止斜拉破坏，$\rho_{sv,min}=0.24\dfrac{f_t}{f_{yv}}$。

5）可以不进行斜截面受剪承载力计算的情况

矩形、T 形和 I 形截面的一般受弯构件，当符合下列公式的要求时：

$$V\leqslant 0.7f_t bh_0 \tag{5-43.1}$$

集中荷载作用下的独立梁，当符合下列公式的要求时：

$$V\leqslant \frac{1.75}{\lambda+1}f_t bh_0 \tag{5-43.2}$$

满足以上要求，均可不进行斜截面的受剪承载力计算，按构造要求配置箍筋（表 5-14）。

梁中箍筋的最大间距　　　　　　　　　　　　　　　　　　表 5-14

梁高 h	$V>0.7f_t bh_0$	$V\leqslant 0.7f_t bh_0$
$150<h\leqslant 300$	150	200
$300<h\leqslant 500$	200	300
$500<h\leqslant 800$	250	350
$h>800$	300	400

截面高度大于 800mm 的梁，箍筋直径不宜小于 8mm；对截面高度不大于 800mm 的梁，不宜小于 6mm。梁中配有计算需要的纵向受压钢筋时，箍筋直径尚不应小于 $d/4$，d 为受压钢筋最大直径。

6）不配置箍筋和弯起钢筋的一般板类受弯构件

其斜截面的受剪承载力应符合下列规定：

$$V\leqslant 0.7\beta_h f_t bh_0 \tag{5-44.1}$$

$$\beta_h=\left(\frac{800}{h_0}\right)^{1/4} \tag{5-44.2}$$

式中 V——构件斜截面上的最大剪力设计值；

β_h——截面高度影响系数，当 $h_0<800$mm 时，取 $h_0=800$mm；当 $h_0>2000$mm 时，取 $h_0=2000$mm；

f_t——混凝土轴心抗拉强度设计值。

5.1.4　一般构造要求

1. 混凝土保护层的最小厚度

（1）设计使用年限为 50 年的混凝土结构，最外层钢筋的保护层厚度应符合表 5-15 的规定；设计使用年限为 100 年的混凝土结构，最外层钢筋的保护层厚度不应小于表 5-15 数值的 1.4 倍。纵向受力普通钢筋混凝土保护层厚度（钢筋外边缘至混凝土表面的距离）不应小于钢筋的公称直径。

混凝土保护层的最小厚度（mm）　　　　　　　　　　表 5-15

环境类别	板、墙、壳	梁、柱、杆
一	15	20
二 a	20	25
二 b	25	30
三 a	30	40
三 b	40	50

注：① 混凝土强度等级不大于 C25 时，表中保护层厚度数值应增加 5mm；
　　② 基础中纵向受力钢筋的混凝土保护层厚度不应小于 40mm；当无垫层时不应小于 70mm。

（2）当有充分依据并采取下列措施时，可适当减小混凝土保护层的厚度。

① 构件表面有可靠的防护层；

② 采用工厂化生产的预制构件；

③ 在混凝土中掺加阻锈剂或采用阴极保护处理等防锈措施；

④ 当对地下室墙体采取可靠的建筑防水做法或防护措施时，与土层接触一侧钢筋的保护层厚度可适当减少，但不应小于 25mm。

（3）当梁、柱中纵向受力钢筋的混凝土保护层厚度大于 50mm 时，宜对保护层采取有效构造措施。通常是在混凝土保护层中离构件表面一定距离处，全面增配由细钢筋制成的构造钢筋网片（图 5-1）。当在保护层内配置防裂、防剥落的钢筋网片时，网片钢筋的保护层厚度不应小于 25mm。

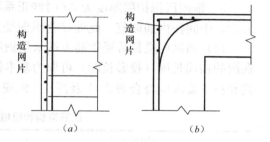

图 5-1　厚保护层中的表面配筋
（a）柱钢筋的保护层；（b）角节点的厚保护层

2. 钢筋的锚固及连接

（1）当计算中充分利用钢筋的强度时，受拉钢筋的锚固应符合下列要求：

普通钢筋的基本锚固长度按下式计算

$$l_{ab} = \alpha \frac{f_y}{f_t} d \qquad (5-45)$$

式中　l_{ab}——受拉钢筋的基本锚固长度；

　　　f_y——普通钢筋的抗拉强度设计值；

　　　f_t——混凝土轴心抗拉强度设计值；当混凝土强度等级高于 C60 时，按 C60 取值；

　　　d——锚固钢筋的直径；

　　　α——钢筋的外形系数，按表 5-16 取用。

锚固钢筋的外形系数 α　　　　　　　　　　表 5-16

钢筋类型	光面钢筋	带肋钢筋	螺旋肋钢丝	三股钢绞线	七股钢绞线
外形系数	0.16	0.14	0.13	0.16	0.17

注：光面钢筋末端应做 180° 弯钩，弯后平直段长度不应小于 3d，但作受压钢筋时可不做弯钩。

（2）受拉钢筋的锚固长度应根据具体锚固条件按下列公式计算，且不应小于 200mm：

$$l_a = \zeta_a l_{ab} \qquad (5-46)$$

式中 l_a——受拉钢筋的锚固长度；

   ζ_a——锚固长度修正系数，按以下第 3 条的规定取用，当多于一项时，可按连乘计算，但不应小于 0.6。

当锚固钢筋的保护层厚度不大于 $5d$ 时，锚固长度范围内应配置横向构造钢筋，其直径不应小于 $d/4$；对梁、柱、斜撑等构件间距不应大于 $5d$，对板、墙等平面构件间距不应大于 $10d$，且均不应大于 100mm，此处 d 为锚固钢筋的直径。

（3）纵向受拉普通钢筋的锚固长度修正系数 ζ_a 应根据钢筋的锚固条件按下列规定取用：

1）当带肋钢筋的公称直径大于 25mm 时取 1.10；

2）环氧树脂涂层带肋钢筋取 1.25；

3）施工过程中易受扰动的钢筋取 1.10；

4）当纵向受力钢筋的实际配筋面积大于其设计计算面积时，修正系数取设计计算面积与实际配筋面积的比值，但对有抗震设防要求及直接承受动力荷载的结构构件，不应考虑此项修正；

5）锚固区保护层厚度为 $3d$ 时修正系数可取 0.80，保护层厚度为 $5d$ 时修正系数可取 0.70，中间按内插取值，此处 d 为纵向受力带肋钢筋的直径。

（4）当纵向受拉普通钢筋末端采用钢筋弯钩或机械锚固措施时，包括弯钩或锚固端头在内的锚固长度（投影长度）可取为基本锚固长度 l_{ab} 的 0.6 倍。钢筋弯钩和机械锚固的形式和技术要求应符合表 5-17 及图 5-2 的规定。

钢筋弯钩和机械锚固的形式和技术要求　　　　　　　　　表 5-17

锚固形式	技术要求
90°弯钩	末端 90°弯钩，弯钩内径 $4d$，弯后直段长度 $12d$
135°弯钩	末端 135°弯钩，弯钩内径 $4d$，弯后直段长度 $5d$
一侧贴焊锚筋	末端一侧贴焊长 $5d$ 同直径钢筋
两侧贴焊锚筋	末端两侧贴焊长 $3d$ 同直径钢筋
焊端锚板	末端与厚度 d 的锚板穿孔塞焊
螺栓锚头	末端旋入螺栓锚头

注：① 焊缝和螺纹长度应满足承载力要求；
　　② 锚板或锚头的承压净面积应不小于锚固钢筋计算截面积的 4 倍；
　　③ 螺栓锚头的规格应符合相关标准的要求；
　　④ 螺栓锚头和焊接锚板的间距不大于 $3d$ 时，宜考虑群锚效应对锚固的不利影响；
　　⑤ 截面角部的弯钩和一侧贴焊锚筋的布筋方向宜向内偏置。

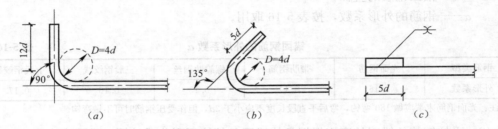

图 5-2　钢筋机械锚固的形式及构造要求（一）
（a）90°弯钩；（b）135°弯钩；（c）侧贴焊锚筋

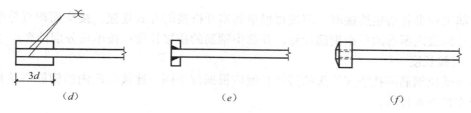

图 5-2　钢筋机械锚固的形式及构造要求（二）

(*d*) 两侧贴焊锚筋；(*e*) 穿孔塞焊锚板；(*f*) 螺栓锚头

（5）混凝土结构中的纵向受压钢筋，当计算中充分利用钢筋的抗压强度时，受压钢筋的锚固长度应不小于相应受拉锚固长度的 0.7 倍。受压钢筋不应采用末端弯钩和一侧贴焊锚筋的锚固措施。

3. 钢筋的连接

钢筋的连接可采用绑扎搭接、机械连接或焊接。混凝土结构中受力钢筋的连接接头宜设置在受力较小处。在同一根受力钢筋上宜少设接头。在结构的重要构件和关键传力部位，纵向受力钢筋不宜设置连接接头。

（1）绑扎搭接

1）不适用范围

轴心受拉及小偏心受拉杆件的纵向受力钢筋不得采用绑扎搭接；其他构件中的钢筋采用绑扎搭接时，受拉钢筋直径不宜大于 25mm，受压钢筋直径不宜大于 28mm。

需进行疲劳验算的构件，其纵向受拉钢筋不得采用绑扎搭接接头。

2）搭接接头面积百分率和搭接长度

① 基本要求：同一构件中相邻钢筋的绑扎搭接接头宜相互错开。

② 搭接连接区段：钢筋绑扎搭接接头连接区段的长度为 1.3 倍搭接长度，凡搭接头中点位于该连接区段长度内的搭接接头均属于同一连接区段（图 5-3）。

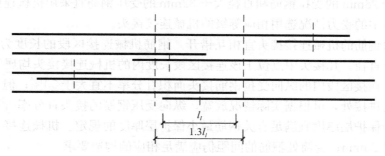

图 5-3　搭接钢筋的连接区段

（注：图中所示同一连接区段内的搭接接头钢筋为两根，此时，当钢筋直径相同时，钢筋搭接接头面积百分率为 50%）

③ 搭接接头面积百分率：同一连接区段内纵向钢筋搭接接头面积百分率为该区段有搭接接头的纵向受力钢筋截面面积与全部纵向受力钢筋截面面积的比值。当直径不同的钢筋搭接时，按直径较小的钢筋计算。

位于同一连接区段内的受拉钢筋搭接接头面积百分率：对梁类、板类及墙类构件，不宜大于 25%；对柱类构件，不宜大于 50%。当工程中确有必要增大受拉钢筋搭接接头面积百分率时，对梁类构件，不应大于 50%；对板类墙类及柱类构件，可根据实际情况放宽。

并筋采用绑扎搭接连接时，应按每根单筋错开搭接的方式连接。接头面积百分率应按同一连接区段内所有的单根钢筋计算。并筋中钢筋的搭接长度应按单筋分别计算。

④ 搭接长度

纵向受拉钢筋绑扎搭接接头的搭接长度应根据位于同一连接区段内的钢筋搭接接头面积百分率按下式计算：

$$l_l = \zeta_l l_a$$

式中　l_l——纵向受拉钢筋的搭接长度；

l_a——纵向受拉钢筋的锚固长度；

ζ_l——纵向受拉钢筋搭接长度修正系数，按表 5-18 取用。

纵向受拉钢筋搭接长度修正系数　　　　　　　　　　　　表 5-18

纵向搭接钢筋面积百分率（%）	≤25	50	100
ζ_l	1.2	1.4	1.6

在任何情况下，纵向受拉钢筋绑扎搭接接头的搭接长度均不应小于 300mm；

构件中的纵向受压钢筋当采用搭接连接时，其受压搭接长度不应小纵向受拉钢筋搭接长度的 70%，且不应小于 200mm。

3）搭接区段内的构造措施

在纵向受力钢筋搭接长度范围内应配置箍筋，其直径不应小于搭接钢筋较大直径的 0.25 倍。当钢筋受拉时，箍筋间距不应大于搭接钢筋较小直径的 5 倍，且不应大于 100mm；当钢筋受压时，箍筋间距不应大于搭接钢筋较小直径的 10 倍，且不应大于 200mm。当受压钢筋直径 $d > 25$mm 时，尚应在搭接接头两个端面外 100mm 范围内各设置两个箍筋。

（2）机械连接

直径大于 28mm 的受拉钢筋和直径大于 32mm 的受压钢筋宜采用机械连接接头。应根据钢筋在构件中的受力情况选用相应等级的机械连接接头。

纵向受力钢筋的机械连接接头宜相互错开。钢筋机械连接区段的长度为 35d，d 为连接钢筋的较小直径。凡接头中点位于该连接区段长度内的机械连接接头均属于同一连接区段。位于同一连接区段内的纵向受拉钢筋接头面积百分率不宜大于 50%；但对板、墙、柱及预制构件的拼接处，可根据实际情况放宽。纵向受压钢筋的接头百分率可不受限制。机械连接套筒的保护层厚度宜满足有关钢筋最小保护层厚度的规定。机械连接套筒的横向净间距不宜小于 25mm；套筒处箍筋的间距仍应满足相应的构造要求。

（3）焊接连接

细晶粒热轧带肋钢筋以及直径大于 28mm 的带肋钢筋，其焊接应经试验确定；余热处理钢筋不宜焊接。

纵向受力钢筋的焊接接头应相互错开。钢筋焊接接头连接区段的长度为 35d 且不小于 500mm，d 为连接钢筋的较小直径，凡接头中点位于该连接区段长度内的焊接接头均属于同一连接区段。

纵向受拉钢筋的接头面积百分率不宜大于 50%，但对预制构件的拼接处，可根据实际情况放宽。纵向受压钢筋的接头百分率可不受限制。

（4）需进行疲劳验算构件的钢筋连接要求

需进行疲劳验算的构件，其纵向受拉钢筋不得采用绑扎搭接接头，也不宜采用焊接接头，除端部锚固外不得在钢筋上焊有附件。

当直接承受吊车荷载的钢筋混凝土吊车梁、屋面梁及屋架下弦的纵向受拉钢筋采用焊接接头时，应符合下列规定：

1）应采用闪光接触对焊，并去掉接头的毛刺及卷边；

2）同一连接区段内纵向受拉钢筋焊接接头面积百分率不应大于 25%，焊接接头连接区段的长度应取为 45d，d 为纵向受力钢筋的较大直径。

4. 纵向受力钢筋的最小配筋率

（1）混凝土结构构件中纵向受力钢筋的配筋百分率不应小于表 5-19 规定的数值。

纵向受力钢筋的最小配筋百分率　　　　表 5-19

受力类型			最小配筋百分率
受压构件	全部纵向钢筋	强度级别 500N/mm²	0.50
		强度级别 400N/mm²	0.55
		强度级别 300N/mm²、335N/mm²	0.60
	一侧纵向钢筋		0.2
受弯构件、偏心受拉、轴心受拉构件一侧的受拉钢筋			0.2 和 $45f_t/f_y$ 中的较大值

注：① 受压构件全部纵向钢筋最小配筋百分率，当混凝土强度等级为 C60 及以上时，应按表中规定增大 0.1；
　　② 板类受弯构件（不包括悬臂板）的受拉钢筋，当采用强度等级 400MPa、500MPa 的钢筋时，其最小配筋百分率应允许采用 0.15 和 $45f_t/f_y$ 中的较大值；
　　③ 偏心受拉构件中的受压钢筋，应按受压构件一侧纵向钢筋考虑；
　　④ 受压构件的全部纵向钢筋和一侧纵向钢筋的配筋率以及轴心受拉构件和小偏心受拉构件一侧受拉钢筋的配筋率应按构件的全截面面积计算；
　　⑤ 受弯构件、大偏心受拉构件一侧受拉钢筋的配筋率应按全截面面积扣除受压翼缘面积 $(b_f'-b)h_f'$ 后的截面面积计算；
　　⑥ 当钢筋沿构件截面周边布置时，"一侧纵向钢筋"系指沿受力方向两个对边中的一边布置的纵向钢筋。

（2）对于卧置于地基上的混凝土板，板的受拉钢筋最小配筋率可适当降低，但不应小于 0.15%。

5.1.5　混凝土结构构件抗震设计的一般规定

1. 混凝土构件抗震设计的内容

（1）结构抗震验算。包括：

1）地震作用的计算；

2）截面抗震验算及抗震变形验算。

（2）抗震措施。包括：

1）抗震构造措施：根据抗震概念设计原则，一般不需计算而对结构和非结构各部分必须采取的各种细部要求。如构件的配筋要求，延性要求，锚固长度等。主要内容见《建筑抗震设计规范》GB 50011—2010（以下简称《抗规》）各章的抗震构造措施。

2）其他抗震措施：如结构体系的确定，结构的规则性、高宽比、长宽比、结构布置、建筑场地的选择等内容。

2. 建筑抗震设防分类和设防标准

建筑应根据其使用功能的重要性分为特殊设防类（甲类）、重点设防类（乙类）、标准设防类（丙类）和适度设防类（丁类）四个抗震设防类别。

建筑抗震设防类别的划分，各抗震设防类别建筑的抗震设防标准，应符合表 5-20 和表 5-21 的规定。

建筑抗震设防分类和设防标准 表 5-20

设防分类	特殊设防类（甲类）	使用上有特殊设施，涉及国家公共安全的重大建筑工程和地震时可能发生严重次生灾害等特别重大灾害后果，需要进行特殊设防的建筑
	重点设防类（乙类）	地震时使用功能不能中断需尽快恢复的生命线相关建筑，以及地震时可能导致重大人员伤亡等重大灾害后果，需要提高设防标准的建筑
	标准设防类（丙类）	指大量的除甲乙丁类以外按标准要求进行设防的建筑
	适度设防类（丁类）	指使用上人员稀少且震损不致产生次生灾害，允许在一定条件下适度减低要求的建筑

抗震设防标准 表 5-21

抗震措施	甲类	应按高于本地区抗震设防烈度提高一度的要求加强其抗震措施；但抗震设防烈度为 9 度时应按比 9 度更高的要求采取抗震措施。同时，应按批准的地震安全性评价的结果且高于本地区抗震设防烈度的要求确定其地震作用
	乙类	应按高于本地区抗震设防烈度一度的要求加强其抗震措施；但抗震设防烈度为 9 度时应按比 9 度更高的要求采取抗震措施；地基基础的抗震措施，应符合有关规定。同时，应按本地区抗震设防烈度的要求确定其地震作用
	丙类	按本地区抗震设防烈确定其抗震措施和地震作用，达到在高于当地抗震设防烈度的预估罕遇地震影响时不致倒塌或发生危及生命安全的严重破坏的抗震设防目标
	丁类	允许比本地区抗震设防烈度的要求适当降低其抗震措施，但抗震设防烈度为 6 度时不应降低。一般情况下，仍应按本地区抗震设防烈度确定其地震作用

说明：1. 抗震设防烈度为 6 度时，除《抗规》另有规定外，对乙、丙、丁类的建筑可不进行地震作用的计算。
2. I 类场地时，对甲、乙类的建筑应允许按本地区设防烈度的要求采取抗震构造措施，对丙类的建筑应允许按本地区设防烈度降低 1 度的要求采取的抗震构造措施，但相应的计算要求不应降低；6 度时仍应按本地区设防烈度的要求采取抗震构造措施。
3. 建筑场地为 III、IV 类时，对设计基本地震加速度为 0.15g 和 0.3g 的地区，除《抗规》另有规定外，宜分别按抗震设防烈度 8 度（0.20g）和 9 度（0.40g）时各类建筑的要求采用抗震构造措施。

3. 框架结构构件的抗震等级

混凝土结构构件的抗震设计，应根据设防烈度、结构类型、房屋高度，按表 5-22 采用不同的抗震等级，并应符合相应的计算要求和抗震构造措施。

混凝土框架结构的抗震等级 表 5-22

结构类型		设防烈度						
		6		7		8		9
框架结构	高度	≤24	>24	≤24	>24	≤24	>24	≤24
	框架	四	三	三	二	二	一	一
	大跨度框架	三		二		一		一

注：1. 建筑场地为 I 类时，除 6 度外可按表内降低一度所对应的抗震等级采取抗震构造措施，但相应的计算要求不应降低；

2. 接近或等于高度分界时，应允许结合房屋不规则程度及场地、地基条件确定抗震等级；

3. 大跨度框架指跨度不小于 18m 的框架；

4. 表中框架结构不包括异形柱框架。

确定钢筋混凝土房屋结构构件的抗震等级时，尚应符合下列要求：

（1）对框架-剪力墙结构，在规定的水平地震力作用下，框架底部所承担的倾覆力矩大于结构底部总倾覆力矩的 50% 时，其框架的抗震等级应按框架结构确定。

（2）与主楼相连的裙房，除应按裙房本身确定抗震等级外，相关范围不应低于主楼的抗震等级；主楼结构在裙房顶板对应的相邻上下各一层应适当加强抗震构造措施。裙房与主楼分离时，应按裙房本身确定抗震等级。

（3）当地下室顶板作为上部结构的嵌固部位时，地下一层的抗震等级应与上部结构相同，地下一层以下确定抗震构造措施的抗震等级可逐层降低一级，但不应低于四级。地下室中无上部结构的部分，其抗震构造措施的抗震等级可根据具体情况采用三级或四级。

（4）甲、乙类建筑按规定提高一度确定其抗震等级时，如其高度超过对应的房屋最大适用高度，则应采取比相应抗震等级更有效的抗震构造措施。

4. 承载力抗震调整系数

考虑地震组合验算混凝土结构构件的承载力时，均应按承载力抗震调整系数 γ_{RE} 进行调整，承载力抗震调整系数 γ_{RE} 应按表 5-23 采用。

承载力抗震调整系数 γ_{RE} 表 5-23

结构构件的类别	正截面承载力计算				斜截面承载力计算		受冲切承载力计算	局部承压承载力计算
	受弯构件	偏心受压柱		偏心受拉构件	剪力墙	各类构件及框架节点		
		轴压比小于 0.15	轴压比不小于 0.15					
γ_{RE}	0.75	0.75	0.8	0.85	0.85	0.85	0.85	1.0

注：1. 预埋件锚筋截面计算的承载力抗震调整系数应取 $\gamma_{RE}=1.0$；

2. 当仅考虑竖向地震作用组合时，各类结构构件的承载力抗震调整系数均应取 $\gamma_{RE}=1.0$。

5. 钢筋的抗震锚固长度

（1）抗震设计时，结构构件纵向受拉钢筋的抗震锚固长度 l_{aE} 应符合表 5-24 的规定：

纵向受力拉钢筋的抗震锚固长度 表 5-24

抗震等级	一、二	三	四
锚固长度 l_{aE}	$1.15l_a$	$1.05l_a$	l_a

（2）非抗震及四级抗震等级的结构，当计算中充分利用钢筋的受拉强度时，纵向受拉

钢筋的锚固长度 $l_a (l_{aE})$ 应不小于表 5-25 中的数值。

非抗震及四级抗震等级结构钢筋的最小锚固长度 $l_a (l_{aE})$（mm）　　　　表 5-25

混凝土强度等级	HPB300 级钢 $d \leqslant 25$	HRB335 级钢筋		HRB400 和 RRB400 级钢筋		HRB500 和 RRB500 级钢筋	
		$d \leqslant 25$	$d > 25$	$d \leqslant 25$	$d > 25$	$d \leqslant 25$	$d > 25$
C20	35d	39d	42d	46d	51d	56d	61d
C25	30d	34d	37d	40d	44d	48d	53d
C30	27d	30d	33d	36d	39d	43d	47d
C35	25d	27d	30d	33d	36d	39d	43d
C40	23d	25d	27d	30d	33d	36d	40d
C45	21d	24d	26d	28d	31d	34d	38d
C50	20d	23d	25d	27d	30d	33d	36d
C55	20d	22d	24d	26d	29d	31d	35d
≥C60	19d	21d	23d	25d	28d	30d	33d

注：1. 当计算中充分利用钢筋的受压强度时，结构受压钢筋的锚固长度为表中数值的 0.7 倍；
2. 任何情况下不应小于 200mm。

一、二、三级抗震的结构，当计算中充分利用钢筋的受拉强度时，纵向受拉钢筋的锚度长度可按表 5-26、表 5-27 取用。

一、二级抗震结构受拉钢筋的最小抗震锚固长度 l_{aE}　　　　表 5-26

混凝土强度等级	HRB335 级钢筋		HRB400 和 RRB400 级钢筋		HRB500 和 RRB500 级钢筋	
	$d \leqslant 25$	$d > 25$	$d \leqslant 25$	$d > 25$	$d \leqslant 25$	$d > 25$
C20	44d	49d	53d	58d	64d	70d
C25	38d	42d	46d	51d	56d	61d
C30	34d	38d	41d	45d	49d	54d
C35	31d	34d	37d	41d	45d	50d
C40	29d	32d	34d	38d	41d	46d
C45	27d	30d	33d	36d	39d	43d
C50	26d	29d	31d	34d	38d	41d
C55	25d	28d	30d	33d	36d	40d
≥C60	24d	26d	29d	32d	35d	38d

三级抗震结构受拉钢筋的最小抗震锚固长度 l_{aE}　　　　表 5-27

混凝土强度等级	HRB335 级钢筋		HRB400 和 RRB400 级钢筋		HRB500 和 RRB500 级钢筋	
	$d \leqslant 25$	$d > 25$	$d \leqslant 25$	$d > 25$	$d \leqslant 25$	$d > 25$
C20	41d	45d	49d	53d	59d	64d
C25	35d	39d	42d	46d	51d	56d
C30	31d	34d	37d	41d	45d	50d
C35	29d	31d	34d	38d	41d	45d
C40	26d	29d	31d	34d	38d	42d
C45	25d	27d	30d	33d	36d	40d
C50	24d	26d	28d	31d	34d	38d
C55	23d	25d	27d	30d	33d	36d
≥C60	22d	24d	26d	29d	32d	35d

6. 抗震设计的结构构件纵向受力钢筋的连接

（1）采用搭接接头时，其搭接长度 l_{aE} 应按下列公式采用：

$$l_{lE} = \zeta_l l_{aE}$$

式中 ζ_l——纵向受拉钢筋搭接长度修正系数，按表 5-23 采用。

（2）纵向受力钢筋的连接可采用绑扎搭接、机械连接或焊接。

（3）纵向受力钢筋连接的位置宜避开梁端、柱端箍筋加密区；如必须在此连接时，应采用机械连接或焊接。

（4）混凝土构件位于同一连接区段内的纵向受力钢筋接头面积百分率不宜超过 50%。

（5）箍筋宜采用焊接封闭箍筋、连续螺旋箍筋或连续复合螺旋箍筋。当采用非焊接封闭箍筋时，其末端应做成 135°弯钩，弯钩端头平直段长度不应小于箍筋直径的 10 倍；在纵向钢筋搭接长度范围内的箍筋间距不应大于搭接钢筋较小直径的 5 倍，且不宜大于100mm。

7. 结构材料要求

有抗震设防要求的钢筋混凝土结构材料应符合下列要求：

（1）混凝土强度等级

设防烈度为 9 度时，混凝土强度等级不宜超过 C60；设防烈度为 8 度时，混凝土强度等级不宜超过 C70。

框支梁、框支柱以及一级抗震等级的框架梁、柱、节点，混凝土强度等级不应低于C30；其他各类结构构件，混凝土强度等级不应低于 C20。

（2）钢筋

1）纵向受力钢筋的选用

梁、柱、支撑以及剪力墙边缘构件中，其受力钢筋宜采用热轧带肋钢筋。

2）钢筋延性要求

按一、二、三级抗震等级设计的框架和斜撑构件，其纵向受力普通钢筋应符合下列要求：

① 钢筋的抗拉强度实测值与屈服强度实测值的比值不应小于 1.25；

② 钢筋的屈服强度实测值与强度标准值的比值不应大于 1.3；

③ 钢筋最大拉力下的总伸长率实测值不应小于 9%。

3）钢筋代换原则

在施工中，当需要以强度等级较高的钢筋代替原设计中的纵向受力钢筋时，应按钢筋受拉承载力设计值相等的原则进行代换，并应满足正常使用极限状态和抗震构造措施的要求。

5.2 楼盖设计

1. 板的分类

建筑结构的楼盖作为结构的水平分体系，可以承受楼面荷载、并将楼面荷载传递至竖向构件，然后传递到基础；同时与竖向构件相连形成完整的空间整体结构。

楼盖相当于水平隔板，提供足够的平面内刚度，可以传递水平荷载到各个竖向抗侧力子结构，使整个结构协同工作。特别是当竖向抗侧力结构布置不规则或各抗侧力结构水平变形特征不同时，楼盖的这个作用更显得突出和重要。

楼板连接楼层各水平构件和竖向构件，维系整个结构，保证结构具有很好的整体性，保证结构传力的可靠性。

板一般是结构的水平构件，主要承受竖向荷载，为受弯构件。此外，对不配置箍筋或弯起钢筋的一般受弯板（基础底板等），应验算其斜截面受剪承载力；在局部荷载或集中荷载作用下不配置箍筋或弯起钢筋的板（现浇无梁楼板、基础底板等），还应进行受冲切承载力的计算。

板按施工方法可分为现浇板、叠合板、预制装配板和装配整体板，按预加应力情况可分为预应力板和非预应力板。现浇板按结构形式可分为单向板、双向板、井字梁楼盖、无梁楼盖、密肋楼盖、悬挑板、连续板、异形板等。

由梁板组成的现浇楼盖，通常称为肋梁楼盖，是最常用的楼盖形式，工程设计中对四边支承的板应按下列规定计算：

（1）当长边与短边长度之比小于或等于 2.0 时，应按双向板计算；

（2）当长边与短边长度之比大于 2.0，但小于 3.0 时，宜按双向板计算；当按沿短边方向受力的单向板计算时，应沿长边方向配置不少于短边方向 25% 的构造钢筋；

（3）当长边与短边长度之比大于或等于 3.0 时，可按沿短边方向受力的单向板计算。

单、双向板的这种分类，是根据"四边支承"的条件得出的。如果不是四边支承，则应根据板的具体边界条件，确定板的计算模型。例如两对边支承板，无论两计算跨度的比值如何，都应按单向板计算。

井字梁楼盖也是由梁板组成的现浇楼盖。但一般两个方向的梁截面相同，不分主、次梁，互为支承点，都直接承受板传来的荷载。

不设梁，而将板直接支承在柱上的楼盖称为无梁楼盖。无梁楼盖与柱构成板柱结构，在柱的上端考虑抗冲切，通常还设置柱帽。

密肋楼盖由薄板和间距较小的肋梁组成，密肋梁可以单向布置，也可以双单向布置。

近年来出现的现浇混凝土空心楼盖是按一定规则放置埋入式内模后，经现场浇筑混凝土而在楼板中形成空腔的楼盖。在较大跨度结构中采用具有一定的优势。其结构形式可以为肋梁楼盖，也可以为无梁楼盖或密肋楼盖等。

以预制板为模板在其上面现浇混凝土，硬化后与预制板共同受力，即为叠合板。

预制装配板是预制板板间缝通过现浇混凝土将其连为整体。如在预制装配板面上再做现浇钢筋混凝土面层，则为装配整体板。

抗震设计时，一般情况下板可按非抗震设计。但无梁楼盖中的柱上板带，应按有关规度进行抗震设计。

根据其他专业功能要求，有的板上会开有洞口，以便管道穿行。

2. 现浇板厚度的估算

普通梁板结构中的板为受弯构件，其板的厚度一般应由设计计算确定，即应满足承载能力、挠度和裂缝控制的要求，同时应满足预埋管线、使用等要求（包括防火要求），还应考虑施工方便和经济方面的因素；无梁楼盖中的板厚度的确定还应考虑板的冲切破坏的因素，为了提高柱顶处平板处的受冲切承载力以及减小板的计算跨度，往往在柱顶设置柱帽；而厚板（如板式筏基的基础底板），除了受弯、受冲切外，还受有剪力，故其板厚度的确定，还应再考虑板的受冲切以及受剪这两个因素。

（1）现浇板的最小厚度不宜小于表 5-28 的规定。

现浇钢筋混凝土板的最小厚度（mm）　　　　　表 5-28

板的类型		最小厚度	板的类型		最小厚度
单向板	屋面板	60	现浇空心板	内模为芯筒	200
	民用建筑楼板	60		内模为箱体	250
	工业建筑楼板	70	悬臂板	板的悬臂长度≤500mm	板的根部 60
	行车道下的楼板	80		板的悬臂长度 1200mm	板的根部 100
	普通地下室顶板	160	阳台	悬挑阳台板	100
	上部结构嵌固部位的地下室顶板	180		悬挑阳台的现浇栏板	80
	高层建筑标准层楼板	80	楼梯	板式楼梯板	80
	高层建筑顶层楼板	180		梁式楼梯板	40
	结构转换层楼板	180		普通休息板	80
	现浇预应力混凝土楼板	150		悬挑楼梯板	根部 100
	人防顶板	200		螺旋楼梯板	80
双向板		80	底层框架上部多层砌体砖房	首层顶板	120
无梁楼板		150			
密肋板	肋间距≤700mm	40			
	肋间距>700mm	50			

注：1. 当板中埋置有电气等管线时，一般板厚度 $h \geqslant 100mm$；
　　2. 液体作用下的侧壁和底板厚度不应小于 100mm；
　　3. 现浇屋面板厚度一般不小于 120mm。

（2）现浇板的板厚与板跨的最小比值

各类现浇板厚度的取值必须满足强度和刚度的要求，现浇楼板的板厚与跨度的最小比值 h/l_0 可参照表 5-29 的规定取用。

板的厚度与跨度的最小比值（h/l_0）　　　　　表 5-29

板的种类		h/l_0	常用跨度（m）	适用范围	说　明
单向板	简支	1/35	≤4	2 级民用建筑的楼板	当 $l_0>4m$ 时应适当加厚
	连续	1/40			
双向板	简支	1/45	≤6	2 级民用建筑的楼板	当 $l_0>4m$ 时应适当加厚
	连续	1/50			
无梁楼盖	无柱帽	1/30～1/36	≤7	2 级民用建筑的楼板	肋间距 600～1200mm（周边设置边梁）
	有柱帽	1/30～1/36			
密肋板	单向密肋板	1/30～1/36	7～10	2 级民用建筑的楼板	
	双向密肋板	1/30～1/36			肋间距 500～700mm
井字梁楼板		1/20	7～10		格梁间距 1500～3000mm

续表

板的种类		h/l_0	常用跨度（m）	适用范围	说　明
空心板	边支承 单向板	1/30		2 级民用建筑的楼板	
	边支承 双向板	1/40			
	点支承 有柱帽	1/35			
	点支承 无柱帽	1/30			
悬臂板		1/12	≤1.5	雨篷、阳台或其他悬挑构件	当 $l_0>1.5m$ 时宜做挑梁
普通板式楼梯		1/25～1/28		2 级民用建筑	l_0 为楼梯水平投影长度
螺旋板式楼梯		1/25～1/30		2 级民用建筑	l_0 为计算轴线的展开长度

注：1. 表中双向板、空心板边支承双向板：l_0 为板的短边计算跨度；无梁楼盖、双向密肋板、井字梁楼板、点支承空心板：l_0 为板的长边计算跨度；密肋板、井字梁楼板：h 为肋高（含面层板厚度）。
　　2. 荷载较大时，板厚宜适当加大。

（3）板的计算跨度

在框架结构中的肋梁式结构板的计算跨度，按弹性方法计算时，可取梁轴线之间的距离；按塑性方法计算时，取板的净跨作为其计算跨度。无梁楼盖板的计算跨度，可取相邻柱子中心线之间的距离。

5.2.1　板的一般构造

1. 材料

由于提高混凝土强度等级对增大板的受弯承载力作用不显著，故除有特殊要求外，一般板常用的混凝土强度等级取 C20、C25、C30 即可。受力钢筋一般采用 HRB335 级、冷轧带肋钢筋，分布钢筋通常采用 HPB300 级或 HRB335 级。

对基础底板等厚度较大的板，由于荷载大，跨度也大，受力钢筋一般采用 HRB335 级、HRB400 级，分布钢筋则通常采用 HPB300 级或 HRB335 级。

2. 受力钢筋

板的配筋方式有分离式和弯起式，此外还有钢筋焊接网配筋，由于分离式配筋施工方便，实际工程多采用此种配筋方式。本书主要介绍分离式配筋的有关构造要求。

（1）受力钢筋的直径

采用绑扎钢筋配筋时，板中受力钢筋的直径可按表 5-30 确定。

受力钢筋的直径（mm）　　　　　　　　　　　　　　　　　　**表 5-30**

直　径	支承板				悬臂板	
	板厚 h(mm)				悬挑长度 l（mm）	
	$h<100$	$100≤h≤150$	$150<h≤200$	$h>200$	$l≤500$	$l>500$
最小	6	8	10	12	8	8
常用	6～10	8～12	10～16	14～28	8～10	8～12

（2）受力钢筋的间距

采用绑扎钢筋配筋时，板中受力钢筋的间距可按表 5-31 确定。

受力钢筋的间距（mm） 表 5-31

间　距	板厚 $h \leqslant 150$mm	板厚 $h > 150$mm	间　距	板厚 $h \leqslant 150$mm	板厚 $h > 150$mm
最大	200	min（1.5h，250）	最小	70	70

注：为使板受力均匀，减少裂缝，板中受力钢筋应尽可能做到小直径、密间距。

（3）受力钢筋的锚固

当多跨单向板、多跨双向板采用分离式配筋时，跨中正弯矩钢筋宜全部伸入支座；支座负弯矩钢筋向跨内的延伸长度应覆盖负弯矩图并满足钢筋锚固的要求。

1）跨中正弯矩钢筋

板与梁整体现浇或连续板下部纵向受力钢筋各跨单独配置时，伸入支座的锚固长度 l_{as} 宜伸至墙或梁中心线且不应小于 $5d$，d 为下部纵向受力钢筋的直径。当连续板内温度、收缩应力较大时，伸入支座的锚固长度宜适当增加。

2）支座负弯矩钢筋

① 嵌固在承重砌体墙内的简支板，板的支座负弯矩钢筋伸入支座的长度 $l = a - 10$，其中，a 为板在承重砌体墙上的支承长度，见图 5-4。

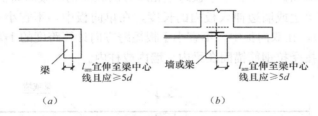

图 5-4　板与梁整体现浇或板与墙整体现浇时下部受力钢筋的锚固长度
（a）板与梁整体现浇；（b）板与墙整体现浇

② 与边梁或混凝土墙整体现浇的板，无论在设计上板的支承情况是按固接还是按简支考虑，此时板的支座负弯矩钢筋伸入边梁或混凝土墙整体内的长度 l 不应小于 l_a，l_a 为受拉钢筋的锚固长度（图 5-5）。

3. 分布钢筋

（1）当按单向板设计时，除沿受力方向布置受力钢筋外，尚应在垂直受力方向布置分布钢筋。单位长度上分布钢筋的截面面积不宜小于单位宽度上受力钢筋截面面积的 15%，且不宜小于该方向板截面面积的 0.15%；分布钢筋的间距不宜大于 250mm，直径不宜小于 6mm。

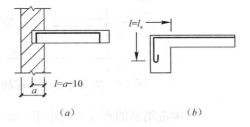

图 5-5　上部受力钢筋的锚固长度
（a）嵌固于承重砌体墙内的简支板；
（b）与边梁整浇按简支或固结计算的板

（2）对集中荷载较大的情况，分布钢筋的截面面积应适当增加，其间距不宜大于 200mm。

（3）当有实践经验或可靠措施时，预制单向板的分布钢筋可不受上述的限制。

（4）现浇单向板按受力钢筋配筋量确定的分布钢筋最小直径及最大间距可按表 5-32 取用。

单向现浇板的分布钢筋最小直径及最大间距（mm） 表 5-32

项次	受力钢筋直径	受力钢筋间距												
		70	75	80	85	90	95	100	110	120	130	140	150	160	170~200
1	6~8	φ6@250													
2	10	φ6@150 或 φ8@250				φ6@150 或 φ8@250					φ6@150 或 φ8@250				
3	12	φ8@200					φ8@200					φ8@200			
4	14	φ8@150					φ8@150					φ8@150			φ8@150

注：1. 本表适用于绑扎方式配筋的板；
  2. 当板的温度、收缩应力因素对结构产生的影响较大或裂缝控制要求较高时，其分布钢筋应适当增加。

4. 构造钢筋

（1）与梁或墙整浇的现浇板构造钢筋

周边与混凝土梁或混凝土墙整体现浇筑的单向板或双向板，应在板边上部配置垂直于板边的构造钢筋，并应符合下列规定：

1）构造钢筋的截面面积不宜小于板跨中相应方向纵向钢筋截面面积的 1/3。

2）构造钢筋自梁边或墙边伸入板内的长度，在单向板中，不宜小于受力方向板计算跨度的 1/5（图 5-6），在双向板中，不宜小于板短跨方向计算跨度的 1/4（图 5-7）。

3）构造钢筋应按受拉钢筋锚固在梁内、墙内或柱内。

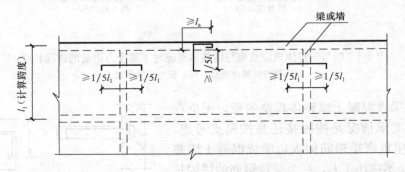

图 5-6 周边与梁整体现浇的单向板上部构造钢筋（边支座按简支计算）

4）构造钢筋的直径不宜小于 8mm，间距不宜大于 200mm。

（2）温度收缩钢筋

在温度、收缩应力较大的现浇板区域内（如与混凝土梁或墙整浇跨度较大的双向板中部区域；与梁或墙整浇的单向板，当垂直于跨度方向的长度较长时，长向的中部区域；屋面板等）宜配置限制温度、收缩裂缝开展的温度收缩钢筋。

1）温度收缩钢筋应布置在板未配置钢筋的表面。其间距宜取 150~200mm；并使板的上、下表面沿纵、横两个方向的配筋率（受力主筋可包括在内）均不宜小于 0.1%。温度收缩钢筋的最小配筋量可参考表 5-33 配置。

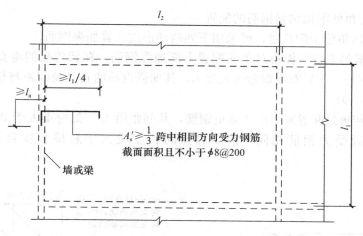

图 5-7 双向板边支座按简支计算时的上部构造钢筋

l_1—向计算跨度；l_2—长向计算跨度

温度收缩钢筋最小配筋量参考表   表 5-33

板厚度（mm）	≤120	130~200	≥200
抗温度收缩构造钢筋（mm）	φ6@150	φ8@200	φ10@200

2）温度收缩钢筋可利用原有上部钢筋贯通布置（图 5-8），也可另行设置构造钢筋网（图 5-9），并与原有钢筋按受拉钢筋的要求搭接或在周边构件中锚固。

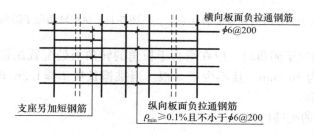

图 5-8 在板的表面上配置温度收缩钢筋示意（一）

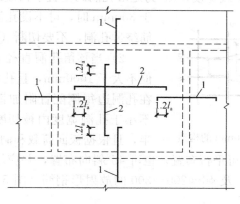

图 5-9 在板的上表面配置温度收缩钢筋示意（二）

（3）挑檐转角处附加加强钢筋的配置

1）当挑檐转角位于阳角时，可采用下列两种形式设置加强钢筋：

① 在转角板的平行于板角对角线配置上部加强钢筋；在转角板的垂直于板角对角线配置下部加强钢筋。配置宽度取悬挑长度 L，其加强钢筋的直径及间距与板内相应的受力钢筋相同（图 5-10）。

② 在挑檐转角处配置放射形加强负钢筋，其间距沿 $L/2$ 处应不大于 200mm，其直径与悬臂板支座处受力钢筋相同，钢筋的锚固长度应大于悬挑长度且不小于 300mm（图 5-11）。

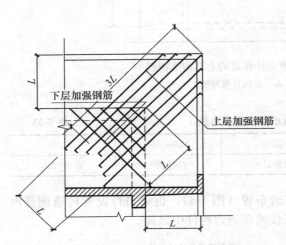

图 5-10 挑檐转角位于阳角时的加强配筋（一）　　　图 5-11 挑檐转角位于阴角时的加强配筋（二）

2）当挑檐转角位于阴角时，应在垂直于板角的转角板处配置加强钢筋，钢筋直径不小于 12mm，间距为 100mm，且不少于 3 根。当挑檐长度 $L \geqslant 1.2m$ 时，挑檐阴角处上、下层均应设此加强筋。

5. 板上开洞时的配筋构造

（1）现浇楼板开洞

1）当预留孔洞直径 d 或宽度 b（b 为矩形孔洞的垂直于板短跨方向的孔洞宽度）不大于 300mm 时，可不设孔洞的附加钢筋，将受力钢筋绕过孔洞，不要切断（图 5-12）。

2）当预留孔洞直径 d 或宽度 b 大于 300mm，但不大于 1000mm，且孔洞周边无集中荷载时，应在孔洞边每侧配置附加钢筋，其每侧钢筋面积应不小于孔洞宽度内被切断的受力钢筋总面积的一半，且根据板面荷载和洞口大小选用不小于 2ϕ8～

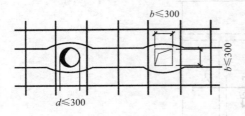

图 5-12 板上孔洞不大于 300mm 的构造

2ϕ12。圆形洞口附加钢筋可平行布置，也可 45°斜向布置，并应增设 2ϕ8～2ϕ12 附加环形钢筋（搭接长度为 1.2l_a）及 ϕ6@200～300 的放射形钢筋（图 5-13），矩形孔洞的附加钢筋布置见图 5-14、图 5-15。

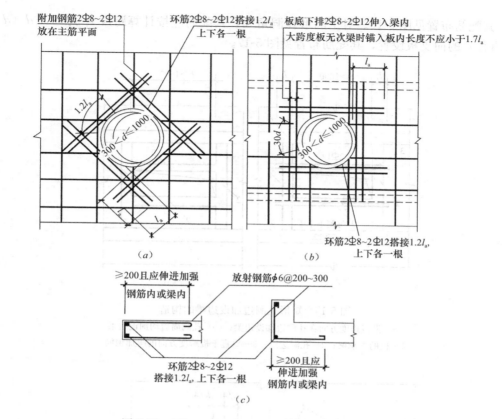

图 5-13 300mm＜d≤1000mm 的圆形孔洞钢筋补强

（a）附加钢筋斜向放置；（b）附加钢筋平行于受力钢筋放置；（c）孔洞边的环形附加钢筋及放射形钢筋

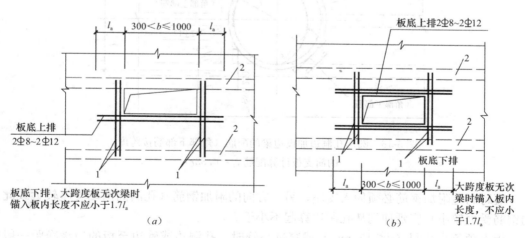

图 5-14 300mm＜d≤1000mm 的矩形孔洞洞边不设边梁的钢筋补强

（a）孔洞一周边与支承梁边齐平；（b）孔洞边不设边梁

1—孔洞宽度内被切断钢筋的一半；2—板的支承梁

3）当预留孔洞直径 d 或宽度 b 大于 300mm 而不大于 1000mm，但孔洞周边有集中荷载，或孔洞直径 d 或宽度 b 大于 1000mm 时，应在孔洞边加设边梁（大跨度厚板时设暗边梁),其配筋布置见图 5-16。对于圆形孔洞角处,其配筋应按计算跨度 l_1 为 $0.83d$(d 为圆孔直径)的简支板设置,其配筋布置见图 5-17。

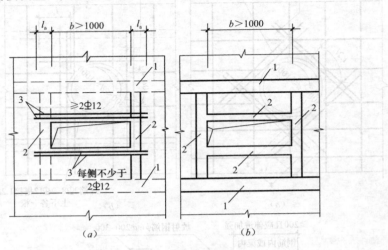

图 5-15　矩形孔洞边加设边梁的构造

(a)沿板跨度方向在孔洞边加设边梁;(b)孔洞周边均加设边梁

1—板的支承梁;2—孔洞边梁;3—垂直于板跨度方向的附加钢筋

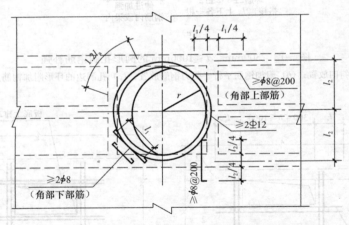

图 5-16　圆形孔洞边加设边梁的配筋(角部下部筋按跨度 l_1 的简支板计算配筋 $l_1 = 0.83r$)

短跨洞边附加钢筋必须伸入支座,另一方向的附加钢筋(孔洞离两端支座较远或此方向钢筋受力较小)应延伸到从孔洞边算起不小于 l_a。

板上预留小孔洞($d \leqslant 150\text{mm}$)或穿过小管时,孔洞边或管边至板的边缘净距一般应不小于 40mm。

(2)现浇屋面板开洞

屋面板上的孔洞,除应符合上述要求外,孔洞周边尚应作如下处理:

1)当 d(或 b)小于 500mm,且孔洞周边无固定的烟、气管等设备时,应按图 5-17(a)处理,可不另行配筋。

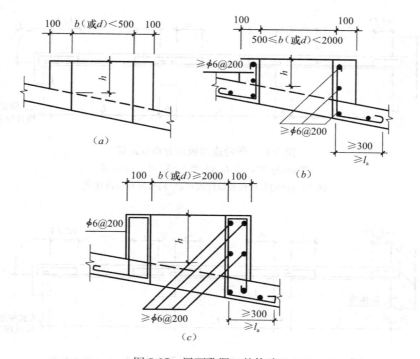

图 5-17　屋面孔洞口的构造

(a) b（或 d）<500mm；(b) 500≤b（或 d）≤2000mm；(c) b（或 d）≥2000mm

2）当 500mm≤d（或 b）<2000mm，或孔洞周边有固定较轻的烟、气管等设备时，应按图 5-17（b）处理。

3）当 d（或 b）大于或等于 2000mm，或孔洞周边有固定较重的烟、气管等设备时，应按图 5-17（c）处理。

4）孔洞周边突出屋面高度的最小尺寸 h 应满足建筑设计要求（屋面积雪厚度、屋面泛水要求高度、屋面做法厚度等的要求）。

5.2.2　单向板设计

1. 现浇单向板配筋构造

分离式配筋的单跨或多跨单向板的跨申正弯矩钢筋宜全部伸入支座或根据实际长度采用连续配筋。等跨连续板的配筋构造见图 5-18，跨度相差不大于 20％的不等跨连续板的配筋构造见图 5-19，对跨度相差较大的不等跨连续板，其支座负弯矩钢筋的截断应根据弯矩包络图形确定并满足延伸长度和锚固长度的要求。图中构造筋均按 HPB300 级钢筋绘制，如采用变形钢筋，板的下部正弯矩钢筋取消弯钩，上部负弯矩钢筋当其端部满足图中锚固要求时，可不做直钩。

2. 现浇单向连续板

现浇单向连续板和梁的内力计算方法有按弹性理论计算和按塑性理论计算两种。

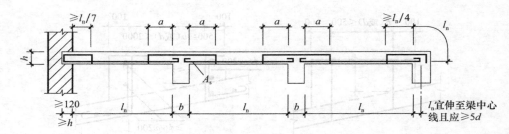

图 5-18 等跨连续板的分离式配筋

当 $q \leqslant 3g$ 时，$a \geqslant l_n/4$；当 $q > 3g$ 时，$a \geqslant l_n/3$

式中，q—均布活荷载设计值；g—均布恒荷载设计值

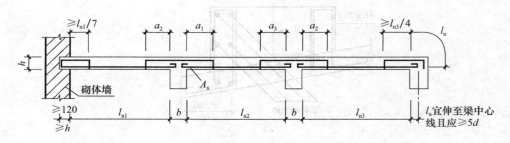

图 5-19 跨度相差不大于 20% 的不等跨连续板的分离式配筋

当 $q \leqslant 3g$ 时，$a_1 \geqslant l_{n1}/4$，$a_2 \geqslant l_{n2}/4$，$a_3 \geqslant l_{n3}/4$；当 $q > 3g$ 时，$a_1 \geqslant l_{n1}/3$，$a_2 \geqslant l_{n2}/3$，$a_3 \geqslant l_{n3}/3$

式中，q—均布活荷载设计值；g—均布恒荷载设计值

（1）按弹性理论计算

1）荷载取值及计算范围

① 荷载取值

作用在楼盖上的竖向荷载有恒载和活载两类。恒载标准值的计算可以按照楼板的建筑构造做法查《建筑结构荷载规范》的材料容重累加，楼面活载的取用按房间用途查《建筑结构荷载规范》直接得到。

② 选取计算单元

为减少计算工作量，常常不是对整个结构进行分析，而是从实际结构中选取一些有代表性的部分作为计算对象，称为计算单元。

对于单向板，可取 1m 宽度的板带作为其计算单元。

2）计算简图

① 支承条件

板支承在次梁上，次梁支承在主梁上，即次梁为板的支座，主梁为次梁的支座。楼板计算时可将连续板及次梁的支座视为铰支座。

② 计算跨数

不足五跨时，按实际跨数计算。

超过五跨的等截面连续板，当各跨荷载相同，且跨度相差不超过 10% ，可按五跨等跨连续板计算。

3）活载的最不利布置

一般情况下次梁和板的计算中不考虑活载的最不利布置，仅主梁才考虑活载的最不利布置。但在框架计算中，往往将楼面活荷载按满布考虑，对计算得到的跨中弯矩乘以 1.2 的放大系数以考虑活载不利布置的影响。

4）内力计算

按结构力学中讲述的方法进行。工程设计时可查阅《结构静力计算手册》。

5）折算荷载

上述关于连续板的计算假定，当板支承在砖墙和钢梁上时，其受力状态比较符合这个假定。但对于现浇楼板，板和其支承构件（次梁）是整体浇注为一体，由于次梁具有一定的抗扭刚度，将部分地阻止板的自由转动，其效果是减少了跨内正弯矩，而增大了支座负弯矩。

为了考虑支座抗扭刚度的影响，采用折算荷载代替实际荷载，即采用增大恒载 g 和减少活载 p 的办法。

对于板：折算恒载 $g'=g+0.5p$；折算活载 $p'=0.5p$；

对于次梁：折算恒载 $g'=g+0.25p$；折算活载 $p'=0.75p$。

（2）按塑性理论计算

连续板及连续梁当按塑性内力重分布计算结构构件承载力时，受力钢筋宜采用 HRB335 级、HRB400 级热轧钢筋；混凝土强度等级宜在 C20～C45 范围内；截面的相对受压区高度 ξ 不应超过 0.35 也不宜小于 0.10。如果截面按计算配有受压钢筋，在计算 ξ 时，可考虑受压钢筋的作用。

下列情况的内力计算不宜考虑内力重分布：

a. 在使用阶段不允许出现裂缝或对裂缝开展有较严格限制的结构，如水池池壁、自防水屋面，以及处于侵蚀性环境中的结构；

b. 直接承受动力和重复荷载的结构；

c. 预应力结构和二次受力叠合结构；

d. 要求有较高安全储备的结构；

e. 采用冷轧带肋钢筋配筋的混凝土结构。

1）荷载取值及计算范围

同按弹性理论计算现浇单向连续板。

2）计算简图

支承条件、计算跨数均同按弹性理论计算单向板楼盖。

3）不必进行活载的最不利布置及内力包络图。

4）内力计算

内力计算采用弯矩调幅法。

① 等跨连续板

承受均布荷载的等跨单向连续板，各跨跨中及支座截面的弯矩设计值 M 可按下式计算：

$$M = \alpha_{mp}(g+q)l_0^2 \tag{5-47}$$

式中　α_{mp}——单向连续板考虑塑性内力重分布的弯矩系数，按表 5-34 采用；

　　　g——沿板跨单位长度上的永久荷载设计值；

q——沿板跨单位长度上的可变荷载设计值。

连续板考虑塑性内力重分布弯矩系数 α_{mp} 表 5-34

端支座支承情况	截面					
	端支座	边跨跨中	离端第二支座	离端第二跨跨中	中间支座	中间跨跨中
	A	I	B	II	C	III
搁支柱墙上	0	1/11	−1/10 （用于两跨连续板） −1/11 （用于多跨连续板）	1/16	−1/14	1/14
与梁整体连接	−1/11	1/14				

注：表中弯矩系数适用于荷载比 q/g 大于 0.3 的等跨连续板。

② 不等跨连续板

从较大跨度板开始，在下列范围内选定跨中的弯矩设计值：

边跨
$$\frac{(g+q)l_0^2}{14} \leqslant M \leqslant \frac{(g+q)l_0^2}{11}$$
(5-48)

中间跨
$$\frac{(g+q)l_0^2}{20} \leqslant M \leqslant \frac{(g+q)l_0^2}{16}$$
(5-49)

按照所选定的跨中弯矩设计值，由静力平衡条件，来确定较大跨度的两端支座弯矩设计值，再以此支座弯矩设计值为已知值，重复上述条件和步骤确定邻跨的跨中弯矩和相邻支座的弯矩设计值。

5.2.3 双向板设计

1. 现浇双向板配筋构造

分离式配筋的单跨或多跨双向板的跨中正弯矩钢筋宜全部伸入支座或根据实际长度采用连续配筋。连续双向板的配筋构造见图 5-20，对跨度相差较大的不等跨连续板，其支座负弯矩钢筋的截断应根据弯矩包络图形确定并满足延伸长度和锚固长度的要求。图中构造筋均按 HPB300 级钢筋绘制，如采用变形钢筋，板的下部正弯矩钢筋取消弯钩，上部负弯矩钢筋当其端部满足图中锚固要求时可不做直钩。板中受力钢筋的搭接，正弯矩钢筋不应在跨中搭接，负弯矩钢筋不应在支座处搭接。双向板短边跨的板底正弯矩钢筋配置在下层，长边跨的板底正弯矩钢筋配置上层。

$$a_1 = \max[\min(l_{a1},l_{b2}),\min(l_{a2},l_{b2})]$$
$$a_2 = \max[\min(l_{a2},l_{b2}),\min(l_{a3},l_{b2})]$$
$$b_1 = \max[\min(l_{a2},l_{b1}),\min(l_{a2},l_{b2})]$$
$$b_2 = \max[\min(l_{a2},l_{b2}),\min(l_{a2},l_{b3})]$$

2. 现浇双向板的内力计算

分弹性理论计算和按塑性理论计算两种。

（1）按弹性理论计算

1）单区格板的计算

当板厚远小于板短边边长的 1/30，且板的挠度远小于板的厚度时，可按弹性薄板理论

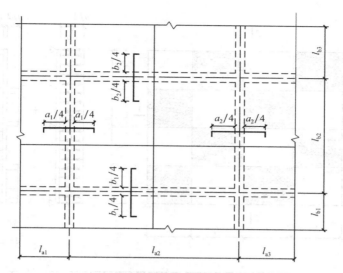

图 5-20　连续双向板配筋构造

计算，为实用方便，已编制有相应表格，可从各种手册中查找。计算时，只需根据实际支承情况和短跨 l_x 与长跨 l_y 的比值，直接查出弯矩系数，即可算得弯矩：

$$m = 表中系数 \times q l_x^2 \tag{5-50}$$

式中　m——跨中或支座单位板宽内的弯矩设计值（kN·m/m）；

　　　　q——均布荷载设计值（kN/m²）；

　　　　l_x——短跨方向的计算跨度（m）。计算方法与单向板按弹性理论计算相同。

注意有些表中的系数是根据材料的泊松比 $v=0$ 制定的。当 $v \neq 0$ 时，可按下式计算跨中弯矩：

$$m_x^v = m_x + v m_y \tag{5-51.1}$$

$$m_y^v = m_y + v m_x \tag{5-51.2}$$

对混凝土，可取 $v=0.2$。

支座弯矩及有自由边的板，直接用式（5-50）即可。

2）多跨连续双向板计算

多跨连续双向板的计算以单区格板计算为基础。基本假定是支承不受扭；双向板沿同一方向相邻跨度的比值 $l_{min}/l_{max} \geqslant 0.75$。

① 跨中最大正弯矩

为了求某区格板跨中最大正弯矩，则在本区格布置活载，然后沿两个方向隔跨布置活载，呈棋盘式布置如图 5-21 所示。计算时将这种荷载分布情况分解成满布荷载 $g+(q/2)$ 及间隔布置 $\pm q/2$ 两种情况，分别如图 5-21 （a）、5-21 （b）所示。对前一种荷载情况，近似按各区格板周边固接；对后一种荷载情况，近似按各区格板周边简支。注意楼盖周边应按实际支承情况确定。分别求出单区格板的跨中弯矩，然后叠加，即得各区格板的跨中最大弯矩。

② 支座最大负弯矩

支座最大负弯矩可近似按满布活荷载时求得。这时按各区格板都周边固接。楼盖周边应按实际支承情况确定，然后按单区格板计算出各支座的负弯矩。由相邻区格板分别求得的同一支座负弯矩不相等时，偏安全可取绝对值的较大值作为该支座最大负弯矩。

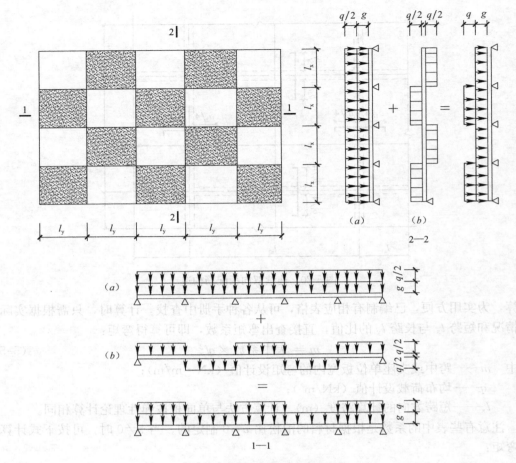

图 5-21 连续双向板的计算图式

（2）按塑性理论计算

按塑性理论计算双向板内力的常用方法有塑性铰线法和板带法。限于篇幅，本书不作介绍，读者可参看有关专著和计算手册。

（3）周边与梁整体现浇的双向板

考虑板在两个方向受到支承梁的约束，有拱的效应，故可对计算弯矩进行折减：

1）对于连续板的中间区格，其跨中截面及中间支座截面折减系数为 0.8；

2）对于边区格，其跨中截面及自楼板边缘算起的第二支座截面：

当 $l_b/l_0 < 1.5$ 时，折减系数为 0.8；

当 $1.5 \leqslant l_b/l_0 < 2$ 时，折减系数为 0.9。

式中，l_0 为垂直于楼板边缘方向板的计算跨度；l_b 为沿楼板边缘方向板的计算跨度。

3）楼板的角区格不应折减。

（4）配筋方法

1）按弹性理论计算的双向板，当短边跨度 l_x 较大时（$l_x \geqslant 2.5$m），可将板在两个方向各分为三个板带：两边板带的宽度均为短边跨度 l_x 的 1/4，其余则为中间板带。在中间板带内，均匀配置按最大跨中正弯矩计算的板底钢筋，边板带内的配筋各为其相应中间板带的一半，且钢筋间距应符合表 5-30 的要求。连续板的中间支座应按最大计算负弯矩配筋不分板带均匀配置。当短边跨度较小时或简化配筋则不分板带，跨中及支座均按计算弯矩均匀配筋。

2）按塑性理论计算双向板时，其配筋应符合内力计算假定，跨中钢筋可采用两种方式：一种是全板均匀配置；另一种是将板划分成中间及边缘板带，分别按计算值的 100% 和 50% 均匀配置，跨中钢筋的全部或一半伸入支座下部。支座上的负弯矩钢筋按计算值沿支座均匀配置。

3）按条带法设计双向板时，应在板的各条带内均匀布置所需的钢筋。

4）双向板当同一截面部位的纵横两个方同弯矩同号时，计算所需的钢筋应分别配置，此时宜将较大弯矩方向的受力钢筋配置在外层，另一方向的受力钢筋设在内层。

5.2.4 悬挑板设计

1. 一般情况下，悬臂板受力钢筋在锚固端的长度应满足最小锚固长度 l_a 的要求，见图 5-22。

2. 悬挑长度大于 1500mm 的悬臂板，以及离地面 30m 以上且悬挑长度大于 1200mm 的悬臂板，均应配置不少于 $\phi 8@200$ 的底筋。

3. 现浇悬臂挑檐板或天沟板的伸缩缝间距不应大于 15m。伸缩缝宽不小于 20mm，缝隙宜用油膏或其他防渗漏措施处理。

4. 女儿墙或挑檐翻板也是一种悬臂板，其竖向钢筋应由计算确定，并应满足板的最小配筋率的要求且不小于 $\phi 8@200$，水

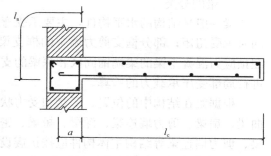

图 5-22　悬臂板的配筋构造

平分布筋亦不应小于少 $\phi 6@200$；当需要考虑温度应力的影响时，宜配置温度收缩钢筋（水平分布筋），钢筋直径不小于 8mm，间距宜取 150～200mm，且应按受拉搭接或焊接。

女儿墙或挑槽翻板配筋构造见图 5-23。

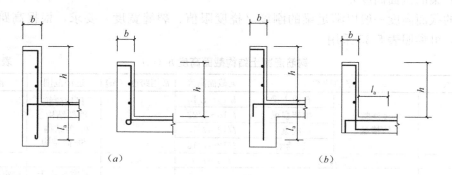

图 5-23　挑檐翻板的配筋（一）

（a）$h \leqslant 1000$mm 配光面钢筋做法；（b）$h \leqslant 1000$mm 配变形钢筋做法

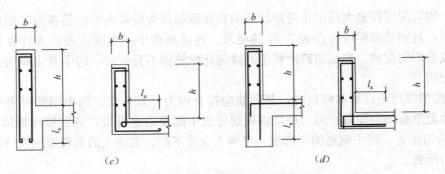

图 5-23 挑檐翻板的配筋（二）

(c) h>1000mm 光面钢筋做法；(d) h>1000mm 变形钢筋做法

5.3　框架梁设计

5.3.1　梁设计的一般规定及构造要求

1. 梁的分类

梁一般是结构的水平构件，主要承受弯矩和剪力，对边梁、空间曲梁和雨篷梁等，还同时承受扭矩；部分框支剪力墙中的框支梁，则同时承受拉力弯矩和剪力，是拉弯构件；在预应力混凝土梁的梁端锚固区和深梁的支座反力作用部位以及集中荷载作用部位，还应进行局部受压承载力的验算。

根据梁在结构中的位置、形状和受力状态的不同，有框架梁、框支梁、悬挑梁、空间曲梁、扁梁、剪力墙连梁、深梁、短梁、密肋梁、变截面梁等。在地震区，框架梁、框支梁、剪力墙连梁等结构主体构件应按抗震设计，而次梁等则可按非抗震设计。

梁的截面形式，有矩形、T 形、L 形、倒 T 形、I 形、花篮形、箱形、圆形、环形、空心形和双肢形等。梁的截面应根据不同的要求，选择不同的截面形式。对现浇整体结构，一般采用矩形或 T 形截面，而在装配式梁板结构中，多采用花篮形或倒 T 形梁等。

根据其他专业功能要求，有的梁上会开有洞口，以便管道穿行。

2. 梁的截面尺寸的估算

（1）梁的截面高度 h

梁的截面高度一般以满足梁的刚度（挠度限值、裂缝宽度）要求，根据高跨比 h/l_0 来估算，可参照表 5-35 采用。

钢筋混凝土结构截面高度 h（m）　　　　　　　　表 5-35

项　次	梁的种类		梁截面高度	常用跨度（m）	适用范围	备　注
1	现浇整体楼盖	普通主梁	$l/10\sim l/15$	≤9	民用建筑框架结构、框-剪结构、框-筒结构	
		框架扁梁	$l/16\sim l/22$			
		次梁	$l/12\sim l/15$			
		连续梁	$l/12\sim l/18$			
2	悬臂梁		$l/5\sim l/6$	≤4		
3	井字梁		$l/15\sim l/20$	≤15	长宽比小于1.5的楼屋盖	梁距小于3.6m且周边应有边梁

注：1. l 为梁的计算跨度。
　　2. 梁的跨度大于或等于9m时，表中数值应乘以系数1.2。

梁的截面高度的递增，当截面高度≤800mm 时，宜为 50mm 的倍数；当截面高度≥800mm 时，宜为 100mm 的倍数。

现浇结构中，主梁的截面高度一般应比次梁的截面高度大 50mm，若主梁下部钢筋为双排配置，或附加横向钢筋采用吊筋时，应比次梁的截面高度大 100mm。

T 形梁的截面高度可比同类的矩形梁的截面高度适当减小。

（2）梁的计算跨度 l_0

框架梁的计算跨度，可取其支承框架柱轴线之间的距离；次梁的计算跨度，可取其支承框架梁轴线之间的距离；次梁当按塑性方法计算时，可取其净跨。

（3）梁的截面宽度 b

梁的截面宽度的确定主要考虑两个因素：一是梁的侧向稳定，二是尽可能与其支承的填充墙的厚度一致，使得室内不露梁。一般情况下，梁的截面适宜高宽比 h/b 为：矩形截面 2～3.5；T 形截面 2.5～4；框架扁梁的截面高宽比 h/b 不宜小于 1/3。

现浇结构中，框架梁的截面宽度不应小于 200mm，次梁的截面宽度不应小于 150mm；预制构件中，T 形、倒 L 形梁的翼线宽度及矩形梁的截面宽度不应小于 $l_0/40$。

梁的截面宽度递增宜为 10mm 的倍数，如 150mm、180mm、200mm；若截面宽度大于 200mm，一般宜为 50mm 的倍数。

（4）梁的有效高度 h_0

梁的有效高度可按表 5-36 采用。

梁的有效高度 h_0　　　　　　表 5-36

环境类别		≤C25		≥C30	
		一排	二排	一排	二排
一		$h-45$	$h-70$	$h-40$	$h-65$
二	a	—	—	$h-45$	$h-70$
	b	—	—	$h-50$	$h-75$

（5）T 形、I 形及倒 L 形截面受弯构件位于受压区的翼缘计算宽度 b'_f，应按表 5-37 所列情况中的最小值取用。

T 形、I 形及倒 L 形截面受弯构件翼缘计算宽度 b'_f　　　　　　表 5-37

情　况			T 形、I 形梁		倒 L 形截面
			肋形梁、肋形板	独立梁	肋形梁、肋形板
1	按计算跨度 l_0 考虑		$l_0/3$	$l_0/3$	$l_0/6$
2	按梁（纵肋）净距 s_n 考虑		$b+s_n$	—	$b+s_n/2$
3	按翼缘高度 h'_f 考虑	$h'_f/h_0 \geq 0.1$	—	$b+12h'_f$	—
		$0.1 > h'_f/h_0 \geq 0.05$	$b+12h'_f$	$b+6h'_f$	$b+5h'_f$
		$h'_f/h_0 < 0.05$	$b+12h'_f$	b	$b+5h'_f$

注：1. 表中 b 为腹板宽度；

2. 如肋形梁在梁跨内设有间距小于纵肋间距的横肋时，则可不遵守表列情况 3 的规定；

3. 对加腋的 T 形、I 形和倒 L 形截面，当受压区加腋的高度 $h_h \geq h'_f$ 且加腋的宽度 $b_h \leq 3h_h$ 时，其翼缘计算宽度可按表列情况 3 的规定分别增加 $2b_h$（T 形、I 形截面）和 b_h（倒 L 形截面）；

4. 独立梁受压区的翼缘板在荷载作用下经验算沿纵肋方向可能产生裂缝时，其计算宽度应取腹板宽度 b。

3. 材料

和板一样，提高混凝土强度等级对增大梁的受弯承载力作用不显著，故除有特殊要求外，一般梁常用的混凝土强度等级取 C25、C30、C35 即可，不必太高。

受力钢筋一般采用 HRB400 级、HRB335 级，也可采用 RRB400、HRB500 级，构造钢筋通常采用 HPB300 级、HRB335 级或 HRB400 级。

4. 纵向受力钢筋

（1）钢筋直径

梁的纵向受力钢筋最小直径应符合表 5-38 的规定。伸入梁支座范围内的钢筋不应少于两根。

梁的受力钢筋最小直径 表 5-38

梁高（mm）	<300	≥300	≥500
直径（mm）	8	10	12

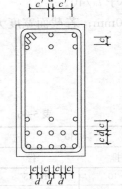

图 5-24 受力钢筋的净距

（2）纵筋间距

梁上部纵向钢筋水平方向的净间距 c'（钢筋外边缘之间最近的距离）不应小于 30mm 和 $1.5d$（d 为上部钢筋的最大直径）；下部纵向钢筋水平方向的净间距 c 不应小于 25mm 和 d（d 为下部钢筋的最大直径）。梁的下部纵向钢筋配置多于两层时，两层以上钢筋水平方向的中距应比下面两层钢筋的中距增大一倍。各层钢筋之间的净间距不应小于 25mm 和 d（图 5-24）。在梁的配筋密集区域可采用并筋的配筋形式。

（3）伸入支座锚固长度

1）简支梁和连续梁简支端的下部纵向受力钢筋伸入支座范围内的锚固长度 l_{as} 应符合表 5-39 的规定：

受力钢筋伸入支座范围内的最小锚固长度 l_{as} 表 5-39

情 况	$V \leq 0.7 f_t b h_0$	$V > 0.7 f_t b h_0$	
		带肋钢筋	光面钢筋
l_{as}	$5d$	$12d$	$15d$

注：对混凝土强度等级为 C25 及以下的简支梁和连续梁的简支端，当距支座边 $1.5h$ 范围内作用有集中荷载，且 $V > 0.7 f_t b h_0$ 时，对带肋钢筋宜采用附加锚固措施，或取锚固长度 $l_{as} \geq 15d$。

2）在端支座上纵向受力钢筋的锚固：

梁与梁或梁与柱的整体连接，在计算中端支座按简支考虑时，支座处的弯起钢筋及构造负弯矩钢筋的锚固应满足图 5-25 的要求。

图 5-25 中的①号构造负弯矩钢筋，如利用架立钢筋或另设钢筋时，其截面面积不应小于梁跨中下部纵向受力钢筋计算所需截面面积的 1/4，且不应少于 2 根。该附加纵向钢筋自支座边缘向跨内的伸出长度不应小于 $0.2l_0$，l_0 为该跨的计算跨度。

① 当梁的中间支座负弯矩承载力计算不需设置受压钢筋，且不会出现正弯矩时，一般将下部纵向受力钢筋伸至支座中心线，且不小于表 5-43 规定的锚固长度 l_{as}，见图 5-26。

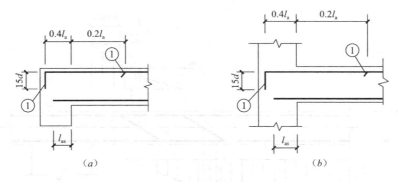

图 5-25　梁柱连接的受力筋锚固

(a) 梁与梁连接；(b) 梁与柱连接

② 当梁的中间支座下部按计算需要配置受压钢筋或受拉钢筋时，一般将支座两侧下部受力钢筋贯通支座。如两侧部分受力钢筋直径不同，且在同一截面内该钢筋数量不超过：受压时为总钢筋数量的 50%，受拉时为总钢筋数量的 25%，应将该钢筋伸过支座中心线，且不应小于规定的受拉钢筋搭接长度 l_l 和 300mm 的较大值（图 5-27）。当下部钢筋受压时，不应小于 $0.7l_l$ 和 200mm 的较大值。受拉钢筋搭接长度按较小直径 d 确定。

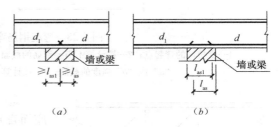

图 5-26　中间支座下部受力钢筋的锚固

(a) 宽支座；(b) 窄支座

(4) 钢筋的弯起

1) 在采用绑扎骨架的钢筋混凝土梁中，承受剪力的钢筋，抗震设计时应采用箍筋，不得采用弯起钢筋；非抗震设计时，宜采用箍筋。

当采用弯起钢筋抗剪时，弯起钢筋应根据计算需要配置。位于梁底层中的角部钢筋不应弯起，位于梁顶层中的角部钢筋不应弯下。

2) 弯起钢筋的端部构造

① 钢筋的弯起角度一般为 45°，梁高 $h >$ 800mm 时，可为 60°；当梁高较小，且有集中荷载时，可为 30°。

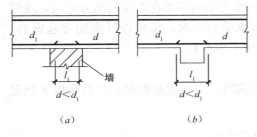

图 5-27　中间支座下部受力钢筋的搭接

(a) 梁支承在墙上；(b) 次梁支承在主梁上

② 弯起钢筋的弯终点外应留有锚固长度，其长度在受拉区不应小于 $20d$，在受压区不应小于 $10d$；对 HPB300 级光面钢筋，在末端尚应设置弯钩，见图 5-28。

3) 弯起钢筋的布置

① 弯起钢筋应在同一截面中与梁轴线对称成对弯起，当两个截面中各弯起一根钢筋时，这两根钢筋也应沿梁轴线对称弯起。钢筋弯起顺序，一般按先内层后外层、先外侧后内侧进行。

② 在梁的受拉区中，弯起钢筋的弯起点可设在按正截面受弯承载力计算不需要该钢筋的截面之前，但弯起钢筋与梁中心线的交点应位于不需要该钢筋的截面之外；同时，弯起点与按计算充分利用该钢筋的截面之间的距离不应小于 $h_0/2$，见图 5-28。

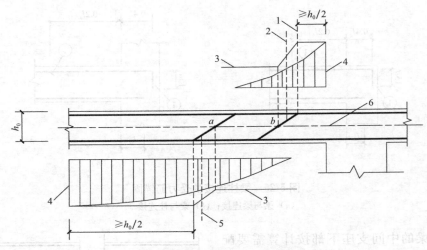

图 5-28　弯起钢筋弯起点与弯矩图的关系

1—受拉区的弯起点；2—按计算不需要钢筋的截面；3—正截面受弯承载力图；4—按计算充分利用钢筋
"a"或"b"强度的截面；5—按计算不需要钢筋"a"的截面；6—梁中心线

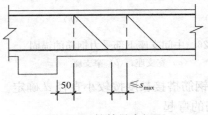

图 5-29　箍筋最大间距

③ 当按计算需要设置弯起钢筋时，前一排（对支座而言）的弯起点至后一排的弯终点的距离 $s_{\max}$ 不应大于表 5-14 中 $V>0.7f_{\mathrm{t}}'bh_0$ 栏规定的箍筋最大间距，见图 5-29。第一排弯起钢筋的弯终点距支座边缘的距离为 50mm。

④ 当纵向受力钢筋不能在需要的地方弯起，或弯起钢筋不足以承受剪力时，需增设计附加弯起钢筋，且其两端应锚固在受压区内（鸭筋），弯起钢筋不应采用浮筋。

（5）钢筋的截断

梁支座截面负弯矩纵向受拉钢筋不宜在受拉区截断。当必须截断时，应符合以下规定（图 5-30）：

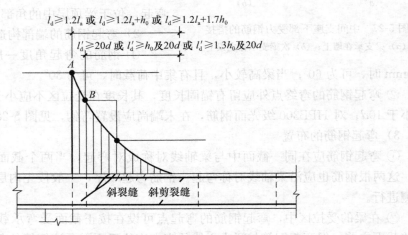

图 5-30　梁支座截面负弯矩纵向受拉钢筋截断点的延伸长度

A—钢筋强度充分利用截面；B—按计算不需要钢筋的截面

1) 当 $V \leqslant 0.7 f_t'bh_0$ 时，应延伸至按正截面受弯承载力计算不需要该钢筋的截面以外不小于 20d 处截断；且从该钢筋强度充分利用截面伸出的长度不应小于 $1.2l_a$。

2) 当 $V > 0.7 f_t'bh_0$ 时，应延伸至按正截面受弯承载力计算不需要该钢筋的截面以外不小于 h_0 且不小于 20d 处截断；且从该钢筋强度充分利用截面伸出的长度不应小于 $1.2l_a + 1.7h_0$。

3) 按上述规定确定的截断点仍位于负弯矩受拉区内，则应延伸至按正截面载力计算不需要该钢筋的截面以外不小于 $1.3h_0$ 且不小于 20d 处截断，且从该钢筋强度充分利用截面伸出的延伸长度不应小于 $1.2l_a + 1.7h_0$。

（6）抗扭纵筋

受扭纵向钢筋除应在梁截面四角设置外，其余宜沿截面周边均匀对称布置，间距不应大于 200mm 和梁截面短边长度。受扭纵向钢筋和箍筋配置范围应延伸至计算不需要该受扭钢筋的截面以外，其延伸长度不应小于 l_a。

（7）钢筋的连接位置

当钢筋长度不够时，楼面及屋面梁上部筋应在跨中连接，下部钢筋应在支座处连接；基础梁下部筋应在跨中连接，上部钢筋应在支座处连接。悬臂梁及梁的悬臂部分不允许有接头和搭接。

（8）配筋率

1) 框架梁的纵向受力钢筋最小配筋百分率 ρ_{min} 见表 5-19，高层框架结构抗震设计框架梁的最小配筋百分率详见《高层建筑混凝土结构技术规程》JGJ 3—2010。

2) 梁内受扭纵向钢筋的配筋率 ρ_{tl} 应符合下列规定：

$$\rho_{tl} \geqslant 0.6 \sqrt{\frac{T}{Vb}} \frac{f_t}{f_y} \tag{5-52}$$

当 $T/Vb > 2.0$ 时，取 $T/Vb = 2.0$。

式中　ρ_{tl}——受扭纵筋的配筋率：$\rho_{tl} = \dfrac{A_{stl}}{bh}$；

　　　　b——受剪的截面宽度，矩形截面取梁宽，T 形或 I 形截面取腹板宽度，箱形截面取侧壁总厚度（$2t_w$）；

　　　　A_{stl}——沿截面周边布置的受扭纵向钢筋总截面面积。

注意：梁内受扭纵向钢筋的配筋率仅有非抗震设计一种情况。

3) 在弯剪扭构件中，配置在截面弯曲受拉边的纵向受力钢筋，其截面面积不应小于按规范规定的受弯构件受拉钢筋最小配筋率计算出的钢筋截面面积与受扭纵向钢筋配筋率计算并分配到弯曲受拉边的钢筋截面面积之和。

5. 纵向构造钢筋

（1）架立钢筋

1) 当梁内配置箍筋，并在梁顶面箍筋转角处无纵向受力钢筋时，应设置架立钢筋。架立钢筋的直径不宜小于表 5-40 的规定。

架立钢筋直径　　　　　　　　　　　　　　　　　　表 5-40

梁的跨度（m）	最小直径（mm）
$l < 4$	8
$4 \leqslant l \leqslant 6$	10
$l > 6$	12

2) 架立钢筋与受力钢筋的搭接长度应符合下列规定：

① 架立钢筋直径＜10mm 时，搭接长度为 100mm；

② 架立钢筋直径≥10mm 时，搭接长度为 150mm；

③ 当采用双肢箍筋时，架立钢筋为 2 根；当采用四肢箍筋时，架立钢筋为 4 根。

3) 当梁端实际受到部分约束但按简支计算时，应在支座区上部设置纵向构造钢筋，其截面面积不应小于梁跨中下部纵向受力钢筋计算所需截面面积的四分之一，且不应少于两根；该纵向构造钢筋自支座边缘向跨内伸出的长度不应小于 $0.2l_0$，此处，l_0 为该跨的计算跨度。此纵向构造钢筋宜和架立钢筋综合考虑设置。

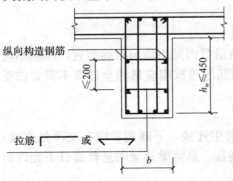

纵向构造钢筋

拉筋 ┌──── 或 ◁────

图 5-31 梁侧纵向构造钢筋

（2）梁侧构造钢筋及拉筋

1) 当梁的腹板高度 h_w≥450mm 时，在梁的两个侧面应沿高度配置纵向构造钢筋，每侧纵向构造钢筋（不包括梁上、下部受力钢筋及架立钢筋）的截面面积不应小于腹板截面面积 bh_w 的 0.1%，且其间距不宜大于 200mm（图 5-31）。此处，腹板高度 h_w：对矩形截面，取有效高度；对 T 形截面，取有效高度减去翼缘高度；对 I 形截面，取腹板净高。

梁侧纵向构造钢筋直径可按表 5-41 选用。

梁侧纵向构造钢筋直径　　　　　　　　　　　　　　　表 5-41

梁宽（mm）	纵向构造钢筋最小直径（mm）
b≤250	8
250＜b≤350	10
350＜b≤550	12
550＜b≤750	14

2) 钢筋混凝土薄腹梁或需要进行疲劳验算的钢筋混凝土梁，应在下部 1/2 梁高的腹板内，沿两侧配置纵向构造钢筋，其直径为 8～14mm，间距为 100～150mm，并应按下密上疏的方式布置；在上部 1/2 梁高的腹板内，则可按上述规定配置纵向构造钢筋。

3) 梁的两侧纵向钢筋，按构造配置时，一般伸至梁端，若按计算配置时，则在梁端应满足受拉时的锚固要求。

4) 梁的两侧纵向构造钢筋宜用拉筋连系。当梁宽≤350mm 时，梁纵向构造钢筋的拉筋直径用 $\phi6$；梁宽＞350mm 时，拉筋直径用 $\phi8$，其间距不宜大于 600mm，一般为非加密区箍筋间距的两倍。

6. 箍筋

（1）箍筋的形式

箍筋的形式有开口式箍筋和封闭式箍筋两种。

1) 开口式箍筋只能用于无振动荷载且计算不需要配置纵向受压钢筋的现浇 T 形梁的跨中部分，除上述情况外，均应采用封闭式箍筋。

2) 受扭所需的箍筋应做成封闭式，且应沿截面周边布置；当采用复合箍筋时，位于载面内部的箍筋不应计入受扭所需的箍筋面积；受扭所需箍筋的末端应做成 $135°$ 弯钩，弯钩端头平直段长度不应小于 $10d$（d 为箍筋直径）。

（2）箍筋的肢数

1）梁宽 $b≤400mm$（抗震设计时 $b≤350mm$）且一层内的纵向受压钢筋不多于 4 根时，可不设置复合箍筋；

2）梁宽 $b>400mm$（抗震设计时 $b>350mm$）且一层内的纵向受压钢筋多于 3 根时，应设置复合箍筋；

3）梁中一层内的纵向受拉钢筋多于 5 根时，宜采用复合箍筋。

（3）构造箍筋

当按计算不需要设置箍筋时：梁高大于 300mm，仍应沿梁的全长设置箍筋；梁高为 $150\sim300mm$，可仅在梁的端部各 1/4 跨度范围内设置箍筋，但当梁的中部 1/2 跨度范围内有集中荷载作用时，则应沿梁的全长设置箍筋；梁高小于 150mm，可不设置箍筋。

梁中箍筋的最小直径应符合表 5-42 的规定。

梁中箍筋最小直径（mm）   表 5-42

项　　次	梁高 h	最小直径	一般采用直径
1	$h≤800$	6	$6\sim10$
2	$h>800$	8	$8\sim12$

注：1. 梁中配有计算需要受压钢筋时，箍筋直径不应小于 $d/4$（d 为纵向受压钢筋的最大直径）。
　　2. 在受力钢筋搭接长度范围内，箍筋直径不应小于搭接钢筋较大直径的 0.25 倍。

（4）箍筋的间距

1）梁中箍筋最大间距宜符合表 5-43 的规定。

梁中箍筋的最大间距（mm）   表 5-43

梁高 h	$V>0.7f_tbh_0$	$V≤0.7f_tbh_0$	梁高 h	$V>0.7f_tbh_0$	$V≤0.7f_tbh_0$
$150<h≤300$	150	200	$500<h≤800$	250	350
$300<h≤500$	200	300	$h>800$	300	400

第一个箍筋应设置在距框架节点边缘 50mm 处。

2）箍筋的间距不应大于 $15d$（d 为纵向受压钢筋的最小直径），且不应大于 400mm；当一排内的纵向受压钢筋多于 5 根且直径大于 18mm 时，箍筋间距不应大于 $10d$。

3）在纵向受力钢筋搭接长度范围内：当搭接钢筋为受拉时，其箍筋的间距不应大于 $5d$；且不应大于 100mm；当搭接钢筋为受压时，其箍筋的间距不应大于 $10d$，且不应大于 200mm。当受压钢筋直径大于 25mm 时，尚应在搭接接头两个端面外 100mm 范围内各设置 2 个箍筋。d 为搭接钢筋中的较小直径。

（5）箍筋的锚固

箍筋一般应作成封闭式，箍筋的末端应做成 $135°$ 弯钩，普通箍筋弯钩端头平直段长度不应小于 $5d$（d 为箍筋直径），抗震和抗扭箍筋弯钩端头平直段长度不应小于 $10d$。

（6）箍筋的配筋率

梁的箍筋配筋率的计算及最小配箍率见表 5-44。

梁的箍筋配箍率   表 5-44

受力状态	计算公式	最小配箍率 $\rho_{sv,min}$			
		非抗震设计	抗震设计		
			一级	二级	三、四级
弯剪	$\rho_{sv}=A_{sv}/(bs)$	$0.24f_t/f_{yv}$	$0.30f_t/f_{yv}$	$0.28f_t/f_{yv}$	$0.26f_t/f_{yv}$
弯剪扭、纯扭	$\rho_{sv}=A_{sv}/(bs)$	$0.28f_t/f_{yv}$			

注：1. 受扭箍筋应沿截面周边布置，当采用复合箍筋时，位于截面内部的箍筋不应计入受扭所需的箍筋面积。
　　2. 对箱形截面梁，本表中的 b 均以 b_h 代替。

7. 附加横向钢筋

（1）位于梁下部或梁截面高度范围内的集中荷载，应全部由附加横向钢筋（箍筋、吊筋）承担。

1）附加横向钢筋所需的总截面面积，应按下列公式计算：

$$A_{sv} \geqslant \frac{F}{f_{sv}\sin\alpha} \tag{5-53}$$

式中　A_{sv}——承受集中荷载所需的附加横向钢筋总截面面积；当采用附加吊筋时；A_{sv} 应
　　　　　　为左、右弯起段截面面积之和；

　　　　F——作用在梁的下部或梁截面高度范围内的集中荷载设计值；

　　　　A——附加横向钢筋与梁轴线间的夹角，吊筋弯起的夹角为 $45°$ 或 $60°$。

2）附加横向钢筋应布置在长度为 $s=2h_1+3b$（图 5-32a）的范围内，此范围内的主梁正常箍筋照放。

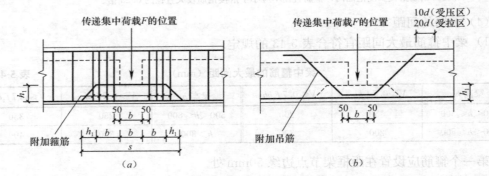

图 5-32　附加横向钢筋的配置
(a) 附加箍筋；(b) 附加吊筋

当采用吊筋时，其弯起段应伸至梁上边缘，且末端水平段长度在受拉区不应小于 $20d$，在受压区不应小于 $10d$。

（2）对交叉梁等两梁刚度接近时，梁的箍筋配置应满足斜截面抗剪承载力的要求，可不配置附加横向钢筋。

（3）次梁在主梁上部或集中荷载较小时，一般在次梁每侧配置 2～3 根附加箍筋，见图 5-32（a）；按构造配置附加箍筋时，次梁每侧不得少于 2φ6。如设置附加吊筋时，吊筋不宜小于 2φ12，见图 5-32（b）。

8. 悬臂梁的构造

（1）悬臂梁应有不少于两根上部钢筋伸至悬臂梁外端，并向下弯折不小于 $12d$。其余钢筋不应在梁的上部截断，应根据钢筋弯起的规定及梁施工对钢筋骨架的稳定向下弯折，在梁的下边锚固（图5-33）。

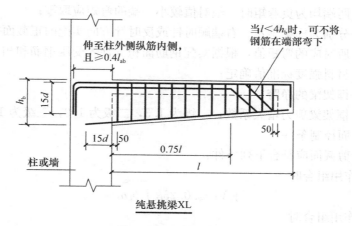

图 5-33　悬臂梁的配筋

（2）悬臂梁受力钢筋伸入支座的长度应满足锚固要求。

（3）悬臂梁的下部架立钢筋应不少于两根，其直径不小于 12。

（4）8 度和 9 度抗震设计时，挑出长度≥6m 的悬臂梁，应考虑竖向地震作用。

竖向地震作用标准值，8 度和 9 度可分别取构件重力荷载代表值的 10% 和 20%，设计基本地震加速度为 0.30g 时，可取构件荷载代表值的 10%。并应满足抗震设计的构造要求。

5.3.2　框架梁承载力验算

1. 正截面受弯承载力计算

框架梁的正截面受弯承载力应根据无地震作用组合或有地震作用组合时的一般梁正截面受弯承载力计算方法进行。

非抗震设计时，计算公式的左端项（荷载效应）应乘以相应的建筑结构安全等级重要性系数 γ_0；抗震设计时，计算公式右端项（材料抗力）应除以相应的承载力抗震调整系数 γ_{RE}。

对钢筋混凝土现浇结构跨中截面，可按 T 形截面梁计算，支座截面可按矩形截面梁计算。

2. 斜截面受剪承载力的计算

（1）剪力设计值

1）无地震作用组合或有地震作用组合的四级抗震等级的框架梁剪力设计值取考虑水平风荷载或水平地震作用组合的剪力设计值。

2）有地震作用组合的一、二、三级抗震等级的框架梁剪力设计值应按下列公式进行调整：

$$V_b = \eta_{vb}(M_b^l + M_b^r)/l_n + V_{Gb} \tag{5-54.1}$$

一级的框架结构和 9 度的一级框架梁可不按上式调整，但应符合下式要求：

$$V_b = 1.1(M_{bua}^l + M_{bua}^r)/l_n + V_{Gb} \tag{5-54.2}$$

式中　　V_b——框架梁的剪力设计值；

V_{Gb}——在重力荷载代表值（9 度时高层建筑还应包括竖向地震作用标准值）作用

下，按简支梁计算的梁端截面剪力设计值；

M_b^l，M_b^r——分别为框架梁左、右端顺时针或反时针方向组合的弯矩设计值，一级框架两端均为负弯矩时，绝对值较小一端的弯矩应取零；

M_{bua}^l、M_{bua}^r——分别为框架梁左、右端顺时针或反时针方向实配的正截面抗震受弯承载力所对应的弯矩值，根据实配钢筋面积（计入受压钢筋和相关楼板钢筋）和材料强度标准值确定；

l_n——框架梁的净跨；

η_{vb}——框架梁剪力增大系数，一级为 1.3，二级为 1.2，三级为 1.1。

（2）受剪截面控制条件

框架梁的受剪截面应符合下列条件：

1）无地震作用组合时

$$\gamma_0 V_b \leqslant 0.25\beta_c f_c b_b h_{b0} \tag{5-55}$$

2）有地震作用组合时

跨高比 $l_n/h_b > 2.5$ 时：

$$V_b \leqslant \frac{1}{\gamma_{RE}}(0.20\beta_c f_c b_b h_{b0}) \tag{5-56.1}$$

跨高比 $l_n/h_b \leqslant 2.5$ 时：

$$V_b \leqslant \frac{1}{\gamma_{RE}}(0.15\beta_c f_c b_b h_{b0}) \tag{5-56.2}$$

式中　V_b——连梁的剪力设计值；

γ_0——结构构件的重要性系数；

β_c——混凝土强度影响系数；

γ_{RE}——承载力抗震调整系数；

l_n、b_b、h_{b0}——分别为连梁的净跨、截面宽度和截面有效高度。

（3）斜截面受剪承载力计算

1）无地震作用组合时，框架梁的斜截面承载力计算见 5.1.2 中内容。

2）有震作用组合时

一般框架梁：

$$V_b \leqslant \frac{1}{\gamma_{RE}}\left(0.42f_t bh_0 + f_{yv}\frac{A_{sv}}{s}h_0\right) \tag{5-57.1}$$

集中荷载作用下（包括有多种荷载，其中集中荷载对节点边缘产生的剪力值占总剪力的 75% 以上的情况）的框架梁：

$$V_b \leqslant \frac{1}{\gamma_{RE}}\left(\frac{1.05}{\lambda+1}f_t bh_0 + f_{yv}\frac{A_{sv}}{s}h_0\right) \tag{5-57.2}$$

式中　λ——计算截面的剪跨比，可取 $\lambda = a/h_0$，a 为集中荷载作用点至节点边缘的距离；当 $\lambda < 1.5$ 时，取 $\lambda = 1.5$；当 $\lambda > 3$ 时，取 $\lambda = 3$。

5.3.3　框架梁的构造要求

1. 框架梁的纵向钢筋

有抗震设计的框架梁纵向钢筋的配置，应符合下列规定：

（1）在正截面承载力计算中，计入纵向受压钢筋的梁端混凝土受压区高度，一级抗震等级时 $x \leqslant 0.25h_0$；二、三级抗震等级时 $x \leqslant 0.35h_0$。

（2）梁端截面的底面和顶面纵向钢筋配筋量的比值，除按计算确定外，一级不应小于0.5；二、三级不应小于0.3。

（3）梁端纵向受拉钢筋的配筋率不宜大于2.5%。沿梁全长顶面和底面至少应各配置两根纵向钢筋，对一、二级抗震等级，不应小于$2\phi14$，且分别不应少于梁两端顶面和底面纵向受力钢筋中较大截面面积的1/4；对三、四级抗震等级不应少于$2\phi12$。

（4）一、二、三级框架梁内贯通中柱的每根纵向钢筋直径，不应大于矩形截面柱在该方向截面尺寸的1/20，或纵向钢筋所在位置圆形截面柱弦长的1/20。

2. 框架梁的箍筋

框架梁中箍筋的构造要求，应符合下列规定：

（1）沿梁全长箍筋的配筋率 ρ_{sv} 不应小于表5-44规定的数值。

（2）按抗震设计时，梁端箍筋的加密区长度、箍筋最大间距和箍筋最小直径，应按表5-45的规定采用。

梁端箍筋加密区的构造要求

表 5-45

抗震等级	加密区长度 l_b（mm）（采用较大值）	箍筋最大间距（mm）（采用较大值）	箍筋最小直径（mm）
一	$2h$，500	$6d$，$h/4$，100	10
二	1.5h，500	$8d$，$h/4$，100	8
三			
四		$8d$，$h/4$，150	6

注：1. d 为纵向钢筋直径，h 为梁的截面高度；
2. 当梁端纵向受拉钢筋配筋率大于2%时，表中箍筋最小直径应增大2mm；
3. 箍筋直径大于12mm、数量不小于4肢且肢距不大于150mm时，一、二级的最大间距应允许适当放宽，但不得大于150mm。

（3）在箍筋加密区长度内的箍筋肢距：一级抗震等级不宜大于200mm和20倍箍筋直径的较大值；二、三级抗震等级不宜大于250mm和20倍箍筋直径的较大值；四级抗震等级不宜大于300mm。

（4）纵向钢筋不应与箍筋、拉筋及预埋件等焊接。

5.4 框架柱设计

5.4.1 一般规定及构造要求

1. 柱的分类

柱的截面形式，有矩形、正方形、多边形、圆形、I形、双肢形和管形等；截面几何形状为L形、T形和十字形，且截面各肢的肢高肢厚比不大于4的柱称为异形柱。柱的截面应根据不同的要求，选择不同的截面形式。对框架、框架—剪力墙结构等，一般采用矩形、正方形、多边形、圆形等截面，对排架结构，多采用I形、双肢形和管形等截面。

柱的剪跨比 $\lambda = M/Vh$，式中 M、V 分别为作用在柱子上的弯矩和剪力设计值，h 为与

弯矩 M 平行方向柱截面高度。当 $\lambda > 2$ 时称为长柱；$1.5 < \lambda \leqslant 2$ 称为短柱；$\lambda \leqslant 1.5$ 称为极短柱。

λ 值不同，柱子的破坏形态也很不同，长柱一般发生弯曲破坏；短柱多数发生剪切破坏；极短柱发生剪切斜拉破坏，后两种破坏均属于脆性破坏。工程设计，特别是抗震设计中不宜采用短柱，不应采用极短柱。

2. 柱的截面尺寸的估算

(1) 各类结构的框架柱

1) 各类结构的框架柱截面尺寸，可根据柱的受荷面积计算由竖向荷载产生的轴向力标准值 N，按下式估算柱截面面积 A_c，然后再确定柱边长。

$$A_c = \zeta N / (\mu f_c) \tag{5-58}$$

式中　ζ——为轴向力放大系数，按表 5-46 取用；

　　　μ——轴压比限值，按表 5-47 取用。

轴向力放大系数 ζ　　　　　　表 5-46

		框支柱	框架角柱	框剪结构框架柱	其他柱
抗震设计	一级	1.6	1.6	1.4	1.5
	二级	1.6	1.6	1.4	1.5
	三级	1.5	1.6	1.4	1.5
	四级	1.4	1.5	1.3	1.3
非抗震设计		1.3	1.5	1.3	1.3

轴压比限值　　　　　　表 5-47

结构类型	抗震等级			
	一级	二级	三级	四级
框架	0.65	0.75	0.85	0.90

注：① 轴压比指柱组合的轴向压力设计值与柱全截面面积 A 和混凝土轴心抗压强度设计值乘积之比值；对不进行地震作用计算的结构，取无地震作用组合的轴力设计值计算；

② 表内限值适用于剪跨比大于 2、混凝土强度等级不高于 C60 的柱；剪跨比不大于 2 的柱，轴压比限值应降低 0.05；对剪跨比小于 1.5 的柱，轴压比限值应专门研究并采取特殊构造措施；

③ 沿柱全高采用井字复合箍且箍筋间距不大于 100mm、肢距不大于 200mm、直径不小于 12mm，或沿柱全高采用复合螺旋箍，且螺旋间距不大于 10mm、肢距不大于 200mm、直径不小于 12mm 时，或沿柱全高采用连续复合矩形螺旋箍，且螺旋净距不大于 80mm、肢距不大于 200mm、直径不小于 10mm 时，轴压比限值均可增加 0.10；上述三种箍筋的配箍特征值 λ_v 均应按增大的轴压比确定；

④ 当柱截面中部附加芯柱，其中另加的纵向钢筋的总面积不少于柱截面面积的 0.8%，其轴压比限值可增加 0.05。此项措施与注③的措施同时采用时，轴压比限值可增加 0.15，但箍筋的体积配箍率仍可按轴压比增加 0.01 的要求确定；

⑤ 柱经采用上述加强措施后，其最终的轴压比限值不应大于 1.05。

2) 框架柱的截面宜满足 $l_0/b_c \leqslant 30$；$l_0/h_c \leqslant 25$；（l_0 为柱的计算长度；b_c、h_c 分别为柱截面宽度和高度）。框架柱的剪跨比 A 宜大于 2。

3) 框架柱的受剪截面应符合下列条件：

非抗震设计

$$V_c \leqslant 0.25 \beta_c f_c b_c h_{c0} \tag{5-59}$$

抗震设计

剪跨比 $\lambda > 2$ 的框架柱　　　　$V_c \leqslant \dfrac{1}{\gamma_{RE}} (0.2 \beta_c f_c b_c h_{c0})$ \tag{5-60.1}

框支柱和剪跨比 $\lambda \leqslant 2$ 的框架柱 $\qquad V_c \leqslant \dfrac{1}{\gamma_{RE}} (0.15 \beta_c f_c b_c h_{c0})$ $\qquad$ (5-60.2)

4) 框架柱的截面尺寸应符合下列要求：对于矩形截面柱，抗震等级为四级或层数不超过 2 层时，其最小截面尺寸不宜小于 300mm，一、二、三级抗震等级且层数超过 2 层时不宜小于 400mm；圆柱的截面直径，抗震等级为四级或层数不超过 2 层时不宜小于 350mm，一、二、三级抗震等级且层数超过 2 层时不宜小于 450mm；柱截面长边与短边的边长比不宜大于 3。

（2）柱截面尺寸宜用整数，当小于或等于 800 时，宜取 50mm 的倍数；当大于 800mm 时，宜用 100mm 的倍数。

3. 柱的计算长度

一般多层房屋中梁柱为刚接的框架结构，各层柱的计算长度 l_0 可按表 5-48 取用。

框架结构各层柱段的计算长度 l_0 表 5-48

楼盖类型	柱的类别	l_0
现浇楼盖	底层柱	$1.0H$
	其余各层柱	$1.25H$
装配式楼盖	底层柱	$1.25H$
	其余各层柱	$1.5H$

注：表中 H 对底层柱为从基础顶面到一层楼盖顶面的高度；对其余各层柱为上、下两层楼盖顶面之间的高度。

4. 材料

柱子宜采用强度等级较高的混凝土。一般采用 C30、C40，对于高层建筑的底层柱，必要时可采用强度等级更高的混凝土，例如 C50、C60 等。

纵向钢筋一般采用 HRB400 级、HRB335 级和 RRB400 级，不宜采用高强度钢筋，箍筋一般采用 HPB300 级、HRB335 级钢筋，也可采用 HRB400 级钢筋。

5. 纵向钢筋

（1）直径

柱中纵向受力钢筋直径不宜小于 12mm，通常在 12～25mm 范围内选用。同一截面内纵向受力钢筋宜采用相同直径。

（2）纵向受力钢筋间距

1）轴心受压柱的纵向受力钢筋应沿截面周边均匀布置，钢筋根数不得少于 4 根。圆形截面柱无论轴压还是偏压，其纵向钢筋宜沿周边均匀布置，根数不宜少于 8 根，不应少于 6 根。

2）单向偏心受压柱的受力钢筋应放在弯矩作用方向的两个侧边上，较粗的钢筋应放在角部。截面高度 $h \geqslant 600mm$ 时，在垂直于弯矩作用平面的侧面应设置直径为 10～16mm 的纵向构造钢筋，并相应设置复合箍筋和拉筋；侧面上的纵向受力钢筋以及轴心受压柱中各边的纵向受力钢筋，其肢距不宜大于 300mm。

3）抗震设计时，柱的纵向钢筋宜对称配置。截面尺寸大于 400mm 的柱，纵向钢筋的间距不宜大于 200mm。

4）纵向受力钢筋的净距不应小于 50mm。

（3）配筋率

1）框架柱中全部纵向受力钢筋的配筋百分率不应小于表 5-49 规定的数值，同时，框架柱每一侧的配筋百分率不应小于 0.2；对 IV 类较高的高层建筑，抗震设计的最小配筋百分率应按表中数值增加 0.1 采用。

柱全部纵向受力钢筋最小配筋百分率（％）   表 5-49

柱类型	抗震等级				非抗震设计
	一级	二级	三级	四级	
框架中柱、边柱	1.0	0.8	0.7	0.6	0.6
框架角柱	1.1	0.9	0.8	0.7	

注：1. 钢筋强度标准值小于 400MPa 时，表中数值应增加 0.1，钢筋强度标准值为 400MPa 时，表中数值应增加 0.05；

2. 混凝土强度等级高于 C60 时，上述数值应相应增加 0.1。

当按一级抗震等级设计，且柱的剪跨比 $\lambda \leq 2$ 时，柱每侧纵向钢筋的配筋率不宜大于 1.2%。

2）全部纵向受力钢筋配筋率：非抗震设计不宜大于 5%，不应大于 6%，抗震设计不应大于 5%。

3）边柱及角柱在地震作用组合产生小偏心受拉时，柱内纵向钢筋总截面面积应比计算值增加 25%。

（4）纵向钢筋的连接

1）柱中各部位钢筋的接头采用搭接接头方案（图 5-34）时，搭接接头方案宜满足以下条件：

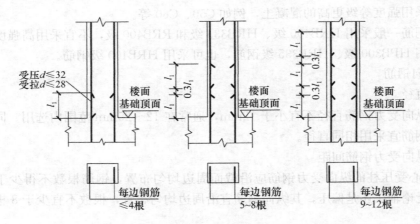

图 5-34 纵向钢筋搭接接头方案（非抗震）

① 受压钢筋直径 $d \leq 32$mm；受拉钢筋的直径 $d \leq 28$mm。

② 非抗震时搭接位置可以从基础顶面或各层板面开始（图 5-34），柱每边的钢筋不多于 4 根，可一次搭接；柱每边的钢筋为 5～8 根，可分 2 次搭接；柱每边的钢筋为 9～12 根，可分为三次搭接。

③ 抗震时搭接位置应错开，同一截面内钢筋接头，不宜超过全截面钢筋总根数的 50%（图 5-35）。当柱纵向钢筋总根数为 4 根时，可在同一截面搭接。

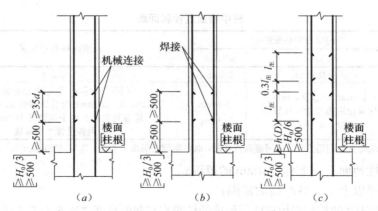

图 5-35 纵向钢筋连接方案（抗震）

(*a*) 用于机械连接；(*b*) 用于焊接连接；(*c*) 用于搭接连接

注：柱根系指地下室的顶面或无地下室情况的基础顶面

④ 在搭接接头范围内，箍筋间距$\leqslant 5d$（d 为柱的较小纵向钢筋直径），且应$\leqslant 100$mm。

2）下柱伸入上柱搭接钢筋的根数及直径应满足上柱受力的要求。当上下柱内钢筋直径不同时，搭接长度应按上柱内钢筋直径计算。

3）当钢筋的折角大于 1：6 时，应设插筋或将上柱内钢筋伸入下柱，与下柱内钢筋搭接图 5-36（*a*）；当折角不大于 1：6 时，下柱内钢筋可以弯折伸入上柱搭接（图 5-36*b*）。柱内钢筋的搭接接头方案应符合图 5-34 和图 5-35（*c*）的规定。

4）柱的纵筋不应与箍筋、拉筋及预埋件等焊接。

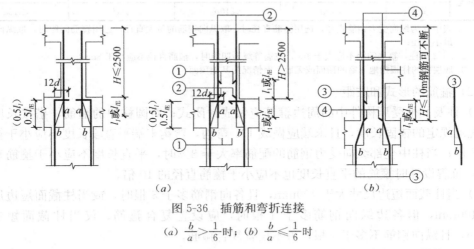

图 5-36 插筋和弯折连接

(*a*) $\dfrac{b}{a} > \dfrac{1}{6}$ 时；(*b*) $\dfrac{b}{a} \leqslant \dfrac{1}{6}$ 时

6. 箍筋

（1）直径和间距

1）非抗震设计时，柱中箍筋直径和间距应满足表 5-50 的规定。

2）抗震设计时，框架柱的上下两端箍筋应加密。

① 加密区的范围应符合下列要求：

底层柱的上端和其他各层柱的两端，应取矩形截面柱之长边尺寸（或圆形截面柱之直径）、柱净高之 1/6 和 500mm 三者之最大值范围；

柱中箍筋直径和间距
表 5-50

箍 筋	纵向受力钢筋配筋率		纵向钢筋搭接区
	$\rho \leqslant 3\%$	$\rho > 3\%$	
直径	$\geqslant d/4$ 及 6mm	$\geqslant 8mm$	$\leqslant d/4$
间距	$\leqslant 400mm$（$\leqslant 250mm$）；$\leqslant$ 柱截面短边尺寸（柱肢厚度）；$\leqslant 15d$	$\leqslant 200mm$ $\leqslant 10d$	受拉时：$\leqslant 5d$ 及 $\leqslant 100mm$ 受压时：$\leqslant 10d$ 及 $\leqslant 200mm$ 当受压钢筋 $d > 25mm$ 时，应在搭接接头两个端面外 100mm 范围内各设置 2 个箍筋

注：表中 d 为纵向受力钢筋直径，选用箍筋直径时，取纵向钢筋的最大直径；选用箍筋间距时，取纵向的最小直径。

底层柱刚性地面上、下各 500mm 的范围；

底层柱柱根以上 1/3 柱净高的范围；

剪跨比不大于 2 的柱和因填充墙等形成的柱净高与截面高度之比不大于 4 的柱全高范围；

一级及二级框架角柱的全高范围；

需要提高变形能力的柱的全高范围；

错层处框架柱的全高范围；

大底盘多塔结构，裙房屋面上、下层中塔楼与裙房相连的框架柱全高范围。

② 框架柱中箍筋直径和间距应分别满足表 5-51 的规定。

框架柱中箍筋直径和间距（mm）
表 5-51

抗震等级		一	二	三	四
加密区	直径	$\geqslant 10$	$\geqslant 8$	$\geqslant 8$	$\geqslant 6$（柱根$\geqslant 8$）
	间距	$\leqslant 6d$；$\leqslant 100$	$\leqslant 8d$；$\leqslant 100$	$\leqslant 8d$；$\leqslant 150$	（柱根$\leqslant 100$）
非加密区	直径	$\geqslant 10$	$\geqslant 8$	$\geqslant 8$	$\geqslant 6$（柱根$\geqslant 8$）
	间距	$\leqslant 10d$	$\leqslant 10d$	$15d$	$\leqslant 15d$

注：1. 表中 d 为纵向受力钢筋直径，选用箍筋直径时，取纵向钢筋的最大直径，选用箍筋间距时，取纵向钢筋的最小直径；

2. $\lambda \leqslant 2$ 的柱，箍筋间距不应大于 100，抗震等级为四级时，箍筋直径不应小于 8mm；

3. 底层柱的柱根指地下室的顶面或无地下室情况的基础顶面。

（2）箍筋的形式和肢距

1）柱及其他受压构件中的周边箍筋应做成封闭式；对圆柱中的箍筋，搭接长度不应小于规范规定的锚固长度，且末端应做成 135°弯钩，弯钩末端平直段长度不应小于箍筋直径的 5 倍；当柱中全部纵向受力钢筋的配筋率大于 3% 时，平直长度不应小于箍筋直径的 10 倍，抗震设计时箍筋的平直长度也不应小于箍筋直径的 10 倍。

2）当柱截面短边尺寸大于 400mm，且各向钢筋多于 3 根时，或当柱截面短边尺寸不大于 400mm，但各边纵向钢筋多于 4 根时，应设置复合箍筋。仅当柱截面短边 $b \leqslant$ 400mm，且纵向钢筋不多于 4 根，可不设置复合箍筋。

3）当混凝土强度等级大于 C60 时，箍筋宜采用复合箍、复合螺旋箍或连续复合矩形螺旋箍。

4）按抗震设计的结构，柱箍筋加密区长度内的箍筋肢距，对框架柱和框支柱：一级抗震等级不宜大于 200mm；二、三级抗震等级不宜大于 250mm 和 20 倍箍筋直径中的较大值；四级抗震等级不宜大于 250mm。此外，每隔一根纵向钢筋宜在两个方向有箍筋或拉筋约束；当采用拉筋时，拉筋宜紧靠纵向钢筋并勾住封闭箍筋。

5）柱子箍筋的形式（图 5-37）。

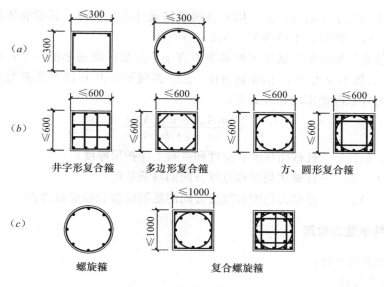

图 5-37　柱子箍筋的形式

（3）柱箍筋的体积配筋率

1）抗震设计时，柱箍筋加密区箍筋的体积配筋率，应符合下式要求：

$$\rho_{\mathrm{v}} = \lambda_{\mathrm{v}} \frac{f_{\mathrm{c}}}{f_{\mathrm{yv}}}$$

式中　ρ——柱箍筋加密区箍筋的体积配筋率；计算复合箍筋中的箍筋体积配筋率时，应扣除重叠部分的箍筋体积；

λ_{v}——最小配箍特征值，按表 5-52 采用；

f_{c}——混凝土轴心抗压强度设计值；当强度等级低于 C35 时，应按 C35 取值；

f_{yv}——箍筋及拉筋抗拉强度设计值。

柱箍筋加密区的箍筋最小配箍特征值 λ_{v}　　　　　　　　表 5-52

抗震等级	箍筋形式	轴压比								
		≤0.3	0.4	0.5	0.6	0.7	0.8	0.9	1.0	1.05
一	普通箍、复合箍	0.10	0.11	0.13	0.15	0.17	0.20	0.23		
	螺旋箍、复合或连续复合矩形螺旋箍	0.08	0.09	0.11	0.13	0.15	0.18	0.21		
二	普通箍、复合箍	0.08	0.09	0.11	0.13	0.15	0.17	0.19	0.22	0.24
	螺旋箍、复合或连续复合矩形螺旋箍	0.06	0.07	0.09	0.11	0.13	0.15	0.17	0.20	0.22
三、四	普通箍、复合箍	0.06	0.07	0.09	0.11	0.13	0.15	0.17	0.20	0.22
	螺旋箍、复合或连续复合矩形螺旋箍	0.05	0.06	0.07	0.09	0.11	0.13	0.15	0.18	0.20

注：1. 普通箍指单个矩形箍筋和单个圆形箍筋，复合箍指由矩形、多边形、圆形箍或拉筋组成的箍筋；复合螺旋箍指由螺旋箍与矩形、多边形、圆形箍或拉筋组成的箍筋；连续复合矩形螺旋箍指全部螺旋箍为同一根钢筋加工成的箍筋；
　　2. 在计算复合螺旋箍的体积配筋率时，其中非螺旋箍筋的体积应乘以换算系数 0.8；
　　3. 对一、二、三、四级抗震等级的柱，其箍筋加密区的箍筋体积配筋率分别不应小于 0.8%、0.6%、0.4% 和 0.4%。

2）剪跨比不大于 2 的柱，宜采用复合螺旋箍或井字复合箍，其箍筋体积配筋率不应小于 1.2%；9 度一级时，不应小于 1.5%。

3）柱箍筋非加密区的箍筋体积配筋率不宜小于加密区配筋率的一半；非加密区的箍筋间距，一、二级不应大于 10 倍纵筋直径，三、四级不应大于 15 倍纵筋直径。

4）箍筋的体积配筋率的计算如下：

$$\rho_v = \frac{n_1 A_{sv1} l_1 + n_2 A_{sv2} l_2}{(h-c)(b-c)s} \tag{5-61}$$

式中　　h、b、c——柱截面高度、宽度和混凝土保护层厚度；

　　　　l_1、l_2——柱截面高度和宽度方向的箍筋长度；

n_1、n_2、A_{sv1}、A_{sv2}——柱截面高度和宽度方向的箍筋肢数和箍筋截面积。

5.4.2 框架柱承载力验算

1. 正截面承载力计算

（1）非抗震设计

框架柱属于偏心受压构件。一般在中间轴线上的框架柱，按单向偏心受压构件考虑，角柱按双向偏心受压构件考虑。框架柱一般采用对称配筋，正截面承载力按 5.1.3 的方法进行计算。

（2）抗震设计

考虑抗震组合的框架柱，按压弯构件进行抗震设计，均应考虑相应的承载力抗震调整系数。框架结构中，为实现"强柱弱梁"的设计原则，对框架柱上下端弯矩设计值应按下列规定进行调整。

一、二、三、四级框架的梁柱节点处，除框架顶层和柱轴压比小于 0.15 者，柱端组合的弯矩设计值应符合下式要求：

$$\sum M_c = \eta_c \sum M_b \tag{5-62.1}$$

一级的框架结构及 9 度时的框架可不按上式调整，但应符合

$$\sum M_c = 1.2 \sum M_{bua} \tag{5-62.2}$$

式中　η_c——柱端弯矩增大系数，一级取 1.7，二级取 1.5，三级取 1.3、四级 1.2；

$\sum M_c$——节点上下柱端截面顺时针或反时针方向组合的弯矩设计值之和，上下柱端的弯矩设计值，可按弹性分析分配；

$\sum M_b$——节点左右梁端截面反时针或顺时针方向组合的弯矩设计值之和，一级框架节点左右梁端均为负弯矩时，绝对值较小的弯矩应取零；

$\sum M_{bua}$——节点左右梁端截面反时针或顺时针方向实配的正截面抗震受弯承载力所对应的弯矩值之和，根据实配钢筋面积（计入梁受压筋和相关楼板钢筋）和材料强度标准值确定。

框架底层柱根部对整体框架延性起控制作用，柱脚过早出现塑性铰将影响整个结构的变形及耗能能力。随着底层框架梁铰的出现，底层柱根部弯矩亦有增大趋势。为了延缓底层根部柱铰的发生使整个结构的塑化过程得以充分发展，而且底层性计算长度和反弯点有

更大的不确定性，故应当适当加强底层柱的抗弯能力。

对于一、二、三、四级框架结构的底层柱下端截面的弯矩设计值，应分别乘以增大系数 1.7、1.5、1.3 和 1.2。

一、二、三、四级框架结构的角柱按调整后的弯矩及剪力设计值尚应乘以不小于 1.10 的增大系数。

2. 斜截面承载力计算

（1）柱端剪力调整

在框架结构抗震设计中，为了实现"强剪弱弯"的原则，对框架柱上下端的剪力设计值按下列规定进行调整。

对于抗震等级为一、二、三、四级的框架柱端剪力设计值，按下式进行调整，并以此剪力进行柱斜截面计算：

$$V = \eta_{vc}(M_c^t + M_c^b)/H_n \tag{5-63.1}$$

一级的框架结构及 9 度时的框架

$$V = 1.2(M_{cua}^t + M_{cua}^b)/H_n \tag{5-63.2}$$

式中　η_{vc}——柱剪力增大系数，一、二、三、四级分别取 1.5、1.3、1.2、1.1；

M_c^t、M_c^b——分别为柱的上下端顺时针或反时针方向截面组合的弯矩设计值，应考虑"强柱弱梁"调整、底层柱下端及角柱弯矩放大系数的影响；

M_{cua}^t、M_{cua}^b——分别为偏心受压柱的上下端顺时针或反时针方向实配的正截面抗震受弯承载力所对应的弯矩值，根据实配钢筋面积、材料强度标准值和轴压力等确定；

H_n——框架柱的净高。

（2）框架柱的斜截面承载力计算

考虑地震组合的矩形截面框架柱斜截面受剪承载力按下式计算：

$$V_c \leqslant \frac{1}{\gamma_{RE}}\left(\frac{1.05}{\lambda+1}f_t bh_0 + f_{yv}\frac{A_{sv}}{s}h_0 + 0.056N\right) \tag{5-64}$$

式中　λ——框架柱和框支柱的计算剪跨比，取 $=M/(Vh_0)$；此处，M 宜取柱上、下端考虑地震作用组合的弯矩设计值的较大值，V 取与 M 对应的剪力设计值，h_0 为柱截面有效高度；当框架结构中的框架柱的反弯点在柱层高范围内时，可取 $\lambda = H_n/(2h_0)$，此处，H_n 为柱净高；当 $\lambda < 1.0$ 时，取 $\lambda = 1.0$；当 $\lambda > 3.0$ 时，取 $\lambda = 3.0$；

N——考虑地震作用组合的框架柱和框支柱轴向压力设计值，当 $N > 0.3f_c A$ 时，取 $N = 0.3f_c A$。

当考虑地震作用组合的框架柱出现拉力时，其斜截面抗震受剪承载力应符合下列规定：

$$V_c \leqslant \frac{1}{\gamma_{RE}}\left(\frac{1.05}{\lambda+1}f_t bh_0 + f_{yv}\frac{A_{sv}}{s}h_0 - 0.2N\right) \tag{5-65}$$

式中　N——考虑地震作用组合的框架柱轴向拉力设计值。

当上式右边括号内的计算值小于 $f_{yv}A_{sv}h_0/s$ 时，取等于 $f_{yv}A_{sv}h_0/s$，且 $f_{yv}A_{sv}h_0/s$ 值不应小于 $0.36f_t bh_0$。

5.5 框架节点设计

框架梁柱相交处的节点是结构抗震的重要部位。在水平地震作用下，框架节点承受框架梁、柱传来的弯矩、剪力和轴力的作用，使得节点核芯区处于复杂应力状态。框架节点的抗震设计，应根据"强节点"的抗震设计原则，使节点核芯区的承载力强于相连杆件的承载力。同时要求梁柱纵筋在节点区应有可靠的锚固。

5.5.1 框架节点抗震承载力验算

对于框架节点核芯区抗震受剪承载力验算的基本要求是：一、二、三级抗震等级的框架应进行节点核芯区抗震受剪承载力验算；四级抗震等级的框架节点可不进行计算，但应符合抗震构造措施的要求。

1. 节点剪力设计值的计算

一、二、三级框架梁柱节点核芯区组合的剪力设计值，应按下列公式确定：

$$V_j = \frac{\eta_{jb} \sum M_b}{h_{b0} - a_s'}\left(1 - \frac{h_{b0} - a_s'}{H_c - h_b}\right) \tag{5-66.1}$$

9 度时和一级框架结构尚应符合

$$V_j = \frac{1.15 \sum M_{bua}}{h_{b0} - a_s'}\left(1 - \frac{h_{b0} - a_s'}{H_c - h_b}\right) \tag{5-66.2}$$

式中　η_{jb}——节点剪力增大系数，对于框架结构，一级宜取 1.5，二级取 1.35，三级 1.2；

H_c——节点上柱和下柱反弯点之间的距离；

h_b、h_{b0}——分别为梁的截面高度和有效高度，当节点两侧梁高不同时，取其平均值。

2. 节点受剪截面限制条件

为了避免出现节点核芯区剪应力过大而产生的钢筋混凝土斜压破坏，应限制框架节点核芯区的平均剪应力。框架梁柱节点核芯区受剪的水平截面应符合下列要求：

$$V \leqslant \frac{1}{\gamma_{RE}}(0.3\eta_j f_c b_j h_j) \tag{5-67}$$

式中　η_j——正交梁的约束影响系数，楼板为现浇，梁柱中线重合，四侧各梁截面宽度不小于该侧柱截面宽度的 1/2，且正交方向梁高度不小于框架梁高度的 3/4 时，可采用 1.5，9 度时宜采用 1.25，其他情况均采用 1.0；

h_j——节点核芯区的截面高度，可采用验算方向的柱截面高度；

γ_{RE}——承载力抗震调整系数，可采用 0.85；

b_j——节点核芯区的截面有效验算宽度，当 b_b 不小于 $b_c/2$ 时，可取 b_c；当 $b_b < b_c/2$ 时，可取 $(b_b + 0.5h_c)$ 和 b_c 的较小值；当梁柱轴线不重合时且偏心距 e_0 不大于 $b_c/4$ 时，可取 $(b_b + 0.5h_c)$、$(0.5b_b + 0.5b_c + 0.25h_c - e_0)$ 和 b_c 的较小值。此处，b_b 为验算方向梁截面宽度，b_c 为该侧柱截面宽度。

3. 节点抗震受剪承载力验算

框架梁柱节点的抗震受剪承载力应符合下列规定：

9 度设防烈度的一级抗震等级框架

$$V_j \leqslant \frac{1}{\gamma_{RE}} \left(0.9\eta_j f_t b_j h_j + f_{yv} A_{svj} \frac{h_{b0} - a'_z}{s} \right) \tag{5-68.1}$$

其他情况

$$V_j \leqslant \frac{1}{\gamma_{RE}} \left(1.1\eta_j f_t b_j h_j + 0.05\eta_j N \frac{b_j}{b_c} + f_{yv} A_{svj} \frac{h_{b0} - a'_z}{s} \right) \tag{5-68.2}$$

式中 N——对应于组合剪力设计值的上柱组合轴向压力较小值,其取值不应大于柱的截面面积和混凝土轴心抗压强度设计值的乘积的 50%,当 N 为拉力时,取 $N=0$;

A_{svj}——核芯区有效验算宽度范围内同一截面验算方向箍筋的总截面面积;

h_{b0}——分别为梁的截面高度和有效高度,当节点两侧梁高不同时,取其平均值。

5.5.2 框架节点的构造要求

为保证节点核芯区的抗剪承载力,使框架梁、柱纵向钢筋有可靠的锚固条件,对节点核芯区混凝土进行有效的约束是必要的。节点核芯区箍筋的作用与柱端有所不同,为便于施工,可适当放宽构造要求。具体配置要求如下:

箍筋最大间距和最小直径宜按表 5-7(柱箍筋加密区)采用;一、二、三级框架节点核芯区配箍特征值分别不宜小于 0.12、0.10 和 0.08 且体积配箍率分别不宜小于 0.6%、0.5% 和 0.4%。柱剪跨比不大于 2 的框架节点核芯区,体积配箍率不宜小于核芯区上、下柱端的较大体积配箍率。

梁柱纵筋在节点区的锚固要求见图 5-38。

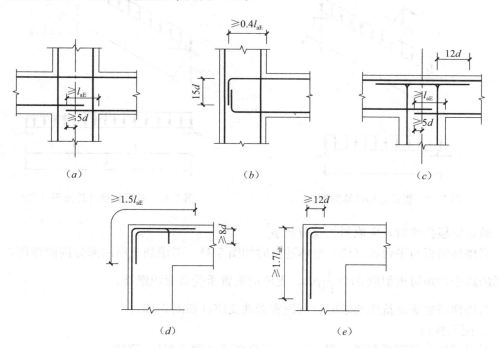

图 5-38 框架梁柱的纵向钢筋在节点区的锚固和搭接

(a) 中间层中间节点;(b) 中间层端节点;(c) 顶层中间节点;(d) 顶层端节点(一);(e) 顶层端节点(二)

5.6 楼梯设计

5.6.1 板式楼梯设计

1. 内力计算

斜板的计算简图如图 5-39 所示。其跨中最大弯矩为：

$$M_{max} = \frac{1}{8} p'_x l'^2_0$$

因为

$$l'_0 = \frac{l_0}{\cos\alpha}, \quad p'_x = p_x \cos\alpha, \quad p_x = p\cos\alpha$$

所以

$$M_{max} = \frac{1}{8} pl^2_0$$

式中 l'_0——斜板的斜向计算长度；

        l_0——斜板的水平投影计算长度；

        p_x——沿斜向每 lm 长的垂直均布荷载；

        p——斜板在水平投影面上的垂直均布荷载。

当将斜板和休息平台板合并设计成折板时，计算简图如图 5-39 所示。

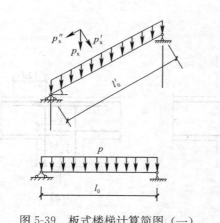

图 5-39 板式楼梯计算简图（一）

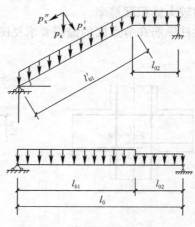

图 5-40 板式楼梯计算简图（二）

验算斜板挠度时，应取斜长及荷载 p'_x。

当楼梯斜板与平台板（梁）整体连接时如图 5-41。考虑到支座的部分嵌固作用，板式楼梯的跨中弯矩可近似取 $M = \frac{1}{10} pl^2_0$。支座应配置承受负弯矩钢筋。

当楼梯需要满足抗震要求时，可设置滑动支座（如图 5-42）。

2. 配筋构造

板式楼梯配筋有弯起式（图 5-41a）与分离式（图 5-41b）两种。

横向构造钢筋通常在每一踏步下放置 1φ6 或 φ6@200。当梯板 $t \geq 150$mm 时，横向构造筋宜采用 φ8@200。

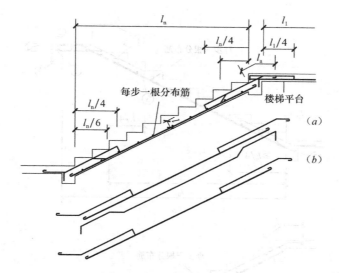

图 5-41　板式楼梯配筋构造

（a）弯起式；（b）分离式

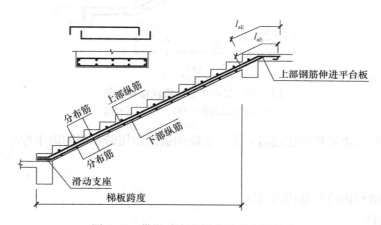

图 5-42　带滑动支座板式楼梯配筋构造

板的跨中配筋按计算确定，支座配筋一般取跨中配筋量的 1/4，配筋范围为 $l_n/4$。支座负筋可锚固入平台梁内。

带有平台板的板式楼梯，当为上折板式时（图 5-43a），在折角处由于节点的约束作用应配置承受负弯矩的钢筋，其配筋范围可取 $l_1/4$。其下部受力筋①、②在折角处应伸入受压区，并满足锚固要求。

5.6.2　梁式楼梯设计

1. 双梁楼梯

双梁楼梯的踏步斜板支承在边梁上，是一块斜向支承的单向板，计算时取一个踏步作为计算单元。踏步板的截面为图所示的 $ABCDE$ 的面积，为简化计算可近似地按截面宽度为 b_1，截面高度 $h_0=h_1/2$ 的矩形截面计算，式中 $h_1=d\cos\alpha+t$。

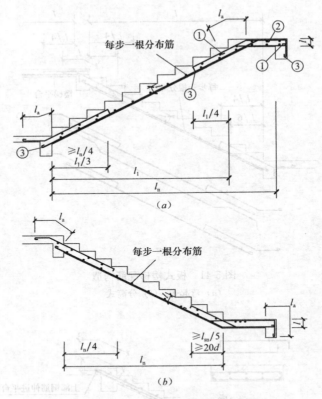

图 5-43 带有平台的板式楼梯配筋
(a) 上折板式楼梯；(b) 下折板式楼梯

跨步板两端与边梁整体连接时，考虑支座的嵌固作用踏步板的跨中弯矩可近似取 $M = \frac{1}{10}pl_n^2$。

双梁楼梯踏步板的配筋构造见图 5-44。

2. 单梁楼梯

单梁楼梯是一根斜梁承受由踏步板传递来的竖向荷载，斜梁设置在踏步板中间或一侧。

梯段板按悬臂板计算。梯段梁除按一般单跨梁计算外，尚应考虑当活荷载在梁翼缘一侧布置时产生的扭矩，如图 5-45 所示。图中，q_1 为活荷载设计值（kN/m²）；g_1 为恒载设

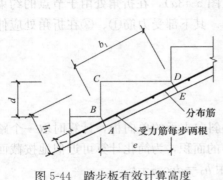

图 5-44 踏步板有效计算高度

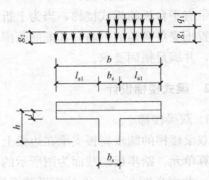

图 5-45 梯段梁荷载示意图

计值（$\gamma_g = 1.2$）（kN/m²）；g_2 为恒载设计值（$\gamma_G = 1.0$）（kN/m²）。

单梁楼梯梁双侧和单侧带悬臂板的配筋构造见图 5-46。

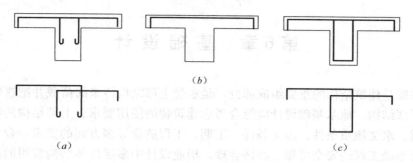

图 5-46　梁双侧带悬臂板的配筋

（a）两侧悬臂板分别配筋；（b）两侧悬臂板整体配筋；（c）悬臂板钢筋与箍筋合一

第6章 基础设计

　　地基基础是建筑结构的重要组成部分，是承受上部结构传来的荷载并把这些荷载传递到地基的下部结构。地基基础设计应综合考虑建筑物的使用要求、上部结构的特点、场地的工程地质、水文地质条件、施工条件、工期、工程造价等多方面的要求，合理选择基础方案，保证基础工程的安全可靠、经济合理。毕业设计中多层框架结构常用的基础形式有柱下独立基础、双柱联合基础、柱下条形基础、柱下筏形基础和灌注桩基础等，本章将主要说明以上基础形式的设计方法。

6.1 基础设计的一般要求

6.1.1 地基基础设计等级

　　地基与基础设计内容和要求与建筑物地基基础的设计等级有关，《建筑地基基础设计规范》GB 50007—2011 根据地基复杂程度、建筑物规模和功能特征以及由于地基问题可能造成建筑物破坏或影响正常使用的程度，将地基基础设计分为三个设计等级，设计时应根据具体情况，按表 6-1 选用。

地基基础设计等级　　　　　　　　　　　表 6-1

设计等级	建筑和地基类型
甲级	重要的工业与民用建筑物 30 层以上的高层建筑 体型复杂，层数相差超过 10 层的高低层连成一体建筑物 大面积的多层地下建筑物（如地下车库、商场、运动场等） 对地基变形有特殊要求的建筑物 复杂地质条件下的坡上建筑物（包括高边坡） 对原有工程影响较大的新建建筑物 场地和地基条件复杂的一般建筑物 位于复杂地质条件及软土地区的二层及二层以上地下室的基坑工程 开挖深度大于 15m 的基坑工程 周边环境条件复杂、环境保护要求高的基坑工程
乙级	除甲级、丙级以外的工业与民用建筑物 除甲级、丙级以外的基坑工程
丙级	场地和地基条件简单，荷载分布均匀的七层及七层以下民用建筑及一般工业建筑物；次要的轻型建筑物 非软土地区且场地地质条件简单、基坑周边环境条件简单、环境保护要求不高且开挖深度小于 5m 的基坑工程

6.1.2　对地基基础设计的要求

为了保证建筑物的安全与正常使用，根据建筑物的基础设计等级及长期荷载作用下地基变形对上部结构的影响程度，地基基础设计应符合下列规定：

1. 所有建筑物的地基计算均应满足承载力计算的有关规定；

2. 设计等级为甲级、乙级的建筑物，均应按地基变形设计；

3. 表6-2所列范围内设计等级为丙级的建筑物可不作变形验算，如有下列情况之一时，仍应作变形验算：

(1) 地基承载力特征值小于130kPa，且体型复杂的建筑；

(2) 在基础上及其附近有地面堆载或相邻基础荷载差异较大，可能引起地基产生过大的不均匀沉降时；

(3) 软弱地基上的建筑物存在偏心荷载时；

(4) 相邻建筑距离过近，可能发生倾斜时；

(5) 地基内有厚度较大或厚薄不均的填土，其自重固结未完成时。

4. 对经常受水平荷载作用的高层建筑、高耸结构和挡土墙等，以及建造在斜坡上或边坡附近的建筑物和构筑物，尚应验算其稳定性；

5. 基坑工程应进行稳定验算；

6. 当地下水埋藏较浅，建筑地下室或地下构筑物存在上浮问题时，尚应进行抗浮验算。

可不作地基变形计算设计等级为丙级的建筑物范围　　　表6-2

地基主要受力层情况	地基承载力特征值 f_{ak} （kPa）	$80 \leqslant f_{ak}$ <100	$100 \leqslant f_{ak}$ <130	$130 \leqslant f_{ak}$ <160	$160 \leqslant f_{ak}$ <200	$200 \leqslant f_{ak}$ <300
	各土层坡度（%）	≤5	≤10	≤10	≤10	≤10
建筑类型	砌体承重结构、框架结构（层数）	≤5	≤5	≤6	≤6	≤7

注：1. 地基主要受力层系指条形基础底面下深度为 $3b$（b 为基础底面宽度），独立基础下为 $1.5b$，且厚度均不小于5m的范围（二层以下一般的民用建筑除外）；

2. 地基主要受力层中如有承载力标准值小于130kPa的土层时，表中砌体承重结构的设计，应符合软弱地基的有关要求；

3. 表中砌体承重结构和框架结构均指民用建筑；

4. 烟囱高度和水塔容积的数值系指最大值；

5. 排架结构详见《建筑地基基础设计规范》GB 50007—2011。

6.1.3　荷载取值

地基基础设计时，所采用的作用效应最不利组合与相应的抗力限值应按下列规定：

1. 按地基承载力确定基础底面积及埋深或按单桩承载力确定桩数时，传至基础或承台底面上的荷载应按正常使用极限状态下荷载效应的标准组合。相应的抗力应采用地基承载力特征值或单桩承载力特征值。

2. 计算地基变形时，传至基础底面上的荷载效应应按正常使用极限状态下荷载效应的准永久组合，不应计入风荷载和地震作用。相应的限值应为地基变形允许值。

3. 计算挡土墙、地基或滑坡稳定以及基础抗浮稳定时，作用效应应按承载能力极限状态下荷载效应的基本组合，但其分项系数均为 1.0。

4. 在确定基础或桩台高度、支挡结构截面、计算基础或支挡结构内力、确定配筋和验算材料强度时，上部结构传来的作用效应和相应的基底反力、挡土墙土压力以及滑坡推力，应按承载能力级限状态下荷载效应的基本组合，采用相应的分项系数。当需要验算基础裂缝宽度时，应按正常使用极限状态作用的标准组合。

5. 基础设计安全等级、结构设计使用年限、结构重要性系数应按有关规范的规定采用，但结构重要性系数 γ_0 不应小于 1.0。

6.1.4　基础埋置深度的选择

基础的埋置深度一般指室外地面至基础底面或桩基承台底面的距离。

基础埋置深度的大小，对工程造价、施工工期、保证结构安全都有密切的关系。在选择基础合理的埋置深度，应该详细分析工程地质条件、建筑物荷载大小、使用要求以及建筑周边环境的影响，按技术和经济的最佳方案确定，一般的原则是，在满足地基稳定和变形要求的前提下，基础宜浅埋，除岩石地基外，基础埋深不宜小于 0.5m。

影响基础埋置深度的主要因素，大致可归纳为以下几个方面：

1. 建筑场地的地质条件和地下水的影响

显然，基础的埋置深度与场地的工程地质与水文条件有密切的关系，一般选用较好的土层作为基础的持力层，浅基础底面进入持力层的深度不小于 300mm。如果上层土的承载力大于下层土且上层土有足够的厚度时，可以取上层土作为基础的持力层，这样基础的埋深和底面积都可以减小，当然此时应验算地基软弱下卧层承载力和变形；当上层软弱层较厚时，可以考虑采用桩基或人工地基。采用何种基础方案，应从结构安全、施工难易和工程造价等因素综合比较确定。

一般基础底面宜设置在地下水位以上，如必须置于地下水位以下时，则应采取地基土在施工时不受扰动的措施，同时考虑地下水对基础是否有侵蚀性的影响，以及施工时基坑排水及基坑支护等问题。

位于稳定边坡坡顶的建筑物，当坡高不大于 8m、坡角不大于 45°，且垂直于坡顶边缘线的基础底边长度小于等于 3m 时，其基础埋深可按下式计算：

条形基础： $\qquad d \geqslant (3.5b - a)\tan\beta$ (6-1)

矩形基础： $\qquad d \geqslant (2.5b - a)\tan\beta$ (6-2)

式中　a——基础外边缘线至坡顶的水平距离，不得小于 2.5m；

　　　b——垂直于坡顶边缘线的基础底边长；

　　　β——坡角。

2. 建筑物的用途及基础构造的影响

当有地下室、电梯基坑、地下管线或设备基础时，常需要将基础整体或局部加深以满足建筑物使用功能的需求。为了保护基础不至露出地面，构造要求基础顶面至室外地面的距离不得小于 100mm。

3. 基础上荷载大小及性质的影响

上部结构荷载较大时，一般要求基础置于承载力较高的土层上；对于承受较大水平荷载的基础，为了保证结构的稳定性，常将基础埋深加大；对于承受上拔力的基础，也需要有足够的基础埋深，以保证必要的抗拔阻力。

4. 相邻建筑物基础埋深的影响

当存在相邻建筑物时，新建建筑物的基础埋深不宜大于原有建筑基础，同时应考虑新建建筑物基础荷载对原有建筑物的影响。当埋深大于原有建筑基础时，两基础间应保持一定净距，其数值应根据原有建筑荷载大小，基础形式和土质情况确定，其净距一般为 1～2 倍两相邻基础底面标高差，即 $l \geqslant (1 \sim 2)h$。当上述要求不能满足时，应采取分段施工，设临时加固支撑，打板桩，地下连续墙等施工措施，或加固原有建筑物地基，以保证原有建筑物的安全。

5. 季节性冻土的影响

季节性冻土指一年内冻结与解冻交替出现的土层，有的厚度可达 3m。

当土层温度降至摄氏零度时，土中的自由水首先结冰，随着土层温度继续下降，结合水的外层也开始冻结，因而结合水膜变薄，附近未冻结区土颗粒较厚的水膜便会迁移至水膜较薄的冻结区，并参与冻结。如地下水位较高，不断向冻结区补充积聚，使冰晶体增大，形成冻胀。如果冻胀产生的上抬力大于作用于基底的竖向力，会引起建筑物开裂甚至破坏；当土层解冻时，土中的冰晶体融化，使土软化，含水量增加，强度降低，将产生附加沉降，称为融陷。

季节性冻土的冻胀性与融陷性是互相关联的，故常以冻胀性加以概括。土的冻胀性大小与土颗粒大小、含水量和地下水位高低有密切关系，《建筑地基基础设计规范》（以下简称《规范》）根据土的类别、冻前天然含水量和冻结期间地下水位距冻结面的最小距离将地基土分为不冻胀、弱冻胀、冻胀、强冻胀和特强冻胀五类。

当建筑基础底面之下允许有一定厚度的冻土层，可用下式计算基础的最小埋深：

$$d_{\min} = z_d - h_{\max} \tag{6-3}$$

式中　$h_{\max}$——基础底面下允许残留冻土层的最大厚度，按《规范》附录 G.0.2 查取。

　　z_d——设计冻深。

季节性冻土地基的设计冻深 z_d 应按下式计算：

$$z_d = z_0 \cdot \psi_{zs} \cdot \psi_{zw} \cdot \psi_{ze} \tag{6-4}$$

式中　z_0——标准冻深。系采用在地表平坦、裸露、城市之外的空旷场地中不少于 10 年实测最大冻深的平均值。当无实测资料时，按《规范》附录 F 采用；

　　ψ_{zs}——土的类别对冻深的影响系数，按表 6-3；

　　ψ_{zw}——土的冻胀性对冻深的影响系数，按表 6-4；

　　ψ_{ze}——环境对冻深的影响系数，按表 6-5。

土的类别对冻深的影响系数 表 6-3

土的类别	影响系数 ψ_{zs}	土的类别	影响系数 ψ_{zs}
黏性土	1.00	中、粗、砾砂	1.30
细砂、粉砂、粉土	1.20	碎石土	1.40

土的冻胀性对冻深的影响系数 表 6-4

冻胀性	影响系数 ψ_{zw}	冻胀性	影响系数 ψ_{zw}
不冻胀	1.00	强冻胀	0.85
弱冻胀	0.95	特强冻胀	0.80
冻胀	0.90		

环境对冻深的影响系数 表 6-5

周围环境	影响系数 ψ_{ze}
村、镇、旷野	1.00
城市近郊	0.95
城市市区	0.90

注：环境影响系数一项，当城市市区人口为 20 万～50 万时，按城市近郊取值；当城市市区人口大于 50 万小于或等于 100 万时，只计入市区影响；当城市市区人口超过 100 万时，除计入市区影响外，尚应考虑 5km 以内的郊区近郊影响系数。

6.1.5 地基承载力计算

确定基础底面尺寸时，需要首先确定地基承载力特征值，在工程地质勘察报告中已经提供了由载荷试验或其他原位测试、公式计算、并结合工程实践经验等方法综合确定的建筑场地各层土的地基承载力特征值，在基础设计时，当基础宽度大于 3m 或埋置深度大于 0.5m 时，从载荷试验或其他原位测试、经验值等方法确定的地基承载力特征值，尚应按下式修正：

$$f_a = f_{ak} + \eta_b \gamma (b-3) + \eta_d \gamma_m (d-0.5) \tag{6-5}$$

式中 f_a——修正后的地基承载力特征值；

f_{ak}——地基承载力特征值；

η_b、η_d——基础宽度和埋深的地基承载力修正系数，按基底下土的类别查表 6-6 取值；

γ——基础底面以下土的重度（kN/m³），地下水位以下取浮重度；

b——基础底面宽度（m），当基宽小于 3m 按 3m 取值，大于 6m 按 6m 取值；

γ_m——基础底面以上土的加权平均重度（kN/m³），位于地下水位以下的土层取有效重度；

d——基础埋置深度（m），宜自室外地面标高算起。在填方整平地区，可自填土地面标高算起，但填土在上部结构施工后完成时，应从天然地面标高算起。对于地下室，如采用箱形基础或筏基时，基础埋置深度自室外地面标高算起；当采用独立基础或条形基础时，应从室内地面标高算起。

承载力修正系数 表 6-6

土的类别		η_b	η_d
淤泥和淤泥质土		0	1.0
人工填土 e 或 I_L 大于等于 0.85 的黏性土		0	1.0
红黏土	含水比 $\alpha_w > 0.8$	0	1.2
	含水比 $\alpha_w \leq 0.8$	0.15	1.4
大面积	压实系数大于 0.95，黏粒含量 $\rho_c \geq 10\%$ 的粉土	0	1.5

土的类别		η_b	η_d
压实填土	最大干密度大于 2.1t/m^3 的级配砂石	0	2.0
粉土	黏粒含量 $\rho_c \geqslant 10\%$ 的粉土	0.3	1.5
	黏粒含量 $\rho_c < 10\%$ 的粉土	0.5	2.0
e 及 I_L 均小于 0.85 的黏性土		0.3	1.6
粉砂、细砂（不包括很湿与饱和时的稍密状态）		2.0	3.0
中砂、粗砂、砾砂和碎石土		3.0	4.4

注：1. 强风化和全风化的岩石，可参照所风化成的相应土类取值；其他状态下的岩石不修正；
　　2. 地基承载力特征值按《规范》附录 D 深层平板载荷试验确定时 η_d 取 0；
　　3. 含水比是指土的天然含水量与液压的比值；
　　4. 大面积压实填土是指填土范围大于两倍基础宽度的填土。

当偏心距 e 小于或等于 0.033 倍基础底面宽度时，根据土的抗剪强度指标确定地基承载力特征值可按下式计算，并应满足变形要求：

$$f_a = M_b \gamma b + M_d \gamma_m d + M_c c_k \tag{6-6}$$

式中　　f_a——由土的抗剪强度指标确定的地基承载力特征值；

M_b，M_d，M_c——承载力系数，按表 6-7 确定；

　　b——基础底面宽度，大于 6m 时按 6m 取值，对于砂土小于 3m 时按 3m 取值；

　　c_k——基底下一倍短边宽深度内土的黏聚力标准值。

承载力系数 M_b、M_d、M_c　　　　　　　　表 6-7

土的内摩擦角标准值 φ_k（°）	M_b	M_d	M_c
0	0	1.00	3.14
2	0.03	1.12	3.32
4	0.06	1.25	3.51
6	0.10	1.39	3.71
8	0.14	1.55	3.93
10	0.18	1.73	4.17
12	0.23	1.94	4.42
14	0.29	2.17	4.69
16	0.36	2.43	5.00
18	0.43	2.72	5.31
20	0.51	3.06	5.66
22	0.61	3.44	6.04
24	0.80	3.87	6.45
26	1.10	4.37	6.90
28	1.40	4.93	7.40
30	1.90	5.59	7.95
32	2.60	6.35	8.55
34	3.40	7.21	9.22
36	4.20	8.25	9.97
38	5.00	9.44	10.80
40	5.80	10.84	11.73

注：φ_k——基底下一倍短边宽深度内土的内摩擦角标准值。

在确定地基承载力特征值后,应计算基础底面的压力,可按下列公式确定:

当轴心荷载作用时

$$p_k = \frac{F_k + G_k}{A}$$ (6-7)

式中　F_k——相应于荷载效应标准组合时,上部结构传至基础顶面的竖向力值;

　　　G_k——基础自重和基础上的土重;

　　　A——基础底面面积。

当偏心荷载作用时

$$p_{kmax} = \frac{F_k + G_k}{A} + \frac{M_k}{W}$$ (6-8)

$$p_{kmin} = \frac{F_k + G_k}{A} - \frac{M_k}{W}$$ (6-9)

式中　M_k——相应于荷载效应标准组合时,作用于基础底面的力矩值;

　　　W——基础底面的抵抗矩;

　　　p_{kmin}——相应于荷载效应标准组合时,基础底面边缘的最小压力值。

当偏心距 $e > b/6$ 时,p_{kmax} 应按下式计算:

$$p_{kmax} = \frac{2(F_k + G_k)}{3la}$$ (6-10)

式中　l——垂直于力矩作用方向的基础底面边长;

　　　a——合力作用点至基础底面最大压力边缘的距离。

基础底面的压力,应符合下式要求:

当轴心荷载作用时

$$p_k \leqslant f_a$$ (6-11)

式中　p_k——相应于作用的标准组合时,基础底面处的平均压力值;

　　　f_a——修正后的地基承载力特征值。

当偏心荷载作用时,除符合式(6-10)要求外,尚应符合下式要求:

$$p_{kmax} \leqslant 1.2 f_a$$ (6-12)

式中　p_{kmax}——相应于作用的标准组合时,基础底面边缘的最大压力值。

当地基受力层范围内有软弱卧层时,应按下式进行下卧层强度验算:

$$p_z + p_{cz} \leqslant f_{az}$$ (6-13)

式中　p_z——相应于作用的标准组合时,软弱下卧层顶面处的附加压力值;

　　　p_{cz}——软卧下卧层顶面处土的自重压力值;

　　　f_{az}——软卧下卧层顶面处经深度修正后地基承载力特征值。

对条形基础和矩形基础,式(6-13)中的 p_z 值可按下列公式简化计算:

条形基础

$$p_z = \frac{b(p_k - p_c)}{b + 2z\tan\theta}$$ (6-14)

矩形基础

$$p_z = \frac{lb(p_k - p_c)}{(b + 2z\tan\theta)(1 + 2z\tan\theta)}$$ (6-15)

式中　b——矩形基础或条形基础底边的宽度；

　　　l——矩形基础底边的长度；

　　　p_c——基础底面处土的自重压力值；

　　　z——基础底面至软弱下卧层顶面的距离；

　　　θ——地基压力扩散线与垂直线的夹角，可按表 6-8 采用。

地基压力扩散角 θ　　　　　　　表 6-8

E_{s1}/E_{s2}	z/b	
	0.25	0.50
3	6°	23°
5	10°	25°
10	20°	30°

注：1. E_{s1} 为上层土压缩模量；E_{s2} 为下层土压缩模量；

　　2. $z/b<0.25$ 时取 $\theta=0°$，必要时，宜由试验确定；$z/b>0.50$ 时 θ 值不变；

　　3. z/b 在 0.25 至 0.50 之间时可插值使用。

6.1.6　天然地基浅基础的设计内容与步骤

1. 初步选定基础的结构形式、材料和平面布置；

2. 确定基础的埋置深度；

3. 根据地质勘察报告提供的地基承载力特征值 f_{ak}，计算经深度和宽度修正后的地基承载力特征值 f_a；

4. 根据作用在基础顶面的按正常使用极限状态下荷载效应的标准组合值和经深度和宽度修正后的地基承载力特征值，计算基础的底面积；

5. 初步选择基础高度和基础剖面形状，并做冲切承载力验算，确定基础高度；

6. 若地基持力层下部存在软弱下卧层，则需要验算软弱下卧层的承载力；

7. 地基基础设计等级为甲、乙级建筑物和部分丙级建筑物应计算地基的变形；

8. 基础的细部结构和构造设计；

9. 绘制基础施工图。

6.2　柱下独立基础及双柱联合基础设计

柱下独立基础是毕业设计、也是实际工程中最常用的基础形式之一，属于扩展基础中的一种，适用于上部结构荷载较大、承受有较大弯矩、水平荷载的建筑物基础。

6.2.1　构造要求

1. 锥形基础的边缘高度，不宜小于 200mm，且两个方向的坡度不宜大于 1：3；阶梯形基础的每阶高度一般为 300～500mm，当基础高度大于或等于 600mm 而小于 900mm 时，阶梯形基础分二阶；当基础高度大于或等于 900mm 时，阶梯形基础分为三阶；

2. 基础下垫层的厚度不宜小于 70mm，每边伸出基础 50～100mm，垫层混凝土强度为 C10；

3. 底板受力钢筋的最小直径不宜小于 10mm，间距不宜大于 200mm，也不宜小于 100mm，施工时长向钢筋放在下层，短向钢筋放在上层；基础底板受拉钢筋的最小配筋率不应小于 0.15％；

4. 钢筋保护层的厚度，有垫层时不宜小于 40mm，无垫层时不宜小于 70mm；

5. 混凝土强度等级不应低于 C20；

6. 现浇柱的纵向钢筋可通过插筋锚入基础中。插筋的数量、直径和钢筋种类与柱纵向钢筋相同，插入基础的钢筋，上下至少应有两道箍筋固定，插筋的下端宜做成直钩放在基础底板钢筋网上。当符合下列条件之一时，可仅将四角的插筋伸至底板钢筋网上，其余插筋伸入基础的长度按锚固长度确定：①柱为轴心受压或小偏心受压，基础高度大于或等于 1200mm，②柱为大偏心受压，基础高度大于或等于 1400mm；

7. 杯口基础的构造详见《建筑地基基础设计规范》。

6.2.2 柱下独立基础计算

1. 基础底面面积

设计时可首先按下式估算基础底面面积：

$$A \geq \frac{F_k}{f_a - \gamma_G d} \tag{6-16}$$

式中 γ_G——基础及其以上填土的平均重度，通常取 20kN/m²。

考虑到偏心荷载的不利影响，对上式得出的基础底面积放大 1.1～1.4 倍，偏心距小时取小值，偏心距大时取大值，然后按式（6-7）～式（6-9）验算地基承载力，若满足式（6-7）～式（6-9）的要求则可以确定基础底面积，若不满足则要加大基础底面积后重新验算，直至满足要求。

2. 基础高度

基础高度由冲切承载力、剪切承载力和柱内纵向钢筋在基础内的锚固长度的要求确定，一般取 100mm 的倍数。矩形底板基础一般沿柱短边一侧首先产生冲切破坏，只需根据短边一侧的冲切破坏条件确定基础高度，既要求：

$$F_l \leq 0.7\beta_{hp} f_t b_m h_0 \tag{6-17}$$

上式右边部分为混凝土抗冲切能力，左边部分为冲切力

$$F_l = p_i A_l \tag{6-18}$$

式中 p_i——相应于荷载效应基本组合的地基净反力，轴心荷载作用时，取

$$p_i = \frac{F}{bl} \tag{6-19}$$

荷载只在基础长边产生偏心，当偏心距 $e \leq l/6$ 时，取

$$p_{imax} = \frac{F}{bl}\left(1 + \frac{6e_0}{l}\right) \text{或} \ p_{imax} = \frac{F}{bl} + \frac{6M}{bl^2} \tag{6-20}$$

A_l——冲切力的作用面积；

β_{hp}——受冲切承载力截面高度影响系数，当基础高度 h 不大于 800mm 时，β_{hp} 取 1.0，
当 h 大于或等于 2000mm 时，β_{hp} 取 0.9，其间按线性内插法取用；

f_t——混凝土轴心抗拉强度设计值；

b_m——冲切破坏锥体斜裂面上、下（顶、底）边长 b_t、b_b 的平均值；

h_0——基础有效高度。

如柱截面长边、短边分别用 a_c、b_c 表示，当冲切破坏锥体的底边落在基础底面积之内（图 6-1b），则冲切力的作用面积为

$$b_m = \frac{b_t + b_b}{2} = b_c + h_0 \tag{6-21}$$

$$A_l = \left(\frac{l}{2} - \frac{a_c}{2} - h_0 \right) b - \left(\frac{b}{2} - \frac{b_c}{2} h_0 \right)^2 \tag{6-22}$$

当冲切破坏锥体的底边落在基础底面积之外（图 6-1c），则冲切力的作用面积为

$$A_l = \left(\frac{l}{2} - \frac{a_c}{2} - h_0 \right) b \tag{6-23}$$

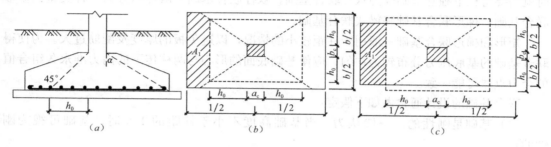

图 6-1　基础冲切计算

对于阶梯形基础，除了对柱边进行冲切验算外，还应对上一阶底边变阶处进行下阶的冲切验算。验算方法与上面柱边冲切验算相同，只是柱截面长边、短边分别换为上阶的长边和短边，h_0 换为下阶的有效高度便可。

3. 基础底板配筋

在地基净反力作用下，基础沿柱的周边向上弯曲。一般矩形基础的长宽比小于 2，故为双向受弯，当弯曲应力超过基础抗弯强度时，就会发生弯曲破坏，其破坏特征是裂缝沿柱脚至基础角部将基础底板分成四块梯形，故基础底板配筋计算时，可将基础底板看成四块固定于柱边的梯形悬臂板。对于矩形基础，当台阶的高宽比小于或等于 2.5 和偏心距小于或等于 1/6 基础宽度时，地基净反力对柱边 I-I 和 II-II 截面产生的弯矩为（图 6-2）：

$$M_{\mathrm{I}} = \frac{1}{48} \left[(p_{j\max} + p_j)(2b + b_c) + (p_{j\max} - p_j)b \right](l - a_c)^2 \tag{6-24}$$

$$M_{\mathrm{II}} = \frac{1}{24} p_j (b - b_c)^2 (2l + a_c) \tag{6-25}$$

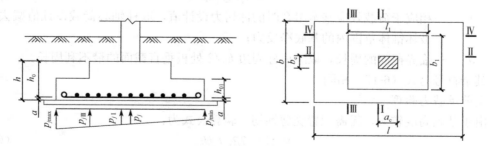

图 6-2　基础截面示意图

基础底板的配筋计算，根据底板弯矩，各计算截面所需的钢筋面积为：

$$A_s = \frac{M}{0.9 f_y h_0} \tag{6-26}$$

对于阶梯形基础，在变阶处由于混凝土有效高度变小，相应地在基础变阶处（即图 6-2 中 III-III 和 IV-IV 截面）也应验算基础底板的抗弯承载力，此时只要将以上各式中的 a_c、b_c 换成上阶的长边和短边，将 h_0 换为下阶的有效高度即可。

6.2.3 双柱联合基础设计

当柱距较小时，按柱下独立基础设计可能出现两个柱下基础底板相互交叉的现象，此时就需要将柱下独立基础改为双柱联合基础。双柱联合基础一般可以分为三种类型：矩形联合基础、梯形联合基础和梁式联合基础。

矩形和梯形联合基础一般用于柱距较小的情况，以避免板的厚度及配筋过大。为使得联合基础的基底压力分布较为均匀，应使基础底面的形心与两柱传下的内力准永久组合值的合力点尽可能一致。

联合基础的设计通常做如下假定：

(1) 基础是刚性的。一般认为，当基础高度不小于柱距的 1/6 时，基础可视为刚性的；

(2) 基底压力为线性分布；

(3) 地基主要受力层范围内土质均匀；

(4) 不考虑上部结构刚度的影响。

1. 矩形联合基础

矩形联合基础的设计步骤如下：

(1) 计算柱荷载的合力作用点（荷载重心）位置。

(2) 确定基础长度，便基础底面形心尽可能与柱荷载重心重合。

(3) 按地基土承载力确定基础底面宽度。

(4) 按反力线性分布假定计算基底净反力设计值，并用静定分析法计算基础内力，画出弯矩图和剪力图。

(5) 根据受冲切和受剪承载力确定基础高度。一般可先假设基础高度，再代入式 (6-27) 和式 (6-28) 进行验算。

受冲切承载力验算

$$F_l \leqslant 0.7 \beta_{hp} f_t u_m h_0 \tag{6-27}$$

式中 F_l——相应于荷载效应基本组合时的冲切力设计值，取柱轴心荷载设计值减去冲切破坏锥体范围内的基底净反力；

u_m——临界截面的周长，取距离柱周边 $h_0/2$ 处板垂直截面的最不利周长。

其余符号与式 (6-17) 相同。

受剪承载力验算

由于基础高度较大，无需配置受剪钢筋。验算公式为：

$$V \leqslant 0.7 \beta_{hs} f_t b h_0 \tag{6-28}$$

式中 V——验算截面处相应于荷载效应基本组合时的剪力设计值，验算截面按宽梁可取在冲切破坏锥体底面边缘处；

β_{hs}——截面高度影响系数：$\beta_{hs}=(800/h_0)^{1/4}$，当 $h_0<800mm$ 时，取 $h_0=800mm$；当 $h_0>2000mm$ 时，取 $h_0=2000mm$；

b——基础底面宽度。

其余符号意义同前。

（6）按弯矩图中的最大正负弯矩进行纵向配筋计算。

（7）按等效梁概念进行横向配筋计算。矩形联合基础为等厚度的平板，在两柱间的板受力方式如同一块单向板，靠近柱位的区段，基础的横向刚度很大，可认为在柱边以外各取 $0.75h_0$ 的宽度加上柱宽作为"等效梁"宽度。基础的横向受力钢筋按等效梁的柱边弯矩计算，等效梁以外区段按构造要求配置。

【例 6-1】 设计图 6-3 的二柱矩形联合基础，图中柱荷载为相应于作用的基本组合时的设计值。基础材料：C20 混凝土，HRB335 级钢筋。已知柱 1、柱 2 截面均为 300mm× 300mm，要求基础左端与柱 1 侧面对齐。已确定基础埋深为 1.20m，经宽深修正后的地基力承载力特征值为 $f_a=140kPa$。

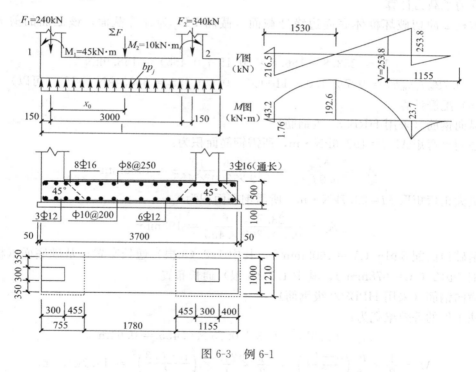

图 6-3 例 6-1

【解】 （1）计算基础底面形心和基础长度

对柱 1 的中心取矩，得：

$$x_0=\frac{F_2l_1+M_2-M_1}{F_1+F_2}=\frac{340\times3.0+10-45}{340+240}=1.70m$$

$$l=2\times(0.15+x_0)=2\times(0.15+1.70)=3.7m$$

（2）计算基础底面宽度（荷载采用作用的标准组合）

柱荷载的标准组合值可近似取基本组合除以 1.35，于是

$$b = \frac{F_{k1} + F_{k2}}{l(f_a - \gamma_G d)} = \frac{(240 + 340)/1.35}{3.7 \times (140 - 20 \times 1.2)} = 1.0 \text{m}$$

（3）计算基础内力

净反力设计值

$$p_j = \frac{F_1 + F_2}{lb} = \frac{240 + 340}{3.7 \times 1} = 156.8 \text{kPa} \quad bp_j = 156.8 \text{kN/m}$$

根据剪力和弯矩的计算结果绘出弯矩、剪力图见图 6-3。

（4）基础高度计算

取 $h = l_1/6 = 3000/6 = 500 \text{mm}$，$h_0 = 455 \text{mm}$。

受冲切承载力计算

由图 6-3 可见，两柱均为一面冲切，取柱 2 进行验算。

$$F_l = 340 - 156.8 \times 1.155 = 158.9 \text{kN}$$
$$u_m = 0.5(b_{c2} + b) = 0.5(0.3 + 1.0) = 0.65 \text{m}$$
$$0.7 \beta_{hp} f_t u_m h_0 = 0.7 \times 1.0 \times 1100 \times 0.65 \times 0.455 = 227.7 \text{kN} > F_l$$

受剪承载力计算

取柱 2 冲切破坏椎体底面边缘处截面（截面 I-I）为计算截面，该截面的剪力设计值为：

$$V = 253.8 - 156.8 \times (0.15 + 0.455) = 158.9 \text{kN}$$
$$0.7 \beta_{hp} f_t u_m h_0 = 0.7 \times 1.0 \times 1100 \times 1.0 \times 0.455 = 350.4 \text{kN} > V \quad （可以）$$

（5）配筋计算

纵向钢筋（采用 HRB335 级钢筋）

柱间负弯矩 $M_{max} = 192.6 \text{kN} \cdot \text{m}$，所需钢筋面积为：

$$A_s = \frac{M_{max}}{0.9 f_y h_0} = \frac{192.6 \times 10^6}{0.9 \times 300 \times 455} = 1568 \text{mm}^2$$

最大正弯矩取 $M = 23.7 \text{kN} \cdot \text{m}$，所需钢筋面积为：

$$A_s = \frac{23.7 \times 10^6}{0.9 \times 300 \times 455} = 193 \text{mm}^2$$

基础顶面配 8Φ16（$A_s = 1608 \text{mm}^2$），其中 1/3（3 根）通长布置；基础底面（柱 2 下方）配 6Φ12（$A_s = 678 \text{mm}^2$），其中 1/2（3 根）通长布置。

横向钢筋（采用 HPB300 级钢筋）

柱 1 处的等效梁宽为：

$$a_{c1} + 0.75 h_0 = 0.3 + 0.75 \times 0.455 = 0.64 \text{m}$$
$$M = \frac{1}{2} \times \frac{F_1}{b} \left(\frac{b - b_{c1}}{2}\right)^2 = \frac{1}{2} \times \frac{240}{1} \times \left(\frac{1 - 0.3}{2}\right)^2 = 14.7 \text{kN} \cdot \text{m}$$
$$A_s = \frac{14.7 \times 10^6}{0.9 \times 270 \times (455 - 12)} = 136.6 \text{mm}^2$$

折成每米板宽内的配筋面积为：$136.6/0.64 = 213.4 \text{mm}^2/\text{m}$

柱 1 处的等效梁宽为：

$$a_{c2} + 1.50 h_0 = 0.3 + 1.50 \times 0.455 = 0.98 \text{m}$$
$$M = \frac{1}{2} \times \frac{F_1}{b} \left(\frac{b - b_{c2}}{2}\right)^2 = \frac{1}{2} \times \frac{340}{1} \times \left(\frac{1 - 0.3}{2}\right)^2 = 20.8 \text{kN} \cdot \text{m}$$

$$A_s = \frac{20.8 \times 10^6}{0.9 \times 270 \times (455 - 12)} = 193 \text{mm}^2$$

折成每米板宽内的配筋面积为：$193.2/0.98 = 197.1 \text{mm}^2/\text{m}$

由于等效梁的计算配筋面积均很小，故沿基础全长均按构造要求配置 $\phi10@200$，基础顶面配横向构造钢筋 $\phi8@250$。

2. 梯形联合基础

当荷载较大柱一侧的空间受到限制的情况下，为了使得基底形心与荷载重心重合，使基底压力均匀分布，只能采用梯形基础。对于建筑界限靠近荷载较小的柱，采用梯形基础是合适的。

根据梯形面积形心与荷载重心重合的条件，可得（图 6-4）：

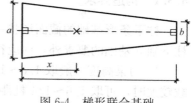

图 6-4 梯形联合基础

$$x = \frac{l}{3} \cdot \frac{2a + b}{a + b} \tag{6-29}$$

又由地基承载力条件，有

$$A = \frac{F_{k1} + F_{k2}}{f_a - \gamma_G d} \tag{6-30}$$

其中

$$A = \frac{a + b}{2} l \tag{6-31}$$

联立求解上述三式，即可求得 a 和 b，然后可参照矩形联合基础的计算方法进行内力分析和设计，但需注意基础宽度沿纵向是变化的，因此纵向线性净反力为梯形分布。在选取受剪承载力验算截面和纵向配筋计算截面时，应考虑板宽的变化（此时内力最大的截面不一定是最不利截面）。等效梁沿横向的长度可取该段的平均长度。

【例 6-2】 在例题 6-1 中，若基础右侧只能与柱边缘平齐，试确定梯形联合基础的底面尺寸。

解：由例题 6-1 的计算结果，可得：

$$l = l_1 + 0.3 = 3 + 0.3 = 3.3 \text{m}$$

$$x = l - x_0 - 0.15 = 3.3 - 1.7 - 0.15 = 1.45 \text{m}$$

由式（6-30）和（6-31），得

$$\frac{a + b}{2} l = \frac{F_{k1} + F_{k2}}{f_a - \gamma_G d}$$

$$a + b = \frac{2}{l} \frac{F_{k1} + F_{k2}}{f_a - \gamma_G d} = \frac{2 \times (240 + 340)/1.35}{3.3 \times (140 - 20 \times 1.2)} = 2.24 \text{m}$$

又由式（6-29），有：

$$\frac{2a + b}{a + b} = \frac{3x}{l} = \frac{3 \times 1.45}{3.3} = 1.32$$

联立解上述二式，得 $a = 0.72 \text{m}$，$b = 1.52 \text{m}$。

6.3 柱下条形基础

当需要较大的底面积去满足地基承载力要求，此时可将柱下独立基础的底板连接成条，则形成柱下条形基础。柱下条形基础主要用于柱距较小的框架结构，也可用于排架结构，它可以是单向设置的，也可以是十字交叉形的。单向条形基础一般沿房屋的纵向柱列布置。当单向条形基础不能满足地基承载力的要求，或者由于调整地基变形的需要，可以采用十字交叉条形基础。柱下条形基础承受柱子传下的集中荷载，其基底反力的分布受基础和上部结构刚度的影响，是非线性的。柱下条形基础的内力应通过计算确定。当条形基础截面高度很大时，例如达到柱距 1/3～1/2 时，具有极大的刚度和调整地基变形的能力。

6.3.1 构造要求

柱下条形基础的截面形状一般为倒 T 形，由翼板和肋梁组成。其构造除应满足 6.2 节柱下独立基础的要求外，尚应符合下列要求：

1. 肋梁高度一般取 1/8～1/4 的柱距，这样的高度一般能满足截面的抗剪要求。柱荷载较大时，可取 1/6～1/4 柱距；在建筑物次要部位和柱荷载较小时，可取不小于 1/8～1/7 柱距。肋梁宽度可取柱宽加 100mm，且大于等于翼板宽度的 1/4。

2. 翼板厚度不宜小于 200mm。当翼板厚度为 200～250mm 时，宜用等厚度翼板；当翼板厚度大于 250mm 时，宜采用变厚度翼板，其坡度小于或等于 1:3。

3. 一般情况下，条形基础的端部应向外伸出悬臂，悬臂长度一般为第一跨跨距的 1/4～1/3。悬臂的存在有利于降低第一跨变矩，减少配筋，也可以用悬臂调整基础形心。

4. 现浇柱与条形基础肋梁的交接处，其平面尺寸满足图 6-5 的要求。

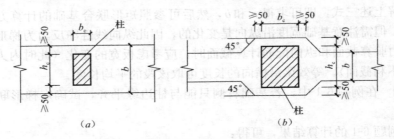

图 6-5 现浇柱与条形基础肋梁交接处平面尺寸

(a) 与肋梁轴线垂直的柱边长 $h_c<600$mm 且 $h_c<b$ 时；(b) 与肋梁轴线垂直的柱边长 $h_c\geq600$mm 且 $h_c\geq b$ 时

5. 混凝土强度等级不低于 C20。

6. 肋梁顶、底部纵向受力钢筋除满足计算要求外，顶部钢筋按计算配筋全部贯通，底部通长钢筋不少于底部受力钢筋纵截面总面积的 1/3。这是考虑使基础拉、压区的配筋量较为适中，并考虑了基础可能受到的整体弯曲影响。

7. 当梁高大于 450mm 时，应在梁的两侧设置不小于 φ14 的纵向构造钢筋。该纵向构造钢筋的上下间距不宜大于 200mm，其截面面积不应小于腹板截面面积的 0.1%。

8. 考虑柱下条形基础可能承受扭矩，肋梁内的箍筋应做成封闭式，直径不小于 8mm。间距按计算确定，但不应大于 15d（d 为纵向受力钢筋直径），也不应大于 400mm，在距支座 0.25～0.3 柱距范围内应加密配置。

9. 肋宽 b 小于或等于 350mm 时，采用双肢箍筋；350mm<b≤800mm 时，采用四肢箍筋；$b>$800mm 时，采用六肢箍筋。

10. 翼板的横向受力钢筋由计算确定，但直径不应小于 12mm，间距为 100～200mm。

分布钢筋的直径为 $8\sim10$mm，间距不大于 250mm。

11. 在柱下钢筋混凝土条形基础的 T 形和十字形交接处，翼板横向受力钢筋仅沿一个主要受力轴方向通长放置，而另一轴向的横向受力钢筋，伸入受力轴方向底板宽度 1/4 即可。

12. 当条形基础底板在 L 形拐角处，其底板横向受力钢筋应沿两个轴向通长放置，分布钢筋在主要受力轴向通长放置，而另一轴向的分布钢筋可在交接边缘处断开。

6.3.2 计算方法

柱下条形基础的内力计算原则上应同时满足静力平衡和变形协调的共同作用条件。在毕业设计中一般采用简化计算方法，简化计算方法采用基底压力呈直线分布假设，用倒梁法或静定分析法计算。简化计算方法仅满足静力平衡条件，是最常用的设计方法。简化方法适用于柱荷载比较均匀、柱距相差不大，基础对地基的相对刚度较大，以致可忽略柱间的不均匀沉降的影响的情况。

倒梁法假定上部结构是刚性的，柱子之间不存在差异沉降，柱脚可以作为基础的不动铰支座，因而可以用倒连续梁的方法分析基础内力。这种假定在地基和荷载都比较均匀，上部结构刚度较大时才能成立。要求梁截面高度大于 1/6 柱距，以符合地基反力呈直线分布的刚度要求。

倒梁法的内力计算步骤如下：

（1）按柱的平面布置和构造要求确定条形基础长度 L，根据地基承载力特征值确定基础底面积 A，基础翼板宽度 B。

（2）按直线分布假设计算基底净反力：

$$
\begin{aligned}
p_{j\max} \\
p_{j\min}
\end{aligned}
= \frac{\sum F_i}{A} \pm \frac{6\sum M_i}{BL^2}
\tag{6-32}
$$

式中　　$\sum F_i,\sum M_i$——相应于荷载效应标准组合时，上部结构作用在条形基础上的竖向力（不包括基础和回填土的重力）总和，以及对条形基础形心的力矩值总和。

（3）确定柱下条形基础的计算简图如图 6-6 所示，即将柱脚作为不动铰支座的倒连续梁。基底净线反力 p_jB 和扣除掉柱轴力以外的其他外荷载（柱传下的力矩、柱间分布荷载等）是作用在梁上的荷载。

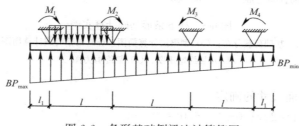

图 6-6　条形基础倒梁法计算简图

（4）进行连续梁分析，可用弯矩分配法、连续梁系数表等方法。

（5）按求得的内力进行梁截面设计。

（6）翼板的内力和截面设计与扩展式基础相同。

由于未考虑基础梁与地基变形协调条件、且采用了地基反力直线分布的假定，倒连续梁分析得到的支座反力与柱轴力一般并不相等，为此，需要将柱荷载 F_i 和相应支座反力的差值均匀地分配在该支座各 1/3 跨度范围内，再解此连续梁的内力，并将计算结果叠加（如图 6-7 所示）。

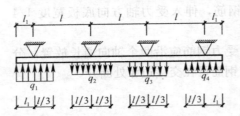

图 6-7 基底反力局部调整法

当柱荷载分布和地基较不均匀时，支座会产生不相等的沉陷，较难估计其影响趋势，此时可采用所谓"经验系数法"，即修正连续梁的弯矩系数，使跨中弯矩与支座弯矩之和大于 $ql^2/8$，从而保证了安全，但基础配筋量也相应增加。经验系数有不同的取值，一般支座采用 $(1/14\sim1/10)ql^2$，跨中刚采用 $(1/16\sim1/10)ql^2$。

【例 6-3】 柱下条形基础的荷载分布如图（图 6-8a）所示，基础埋深为 1.5m，经宽深调整后的地基承载力特征值 $f_a=160\text{kPa}$，是确定其底面尺寸并用倒梁法计算基础梁的内力。

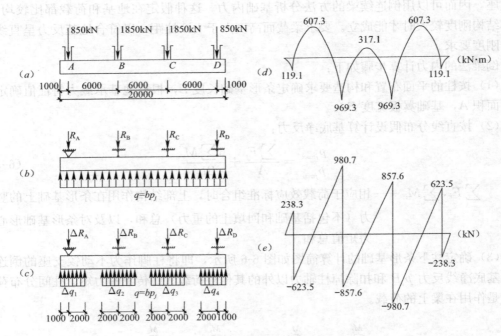

图 6-8 柱下条形基础计算实例

（a）基础荷载分布；（b）倒梁法计算简图；（c）调整荷载计算简图；

（d）最终弯矩图；（e）最终剪力图

解：（1）基础底面尺寸的确定

基础的总长度 $l=2\times1.0+3\times6.0=20.0\text{m}$

基底的宽度 $b=\dfrac{\sum N}{l(f-20d)}=\dfrac{2\times(850+1850)}{20\times(160-20\times1.5)}=2.08\text{m}$

取基础宽度 $b=2.1\text{m}$。

（2）计算基础沿纵向的地基净反力

$$q = bp_j = \frac{\sum N}{l} = \frac{5400}{20.0} = 270.0 \text{kN/m}$$

采用倒梁法将条形基础视为 q 作用下的三跨连续梁，见图例图 6-8（b）。

（3）用弯矩分配法计算梁的初始内力和支座反力

弯矩：$M_A^0 = M_B^0 = 135.0 \text{kN} \cdot \text{m}$；$M_{AB中}^0 = M_{CD中}^0 = -674.5 \text{kN} \cdot \text{m}$

$\quad\quad M_B^0 = M_C^0 = 945.0 \text{kN} \cdot \text{m}$；$M_{BC中}^0 = -270.0 \text{kN} \cdot \text{m}$

剪力：$Q_{A左}^0 = -Q_{D右}^0 = 270.0 \text{kN}$；$Q_{A右}^0 = -Q_{D左}^0 = -675.0 \text{kN}$

$\quad\quad Q_{B左}^0 = -Q_{C右}^0 = 945.0 \text{kN}$；$Q_{B右}^0 = -Q_{C左}^0 = -810.0 \text{kN}$

支座反力：$R_A^0 = R_B^0 = 270.0 + 675.0 = 945.0 \text{kN}$

$\quad\quad\quad R_B^0 = R_C^0 = 945.0 + 810.0 = 1755.0 \text{kN}$

（4）计算调整荷载

由于支座反力与原柱荷载不相等，需进行调整，将差值折算成分布荷载 Δq：

$$\Delta q_1 = \frac{850.0 - 945.0}{(1.0 + 6.0/3)} = -31.7 \text{kN/m}$$

$$\Delta q_2 = \frac{1850 - 1755}{(6.0/3 + 6.0/3)} = 23.75 \text{kN/m}$$

调整荷载的计算简图见图例图 6-3（c）。

（5）计算调整荷载作用下的连续梁内力与支座反力

弯矩：$M_A^1 = M_D^1 = -15.9 \text{kN} \cdot \text{m}$；$M_B^1 = M_C^1 = 24.3 \text{kN} \cdot \text{m}$

剪力：$Q_{A左}^1 = -Q_{D右}^1 = -31.7 \text{kN}$；$Q_{A右}^1 = -Q_{D左}^1 = 51.5 \text{kN}$

$\quad\quad Q_{B左}^1 = -Q_{C右}^1 = 35.7 \text{kN}$；$Q_{B右}^1 = -Q_{C左}^1 = -47.6 \text{kN}$

支座反力：$R_A^1 = R_D^1 = -31.7 - 51.5 = -83.2 \text{kN}$

$\quad\quad\quad R_B^1 = R_C^1 = 35.7 + 47.6 = 83.3 \text{kN}$

将两次计算结果叠加：

$$R_A = R_D = R_A^0 + R_A^1 = 945.0 - 83.2 = 861.8 \text{kN}$$

$$R_B = R_C = R_B^0 + R_B^1 = 1755 + 83.3 = 1838.3 \text{kN}$$

这些结果与柱荷载已经非常接近，可停止迭代计算。

（6）几段连续梁的最终内力

弯矩：$M_A = M_D = M_A^0 + M_A^1 = 135.0 - 15.9 = 119.1 \text{kN} \cdot \text{m}$

$\quad\quad M_B = M_C = M_B^0 + M_B^1 = 945.0 + 24.3 = 969.3 \text{kN} \cdot \text{m}$

剪力：$Q_{A左} = -Q_{D右} = Q_{A左}^0 + Q_{A左}^1 = 270.0 - 31.7 = 238.3 \text{kN}$

$\quad\quad Q_{A右} = -Q_{D左} = Q_{A右}^0 + Q_{A右}^1 = -675.0 + 51.5 = -623.5 \text{kN}$

$\quad\quad Q_{B左} = -Q_{C右} = Q_{B左}^0 + Q_{B左}^1 = 945.0 + 35.7 = 980.7 \text{kN}$

$\quad\quad Q_{B右} = -Q_{C左} = Q_{B右}^0 + Q_{B右}^1 = -810.0 - 47.6 = -857.6 \text{kN}$

最终的弯矩与剪力图见图 6-8（d）和图 6-8（e）。

6.4 柱下十字交叉基础

十字交叉条形基础主要涉及两个方向上梁的荷载分配，荷载分配完成后，即可按单向条形基础方法计算。

为解决节点荷载的分配问题，通常采用的多为文克勒地基模型，要求满足静力平衡及变形协调条件。

（1）静力平衡条件：

$$F_i = F_{ix} + F_{iy} \tag{6-33}$$

式中　F_i——任一节点 i 上作用的集中荷载；

F_{ix}、F_{iy}——分配于 x 方向和 y 方向基础上的荷载。

（2）变形协调条件：即纵横基础梁在节点 i 处的竖向位移和转角应相同，且要与该处地基的变形相协调。为了简化计算，假设在交叉点处纵梁和横梁之间为铰接，即一个方向的条形基础有转角时，在另一方向的条形基础内不引起内力，节点上两个方向的力矩分别由相应的纵梁和横梁承担。因此，只考虑节点处的竖向位移协调条件：

$$w_{ix} = w_{iy} = s \tag{6-34}$$

当十字交叉节点间距较大，纵横二向间距相等且节点荷载差别又不太悬殊时，可不考虑相邻荷载的相互影响，使节点荷载的分配计算大大简化。基于以上条件及模型，十字交叉条形基础交点上的荷载可近似按下列公式进行分配：

对于中柱节点（图 6-9），无伸臂的角柱节点（图 6-10），两个方向均带伸臂的角柱节点（图 6-11）。

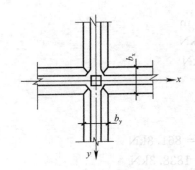

图 6-9　中柱节点

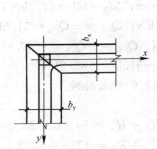

图 6-10　无伸臂角柱节点

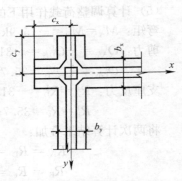

图 6-11　带伸臂角柱节点

$$\frac{c_x}{S_x} = \frac{c_y}{S_y} = 0.65 \sim 0.75$$

$$P_x = \frac{b_x S_x}{b_x S_x + b_y S_y} P, \quad P_y = \frac{b_y S_y}{b_x S_x + b_y S_y} P \tag{6-35}$$

式中　S_x、S_y——x，y 方向条形基础的特征长度，按下式计算：

$$S_x = \sqrt[4]{\frac{4E_c I_x}{k b_x}}, \quad S_y = \sqrt[4]{\frac{4E_c I_y}{k b_y}} \tag{6-36}$$

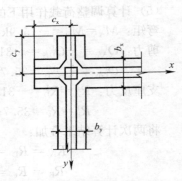

图 6-12　边柱节点

E_c——条形基础的混凝土弹性模量；

I_x、I_y——分别为 x、y 方向条形基础的横截面惯性矩；

k——基床系数（kN/m^3）。

对于边柱节点（图 6-12）：

$$P_x = \frac{4b_x S_x}{4b_x S_x + b_y S_y} P, \quad P_y = \frac{4b_y S_y}{4b_x S_x + b_y S_y} P \tag{6-37}$$

对于带伸臂边柱节点（图6-13），伸臂长度 $c_y = (0.65 \sim 0.75) S_y$：

$$P_x = \frac{\alpha b_x S_x}{\alpha b_x S_x + b_y S_y} P, \quad P_y = \frac{\alpha b_y S_y}{\alpha b_x S_x + b_y S_y} P \tag{6-38}$$

对于一端带伸臂角柱节点（图6-14）：

$$P_x = \frac{\beta b_x S_x}{\beta b_x S_x + b_y S_y} P, \quad P_y = \frac{\beta b_y S_y}{\beta b_x S_x + b_y S_y} P \tag{6-39}$$

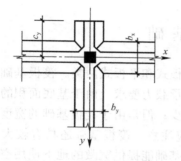

图 6-13　带伸臂边柱节点

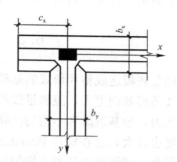

图 6-14　一端带伸臂角柱节点

式中　α、β——系数，见表6-9所示。

α 和 β 值　　　　表 6-9

S	0.60	0.62	0.64	0.65	0.66	0.67	0.68	0.69	0.70	0.71	0.73	0.75
α	1.43	1.41	1.38	1.36	1.35	1.4	1.32	1.31	1.30	1.29	1.26	1.24
β	2.80	2.84	2.91	2.94	2.97	3.00	3.03	3.05	3.08	3.10	3.18	3.23

按照节点集中力分配公式计算出的 P_x，和 P_y，节点集中力，只用来确定交叉条形基础每个节点下地基反力的初值，但由于交叉条形基础的底板在节点处的相互交叉，尚需考虑两条形基础相互影响的调整值。因此，要把实际的计算图简化到不相互交叉简图，将底板重叠部分面积上的地基压力，折算成整个基础底面积上地基平均压力，作为地基压力的增量：

$$\Delta P = \frac{\sum a_i \sum P_i}{A^2} = \frac{\sum a_i p_0}{A} \tag{6-40}$$

式中　$\sum a_i$——各交叉点重叠面积之和：对中柱取两个方向槽宽的乘积 $b_{ix} b_{iy}$；对边柱取 $b_{ix} b_{iy}/2$；对于伸臂的角柱取 $b_{ix} b_{iy}/4$；

$\sum P_i$——相应于荷载效应标准组合时各节点的竖向荷载之和；

A——交叉条形基础的基底总面积；

p_0——相应于荷载效应基本组合时的基底平均净反力设计值。

实际位于每一节点上纵横方向的集中力，应等于节点分配力加上交叉叠加部分面积上的压力之和。由于重叠面积在纵横梁计算中作了重复考虑，故每一节点引起 Δp 的多余，为使节点达到平衡，可按比例用下式分配：

$$\Delta P_{ix} = \frac{P_{ix}}{P_i} a_i \Delta p, \quad \Delta P_{iy} = \frac{P_{iy}}{P_i} a_i \Delta p \tag{6-41}$$

调整后的节点集中力为:

$$P'_{ix} = P_{ix} + \Delta P_{ix}, \quad P'_{iy} = P_{iy} + \Delta P_{iy} \tag{6-42}$$

式中　ΔP_{ix}——节点 i 在 x 轴方向集中力的增量;

　　　ΔP_{iy}——节点 i 在 y 轴方向集中力的增量;

　　　a_i——节点 i 处基础板带相互重叠的面积。

在各柱下的集中力分配到两个方向后,即可按条形基础进行十字交叉基础的计算。

6.5 筏板基础

筏板基础是底板连成整片形式的基础,分为梁板式和平板式两类。筏板基础的基底面积较十字交叉条形基础更大,能满足较软弱地基的承载力要求。由于基底面积的加大减少了地基附加压力,地基沉降和不均匀沉降也因而减少;但是由于筏板基础的宽度较大,从而压缩层厚度也较大,这在深厚软弱土地基上尤应注意。筏板基础还具有较大的整体刚度,在一定程度上能调整地基的不均匀沉降。筏板基础能提供宽敞的地下使用空间,当设置地下室时具有补偿功能。

6.5.1　构造要求

1. 筏板基础的板厚由抗冲切、抗剪切计算确定。筏板的板厚不应小于 200mm,对于高层建筑梁板式不应小于 300mm,平板式不宜小于 400mm。梁板式筏板的板厚还不宜小于计算区段最小板跨的 1/20。对于 12 层以上的高层建筑的梁板式筏基,底板厚度不应小于最大双向板短边的 1/4,且不应小于 400mm。

2. 筏板基础一般宜设置悬臂,伸出长度应考虑以下作用:增大基底面积,满足地基承载力要求,为此目的扩大部位宜设置在横向;调整基础重心,尽量使其与上部结构合力作用点重合,减少基础可能发生的倾斜;减少端部较大的基底反力对基础弯矩的影响;但悬臂也不宜过大,一般不宜大于伸出长度方向边跨柱距的 1/4;当仅板悬挑时,伸出长度不宜大于 1.5m,且板的四角应呈放射状布置 5～7 根角筋,直径与板边跨主筋相同。

3. 筏板基础的配筋除按计算要求外,应考虑整体弯曲的影响。梁板式筏板的底板和基础梁的纵、横向支座钢筋应有 1/2～1/3 贯通全跨,且配筋率不应小于 0.15%;跨中钢筋则按实际配筋率全部拉通。平板式筏板的柱下板带和跨中板带的底部钢筋应有 1/2～1/3 贯通全跨,且配筋率不应小于 0.15%;顶部钢筋则按实际配筋率全部拉通。当板厚不大于 250mm 时,板分布筋为 $\phi 8@250$;板厚大于 250mm 时为 $\phi 10@200$。

6.5.2　计算方法

1. 基础底面积的确定

筏板基础的底面积应满足地基承载力的要求:

$$p(x, y) = \frac{F+G}{A} \pm \frac{M_x y}{I_x} \pm \frac{M_y x}{I_y} \tag{6-43}$$

$$p \leqslant f_a, \quad p_{max} \leqslant 1.2 f_a \tag{6-44}$$

式中　F——相应于荷载效应标准组合时，筏形基础上由墙或柱传来的竖向荷载总和（kN）；

　　　G——筏形基础自重（kN）；

　　　A——筏形基础底面积（m²）；

M_x、M_y——相应于荷载效应标准组合时，分别为竖向荷载 F 对通过筏基底面形心的 x 和 y 轴的力矩（kN·m）；

　I_x、I_y——分别为筏基底面积对 x 轴和 y 轴的惯性矩（m⁴）；

　　x、y——分别为计算点的 x 轴和 y 轴的坐标（m）。

2. 基础的内力计算

设筏形基础为绝对刚性、基础底反力呈直线分布，当相邻柱荷载和柱距变化不大时，将筏板划分为互相垂直的板带，板带的分界线就是相邻柱列间的中线，然后在纵横方向分别按独立的条形基础计算内力，即所谓的"倒梁法"计算筏板基础内力。

当地基土比较均匀、上部结构刚度比较好、梁板式筏基中梁的高跨比或平板式筏基板的厚跨比不小于 1/6，且相邻柱荷载及柱间距的变化不超过 20%，框架的柱网在纵横两个方向上尺寸的比值小于 2 时，可将筏形基础近似地视为一倒置的楼盖，地基净反力作为荷载，筏板按双向多跨连续板、肋梁按多跨连续梁计算，即所谓"倒楼盖法"。

3. 筏板基础的抗冲切验算

梁板式筏板基础的底板除计算正截面承载力外，其厚度尚应满足受冲切、剪切承载力的要求。底板冲切承载力按下式计算

$$F_l \leqslant 0.7 \beta_{hp} f_t u_m h_0 \tag{6-45}$$

式中　F_l——作用在图 6-15（a）中阴影面积上地基土平均净反力设计值；

　　　u_m——距基础梁边 $h_0/2$ 处冲切临界截面的周长；

其余符号同式（6-17）说明。

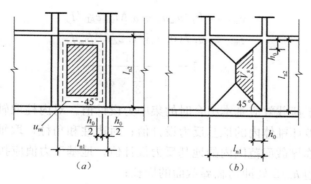

图 6-15　底板冲切、剪切计算示意图
（a）冲切净反力计算；（b）剪切净反力计算

当底板区格为矩形双向板时，底板受冲切所需的厚度 h_0 按下式计算：

$$h_0 = \frac{(l_{n1} + l_{n2}) - \sqrt{(l_{n1} + l_{n2})^2 - \dfrac{4 p l_{n1} l_{n2}}{p + 0.7 \beta_{hp} f_t}}}{4} \tag{6-46}$$

式中　l_{n1}、l_{n2}——计算板格的短边和长边的净长度；

　　　　p——相应于荷载效应基本组合的地基土平均净反力设计值。

底板斜截面受剪承载力应符合下式要求：

$$V_s \leqslant 0.7\beta_{hs}f_t(l_{n2}-2h_0)h_0 \tag{6-47}$$

式中　V_s——距梁边缘 h_0 处，作用在图 6-15（b）中阴影部分面积上的地基土平均净反力设计值；

　　　　β_{hs}——截面高度影响系数：$\beta_{hs}=(800/h)^{1/4}$，当板的有效高度 $h_0<800$mm 时，取 $h_0=800$mm；当 $h_0>2000$mm 时，取 $h_0=2000$mm。

梁板式筏基的基础梁除满足正截面受弯及斜截面受剪承载力外，尚应按《混凝土结构设计规范》验算底层柱下基础梁顶面的局部受压承载力。

平板式筏基的板厚同样应满足受冲切承载力的要求。计算时应考虑作用在冲切临界面重心上的不平衡弯矩产生的附加剪力。距柱边 $h_0/2$ 处冲切临界截面的最大剪应力 τ_{max} 应按下式计算（图 6-16）。板的最小厚度不应小于 40mm。

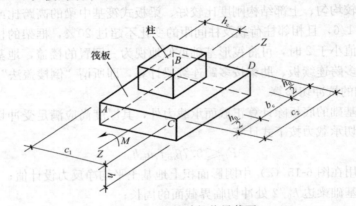

图 6-16　内柱冲切临界截面

$$\tau_{max} = F_l/u_m h_0 + \alpha_s M_{unb} c_{AB}/I_s \tag{6-48}$$

$$\tau_{max} \leqslant 0.7(0.4+1.2/\beta_s)\beta_{hp}f_t \tag{6-49}$$

$$\alpha_s = 1 - \cfrac{1}{1+\cfrac{2}{3}\sqrt{c_1/c_2}} \tag{6-50}$$

式中　F_l——相应于荷载效应基本组合时的集中力设计值，对内柱取轴力设计值减去筏板冲切破坏锥体内的地基反力设计值；对边柱和角柱，取轴力设计值减去筏板冲切临界截面范围内的地基反力设计值；地基反力值应扣除底板自重；

　　　　u_m——距柱边 $h_0/2$ 处冲切临界截面的周长；

　　　　h_0——筏板的有效高度；

　　　　M_{unb}——作用在冲切临界截面重心上的不平衡弯矩设计值；

　　　　c_{AB}——沿弯矩作用方向，冲切临界截面重心至冲切临界截面最大剪应力点的距离，按《建筑地基基础设计规范》附录 P 计算；

　　　　I_s——冲切临界截面对其重心的极惯性矩，按《建筑地基基础设计规范》附录 P 计算；

　　　　β_s——柱截面长边与短边的比值，当 $\beta_s<2$ 时，β_s 取 2，当 $\beta_s>4$ 时，β_s 取 4；

c_1——与弯矩作用方向一致的冲切临界截面的边长，按《建筑地基基础设计规范》附录 P 计算；

c_2——垂直于 c_1 的冲切临界截面的边长，按《建筑地基基础设计规范》附录 P 计算；

α_s——不平衡弯矩通过冲切临界截面上的偏心剪力传递的分配系数。

6.6 桩基础设计

桩基础的设计应力求选型恰当、经济合理、安全适用，桩和承台应有足够的强度、刚度和耐久性，地基则应有足够的承载力和不产生过大的变形。在充分掌握必要的设计资料后，桩基的设计和计算可按下列步骤进行：

（1）选择桩的持力层、桩的类型和几何尺寸，初拟承台底面标高；

（2）确定单桩或基桩承载力特征值；

（3）确定桩的数量及其平面布置；

（4）验算桩基承载力和沉降量；

（5）必要时，验算桩基水平承载力和变形；

（6）桩身结构设计；

（7）承台设计与计算；

（8）绘制桩基施工图。

6.6.1 桩型、桩长和截面尺寸选择

在设计桩基时，首先应根据结构物的类型、荷载情况、地层条件、施工能力及环境条件以及经济比较等因素，选择桩的类型、截面尺寸和长度，并确定桩基持力层。

桩的长度主要取决于桩端持力层的选择。桩端宜进入坚硬土层或岩层，采用端承型桩或嵌岩桩；当坚硬土层的埋深很深时，则宜采用摩擦型桩，桩端应尽量达到低压缩性、中等强度的土层上。桩端全断面进入持力层的深度，对于黏性土、粉土，不宜小于 $2d$（d 为桩的直径）；对于砂土，不宜小于 $1.5d$；对于碎石类土，不宜小于 d。当存在软弱下卧层时，桩端以下硬持力层厚度不宜小于 $3d$。对于嵌岩桩，嵌岩深度应综合荷载、上覆土层、基岩、桩径、桩长诸因素确定；对于嵌入倾斜的完整和较完整岩的全断面深度不宜小于 $0.4d$ 且不小于 $0.5m$，倾斜度大于 30% 的中风化岩，宜根据倾斜度及岩石完整性适当加大嵌岩深度；对于嵌入平整、完整的坚硬岩和较硬岩的深度不宜小于 $0.2d$，且不应小于 $0.2m$。嵌岩灌注桩、端承桩在桩底下 $3d$ 范围内应无软弱夹层、断裂带、洞穴和孔隙分布，这对于荷载很大的大直径灌注桩是至关重要的。

当硬持力层较厚且施工条件许可时，桩端进入持力层的深度应尽可能达到桩端阻力的临界深度。该临界深度值，对于砂土、砾土为 $(3\sim6)d$；对于黏性土、粉土为 $(5\sim10)d$。

桩型及桩长初步确定以后，根据单桩或基桩承载力大小的要求；定出桩的截面尺寸，并初步确定承台底面标高。一般情况下，承台埋深的选择主要从结构要求和方便施工的角度来考虑，并且不得小于 $600mm$。季节性冻土上的承台埋深，应根据地基土的冻胀性确定，并应考虑是否需要采取相应的防冻害措施。膨胀土上的承台，其埋深选择也应考虑土的膨胀性影响。

6.6.2 桩数及桩位布置

1. 单桩竖向承载力特征值的确定

《建筑地基基础设计规范》GB 50007—2011 相关公式。初步设计时，单桩竖向承载力特征值，可按下式估算：

$$R_a = q_{pa}A_p + u_p \sum q_{sia}l_i \tag{6-51}$$

式中　R_a——单桩竖向承载力特征值（kN）；

q_{pa}、q_{sia}——桩端端阻力、桩侧阻力特征值（kPa），由当地静载荷试验结果统计分析算得；

A_p——桩底端横截面面积（m^2）；

u_p——桩身周边长度（m）；

l_i——第 i 层岩土的厚度（m）。

当桩端嵌入完整及较完整的硬质岩中时，可按下式估算单桩竖向承载力特征值：

$$R_a = q_{pa}A_p \tag{6-52}$$

式中　q_{pa}——桩端岩石承载力特征值（kPa）。

《建筑桩基技术规范》JGJ 94—2008 相关公式。

当根据土的物理指标与承载力参数之间的经验关系确定单桩竖向极限承载力标准值时，宜按下式估算：

$$Q_{uk} = Q_{sk} + Q_{pk} = q_{pk}A_p + u_p \sum q_{sik}l_i \tag{6-53}$$

式中　q_{sik}——桩侧第 i 层土的极限侧阻力标准值（kPa）；

q_{pk}——极限端阻力标准值（kPa）。

根据土的物理指标与承载力参数之间的经验关系，确定大直径桩单桩极限承载力标准值时，可按下式计算：

$$Q_{uk} = Q_{sk} + Q_{pk} = \psi_p q_{pk}A_p + u_p \sum \psi_{si}q_{sik}l_i \tag{6-54}$$

式中　q_{sik}——桩侧第 i 层土的极限侧阻力标准值（kPa），对于扩底桩变截面以上 $2d$ 长度范围不计侧阻力；

q_{pk}——桩径大于等于 800mm 的极限端阻力标准值（kPa），对于干作业挖孔（清底干净）可采用深层载荷板试验确定；

ψ_p、ψ_{si}——大直径桩端阻力、侧阻力尺寸效应系数，可按表 6-10 取值。

u——桩身周长（m），当人工挖孔桩桩周护壁为振捣密实的混凝土时，桩身周长可按护壁外直径计算。

大直径灌注桩侧阻力尺寸效应系数 ψ_{si}、端阻力尺寸效应系数 ψ_p　　表 6-10

土类型	黏性土、粉土	砂土、碎石土
ψ_{si}	$(0.8/d)^{1/5}$	$(0.8/d)^{1/3}$
ψ_p	$(0.8/D)^{1/4}$	$(0.8/D)^{1/3}$

注：D 为扩大头直径，d 为桩身直径。

2. 桩的数量

根据前述方法确定出单桩的承载力设计值后，在初步确定桩数时，可暂不考虑群桩效应和承台底面处地基土的承载力。当桩基为轴心受压时，桩数可按下式估算：

$$n > \frac{F+G}{R} \tag{6-55}$$

式中 F——作用在承台上的竖向力标准组合值。

偏心受压时，对于偏心矩固定的桩基，如果桩的布置使得群桩横截面的形心与上部结构荷载合力作用点重合，桩数仍可按上式确定。否则，应将上式确定的桩数增加 $10\%\sim20\%$。所选的桩数是否合适，尚待验算各桩受力决定。

承受水平荷载的桩基，桩数的确定还应满足对桩的水平承载力载力之和作为桩基的水平承载力。应注意，在灵敏度高的软弱黏土中，宜采用桩距大、桩数少的桩基。

3. 桩的间距

桩的间距过大，会增加承台的体积，造价提高；桩的间距过小，将给桩的施工造成困难，并使桩的承载力不能充分发挥作用。《建筑桩基技术规范》JGJ 94—2008 规定：基桩的最小中心距应符合表 6-11 的规定，当施工中采取减小挤土效应的可靠措施时，可根据当地经验适当减小。

基桩的最小中心距   表 6-11

土类与成桩工艺		排列不少于 3 排且桩数不少于 9 根的摩擦型桩桩基	其他情况
非挤土灌注桩		$3.0d$	$3.0d$
部分挤土桩	非饱和土、饱和非黏性土	$3.5d$	$3.0d$
	饱和黏性土	$4.0d$	$3.5d$
挤土桩	非饱和土、饱和非黏性土	$4.0d$	$3.5d$
	饱和黏性土	$4.5d$	$4.0d$
钻、挖孔扩底桩		$2D$ 或 $D+2\mathrm{m}$（当 $D>2\mathrm{m}$）	$1.5D$ 或 $D+1.5\mathrm{m}$（当 $D>2\mathrm{m}$）
沉管夯扩、钻孔挤扩桩	非饱和土、饱和非黏性土	$2.2D$ 且 $4.0d$	$2.0D$ 且 $3.5d$
	饱和黏性土	$2.5D$ 且 $4.5d$	$2.2D$ 且 $4.0d$

4. 桩位的布置

桩在平面内可布置成方形、矩形、三角形或梅花形（图 6-17a），条形基础下的桩，可采用单排或双排布置（图 6-17b），也可采用不等距布置。

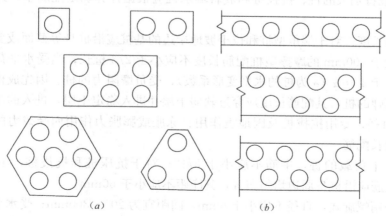

图 6-17 桩的平面布置示例

（a）柱下桩基布置；（b）墙下桩基布置

排列基桩时，宜使桩群承载力合力点与竖向永久荷载合力作用点重合，并使基桩受水平力和力矩较大方向有较大抗弯截面模量。对于桩箱基础、剪力墙结构桩筏（含平板和梁板式承台）基础，宜将桩布置于墙下。

6.6.3 桩身设计

1. 桩径的选择

一般情况下，同一建筑物的桩基应该采用相同的桩径，但当建筑物基础平面范围内的荷载分布很不均匀时，可根据荷载和地基的地质条件采用不同直径的基桩。

对桩径的确定，还要考虑与桩型有关的两点情况：各类桩型由于工程实践惯用以及施工设备条件限制等原因，均有其常用的桩径（表 6-12），设计时要适当顾及，以减少施工的困难。同时各类桩型均有其最小直径要求，见表 6-12，在桩型既定的情况下，桩身的设计尺寸不宜违反此要求。

各类桩型的常用桩径和最小桩径 表 6-12

序 号	桩 型	常用桩径/mm	最小桩径/mm	备 注
1	打入式预制混凝土桩	350×350～600×600	200×200	
2	干作业钻孔灌注桩		300	
3	泥浆护壁钻、冲孔灌注桩		500	
4	人工挖孔桩	1000～1400	1000	最大直径可大于 3m。
5	木桩		300～360（大头）150～200（小头）	低值用于小荷载（220kN 以下）
6	预应力混凝土管桩	300～1000	300	
7	钢管桩	406.4～1016.0		
8	内击式沉管灌注桩	600	500	
9	H 型钢桩	200×200～400×400	200×200	

2. 灌注桩桩身构造

当桩身直径为 300～2000mm 时，正截面配筋率可取 0.65%～0.2%（小直径桩取高值）；对受荷载特别大的桩、抗拔桩和嵌岩端承桩应根据计算确定配筋率，并不应小于上述规定值。

桩身配筋长度：对于端承型桩和位于坡地岸边的基桩应沿桩身等截面或变截面通长配筋；当桩径大于 600mm 的摩擦型桩配筋长度不应小于 2/3 桩长；当受水平荷载时，配筋长度尚不宜小于 $4.0/\alpha$（α 为桩的水平变形系数）；受负摩阻力的桩、因先成桩后开挖基坑而随地基土回弹的桩，其配筋长度应穿过软弱土层并进入稳定土层，进入的深度不应小于 2～3 倍桩身直径；专用抗拔桩及因地震作用、冻胀或膨胀力作用而受拔力的桩，应等截面或变截面通长配筋。

对于受水平荷载的桩，主筋不应小于 $8\phi12$；对于抗压桩和抗拔桩，主筋不应少于 $6\phi10$；纵向主筋应沿桩身周边均匀布置，其净距不应小于 60mm。

箍筋应采用螺旋式，直径不应小于 6mm，间距宜为 200～300mm；受水平荷载较大桩基、承受水平地震作用的桩基以及考虑主筋作用计算桩身受压承载力时，桩顶以下 5d 范围内的箍筋应加密，间距不应大于 100mm；当桩身位于液化土层范围内时箍筋应加密；

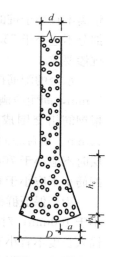

图 6-18 扩底桩
构造

当考虑箍筋受力作用时，箍筋配置应符合现行国家标准《混凝土结构设计规范》GB 50010 的有关规定；当钢筋笼长度超过 4m 时，应每隔 2m 设一道直径不小于 12mm 的焊接加劲箍筋。

桩身混凝土及混凝土保护层厚度应符合下列要求：1) 桩身混凝土强度等级不得小于C25，混凝土预制桩尖强度等级不得小于C30；2) 灌注桩主筋的混凝土保护层厚度不应小于 35mm，水下灌注桩的主筋混凝土保护层厚度不得小于 50mm。

扩底灌注桩扩底端尺寸应符合下列规定（图 6-18）：1) 对于持力层承载力较高、上覆土层较差的抗压桩和桩端以上有一定厚度较好土层的抗拔桩，可采用扩底；扩底端直径与桩身直径之比 D/d，应根据承载力要求及扩底端侧面和桩端持力层土性特征以及扩底施工方法确定；挖孔桩的 D/d 不应大于 3，钻孔桩的 D/d 不应大于 2.5；2) 扩底端侧面的斜率应根据实际成孔及土体自立条件确定，a/h_c 可取 1/4～1/2，砂土可取 1/4，粉土、黏性土可取 1/3～1/2；3) 抗压桩扩底端底面宜呈锅底形，矢高 h_b 可取（0.15～0.20）D。

3. 混凝土预制桩

混凝土预制桩的截面边长不应小于 200mm；预应力混凝土预制实心桩的截面边长不宜小于 350mm。

预制桩的混凝土强度等级不宜低于 C30；预应力混凝土实心桩的混凝土强度等级不应低于 C40；预制桩纵向钢筋的混凝土保护层厚度不宜小于 30mm。

预制桩的桩身配筋应按吊运、打桩及桩在使用中的受力等条件计算确定。采用锤击法沉桩时，预制桩的最小配筋率不宜小于 0.8%。静压法沉桩时，最小配筋率不宜小于 0.6%，主筋直径不宜小于 $\phi14$，打入桩桩顶以下 4～5 倍桩身直径长度范围内箍筋应加密，并设置钢筋网片。

预制桩的分节长度应根据施工条件及运输条件确定；每根桩的接头数量不宜超过 3 个。

预制桩的桩尖可将主筋合拢焊在桩尖辅助钢筋上，对于持力层为密实砂和碎石类土时，宜在桩尖处包以钢钣桩靴，加强桩尖。

6.6.4 桩基承台设计

桩基承台可分为柱下独立承台、柱下或墙下条形承台（梁式承台）、筏板承台和箱形承台等。承台的作用是将桩连接成一个整体，并把建筑物的荷载传到桩上，因而承台应有足够的强度和刚度。承台设计包括确定承台的材料、形状、高度、底面标高、平面尺寸，以及局部受压、受冲切、受剪及受弯承载力计算，并应符合构造要求。

1. 承台的外形尺寸及构造要求

承台的平面尺寸一般由上部结构、桩数及布桩形式决定。通常，墙下桩基做成条形承台即梁式承台；柱下桩基承台宜做成板式承台（矩形或三角形），其剖面形状可做成锥形、台阶形或平板形。

承台的厚度不应小于 300mm，柱下独立宽度不应小于 500mm，承台边缘至边桩中心距离不宜小于桩的直径或边长，且边缘挑出部分不应小于 150mm；条形承台梁边及挑出部分不应小于 75mm。承台的混凝土材料及其强度等级应符合结构混凝土耐久性的要求和抗渗要求。

承台的配筋按计算确定，对于矩形承台板配筋宜按双向均匀配置，钢筋直径不宜小于 10mm，间距应满足 100～200mm；对于三桩承台，应按三向板带均匀配置，最里面的三根钢筋相交围成的三角形应位于柱截面范围以内。承台梁的纵向主筋直径不应小于 12mm。承台底面钢筋的混凝土保护层厚度，当有混凝土垫层时，不应小于 50mm，无垫层时不应小于 70mm；此外尚不应小于桩头嵌入承台内的长度。柱下独立桩基承台的最小配筋率不应小于 0.15%。

为了保证群桩与承台之间连接的整体性，桩顶应嵌入承台一定长度，对大直径桩不宜小于 100mm；对中等直径桩不宜小于 50mm。混凝土桩的桩顶纵向主筋应锚入承台内，其锚入长度不宜小于 35 倍纵向主筋直径。对于抗拔桩，桩顶纵向主筋的锚固长度应按现行国家标准《混凝土结构设计规范》GB 50010 确定。

柱与承台的连接构造应符合下列规定：1）对于一柱一桩基础，柱与桩直接连接时，柱纵向主筋锚入桩身内长度不应小于 35 倍纵向主筋直径。2）对于多桩承台，柱纵向主筋应锚入承台不应小于 35 倍纵向主筋直径；当承台高度不满足锚固要求时，竖向锚固长度不应小于 20 倍纵向主筋直径，并向柱轴线方向呈 90°弯折。3）当有抗震设防要求时，对于一、二级抗震等级的柱，纵向主筋锚固长度应乘以 1.15 的系数；对于三级抗震等级的柱，纵向主筋锚固长度应乘以 1.05 的系数。

承台与承台之间的连接构造应符合下列规定：1）一柱一桩时，应在桩顶两个主轴方向上设置联系梁。当桩与柱的截面直径之比大于 2 时，可不设连系梁。2）两桩桩基的承台，应在其短向设置连系梁。3）有抗震设防要求的柱下桩基承台，宜沿两个主轴方向设置联系梁。4）连系梁顶面宜与承台顶面位于同一标高。连系梁宽度不宜小于 250mm，其高度可取承台中心距的 1/10～1/15，且不宜小于 400mm。5）连系梁配筋应按计算确定，梁上下部配筋不宜小于 2 根直径 12mm 钢筋；位于同一轴线上的连系梁纵筋宜通长配置。

承台和地下室外墙与基坑侧壁间隙应灌注素混凝土，或采用灰土、级配砂石、压实性较好的素土分层夯实，其压实系数不宜小于 0.94。

2. 承台的受弯计算

两桩条形承台和多桩矩形承台弯矩计算截面应取在柱边和承台高度变化处（杯口外侧或台阶边缘）（图 6-19a），按下式计算：

$$M_x = \sum N_i y_i, \quad M_y = \sum N_i x_i \tag{6-56}$$

式中 M_x、M_y——分别为绕 X 轴和绕 Y 轴方向计算截面处的弯矩设计值（kN·m）；

x_i、y_i——垂直 Y 轴和 X 轴方向自桩轴线到相应计算截面的距离（m）；

N_i——不计承台及其上土重，在荷载效应基本组合下的第 i 基桩或复合基桩竖向反力设计值（kN）。

三桩承台的正截面弯矩值应按下列公式计算：

对于等边三桩承台（图 6-19b）：

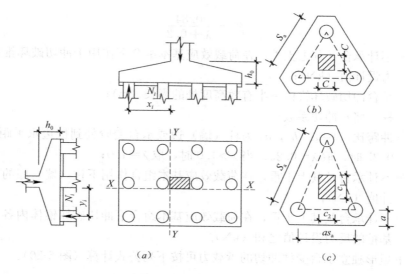

图 6-19　承台弯矩计算简图

(a) 矩形多桩承台；(b) 等边三桩承台；(c) 等腰三桩承台

$$M_x = \frac{N_{max}}{3}\left(s_a - \frac{\sqrt{3}}{4}c\right) \tag{6-57}$$

式中　M——通过承台形心至各边边缘正交截面范围内板带的弯矩设计值（kN·m）；

N_{max}——不计承台及其上土重，在荷载效应基本组合下三桩中最大基桩或复合基桩竖向反力设计值（kN）；

s_a——桩中心距（m）；

c——方柱边长（m），圆柱时 $c = 0.8d$（d 为圆柱直径）。

对于等腰三桩承台（图 6-19c）：

$$M_1 = \frac{N_{max}}{3}\left(s_a - \frac{0.75}{\sqrt{4-\alpha^2}}c_1\right), \quad M_2 = \frac{N_{max}}{3}\left(\alpha s_a - \frac{0.75}{\sqrt{4-\alpha^2}}c_2\right) \tag{6-58}$$

式中　M_1、M_2——分别为通过承台形心至两腰边缘和底边边缘正交截面范围内板带的弯矩设计值（kN·m）；

s_a——长向桩中心距（m）；

α——短向桩中心距与长向桩中心距之比，当 α 小于 0.5 时，应按变截面的二桩承台设计；

c_1、c_2——分别为垂直于、平行于承台底边的柱截面边长（m）。

3. 承台受冲切计算

轴心竖向力作用下桩基承台受柱（墙）的冲切，可按下列规定计算：

冲切破坏锥体应采用自柱（墙）边或承台变阶处至相应桩顶边缘连线所构成的锥体，锥体斜面与承台底面之夹角不应小于 45°。

受柱（墙）冲切承载力可按下列公式计算：

$$F_l \leqslant \beta_{hp}\beta_0 u_m f_t h_0 \tag{6-59}$$

$$F_l = F - \Sigma Q_i \tag{6-60}$$

$$\beta_0 = \frac{0.84}{\lambda + 0.2} \tag{6-61}$$

式中　F_l——不计承台及其上土重，在荷载效应基本组合下作用于冲切破坏锥体上的冲切力设计值（kN）；

　　　　u_m——承台冲切破坏锥体一半有效高度处的周长（m）；

　　　　β_0——柱（墙）冲切系数；

　　　　λ——冲跨比，$\lambda = a_0/h_0$，a_0 为柱（墙）边或承台变阶处到桩边水平距离；当 $\lambda < 0.25$ 时，取 $\lambda = 0.25$；当 $\lambda > 1.0$ 时，取 $\lambda = 1.0$；

　　　　F——不计承台及其上土重，在荷载效应基本组合作用下柱（墙）底的竖向荷载设计值（kN）；

　　　　ΣQ_i——不计承台及其上土重，在荷载效应基本组合下冲切破坏锥体内各基桩或复合基桩的反力设计值之和（kN）。

对于柱下矩形独立承台受柱冲切的承载力可按下列公式计算（图 6-20）：

$$F_l \leqslant 2[\beta_{0x}(b_c + a_{0y}) + \beta_{0y}(h_c + a_{0x})]\beta_{hp}f_t h_0 \tag{6-62}$$

式中　β_{0x}、β_{0y}——由式（6-61）求得，$\lambda_{0x} = a_{0x}/h_0$，$\lambda_{0y} = a_{0y}/h_0$，$\lambda_{0x}$、$\lambda_{0y}$ 均应满足 0.25～1.0 的要求；

　　　　h_c、b_c——分别为 x、y 方向的柱截面的边长（m）；

　　　　a_{0x}、a_{0y}——分别为 x、y 方向柱边至最近桩边的水平距离（m）。

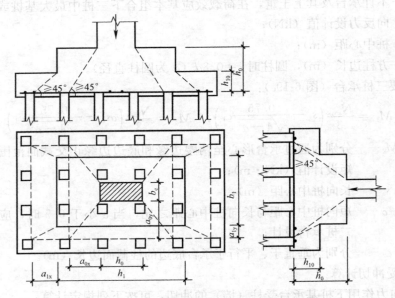

图 6-20　柱对承台的冲切计算示意图

对于柱下矩形独立阶形承台受上阶冲切的承载力可按下列公式计算

$$F_l \leqslant 2[\beta_{1x}(b_1 + a_{1y}) + \beta_{1y}(h_1 + a_{1x})]\beta_{hp}f_t h_{10} \tag{6-63}$$

式中　β_{1x}、β_{1y}——由式（6-61）求得，$\lambda_{1x} = a_{1x}/h_{10}$，$\lambda_{1y} = a_{1y}/h_{10}$，$\lambda_{1x}$、$\lambda_{1y}$ 均应满足 0.25～

1.0 的要求；

h_1、b_1——分别为 x、y 方向的承台上阶的边长（m）；

a_{1x}、a_{1y}——分别为 x、y 方向承台上阶边至最近桩边的水平距离（m）。

对于柱对于圆柱及圆桩，计算时应将其截面换算成方柱及方桩，即取换算柱截面边长 $b_c = 0.8d_c$（d_c 为圆柱直径），换算桩截面边长 $b_p = 0.8d$（d 为圆桩直径）。

对于柱下两桩承台，宜按深受弯构件（$l_0/h < 5.0$，$l_0 = 1.15l_n$，l_n 为两桩净距）计算受弯、受剪承载力，不需要进行受冲切承载力计算。

对位于柱（墙）冲切破坏锥体以外的基桩，可按下列规定计算承台受基桩冲切的承载力：

四桩以上（含四桩）承台受角桩冲切的承载力可按下列公式计算（图 6-21）：

$$N_l \leqslant [\beta_{1x}(c_2 + a_{1y}/2) + \beta_{1y}(c_1 + a_{1x}/2)]\beta_{hp}f_th_0 \qquad (6\text{-}64)$$

$$\beta_{1x} = \frac{0.56}{\lambda_{1x} + 0.2}, \quad \beta_{1y} = \frac{0.56}{\lambda_{1y} + 0.2} \qquad (6\text{-}65)$$

式中　N_l——不计承台及其上土重，在荷载效应基本组合作用下角桩（含复合桩基）反力设计值（kN）；

β_{1x}、β_{1y}——角桩冲切系数；

a_{1x}、a_{1y}——从承台底角桩顶内边缘引 45°冲切线与承台顶面相交点至角桩内边缘的水平距离（m）；当柱（墙）边或承台变阶处位于该 45°线以内时，则取由柱（墙）边或承台变阶处与桩内边缘连线为冲切锥体的锥线（图 6-21）；

h_0——承台外边缘的有效高度（m）；

λ_{1x}、λ_{1y}——角桩冲跨比，$\lambda_{1x} = a_{1x}/h_0$，$\lambda_{1y} = a_{1y}/h_0$，其值均应满足 0.25～1.0 的要求。

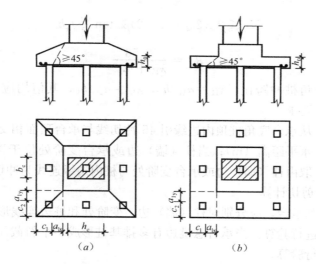

图 6-21　四桩以上（含四桩）承台受角桩冲切计算示意
（a）锥形承台；（b）阶形承台

对于三桩三角形承台可按下列公式计算受角桩冲切的承载力（图 6-22）：

底部角桩：

$$N_l \leqslant \beta_{11}(2c_1 + a_{11}/2)\beta_{hp}\tan\frac{\theta_1}{2}f_t h_0 \tag{6-66}$$

$$\beta_{11} = \frac{0.56}{\lambda_{11} + 0.2} \tag{6-67}$$

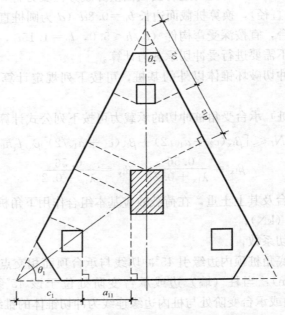

图 6-22   三桩三角形承台角桩冲切计算示意

顶部角桩：

$$N_l \leqslant \beta_{12}(2c_2 + a_{12}/2)\beta_{hp}\tan\frac{\theta_2}{2}f_t h_0 \tag{6-68}$$

$$\beta_{12} = \frac{0.56}{\lambda_{12} + 0.2} \tag{6-69}$$

式中　λ_{11}、λ_{12}——角桩冲跨比，$\lambda_{11} = a_{11}/h_0$，$\lambda_{12} = a_{1y}/h_0$，其值均应满足 $0.25 \sim 1.0$ 的
　　　　　　　　要求；

　　　a_{1x}、a_{1y}——从承台底角桩顶内边缘引 45°冲切线与承台顶面相交点至角桩内边缘的
　　　　　　　　水平距离（m）；当柱（墙）边或承台变阶处位于该 45°线以内时，则
　　　　　　　　取由柱（墙）边或承台变阶处与桩内边缘连线为冲切锥体的锥线。

4. 桩基承台受剪切计算

柱（墙）下桩基承台，应分别对柱（墙）边、变阶处和桩边连线形成的贯通承台的斜
截面的受剪承载力进行验算。当承台悬挑边有多排基桩形成多个斜截面时，应对每个斜截
面的受剪承载力进行验算。

柱下独立桩基承台斜截面受剪承载力应按下列规定计算：

承台斜截面受剪承载力可按下列公式计算（图 6-23）：

$$V \leqslant \beta_{hs}\alpha f_t b_0 h_0 \tag{6-70}$$

$$\alpha = \frac{1.75}{\lambda + 1} \tag{6-71}$$

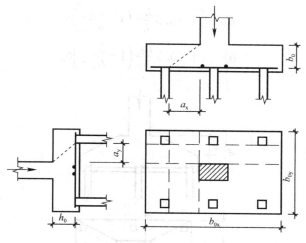

图 6-23 承台斜截面受剪计算示意图

式中 V——不计承台及其上土重，在荷载效应基本组合下，斜截面的最大剪力设计值（kN）；

b_0——承台计算截面处的计算宽度（m）；

h_0——承台计算截面处的有效高度（m）；

α——承台剪切系数；

λ——计算截面的剪跨比，$\lambda_x = a_x/h_0$，$\lambda_y = a_y/h_0$，此处，a_x、a_y 为柱边（墙边）或承台变阶处至 y、x 方向计算一排桩的桩边的水平距离，当 $\lambda < 0.25$ 时，取 $\lambda = 0.25$；当 $\lambda > 3$ 时，取 $\lambda = 3$；

β_{hs}——截面高度影响系数：$\beta_{hs} = (800/h_0)^{1/4}$，当 $h_0 < 800$mm 时，取 $h_0 = 800$mm；当 $h_0 > 2000$mm 时，取 $h_0 = 2000$mm。

对于阶梯形承台应分别在变阶处（A_1—A_1，B_1—B_1）及柱边处（A_2—A_2，B_2—B_2）进行斜截面受剪承载力计算（图 6-24）。计算变阶处截面（A_1—A_1，B_1—B_1）的斜截面受剪承载力时，其截面有效高度均为 h_{10}，截面计算宽度分别为 b_{y1} 和 b_{x1}。

计算柱边截面（A_2—A_2，B_2—B_2）的斜截面受剪承载力时，其截面有效高度均为 $h_{10}+h_{20}$，截面计算宽度分别为：

对 A_2—A_2 $b_{y0} = \dfrac{b_{y1}h_{10}+b_{y2}h_{20}}{h_{10}+h_{20}}$ (6-72)

对 B_2—B_2 $b_{x0} = \dfrac{b_{x1}h_{10}+b_{x2}h_{20}}{h_{10}+h_{20}}$ (6-73)

对于锥形承台应对变阶处及柱边处（A_1—A_1，B_1—B_1）两个截面进行受剪承载力计算（图 6-25），截面有效高度均为 h_0，截面的计算宽度分别为：

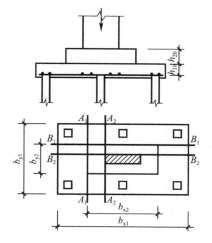

图 6-24 阶梯形承台斜截面受剪计算示意图

对 A—A
$$b_{y0}=\left[1-0.5\frac{h_{20}}{h_0}\left(1-\frac{b_{y2}}{b_{y1}}\right)\right]b_{y1}$$
(6-74)

对 B—B
$$b_{x0}=\left[1-0.5\frac{h_{20}}{h_0}\left(1-\frac{b_{x2}}{b_{x1}}\right)\right]b_{x1}$$
(6-75)

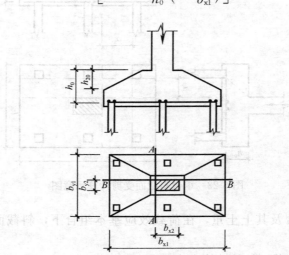

图 6-25 锥形承台斜截面受剪计算示意图

第7章 框架结构电算分析

本章介绍在建筑结构设计中十分常用的软件：PKPM 系列软件。具体步骤为：首先利用 PMCAD 对主楼建模；然后利用 PK 对某一榀横向框架进行计算分析，接着利用 SAT-WE 进行三维有限元计算，配筋，验算。最后将电算结果同手算结果比较，从而对软件、手算过程进行评估。

7.1 框架结构建模

7.1.1 计算参数

某大学生科技活动中心结构平面布置图见图 7-1，建筑立面图见图 7-2。

建筑总高 26.4m，总长 63.6m，总宽 35.7m。基本风压：$0.35kN/m^2$。基本雪压：$S_0 = 0.30kN/m^2$；抗震设防烈度为 7 度，设计基本地震加速度值为 $0.10g$，拟建场地土类型为中软场地土，Ⅱ类建筑场地，设计地震分组为第一组。楼盖、屋盖均采用现浇钢筋混凝土结构，各层梁、柱、板混凝土强度均采用 C30，纵向受力钢筋采用 HRB400 级钢筋，其余钢筋采用 HPB300 级钢筋。

（1）屋面、楼面均布活荷载标准值

上人屋面均布活荷载	$2.00kN/m^2$
一般楼面均布活荷载	$2.00kN/m^2$
档案库、书库、储藏室均布活荷载	$5.00kN/m^2$
电梯机房均布活荷载	$7.00kN/m^2$
楼梯均布活荷载	$3.50kN/m^2$
走廊均布活荷载	$2.50kN/m^2$
楼梯间均布活荷载	$3.50kN/m^2$

（2）屋面雪荷载标准值

屋面雪载标准值为 $S_k = \mu_r S_0 = 0.30kN/m^2$。

柱截面尺寸采用 600mm×600mm；板厚为 120mm。

梁截面尺寸为：

横向框架长跨梁：$b \times h = 300mm \times 700mm$

横向框架短跨梁（2400mm）：$b \times h = 300mm \times 500mm$

纵向框架梁：$b \times h = 300mm \times 550mm$

次梁：$b \times h = 300mm \times 500mm$

框架计算简图如图 7-3 所示。

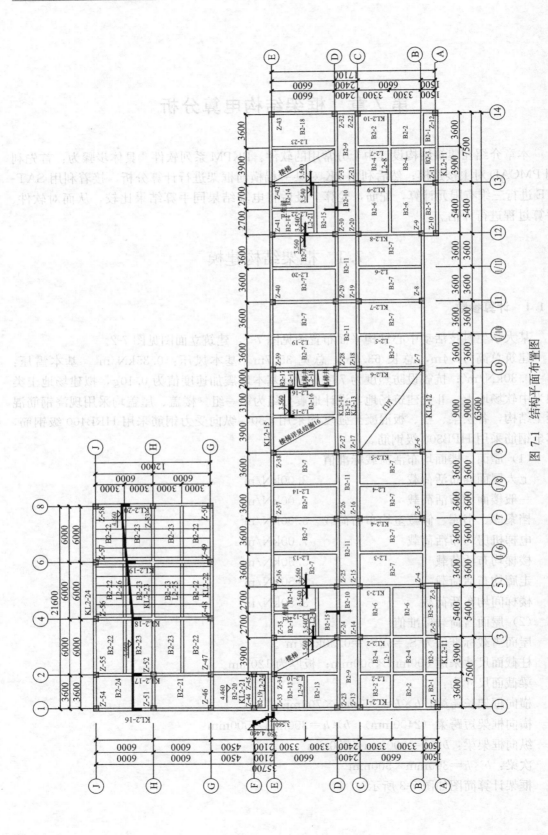

图 7-1 结构平面布置图

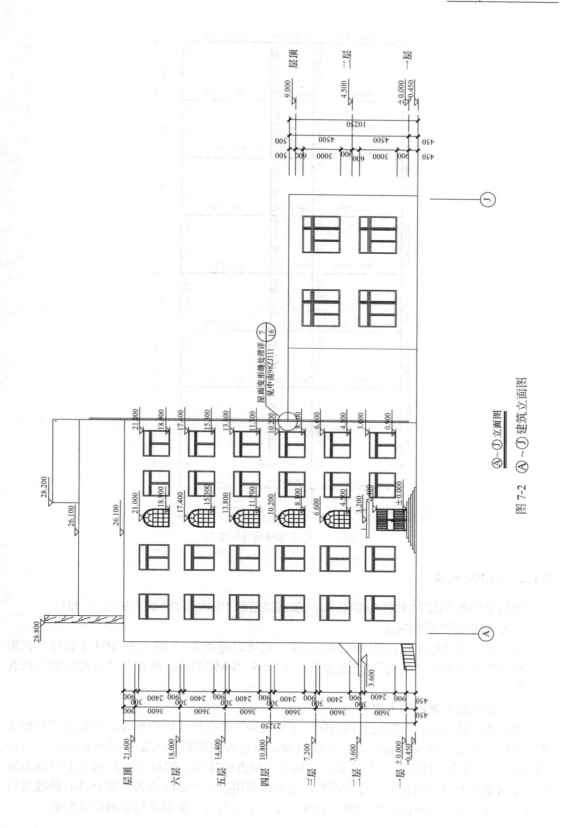

图 7-2 Ⓐ～Ⓙ 建筑立面图

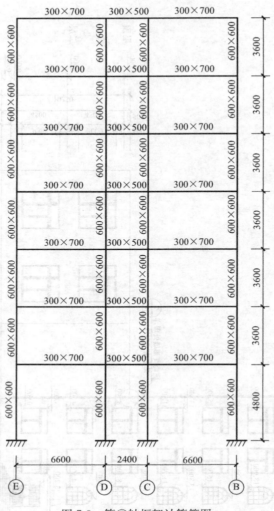

图 7-3 第⑦轴框架计算简图

7.1.2 PKPM 电算

电算采用的 PKPM 软件为基于 2010 版新规范的 PKPM2010 版（2011.9.30）。

1. 建筑模型与荷载输入

电算前，新建好工作目录（可以是中文，也可以是英文），进入 PKPM 主程序，在第一行模块选择里面选 "结构"，点左边第一个按键 "PMCAD"，再双击 "建筑模型与荷载输入"。

（1）轴线输入及网格生成

在右侧 "轴线输入" 按键下面利用 "正交轴网" 命令输入定位轴线；然后在 "网格生成" 按键下利用 "轴线显示" 命令可以检查轴线是否跟图纸给的轴线尺寸相符合，点击 "形成网点" 命令，使轴线交点自动生成网点，网点的连线为网格线。在网点上可以布置柱，在网格线上可以布置梁。若有需要，还可以利用按键 "轴线命名" 来对已有轴线进行命名。在这一步可以灵活运用 "两点直线" 及 "平行直线" 来布置局部洞口及次梁。

（2）楼层定义

在"楼层定义"按键下，双击"柱布置"，定义"600mm×600mm"这一种截面的柱子，然后按照图纸上布置好。双击"主梁布置"或者"次梁布置"，需要定义"300mm×700mm"、"300mm×500mm"、"300mm×550mm"这3种截面的梁（包括主梁和次梁）。建模的时候需要考虑偏心等具体问题。柱和梁都布置好后，点"楼板生成"按键，点"生成楼板"命令。在此按键下面还可以修改板厚、布置或删除悬挑板及预制板。用"楼层定义"下面的"楼梯布置"命令，把设计好的楼梯按实际参数输进去布置好。楼梯的板厚需改为0。电梯间处需要开"全房间洞"。外墙处的梁可以选择"偏心对齐"下面的"梁与柱齐"。

（3）荷载输入

在"荷载输入"按键下面"恒活设置"下面设置整个楼面的恒荷载和活荷载，然后可以在"楼面荷载"下面对局部不同的永久荷载和可变荷载进行修改。楼面永久荷载为4.40kN/m²（也可仅输入粉刷层及地砖自重1.4kN/m²，同时勾选"自动计算现浇楼板自重"，下同），屋面永久荷载为6.85kN/m²，可变荷载为2.0kN/m²，走廊处可变荷载为2.5kN/m²，楼梯间可变荷载为3.5kN/m²，电梯机房可变荷载为7.0kN/m²。点击"梁间荷载"，在"梁荷定义"下面定义梁荷载的类型和大小，然后在"永久荷载输入"或"可变荷载输入"里面输入梁间荷载，最后可以通过"数据开关"来查看梁间荷载加得是否正确。检查的时候需要点"永久荷载输入"或"可变荷载输入"（视需要查看哪种荷载而定）。根据计算结果，需要在梁间荷载里面定义"12.47"、"9.74"、"3.94"这3种梁间荷载。其中，1～7层，横向、纵向承受外墙荷载的梁为12.47kN/m，横向、纵向承受内墙荷载的梁为9.74kN/m，第2层局部、第4层局部、第6层局部和第7层需要考虑周边加的女儿墙荷载为3.94kN/m。

（4）设计参数

点"设计参数"按键下面对标准层中的构件信息、计算参数等进行确定。以上面定义的第一结构标准层为例，需输入以下主要信息：

结构类型：框架结构；

结构主材：钢筋混凝土；

结构重要性系数：1.0；

地下室层数：0；

与基础相接的最大楼层号：1；

梁钢筋的混凝土保护层厚度：35mm；

柱钢筋的混凝土保护层厚度：40mm；

框架梁端负弯矩调幅系数：0.85；

梁、柱箍筋类别：HPB300；

地震信息：7度抗震（0.10g）；二级框架；二类一组场地；周期折减系数：0.65；计算振型个数采用21个（一般不大于3倍的楼层数且为3的倍数）；

风载信息：基本风压——0.35kN/m²；场地粗糙类型——C类场地；体型系数——1.3。

这样，就将第一结构标准层建立起来了。同理，利用"添加新标准层"命令建立其余标准层。可以选择"复制标准层"等选项来建新标准层。根据实际情况，需要建立5个结构标准层，分别建好：一层、二层、三～五层、六层、七层。注意到主楼、副楼同一层层高不同，且主楼、副楼之间有变形缝，主楼、副楼可以分别用PKPM单独建模。

（5）楼层组装

回到主菜单后，点击"楼层组装"按键下面的"楼层组装"命令，将标准层及层高结合起来组成整楼。可以在"整楼模型"命令下看组装完成后的效果。利用PMCAD三维建模的工作便结束，存盘退出，在弹出的"选择后续操作"窗口里面点"确定"。在组装时，需要注意的是，底层的层高为基础顶面至第一层柱的顶面的高度，简记为"基顶到柱顶"的高度。

（6）平面荷载显示校核

在PMCAD里面，第二个选项"平面荷载显示校核"可以用来检查平面荷载输入是否正确。

（7）画结构平面图

在这个选项里面，可以看到板的挠度、裂缝、钢筋计算面积及配筋。如果板的挠度不满足要求（挠度的数值变为红色，说明不满足要求）的话，可以选择把板厚加大。楼板一般可以加到120mm，屋面板可以加到150mm。若加大板厚后，板的挠度依然不满足要求，则需要考虑用次梁将大板分割为小板。经比较可以发现，加横向次梁的效果比加纵向次梁的效果好。

（8）形成PK文件

在PMCAD里面，双击第四个选项"形成PK文件"，形成PK文件，方便在后面SATWE里面计算。双击进去后，点"框架生成"，在命令框询问需要计算哪一榀框架时，输入数字"7"。然后点"退出"。退出后可以看到框架的荷载图，在这一步就可以进行荷载简图的比较，详细内容见后文。点击右下角的"退出"，退出此模块。这一步也可以不输入，因为在SATWE里面有一个选项"接PM生成SATWE数据"。

2. SATWE计算

（1）生成SATWE数据文件

根据PMCAD的建模与信息输入，SATWE可以提取数据用于形成自己的数据文件。该文件即PMCAD与SATWE的数据接口。PKPM主菜单左侧的第二个按键"SATWE"，双击"接PM生产SATWE数据"。分别选择"1"、"6"两个必须运行的选项然后点"应用"。数据生产完毕后点右下角"退出"。在"1"这个选项下面可以输入建筑物的风压、体型系数、地面粗糙度等风荷载信息以及设计地震分组、抗震设防烈度、场地类别、抗震等级等地震信息。本建筑高26.4m，是框架结构。查《建筑抗震设计规范》GB 50011—2010的表6.1.2及《混凝土结构设计规范》GB 50010—2010的表11.1.3均可知，此框架结构的抗震等级为二级。

（2）结构内力、配筋计算

双击第二个选项"结构内力，配筋计算"进行计算。

（3）PM次梁内力及配筋计算

双击第三个选项"PM次梁内力及配筋计算"之后提示的梁端弯矩调幅系数设为0.85。然后退出。

（4）分析结果图形与文本显示

双击第四个选项"分析结果图形与文本显示"。根据需要选择"图形文件输出"及"文本文件输出"，然后获取需要的信息。

7.2 计算结果的分析与判断

7.2.1 位移比、层间位移比验算

（1）规范条文

《高层建筑混凝土结构设计技术规程》JGJ 3—2010（下文简称《高规》）的第 3.4.5 条规定，楼层竖向构件的最大水平位移和层间位移角，A 级高度高层建筑不宜大于该楼层平均值的 1.2 倍；且不应大于该楼层平均值的 1.5 倍。

在工作目录下找到结构位移输出文件（WDISP.OUT）（或者在 SATWE 结果显示里面的"文本文件输出"里面双击第三项"结构位移"），可以发现：

最大的最大水平位移及层间位移角与该楼层平均值的比值　　　　表 7-1

工　况	Ratio-（X）	Ratio-Dx	Ratio-（Y）	Ratio-Dy
1	1.00	1.00	—	—
2	1.00	1.00	—	—
3	1.01	1.02	—	—
4	1.02	1.02	—	—
5	—	—	1.08	1.08
6	—	—	1.08	1.08
7	—	—	1.29	1.29
8	—	—	1.15	1.15
9	1.00	1.00	—	—
10	—	—	1.03	1.03
11	—	—		
12	—	—		
13	1.00	1.00	—	—
14	1.01	1.02	—	—
15	1.02	1.02	—	—
16	—	—	1.03	1.03
17	—	—	1.24	1.24
18	—	—	1.19	1.20

注：Ratio-（X），Ratio-（Y）：最大位移与层平均位移的比值；
　　Ratio-Dx，Ratio-Dy：最大层间位移与平均层间位移的比值。

由上表可知，最大水平位移及层间位移角与该楼层平均值的比值最大为 1.29，满足要求。

《高规》第 3.7.3 条规定，高度不大于 150m 的高层建筑，其楼层层间最大位移与层高之比（即最大层间位移角）$\Delta u/h$ 应满足要求：框架的 $\Delta u/h$ 限值为 1/550。

在结构位移输出文件（WDISP.OUT）（或者在 SATWE 结果显示里面的"文本文件

输出"里面双击第三项"结构位移")里面还可以看到各种工况作用下的层间位移角计算结果。工况 7 情况下的层间位移角最大，为 1/899，小于 1/550，满足要求。

在 SATWE 的"图形文件输出"的第 9 个选项"水平力作用下结构各层平均位移"里面可以得到地震作用和风荷载作用下的最大位移及最大层间位移角及层间位移角分布：

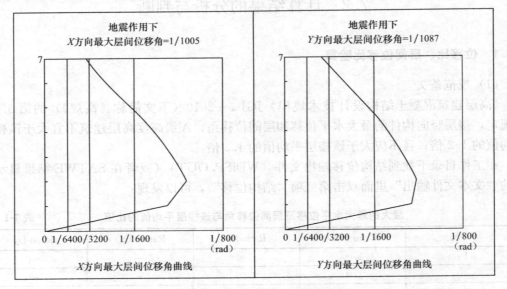

图 7-4　地震作用下的最大层间位移角

由上图可以看到地震作用下最大层间位移角为 1/1005。这个图形输出中的层间位移角仅供直观参考，以结构位移输出文件（WDISP.OUT）中各种工况下最大层间位移角为准。风荷载作用下的位移和层间位移角均比较小，故不列出。

（2）电算结果的判别与调整要点

1）若位移比（层间位移角）超过 1.2，则需要在总信息参数设置中考虑双向地震作用；

2）验算位移比需要考虑偶然偏心作用，验算层间位移角则不需要考虑偶然偏心；

3）验算位移比应选择强制刚性楼板假定，但当凸凹不规则或楼板局部不连续时，应采用符合楼板平面内实际刚度变化的计算模型，当平面不对称时尚应计及扭转影响；

4）最大层间位移、位移比是在刚性楼板假设下的控制参数。构件设计与位移信息不是在同一条件下的结果（即构件设计可以采用弹性楼板计算，而位移计算必须在刚性楼板假设下获得），故可先采用刚性楼板算出位移，而后采用弹性楼板进行构件分析；

5）因为高层建筑在水平力作用下，几乎都会产生扭转，故楼层最大位移一般都发生在结构单元的边角部位。

7.2.2　周期比验算

（1）规范条文

《高规》第 3.4.5 条规定，结构扭转为主的第一周期 T_t 与平动为主的第一周期 T_1 之比，A 级高度高层建筑不应大于 0.9；B 级高度高层建筑、混合结构高层建筑及复杂高层建筑不应大于 0.85。《抗规》中没有明确提出该概念，所以多层时该控制指标可以适当放松，但一般不应大于 1.0。

对于通常的规则单塔楼结构，如下验算周期比：

1）根据各振型的平动系数大于 0.5，还是扭转系数大于 0.5，区分出各振型是扭转振型还是平动振型；

2）通常周期最长的扭转振型对应的就是第一扭转周期 T_t，周期最长的平动振型对应的就是第一平动周期 T_1；

3）对照"结构整体空间振动简图"，考察第一扭转/平动周期是否引起整体振动，如果仅是局部振动，不是第一扭转/平动周期。需再考察下一个最长周期（第二长的周期，余下的依此类推）；

4）考察第一平动周期的基底剪力比是否为最大；

5）计算 T_t/T_1，看是否超过 0.9（0.85）。

在周期、地震作用与振型输出文件（WZQ. OUT）里面可以找到：

考虑扭转耦联时的振动周期、X 和 Y 方向的平动系数、扭转系数　　表 7-2

振型号	周　期	转　角	平动系数（$X+Y$）	扭转系数
1	1.161	179.91	1.00 (1.00+0.00)	0
2	1.0524	89.88	0.99 (0.00+0.99)	0.01
3	0.9599	94.14	0.01 (0.00+0.01)	0.99
4	0.3759	179.85	1.00 (1.00+0.00)	0
5	0.342	89.81	0.99 (0.00+0.99)	0.01
6	0.3099	95.06	0.01 (0.00+0.01)	0.99
7	0.2173	179.7	1.00 (1.00+0.00)	0
8	0.1962	89.65	0.99 (0.00+0.99)	0.01
9	0.1791	96.32	0.01 (0.00+0.01)	0.99
10	0.1505	179.72	1.00 (1.00+0.00)	0
11	0.1381	89.7	0.93 (0.00+0.93)	0.07
12	0.1353	89.91	0.07 (0.00+0.07)	0.93
13	0.1104	179.77	1.00 (1.00+0.00)	0
14	0.1048	89.73	0.76 (0.00+0.76)	0.24
15	0.1029	89.89	0.24 (0.00+0.24)	0.76
16	0.0843	179.28	1.00 (1.00+0.00)	0
17	0.0822	89.01	0.94 (0.00+0.94)	0.06
18	0.0782	93.79	0.06 (0.00+0.06)	0.94
19	0.0698	174.67	1.00 (0.99+0.01)	0
20	0.0694	84.14	0.96 (0.01+0.95)	0.04
21	0.0646	97.27	0.04 (0.00+0.04)	0.96

地震作用最大的方向为 -0.302 度；X 方向的有效质量系数为 99.50%；Y 方向的有效质量系数为 99.50%；均大于 90%。说明无需再增加振型计算，取 21 个振型参与计算能满足要求。

结构扭转为主的第一周期 T_1 与平动为主的第一周期 T_1 之比：0.9599/1.1610 = 0.8268＜0.9，满足要求。

（2）电算结果的判别与调整要点

1）对于刚度均匀的结构，在考虑扭转耦连计算时，一般来说前两个或几个振型为其主振型，但对于刚度不均匀的复杂结构，上述规律不一定存在。总之在高层结构设计中，使得扭转振型不应靠前，以减小震害。SATWE 程序中给出了各振型对基底剪力贡献比例的计算功能，通过参数 Ratio（振型的基底剪力占总基底剪力的百分比）可以判断出哪个振型是 X 方向或 Y 方向的主振型，并可查看以及每个振型对基底剪力的贡献大小。

2）振型分解反应谱法分析计算周期，地震力时，还应注意两个问题，即计算模型的选择与振型数的确定。一般来说，当全楼作刚性楼板假定后，计算时宜选择"侧刚模型"进行计算。而当结构定义有弹性楼板时则应选择"总刚模型"进行计算较为合理。至于振型数的确定，应按高规要求（高层建筑结构计算振型数不应小于 9，抗震计算时，宜考虑平扭耦连计算结构的扭转效应，振型数不小于 15，对于多塔楼结构的振型数不应小于塔楼数的 9 倍，且计算振型数应使振型参与质量不小于总质量的 90%）执行，振型数是否足够，应以计算振型数使振型参与质量不小于总质量的 90% 作为唯一的条件进行判别。（耦联取 3 的倍数，且≤3 倍层数，非耦联取≤层数，直到参与计算振型的有效质量系数≥90%）需要提醒的是，并不是振型数取得越大越好。若振型数取得太大，则 PKPM 会报错，提醒"有效质量自由度数小于指定分析振型数"。这时就需要适当减少参与计算的振型数。即使 PKPM 没有报错，参与计算的振型数取得太大，也会增大计算机的内存和 CPU 开销，还会增大用于计算的时间开销。这样做就比较浪费。

3）如同位移比的控制一样，周期比侧重控制的是侧向刚度与扭转刚度之间的一种相对关系，而非其绝对大小，它的目的是使抗侧力构件的平面布置更有效、更合理，使结构不至于出现过大（相对于侧移）的扭转效应。即周期比控制不是在要求结构足够结实，而是在要求结构承载布局的合理性。考虑周期比限制以后，以前看来规整的结构平面，从新规范的角度来看，可能成为"平面不规则结构"。一旦出现周期比不满足要求的情况，一般只能通过调整平面布置来改善这一状况，这种改变一般是整体性的，局部的小调整往往收效甚微。周期比不满足要求，说明结构的扭转刚度相对于侧移刚度较小，总的调整原则是要加强外圈结构刚度、增设抗震墙、增加外围连梁的高度、削弱内筒的刚度。

4）扭转周期控制及调整难度较大，要查出问题关键所在，采取相应措施，才能有效解决问题，通常有以下要点：

① 扭转周期大小与刚心、形心之间的偏心距大小无关，只与楼层抗扭刚度有关；

② 剪力墙全部按照同一主轴两向正交布置时，较易满足；周边墙与核心筒墙成斜交布置时要注意检查是否满足；

③ 当不满足周期限制时，若层间位移角控制潜力较大，宜减小结构竖向构件刚度，增大平动周期；

④ 当不满足周期限制时，且层间位移角控制潜力不大，应检查是否存在扭转刚度特别小的层，若存在应加强该层的抗扭刚度；

⑤ 当不满足扭转周期限制，且层间位移角控制潜力不大，各层抗扭刚度无突变，说明核心筒平面尺度与结构总高度之比偏小，应加大核心筒平面尺寸或加大核心筒外墙厚，增大核心筒的抗扭刚度；

⑥ 当计算中发现扭转为第一振型，应设法在建筑物周围布置剪力墙，不应采取只通

过加大中部剪力墙的刚度措施来调整结构的抗扭刚度。

7.2.3 层刚度比验算

（1）规范条文

1）《抗规》附录 E. 2.1 条规定，筒体结构转换层上下层的侧向刚度比不宜大于 2；

2）《高规》第 3.5.2 条第 1 款规定，对于框架结构，楼层与相临上层侧向刚度比不宜小于 0.7，与相临上部三层刚度平均值的比值不宜小于 0.8；

3）《高规》第 3.5.2 条第 2 款规定，对于框架-剪力墙、板柱-剪力墙、框架-核心筒结构、筒中筒结构，与相临上层侧向刚度比不宜小于 0.9；当本层层高大于相邻上层层高的 1.5 倍时，该比值不宜小于 1.1；对结构底部嵌固层，该比值不宜小于 1.5 倍。

在建筑结构的结构设计信息（WMASS. OUT）中可以查到最小层刚度比。

X 方向最小刚度比为 1.0000（第 7 层），Y 方向最小刚度比 1.0000（第 7 层）。均大于 0.8，满足要求。

（2）电算结果的判别与调整要点

1）规范对结构层刚度比和位移比的控制一样，也要求在刚性楼板假定条件下计算。对于有弹性板或板厚为零的工程，应计算两次，在刚性楼板假定条件下计算层刚度比并找出薄弱层，然后在真实条件下完成其他结构计算。

2）层刚度比计算及薄弱层地震剪力放大系数的结果详见建筑结构的结构设计信息 WMASS. OUT。一般来说，结构的抗侧刚度应该沿高度均匀分布或沿高度逐渐减少，但对于框支层或抽空墙柱的中间楼层通常表现为薄弱层，由于薄弱层容易遭受严重震害，故程序根据刚度比的计算结果或层间剪力的大小自动判定薄弱层，并乘以放大系数，以保证结构安全。当然，薄弱层也可在调整信息中通过人工强制指定。

3）对于上述三种计算层刚度的方法，应根据实际情况进行选择：对于底部大空间为一层时或多层建筑及砖混（砌体）结构应选择"剪切刚度"；对于底部大空间为多层时或有支撑的钢结构应选择"剪弯刚度"；而对于一般工程来说，则可选用第三种规范建议方法，此法也是 SATWE 程序的默认方法。

7.2.4 层间受剪承载力之比验算

《高规》第 3.5.3 条规定，A 级高度高层建筑的楼层抗侧力结构的层间受剪承载力不宜小于其相邻上一层受剪承载力的 80%，不应小于其相邻上一层受剪承载力的 65%；B 级高度高层建筑的楼层抗侧力结构的层间受剪承载力不应小于其相邻上一层受剪承载力的 75%。

在结构设计信息（WMASS. OUT）中可以找到：

层间受剪承载力之比　　　　　　　　　　　　　表 7-3

层　号	塔　号	X 向承载力	Y 向承载力	Ratio_Bu (X)	Ratio_Bu (Y)
7	1	5.16E+03	5.43E+03	1.00	1.00
6	1	1.07E+04	1.12E+04	2.07	2.06
5	1	1.30E+04	1.36E+04	1.21	1.22

续表

层　号	塔　号	X 向承载力	Y 向承载力	Ratio_Bu (X)	Ratio_Bu (Y)
4	1	1.50E+04	1.58E+04	1.16	1.16
3	1	1.69E+04	1.77E+04	1.12	1.12
2	1	1.84E+04	1.93E+04	1.09	1.09
1	1	1.47E+04	1.48E+04	0.80	0.77

注：Ratio_Bu：表示本层与上一层的承载力之比。

X 方向最小楼层抗剪承载力之比为 0.80；

Y 方向最小楼层抗剪承载力之比为 0.77。

X 方向最小楼层抗剪承载力之比为 0.80，大于 0.65，满足要求；Y 方向最小楼层抗剪承载力之比为 0.77，大于 0.65，满足要求。说明没有薄弱层。

如果有薄弱层，则需要加强。软件实现方法：

1）层间受剪承载力的计算与混凝土强度、实配钢筋面积等因素有关，在用 SATWE 软件接 PK 出施工图之前，实配钢筋面积是不知道的，因此 SATWE 程序以计算配筋面积代替实配钢筋面积。

2）目前的 SATWE 软件在《结构设计信息》（WMASS.OUT）文件中输出了相邻层层间受剪承载力的比值，该比值是否满足规范要求需要设计人员人为判断。

7.2.5　刚重比验算

（1）规范条文

《高规》第 5.4.4 条规定，高层建筑结构的整体稳定性应符合下列规定：

1）剪力墙结构、框剪结构、筒体结构应符合下式要求：

$$EJ_d \geqslant 1.4H^2 \sum_{i=1}^{n} G_i。$$

2）框架结构应符合下式要求：$D_i \geqslant 10 \sum G_i / h_i$。

在 WMASS.OUT 文件下面可以找到结构整体稳定验算结果为：

结构的刚重比　　　　　　　　　　　　　　　　　　表 7-4

层　号	X 向刚度	Y 向刚度	层　高	上部重量	X 向刚重比	Y 向刚重比
1	8.00E+05	9.13E+05	4.8	92381	41.59	47.44
2	8.56E+05	1.08E+06	3.6	77800	39.6	50.12
3	8.46E+05	1.07E+06	3.6	63595	47.9	60.59
4	8.44E+05	1.05E+06	3.6	49390	61.48	76.47
5	8.42E+05	1.02E+06	3.6	35186	86.16	104.67
6	8.11E+05	9.58E+05	3.6	20981	139.09	164.35
7	4.89E+05	5.80E+05	3.6	7218	243.75	289.17

该结构刚重比 $D_i \cdot H_i / G_i$ 大于 10，能够通过《高规》第 5.4.4 的整体稳定验算；

该结构刚重比 $D_i \cdot H_i / G_i$ 大于 20，可以不考虑重力二阶效应。

（2）电算结果的判别与调整要点

1）按照《高规》第 5.4.1 计算等效侧向刚度。

2）对于剪切型的框架结构，当刚重比大于 10 时，则结构重力二阶效应可控制在 20％以内，结构的稳定已经具有一定的安全储备；当刚重比大于 20 时，重力二阶效应对结构的影响已经很小，故规范规定此时可以不考虑重力二阶效应。

3）对于弯剪型的剪力墙结构、框剪结构、筒体结构，当刚重比大于 1.4 时，结构能够保持整体稳定；当刚重比大于 2.7 时，重力二阶效应导致的内力和位移增量仅在 5％左右，故规范规定此时可以不考虑重力二阶效应。

4）高层建筑的高宽比满足限值时，可不进行稳定验算，否则应进行。

5）当高层建筑的稳定不满足上述规定时，应调整并增大结构的侧向刚度。

7.2.6 剪重比验算

（1）规范条文

《抗规》第 5.2.5 和《高规》第 4.3.12 条规定，抗震验算时，结构任一楼层的水平地震剪力不应小于下表给出的最小地震剪力系数 λ。

各种结构最小剪力系数 表 7-5

类 别	6 度	7 度	8 度	9 度
扭转效应明显或基本周期小于 3.5s 的结构	0.008	0.016（0.024）	0.032（0.048）	0.064
基本周期大于 5.0s 的结构	0.006	0.012（0.018）	0.024（0.036）	0.048

注：1. 基本周期介于 3.5s 和 5.0s 之间的结构，应允许线性插入取值；

2. 7、8 时括号内数值分别用于设计基本地震加速度为 0.15g 和 0.30g 的地区。

剪重比即最小地震剪力系数 λ，主要是控制各楼层最小地震剪力，尤其是对于基本周期大于 3.5s 的结构，以及存在薄弱层的结构，出于对结构安全的考虑，规范增加了对剪重比的要求。

在 WZQ. OUT 文件里面可以得到：

X 向楼层剪重比 表 7-6

层 号	塔 号	每层地震作用	楼层剪力	分塔剪重比	整层剪重比	弯 矩	X 向地震作用
7	1	508.1	508.10	7.04％	7.04％	1829.17	1146.21
6	1	767.54	1232.34	5.87％	5.87％	6198.45	1157.55
5	1	686.78	1836.31	5.22％	5.22％	12672.15	1006.08
4	1	641.46	2322.77	4.70％	4.70％	20776.27	817.44
3	1	624.41	2727.01	4.29％	4.29％	30175.26	628.8
2	1	580.68	3057.69	3.93％	3.93％	40616.54	440.16
1	1	454.32	3285.07	3.56％	3.56％	55617.48	258.19

Y 向楼层剪重比 表 7-7

层 号	塔 号	每层地震力	楼层剪力	分塔剪重比	整层剪重比	弯 矩	Y 向地震作用
7	1	521.19	521.19	7.22％	7.22％	1876.29	1213.16
6	1	820.63	1313.14	6.26％	6.26％	6558.07	1274.93
5	1	735.12	1981.51	5.63％	5.63％	13584.2	1108.1
4	1	677.29	2523.90	5.11％	5.11％	22449.76	900.34
3	1	647.72	2972.07	4.67％	4.67％	32777.66	692.57
2	1	598.95	3335.60	4.29％	4.29％	44267.99	484.8
1	1	470.14	3588.97	3.88％	3.88％	60773.29	284.37

《抗规》第 5.2.5 条要求的 X 向楼层最小剪重比＝1.60％（0.016），满足要求。Y 向楼层最小剪重比＝1.60％（0.016），满足要求。

（2）电算结果的判别与调整要点

1）对于竖向不规则结构的薄弱层的水平地震剪力应增大 1.15 倍，即上表中楼层最小剪力系数 λ 应乘以 1.15 倍。当周期介于 3.5s 和 5.0s 之间时，可对于上表采用插入法求值。

2）对于一般高层建筑而言，结构剪重比底层为最小，顶层最大，故实际工程中，结构剪重比由底层控制，由下到上，哪层的地震剪力不够，就放大哪层的设计地震内力。

3）各层地震内力自动放大与否在调整信息栏设开关；如果用户考虑自动放大，SAT-WE 将在 WZQ.OUT 中输出程序内部采用的放大系数。

4）六度区剪重比可在 0.7％～1％之间取。若剪重比过小，均为构造配筋，说明底部剪力过小，要对构件截面大小、周期折减等进行检查；若剪重比过大，说明底部剪力很大，也应检查结构模型，参数设置是否正确或结构布置是否太刚。

7.2.7 轴压比及挠度验算

（1）规范条文

《混凝土规》第 11.4.16 条、《抗规》第 6.3.6 条、《高规》第 6.4.2 条同时规定：柱轴压比不宜超过下表中限值。

表 7-8

柱轴压比限值

结构类型	抗震等级			
	一	二	三	四
框架结构	0.65	0.75	0.85	0.90
框架-抗震墙，板柱-抗震墙、框架核心筒及筒中筒	0.75	0.85	0.90	0.95
部分框支抗震墙	0.6	0.7	—	

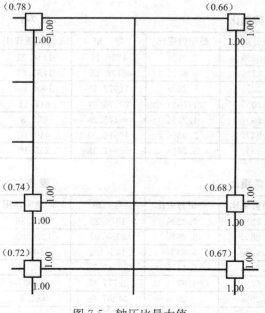

图 7-5 轴压比最大值

柱（墙）轴压比 $N/(f_cA)$ 指柱（墙）轴压力设计值与柱（墙）的全截面面积和混凝土轴心抗压强度设计值乘积之比。它是影响墙柱抗震性能的主要因素之一，为了使柱（墙）具有很好的延性和耗能能力，规范采取的措施之一就是限制轴压比。

在图形文件输出的第 3 个选项里面可以找到轴压比的图形输出结果，也可以在混凝土构件配筋、钢构件验算输出文件（WPJ*.OUT）里面找到轴压比的文本文件输出结果。第一层的轴压比最大，第一层的轴压比的最大值见图 7-5 所示。

从图 7-5 可知，轴压比的最大值为 0.78，大于规范规定的 0.75 这个限值，不满足要求。提高混凝土等级、增大柱截面均可解决此问题。

（2）电算结果的判别与调整要点

1）抗震等级越高的建筑结构，其延性要求也越高，因此对轴压比的限制也越严格。对于框支柱、一字形剪力墙等情况而言，则要求更严格。抗震等级低或非抗震时可适当放松，但任何情况下不得小于1.05。

2）限制墙柱的轴压比，通常取底截面（最大轴力处）进行验算，若截面尺寸或混凝土强度等级变化时，还验算该位置的轴压比。SATWE验算结果，当计算结果与规范不符时，轴压比数值会自动以红色字符显示。

3）需要说明的是，对于墙肢轴压比的计算时，规范取用重力荷载代表值作用下产生的轴压力设计值（即在永久荷载效应起控制作用时，永久荷载分项系数取1.35、可变荷载分项系数取1.4×0.7；在可变荷载起控制作用时，永久荷载分项系数取1.2，可变荷载分项系数取1.4）来计算其名义轴压比，是为了保证地震作用下的墙肢具有足够的延性，避免受压区过大而出现小偏压的情况，而对于截面复杂的墙肢来说，计算受压区高度非常困难，故作以上简化计算。

4）试验证明，混凝土强度等级、箍筋配置的形式与数量，均与柱的轴压比有密切的关系。因此，规范针对情况的不同，对柱的轴压比限值作了适当的调整。

5）当墙肢的轴压比虽未超过上表中限值，但又数值较大时，可在墙肢边缘应力较大的部位设置边缘构件，以提高墙肢端部混凝土极限压应变，改善剪力墙的延性。当为一级抗震（9度）时的墙肢轴压比大于0.1，一级（7、8度）大于0.2，二、三级大于0.3时，应设置约束边缘构件，否则可设置构造边缘构件，程序对底部加强部位及其上一层所有墙肢端部均按约束边缘构件考虑。

6）地下一层抗震等级同上部结构，地下二层以下可降一级考虑，故轴压比限值不同。超限时，可通过复合箍筋来提高轴压比的限值。

挠度值是按梁的弹性刚度和短期作用效应组合计算的，未考虑长期作用效应的影响。根据《混凝土结构设计规范》表3.4.3知："当构件跨度$l_0 < 7m$时，挠度限制为$l_0/200$"。

在图形文件输出的第3个选项里面可以找到轴压比的图形输出结果，也可以在混凝土构件配筋、钢构件验算输出文件（WPJ $*$ .OUT）里面找到轴压比的文本文件输出结果。经比较发现，第一层的某6600mm长的梁挠度最大，挠度最大值为7.22mm，小于$l_0/200 = 6600/200 = 33mm$，满足要求。

以上仅从规范条文及软件运用的角度对高层结构设计中非常重要的"七个比"进行对照理解，然而规范条文终究有其局限性，只能针对一些普通、典型的情况提出要求，软件的模拟计算与实际情况也有一定的差距，因此，对于千变万化的实际工程，需要结构工程师运用概念设计的要求，做出具体分析和采取具体措施，避免采用严重不规则结构。对于某些建筑功能极其复杂，结构平面或竖向不规则的高层结构，以上比值可能会出现超过规范限制的情况，这时必须进行概念设计，尽可能对原结构方案作出调整或采取有效措施予以弥补。

其实，高层结构设计除上述"七个比"需很好控制以外，还有很多"比值"需要结构设计人员在具体工程的设计中认真地去对待，很好地加以控制，如高层建筑高宽比，结构与构件的延性比、梁柱的剪跨比、剪压比，柱倾覆力矩与总倾覆力矩之比等等。它们对于实现"强剪弱弯"、"强墙肢弱连梁"、"小震不坏，中震可修，大震不倒"的设计理念均起着重要作用。

7.3 手算与电算结果的对比分析

前文着重介绍了在毕业设计中利用 PMCAD 建模、SATWE 计算分析的过程，并对计算结果进行了初步的分析和判断。接下来，对于第⑦榀横向框架，将电算结果同手算结果进行对比分析，以评估手算成果的精度和电算成果的合理性。

7.3.1 电算荷载与手算荷载的比较

手算永久荷载、可变荷载、风荷载、地震作用如图 7-6～图 7-9 所示。

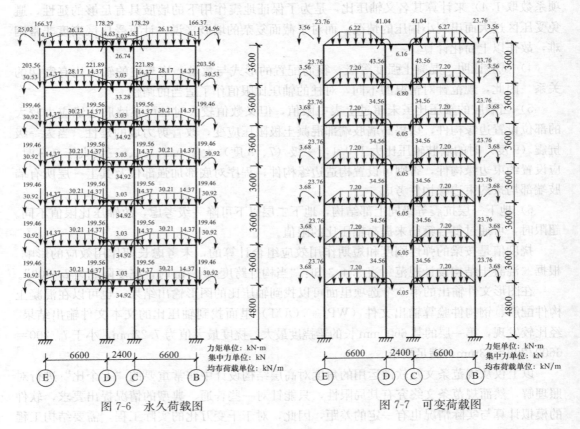

图 7-6　永久荷载图　　　　　　　　　　图 7-7　可变荷载图

（1）永久荷载

将电算导荷结果同手算荷载结果如表 7-9 所示：

由于电算"永久荷载图"中显示的并不是真正意义上的永久荷载，而是未包括"梁、柱自重"组分的"永久荷载"。显示的永久荷载只包括"板自重"与"墙自重"。"梁、柱自重"组分会在"内力计算与结构分析"中于与考虑（根据梁、柱截面与材料容重计算）。所以在下表的比较中，"电算结果"中已经人工加上了梁、柱自重的部分。其中：中间层横向框架梁（6600mm 跨）自重：4.63kN/m，横向框架梁（2400mm 跨）自重：3.03kN/m。

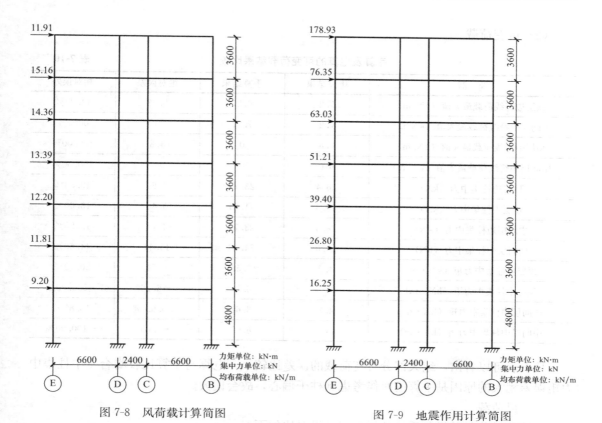

图 7-8　风荷载计算简图　　　　　　图 7-9　地震作用计算简图

手算及电算的永久荷载结果比较　　　　　　　表 7-9

荷　载	电算结果	手算结果	绝对误差	相对误差
顶层边跨线荷载最大值（kN/m）	24.70	24.66	0.04	0.16%
中间层边跨线荷载最大值（kN/m）	25.50	25.58	−0.08	−0.31%
顶层中跨线荷载最大值（kN/m）	16.4	3.03	13.37	81.52%
中间层中跨线荷载最大值（kN/m）	10.6	3.03	7.57	71.42%
顶层边柱集中力（kN）	166.4	166.37	0.03	0.02%
顶层中柱集中力（kN）	207.1	178.29	28.81	16.16%
中间层边柱集中力（kN）	207.6	221.89	−14.29	−6.44%
中间层中柱集中力（kN）	237.8	203.56	34.24	16.82%
顶层边柱集中力矩（kN·m）	25	25.02	−0.02	−0.08%
顶层中柱集中力矩（kN·m）	0	26.74	−26.74	−100.00%
中间层边柱集中力矩（kN·m）	31.10	30.92	0.18	0.58%
中间层中柱集中力矩（kN·m）	0	34.92	−34.92	−100.00%

　　从上表可以看出，永久荷载的误差比较小。电算与手算比较吻合。中柱集中力矩误差稍大的原因是手算的时候考虑到柱子偏心，故会偏大。

（2）可变荷载

手算及电算的可变荷载结果比较　　　　　　表 7-10

荷载	电算结果	手算结果	绝对误差	相对误差
顶层边跨线荷载最大值（kN/m）	7.2	6.27	0.93	14.83%
中间层边跨线荷载最大值（kN/m）	7.2	7.20	0	0.00%
顶层中跨线荷载最大值（kN/m）	4.8	0	4.8	100.00%
中间层中跨线荷载最大值（kN/m）	6.0	0	6	100.00%
顶层边柱集中力（kN）	28.4	23.76	4.64	19.53%
顶层中柱集中力（kN）	46.5	41.04	5.46	13.30%
中间层边柱集中力（kN）	28.5	23.76	4.74	19.95%
中间层中柱集中力（kN）	50.0	34.56	15.44	44.68%
顶层边柱集中力矩（kN·m）	4.3	3.56	0.74	20.79%
顶层中柱集中力矩（kN·m）	0	6.16	−6.16	−100.00%
中间层边柱集中力矩（kN·m）	4.3	3.68	0.62	16.85%
中间层中柱集中力矩（kN·m）	0	6.05	−6.05	−100.00%

从上表可以看出，绝大部分可变荷载的误差比较小。电算与手算比较吻合。中柱集中力矩误差稍大的原因是手算的时候考虑到柱子偏心，故会偏大。

（3）风荷载

电算的风荷载结果与手算的风荷载结果对比如下：

风荷载结果比较　　　　　　表 7-11

楼层	电算结果（kN）	手算结果（kN）	绝对误差	相对误差
一层	8.90	9.20	−0.3	−3.26%
二层	13.39	11.81	1.58	13.38%
三层	12.09	12.20	−0.11	−0.91%
四层	10.75	13.39	−2.64	−24.56%
五层	10.08	14.36	−4.28	−29.81%
六层	9.51	15.16	−5.65	−37.27%
七层	11.88	11.91	−0.03	−0.25%

注：电算的风荷载是根据 WMASS.OUT 文件里面的每层总风荷载按照迎风面积大小分到第⑦榀框架计来的。

从上表中可以发现，风载电算与手算误差很小，十分吻合。说明电算合理，手算比较精确。第一层风载电算比手算略大，这是因为电算取的第一层高度为 4.8m，是从基础顶面算起的，而手算取为 4.1m，是从地面处开始算起的。手算结果更准确一些，因为实际上地面以下是没有风荷载的。

（4）地震作用

电算的地震作用结果与手算的风荷载结果对比如下：

地震作用结果比较   表 7-12

楼 层	电算结果（kN）	手算结果（kN）	绝对误差	相对误差
一层	52.12	16.25	35.87	220.74%
二层	82.06	26.80	55.26	206.19%
三层	73.51	39.40	34.11	46.40%
四层	67.73	51.21	16.52	24.39%
五层	64.77	63.03	1.74	2.76%
六层	59.90	76.35	−16.45	−21.55%
七层	47.01	178.93	−131.92	−73.73%

注：电算的风荷载是根据 WZQ.OUT 文件里面的每层总地震作用按照与每榀框架的刚度大小成正比的方法分到第⑦榀框架来的。

1～5 层电算比手算的地震作用结果要大，并且误差越来越小；6～7 层电算比手算的地震作用结果要小。总体来说，电算的各层地震作用之和为 447.1kN，手算的各层地震作用之和为 451.97kN，电算略小于手算的各层地震作用之和，这也能部分解释 6～7 层电算比手算的地震作用结果要大。究其深层次原因，主要是手算采用的是底部剪力法计算地震作用，只考虑到了基本自振周期的影响，而电算采用的是 CQC 法计算地震作用，考虑了 21 阶自振周期的影响，故电算结果会偏大一点。顶层手算结果比电算结果大很多，这是因为考虑了鞭梢效应，将顶层地震作用扩大了。

理论上讲，PKPM 无法考虑填充墙对结构刚度的影响，也就无法考虑填充墙对结构自振周期的影响，所以 PKPM 计算出来的结构自振周期偏大，尽管用周期折减系数来改进了这一不足，还是会因此导致地震作用比实际地震作用偏小。但是，手算的时候同样没有考虑填充墙的影响，故填充墙的因素应该不会影响到地震作用手算和电算的结果（前提条件是：手算和电算采用了同样的周期折减系数）。

7.3.2 电算内力与手算内力对比分析

手算的内力结果如图 7-10～图 7-13 所示，电算的内力结果如图 7-14～图 7-17 所示：

(1) 永久荷载内力

比较手算和电算的弯矩图后可以发现，差别较小。因为 PK 是采用经典结构力学的求解方法求解永久荷载弯矩，所以可以认为是精确解。而手算是利用"迭代法"近似求解永久荷载弯矩的，精确度也很高。由对比可知，"迭代法"满足实际工程的精度要求，手算结果正确无误。电算结果合理。

(2) 可变荷载内力

PK 处理可变荷载与手算时，特别是像本例这样的高层建筑结构，一般均不严格考虑可变荷载的最不利布置对内力的影响，而是将可变荷载满布于结构之上，算出结构的反应（弯矩、剪力、轴力），然后将该反应人为放大 1.1～1.2 倍，由此来考虑可变荷载最不利布置对结构的影响。

比较手算和电算的弯矩图后可以发现，差别也较小。由对比可知：手算可变荷载（满布）内力无误，精度符合要求；电算结果合理。

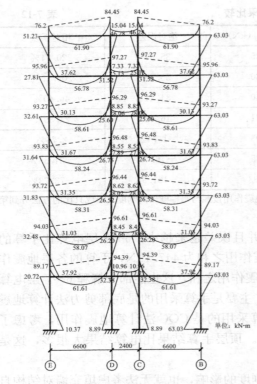

图 7-10 永久荷载作用下弯矩图（手算）

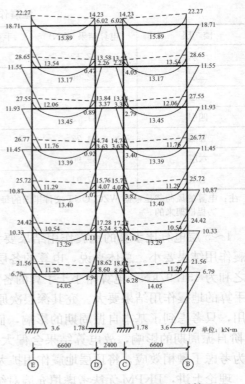

图 7-11 可变荷载弯矩图（手算）

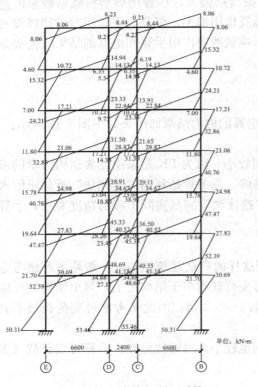

图 7-12 左风载弯矩图（手算）

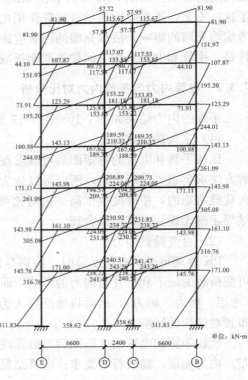

图 7-13 左震弯矩图（手算）

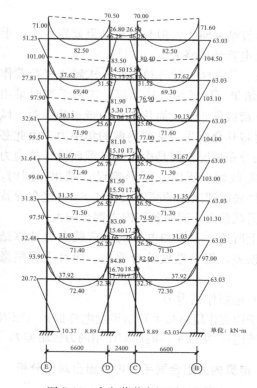

图 7-14 永久荷载弯矩图（电算）

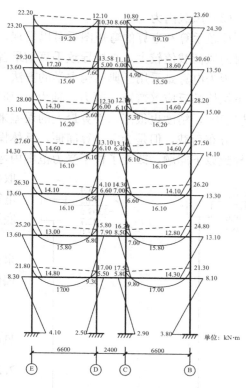

图 7-15 可变荷载弯矩图（电算）

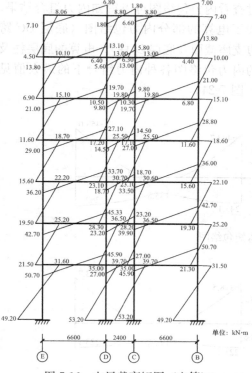

图 7-16 左风载弯矩图（电算）

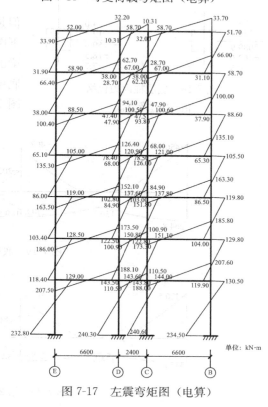

图 7-17 左震弯矩图（电算）

（3）风载内力

比较手算和电算的弯矩图后可以发现，手算算结果略大，但与电算结果差别很小。手算时的风荷载值较大，直接导致手算结果普遍比电算结果略大。

因为电算是采用经典结构力学的方法（力法、位移法、矩阵位移法）求解水平荷载作用下结构的反应（弯矩、剪力、轴力），所以其结果可以认为是精确解。工程手算时采用"迭代法"，精度也很高。手算最大的误差来自于荷载分布形式简化过程中带来的误差。风载为分布荷载，但是为了计算简便，具体操作时将其合成为一系列离散的集中力。由此必然导致以下问题：改变了柱子受力范围内弯矩的分布情况。但是由于指导截面设计的内力取自于端截面，所以并不影响设计结果；同时，电算时将底层迎风面的高度设为 4.8m，这会导致底层风荷载偏大，同时各层内力都会偏大。

综上所述，手算和电算的风荷载内力计算结果虽有误差，但是精度符合要求，而且手算稍微偏保守。

（4）地震作用内力

由于地震作用总和手算结果比电算偏大（原因见前文所述），所以手算的地震作用内力也略偏大。

7.3.3 电算内力组合同手算内力组合对比分析

PKPM 中没有专门的模块输出内力组合结果，但是通过查看内力包络图可以得知内力组合结果。下图展现了电算的部分内力包络图（底层 *BC* 跨梁的左边支座截面及底层 *D* 柱）。电算的底层柱及底层梁的内力包络图各种内力组合下的最大值见图 7-18～图 7-24。

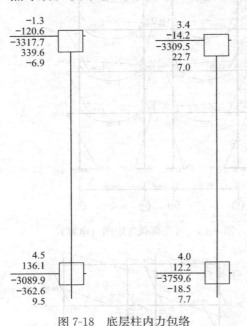

图 7-18　底层柱内力包络值 M_{xmax} 及 N_{max}

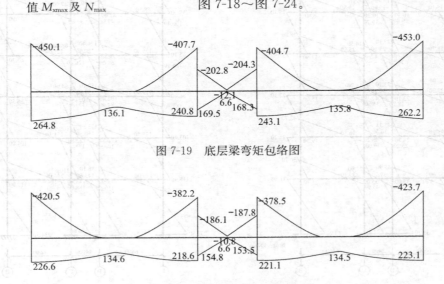

图 7-19　底层梁弯矩包络图

图 7-20　第 2 层梁弯矩包络图

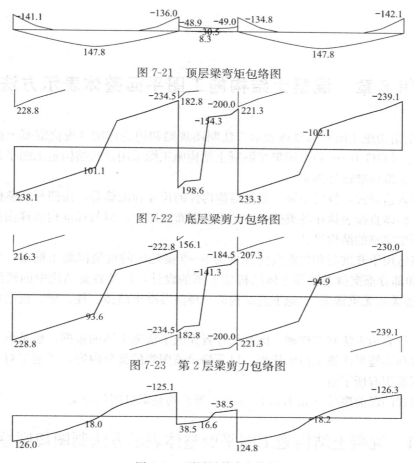

图 7-21　顶层梁弯矩包络图

图 7-22　底层梁剪力包络图

图 7-23　第 2 层梁剪力包络图

图 7-24　顶层梁剪力包络图

以底层 BC 跨左边支座截面以及 D 柱下端截面的内力组合值为例，与电算的内力包络值进行比较。

手算的 BC 跨左边支座截面的 M_{min} 为 -457.44 kN·m，M_{max} 为 300.28 kN·m。在电算的弯矩包络图里面，BC 跨左边支座截面的 M_{min} 为 -450.1 kN·m，M_{max} 为 264.8 kN·m。手算结果的绝对值均比电算的略大，但 M_{min} 的相对误差为 1.60%，M_{max} 的相对误差为 11.82%，误差可以接受。

手算的 BC 跨左边支座截面的 $|V|_{max}$ 为 383.45 kN。在电算的弯矩包络图里面，BC 跨左边支座截面的 $|V|_{max}$ 为 238.1 kN。电算结果的绝对值比手算的小。说明此时手算内力组合结果偏保守。

底层 D 柱下端截面手算的轴力绝对值最大值为 3534.46 kN，电算的轴力绝对值最大值为 3759.6 kN。电算结果的绝对值比手算的大。说明此时电算内力组合结果偏保守。

底层 D 柱下端截面手算的弯矩绝对值最大值为 476.21 kN·m，电算的弯矩绝对值最大值为 362.6 kN·m。电算结果的绝对值比手算的小。说明此时手算内力组合结果偏保守。

比较其他截面的内力组合后的结果，也可以得出相同的结论：总体看来，手算的比电算算的内力组合值略大，说明手算结果是偏于保守的，同时电算结果是合理的。

第8章 混凝土结构施工图平面整体表示方法

《混凝土结构施工图平面整体表示方法制图规则和构造详图（现浇混凝土框架、剪力墙、梁、板）（11G 101—1）》图集是混凝土结构施工图采用建筑结构施工图平面整体设计方法的国家建筑标准设计图集。

平法的表达形式，概括来讲，是把结构构件的尺寸和配筋等，按照平面整体表示方法制图规则，整体直接表达在各类构件的结构平面布置图上，再与标准构造详图相配合，即构成一套新型完整的结构设计。

本图集适用于非抗震和抗震设防烈度为6～9度地区的现浇混凝土框架、剪力墙、框架-剪力墙和部分框支剪力墙等主体结构施工图的设计，以及各类结构中的现浇混凝土板（包括有梁楼盖和无梁楼盖）、地下室结构部分现浇混凝土墙体、柱、梁、板结构施工图的设计。

平面整体表示方法制图规则，既是设计者完成平法施工图的依据，也是施工、监理人员准确理解和实施平法施工图的依据。以下摘录该图集的部分内容，以便于对平面整体表示方法制图规则有所了解。

以下出现的段前序号（如1.0.1，1.0.2等）均是取自图集原文。

8.1 混凝土结构施工图平面整体表示方法制图规则总则

1.0.1 为了规范使用建筑结构施工图平面整体设计方法，保证按平法设计绘制的结构施工图实现全国统一，确保设计、施工质量，特制定本制图规则。

1.0.2 本图集制图规则适用于基础顶面以上各种现浇混凝土结构的框架、剪力墙、梁、板（有梁楼盖和无梁楼盖）等构件的结构施工图设计。楼板部分也适用于砌体结构。

1.0.3 当采用本制图规则时，除遵守本图集有关规定外，还应符合国家现行有关标准。

1.0.4 按平法设计绘制的施工图，一般是由各类结构构件的平法施工图和标准构造详图两大部分构成，但对于复杂的工业与民用建筑，尚需增加模板、开洞和预埋件等平面图。只有在特殊情况下才需增加剖面配筋图。

1.0.5 按平法设计绘制结构施工图时，必须根据具体工程设计，按照各类构件的平法制图规则，在按结构（标准）层绘制的平面布置图上直接表示各构件的尺寸、配筋。出图时，宜按基础、柱、剪力墙、梁、板、楼梯及其他构件的顺序排列。

1.0.6 在平面布置图上表示各构件尺寸和配筋的方式，分平面注写方式、列表注写方式和截面注写方式三种。

1.0.7 按平法设计绘制结构施工图时，应将所有柱、剪力墙、梁和板等构件进行编号，编号中含有类型代号和序号等。其中，类型代号的主要作用是指明所选用的标准构造详图；在标准构造详图上，已经按其所属构件类型注明代号，以明确该详图与平法施工图中该类型构件的互补关系，使两者结合构成完整的结构设计图。

1.0.8 按平法设计绘制结构施工图时，应当用表格或其他方式注明包括地下和地上各层的结构层楼（地）面标高、结构层高及相应的结构层号。

其结构层楼面标高和结构层高在单项工程中必须统一，以保证基础、柱与墙、梁、板、楼梯等用同一标准竖向定位。为施工方便，应将统一的结构层楼面标高和结构层高分别放在柱、墙、梁等各类构件的平法施工图中。

注：结构层楼面标高系指将建筑图中的各层地面和楼面标高值扣除建筑面层及垫层做法厚度后的标高，结构层号应与建筑楼层号对应一致。

1.0.9 为了确保施工人员准确无误地按平法施工图进行施工，在具体工程施工图中必须写明以下与平法施工图密切相关的内容：

1. 注明所选用平法标准图的图集号（如本图集号为 11G101-1），以免图集升版后在施工中用错版本。

2. 写明混凝土结构的设计使用年限。

3. 当抗震设计时，应写明抗震设防烈度及抗震等级，以明确选用相应抗震等级的标准构造详图；当非抗震设计时，也应注明，以明确选用非抗震的标准构造详图。

4. 写明各类构件在不同部位所选用的混凝土的强度等级和钢筋级别，以确定相应纵向受拉钢筋的最小锚固长度及最小搭接长度等。

当采用机械锚固形式时，设计者应指定机械锚固的具体形式、必要的构件尺寸以及质量要求。

5. 当标准构造详图有多种可选择的构造做法时写明在何部位选用何种构造做法。当未写明时，则为设计人员自动授权施工人员可以任选一种构造做法进行施工。而某些节点要求设计者必须写明在何部位选用何种构造做法。

6. 写明柱（包括墙柱）纵筋、墙身分布筋、梁上部贯通筋等在具体工程中需接长时所采用的连接形式及有关要求。必要时，尚应注明对接头的性能要求。

轴心受拉及小偏心受拉构件的纵向受力钢筋不得采用绑扎搭接，设计者应在平法施工图中注明其平面位置及层数。

7. 写明结构不同部位所处的环境类别。

8. 注明上部结构的嵌固部位位置。

9. 设置后浇带时，注明后浇带的位置、浇筑时间和后浇混凝土的强度等级以及其他特殊要求。

10. 当柱、墙或梁与填充墙需要拉结时，其构造详图应由设计者根据墙体材料和规范要求选用相关国家建筑标准设计图集或自行绘制。

11. 当具体工程需要对本图集的标准构造详图做局部变更时，应注明变更的具体内容。

12. 当具体工程中有特殊要求时，应在施工图中另加说明。

1.0.10 钢筋的混凝土保护层厚度、钢筋搭接和锚固长度，除在结构施工图中另注明者外，均需按本图集标准构造详图中的有关构造规定执行。

8.2 柱平法施工图制图规则

8.2.1 柱平法施工图的表示方法

2.1.1 柱平法施工图系在柱平面布置图上采用列表注写方式或截面注写方式表达。

2.1.2 柱平面布置图，可采用适当比例单独绘制，也可与剪力墙平面布置图合并绘制。

2.1.3 在柱平法施工图中，应按本规则第 1.0.8 条的规定注明各结构层的楼面标高、结构层高及相应的结构层号，尚应注明上部结构嵌固部位位置。

8.2.2 列表注写方式

2.2.1 列表注写方式，系在柱平面布置图上（一般只需采用适当比例绘制一张柱平面布置图，包括框架柱、框支柱、梁上柱和剪力墙上柱），分别在同一编号的柱中选择一个（有时需要选择几个）截面标注几何参数代号；在柱表中注写柱编号、柱段起止标高、几何尺寸（含柱截面对轴线的偏心情况）与配筋的具体数值，并配以各种柱截面形状及其箍筋类型图的方式，来表达柱平法施工图（如本图集第 11 页图所示）。

2.2.2 柱表注写内容规定如下：

1. 注写柱编号，柱编号由类型代号和序号组成，应符合表 8-1 的规定。

表 8-1

柱编号

柱类型	代 号	序 号
框架柱	KZ	××
框支柱	KZZ	××
芯柱	XZ	××
梁上柱	LZ	××
剪力墙上柱	QZ	××

注：编号时，当柱的总高、分段截面尺寸和配筋均对应相同，仅截面与轴线的关系不同时，仍可将其编为同一柱号，但应在图中注明截面与轴线的关系。

2. 注写各段柱的起止标高，自柱根部往上以变截面位置或截面未变但配筋改变处为界分段注写。框架柱和框支柱的根部标高系指基础顶面标高；芯柱的根部标高系指根据结构实际需要而定的起始位置标高；梁上柱的根部标高系指梁顶面标高；剪力墙上柱的根部标高为墙顶面标高。

3. 对于矩形柱，注写柱截面尺寸 $b \times h$ 及与轴线关系的几何参数代号 b_1、b_2 和 h_1、h_2 的具体数值，需对应于各段柱分别注写。其中 $b=b_1+b_2$，$h=h_1+h_2$。当截面的某一边收缩变化至与轴线重合或偏到轴线的另一侧时，b_1、b_2、h_1、h_2 中的某项为零或为负值。

对于圆柱，表中 $b \times h$ 一栏改用在圆柱直径数字前加 d 表示。为表达简单，圆柱截面与轴线的关系也用 b_1、b_2 和 h_1、h_2 表示，并使 $d=b_1+b_2=h_1+h_2$。

对于芯柱，根据结构需要，可以在某些框架柱的一定高度范围内，在其内部的中心位置设置（分别引注其柱编号）。芯柱截面尺寸按构造确定，并按本图集标准构造详图施工，设计不需注写；当设计者采用与本构造详图不同的做法时，应另行注明。芯柱定位随框架柱，不需要注写其与轴线的几何关系。

4. 注写柱纵筋。当柱纵筋直径相同，各边根数也相同时（包括矩形柱、圆柱和芯柱），将纵筋注写在"全部纵筋"一栏中；除此之外，柱纵筋分角筋、截面 b 边中部筋和 h 边中部筋三项分别注写（对于采用对称配筋的矩形截面柱，可仅注写一侧中部筋，对称边省略不注）。

5. 注写箍筋类型号及箍筋肢数，在箍筋类型栏内注写按本图集第 2.2.3 条规定的箍筋类型号与肢数。

6. 注写柱箍筋，包括钢筋级别、直径与间距。

当为抗震设计时，用斜线"/"区分柱端箍筋加密区与柱身非加密区长度范围内箍筋的不同间距。施工人员需根据标准构造详图的规定，在规定的几种长度值中取其最大者作为加密区长度。当框架节点核芯区内箍筋与柱端箍筋设置不同时，应在括号中注明核芯区箍筋直径及间距。

【例】Φ10@100/250，表示箍筋为 HPB300 级钢筋，直径Φ10，加密区间距为 100，非加密区间距为 250。

Φ10@100/250（Φ12@100），表示柱中箍筋为 HPB300 级钢筋，直径Φ10，加密区间距为 100，非加密区间距为 250。框架节点核芯区箍筋为 HPB300 级钢筋，直径Φ12，间距为 100。

当箍筋沿柱全高为一种间距时，则不使用"/"线。

【例】Φ10@100，表示沿柱全高范围内箍筋均为 HPB300 级钢筋，直径Φ10，间距为 100。

当圆柱采用螺旋箍筋时，需在箍筋前加"L"。

【例】LΦ10@100/200，表示采用螺旋箍筋，HPB300 级钢筋，直径Φ10，加密区间距为 100，非加密区间距为 200。

2.2.3 具体工程所设计的各种箍筋类型图以及箍筋复合的具体方式，需画在表的上部或图中的适当位置，并在其上标注与表中相对应的 b、h 和类型号。

注：当为抗震设计时，确定箍筋肢数时要满足对柱纵筋"隔一拉一"以及箍筋肢距的要求。

8.2.3 截面注写方式

2.3.1 截面注写方式，系在柱平面布置图的柱截面上，分别在同一编号的柱中选择一个截面，以直接注写截面尺寸和配筋具体数值的方式来表达柱平法施工图。

2.3.2 对除芯柱之外的所有柱截面按本规则第 2.2.2 条第 1 款的规定进行编号，从相同编号的柱中选择一个截面，按另一种比例原位放大绘制柱截面配筋图，并在各配筋图上继其编号后再注写截面尺寸 $b×h$、角筋或全部纵筋（当纵筋采用一种直径且能够图示清楚时）、箍筋的具体数值（箍筋的注写方式同本规则第 2.2.2 条第 6 款），以及在柱截面配筋图上标注柱截面与轴线关系 b_1、b_2、h_1、h_2 的具体数值。

当纵筋采用两种直径时，需再注写截面各边中部筋的具体数值（对于采用对称配筋的矩形截面柱，可仅在一侧注写中部筋，对称边省略不注）。

当在某些框架柱的一定高度范围内，在其内部的中心位设置芯柱时，首先按照本规则第 2.2.2 条第 1 款的规定进行编号，继其编号之后注写芯柱的起止标高、全部纵筋及箍筋的具体数值（箍筋的注写方式同本规则第 2.2.2 条第 6 款），芯柱截面尺寸按构造确定，并按标准构造详图施工，设计不注；当设计者采用与本构造详图不同的做法时，应另行注明。芯柱定位随框架柱，不需要注写其与轴线的几何关系。

2.3.3 在截面注写方式中，如柱的分段截面尺寸和配筋均相同，仅截面与轴线的关系不同时，可将其编为同一柱号。但此时应在未画配筋的柱截面上注写该柱截面与轴线关系的具体尺寸。

8.2.4 其他

2.4.1 当按本规则第2.1.2条的规定绘制柱平面布置图时，如果局部区域发生重叠、过挤现象，可在该区域采用另外一种比例绘制予以消除。

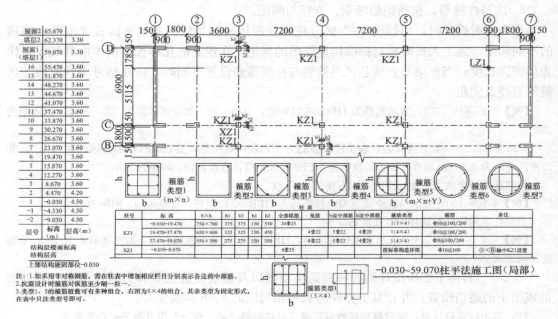

图 8-1 柱平法施工图列表注写方式示例

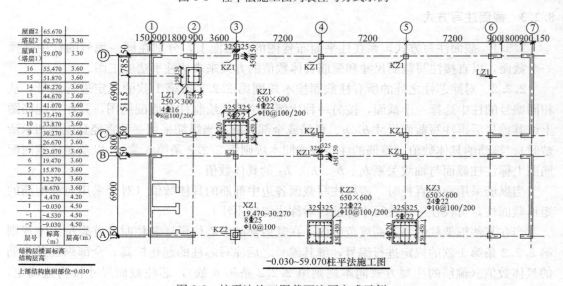

图 8-2 柱平法施工图截面注写方式示例

8.3 梁平法施工图制图规则

8.3.1 梁平法施工图的表示方法

4.1.1 梁平法施工图系在梁平面布置图上采用平面注写方式或截面注写方式表达。

4.1.2 梁平面布置图，应分别按梁的不同结构层（标准层），将全部梁和与其相关联的柱、墙、板一起采用适当比例绘制。

4.1.3 在梁平法施工图中，尚应按本规则第1.0.8条的规定注明各结构层的顶面标高及相应的结构层号。

4.1.4 对于轴线未居中的梁，应标注其偏心定位尺寸（贴柱边的梁可不注）。

8.3.2 平面注写方式

4.2.1 平面注写方式，系在梁平面布置图上，分别在不同编号的梁中各选一根梁，在其上注写截面尺寸和配筋具体数值的方式来表达梁平法施工图。

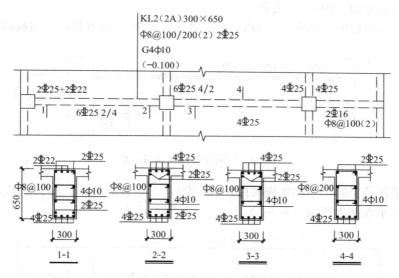

图 8-3 平面注写方式示例

注：本图四个梁截面系采用传统表示方法绘制，用于对比按平面注写方式表达的同样内容。实际采用平面注写方式表达时，不需绘制梁截面配筋图和图 8-3 中的相应截面号。

平面注写包括集中标注与原位标注，集中标注表达梁的通用数值，原位标注表达梁的特殊数值。当集中标注中的某项数值不适用于梁的某部位时，则将该项数值原位标注，施工时，原位标注取值优先（如图 8-3 所示）。

4.2.2 梁编号由梁类型代号、序号、跨数及有无悬挑代号几项组成，并应符合表 8-2 的规定。

梁编号

表 8-2

梁类型	代号	序号	跨数及是否带有悬挑
楼层框架梁	KL	××	(××)、(××A) 或 (××B)
屋面框架梁	WKL	××	(××)、(××A) 或 (××B)
框支梁	KZL	××	(××)、(××A) 或 (××B)
非框架梁	L	××	(××)、(××A) 或 (××B)
悬挑梁	XL	××	
井字梁	JZL	××	(××)、(××A) 或 (××B)

注：(××A) 为一端有悬挑，(××B) 为两端有悬挑，悬挑不计入跨数。

【例】 KL7 (5A) 表示第 7 号框架梁，5 跨，一端有悬挑；L9 (7B) 表示第 9 号非框架梁，7 跨，两端有悬挑。

4.2.3 梁集中标注的内容，有五项必注值及一项选注值（集中标注可以从梁的任意一跨引出），规定如下：

1. 梁编号，见表 8-2，该项为必注值。其中，对井字梁编号中关于跨数的规定见第 4.2.5 条。

2. 梁截面尺寸，该项为必注值。

当为等截面梁时，用 $b \times h$ 表示；

当为竖向加腋梁时，用 $b \times h$　$GYc_1 \times c_2$ 表示，其中 c_1 为腋长，c_2 为腋高（图 8-4）；

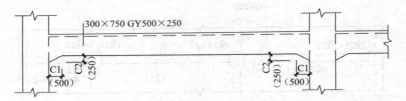

300×750 GY500×250

图 8-4　竖向加腋截面注写示意

当为水平加腋梁时，一侧加腋时用 $b \times h$　$PYc_1 \times c_2$ 表示，其中 c_1 为腋长，c_2 为腋宽，加腋部位应在平面图中绘制（图 8-5）；

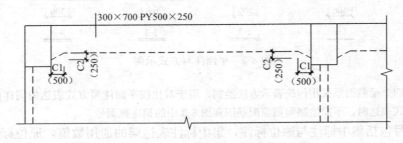

300×700 PY500×250

图 8-5　水平加腋截面注写示意

当有悬挑梁且根部和端部的高度不同时，用斜线分隔根部与端部的高度值，即为 $b \times h_1/h_2$（图 8-6）。

3. 梁箍筋，包括钢筋级别、直径、加密区与非加密区间距及肢数，该项为必注值。箍筋加密区与非加密区的不同间距及肢数需用斜线 "/" 分隔；当梁箍筋为同一种间距及

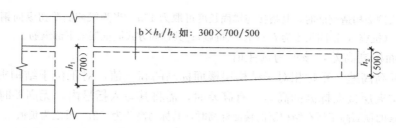

图 8-6　悬挑梁不等高截面注写示意

肢数时，则不需用斜线；当加密区与非加密区的箍筋肢数相同时，则将肢数注写一次；箍筋肢数应写在括号内。加密区范围见相应抗震等级的标准构造详图。

【例】φ10@100/200 (4)，表示箍筋为 HPB300 钢筋，直径φ10，加密区间距为 100，非加密区间距为 200，均为四肢箍。

φ8@100 (4) /150 (2)，表示箍筋为 HPB300 钢筋，直径φ8，加密区间距为 100，四肢箍；非加密区间距为 150，两肢箍。

当抗震设计中的非框架梁、悬挑梁、井字梁，及非抗震设计中的各类梁采用不同的箍筋间距及肢数时，也用斜线"/"将其分隔开来。注写时，先注写梁支座端部的箍筋（包括箍筋的箍数、钢筋级别、直径、间距与肢数），在斜线后注写梁跨中部分的箍筋间距及肢数。

【例】13φ10@150/200 (4)。表示箍筋为 HPB300 钢筋，直径φ10；梁的两端各有 13 个四肢箍，间距为 150；梁跨中部分，间距为 200，四肢箍。

18φ12@150 (4) /200 (2)，表示箍筋为 HPB300 钢筋，直径φ12；梁的两端各有 18 个四肢箍，间距为 150；梁跨中部分，间距为 200，双肢箍。

4. 梁上部通长筋或架立筋配置（通长筋可为相同或不同直径采用搭接连接、机械连接或焊接的钢筋），该项为必注值。所注规格与根数应根据结构受力要求及箍筋肢数等构造要求而定。当同排纵筋中既有通长筋又有架立筋时，应用加号"＋"将通长筋和架立筋相联。注写时需将角部纵筋写在加号的前面，架立筋写在加号后面的括号内，以示不同直径及与通长筋的区别。当全部采用架立筋时，则将其写入括号内。

【例】2⊈22 用于双肢箍；2⊈22＋(4φ12) 用于六肢箍，其中 2⊈22 为通长筋，4φ12 为架立筋。

当梁的上部纵筋和下部纵筋为全跨相同，且多数跨配筋相同时，此项可加注下部纵筋的配筋值，用分号";"将上部与下部纵筋的配筋值分隔开来，少数跨不同者，按本规则第 4.2.1 条的规定处理。

【例】3⊈22；3⊈20 表示梁的上部配置 3⊈22 的通长筋，梁的下部配置 3⊈20 的通长筋。

5. 梁侧面纵向构造钢筋或受扭钢筋配置，该项为必注值。当梁腹板高度 $h_w \geqslant 450$mm 时，需配置纵向构造钢筋，所注规格与根数应符合规范规定。此项注写值以大写字母 G 打头，接续注写设置在梁两个侧面的总配筋值，且对称配置。

【例】G4φ12，表示梁的两个侧面共配置 4φ12 的纵向构造钢筋，每侧各配置 2φ12。

当梁侧面需配置受扭纵向钢筋时，此项注写值以大写字母 N 打头，接续注写配置在梁两个侧面的总配筋值，且对称配置。受扭纵向钢筋应满足梁侧面纵向构造钢筋的间距要求，且不再重复配置纵向构造钢筋。

【例】N6⊈22，表示梁的两个侧面共配置 6⊈C22 的受扭纵向钢筋，每侧各配置 3⊈22。

注：当为梁侧面构造钢筋时，其搭接与锚固长度可取为 15d。当为梁侧面受扭纵向钢筋时，其搭接长度为 l_l 或 l_{lE}（抗震），锚固长度为 l_a 或 l_{aE}（抗震）；其锚固方式同框架梁下部纵筋。

6. 梁顶面标高高差，该项为选注值。

梁顶面标高高差，系指相对于结构层楼面标高的高差值，对于位于结构夹层的梁，则指相对于结构夹层楼面标高的高差。有高差时，需将其写入括号内，无高差时不注。

注：当某梁的顶面高于所在结构层的楼面标高时，其标高高差为正值，反之为负值。

【例】某结构标准层的楼面标高为 44.950m 和 48.250m，当某梁的梁顶面标高高差注写为（-0.050）时，即表明该梁顶面标高分别相对于 44.950m 和 48.250m 低 0.05m。

4.2.4 梁原位标注的内容规定如下：

1. 梁支座上部纵筋，该部位含通长筋在内的所有纵筋：

（1）当上部纵筋多于一排时，用斜线"/"将各排纵筋自上而下分开。

【例】梁支座上部纵筋注写为 6Φ25 4/2，则表示上一排纵筋为 4Φ25，下一排纵筋为 2Φ25。

（2）当同排纵筋有两种直径时，用加号"+"将两种直径的纵筋相联，注写时将角部纵筋写在前面。

【例】梁支座上部有四根纵筋，2Φ25 放在角部，2Φ22 放在中部，在梁支座上部应注写为 2Φ25+2Φ22。

（3）当梁中间支座两边的上部纵筋不同时，须在支座两边分别标注；当梁中间支座两边的上部纵筋相同时，可仅在支座的一边标注配筋值，另一边省去不注（图 8-7）。

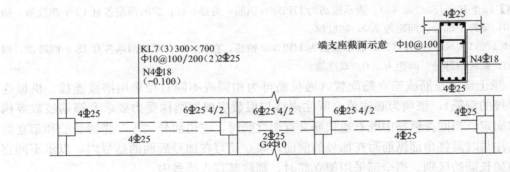

图 8-7 大小跨梁的注写示意

设计时应注意：

I. 对于支座两边不同配筋值的上部纵筋，宜尽可能选用相同直径（不同根数），使其贯穿支座，避免支座两边不同直径的上部纵筋均在支座内锚固。

II. 对于以边柱、角柱为端支座的屋面框架梁，当能够满足配筋截面面积要求时，其梁的上部钢筋应尽可能只配置一层，以避免梁柱纵筋在柱顶处因层数过多、密度过大导致不方便施工和影响混凝土浇筑质量。

2. 梁下部纵筋：

（1）当下部纵筋多于一排时，用斜线"/"将各排纵筋自上而下分开。

【例】梁下部纵筋注写为 6Φ25 2/4，则表示上一排纵筋为 2Φ25，下一排纵筋为 4Φ25，全部伸入支座。

（2）当同排纵筋有两种直径时，用加号"+"将两种直径的纵筋相联，注写时角筋写在前面。

（3）当梁下部纵筋不全部伸入支座时，将梁支座下部纵筋减少的数量写在括号内。

【例】梁下部纵筋注写为6⏀25 2（−2）/4，则表示上排纵筋为2⏀25，且不伸入支座；下一排纵筋为4⏀25，全部伸入支座。

梁下部纵筋注写为2⏀25 +3⏀22（−3）/5⏀25，表示上排纵筋为2⏀25和3⏀22，其中3⏀22不伸入支座；下一排纵筋为5⏀C25，全部伸入支座。

（4）当梁的集中标注中已按本规则第4.2.3条第4款的规定分别注写了梁上部和下部均为通长的纵筋值时，则不需在梁下部重复做原位标注。

（5）当梁设置竖向加腋时，加腋部位下部斜纵筋应在支座下部以Y打头注写在括号内（图8-8），本图集中框架梁竖向加腋构造适用于加腋部位参与框架梁计算，其余情况设计者应另行给出构造。当梁设置水平加腋时，水平加腋内上、下部斜纵筋应在加腋支座上部以Y打头注写在括号内，上下部斜纵筋之间用"/"分割（图8-9）。

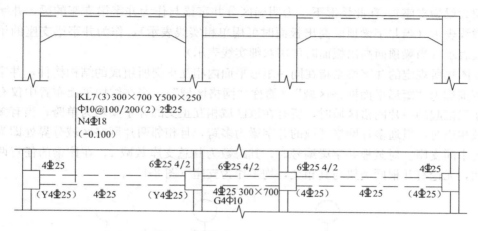

图 8-8　梁加腋平面注写表达示例

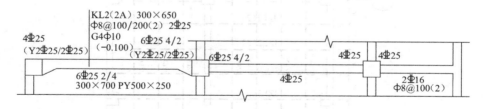

图 8-9　梁水平加腋平面注写表达示例

3. 当在梁上集中标注的内容（即梁截面尺寸、箍筋、上部通长筋或架立筋，梁侧面纵向构造钢筋或受扭纵向钢筋，以及梁顶面标高高差中的某一项或几项数值）不适用于某跨或某悬挑部分时，则将其不同数值原位标注在该跨或该悬挑部位，施工时应按原位标注数值取用。

当在多跨梁的集中标注中已注明加腋，而该梁某跨的根部却不需要加腋时，则应在该跨原位标注等截面的b×h，以修正集中标注中的加腋信息（图8-8）。

4. 附加箍筋或吊筋，将其直接画在平面图中的主梁上，用线引注总配筋值（附加箍筋的肢数注在括号内）（图8-10）。当多数附加箍筋或吊筋相同时，可在梁平法施工图上统一注明，少数与统一注明值不同时，再原位引注。

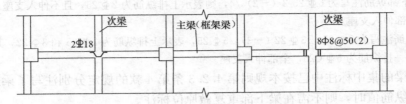

图 8-10 附加箍筋和吊筋的画法示例

施工时应注意：附加箍筋或吊筋的几何尺寸应按照标准构造详图，结合其所在位置的主梁和次梁的截面尺寸而定。

4.2.5 井字梁通常由非框架梁构成，并以框架梁为支座（特殊情况下以专门设置的非框架大梁为支座）。在此情况下，为明确区分井字梁与作为井字梁支座的梁，井字梁用单粗虚线表示（当井字梁顶面高出板面时可用单粗实线表示），作为井字梁支座的梁用双细虚线表示（当梁顶面高出板面时可用双细实线表示）。

本图集所规定的井字梁系指在同一矩形平面内相互正交所组成的结构构件，井字梁所分布范围称为"矩形平面网格区域"（简称"网格区域"）。当在结构平面布置中仅有由四根框架梁框起的一片网格区域时，所有在该区域相互正交的井字梁均为单跨；当有多片网格区域相连时，贯通多片网格区域的井字梁为多跨，且相邻两片网格区域分界处即为该井字梁的中间支座。对某根井字梁编号时，其跨数为其总支座数减1；在该梁的任意两个支座之间，无论有几根同类梁与其相交，均不作为支座（图8-11）。

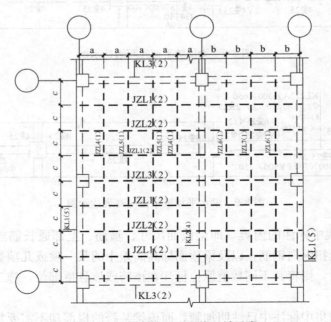

图 8-11 井字梁矩形网格区域示意

井字梁的注写规则见本节第4.2.1～4.2.4条规定。除此之外，设计者应注明纵横两个方向梁相交处同一层面钢筋的上下交错关系（指梁上部或下部的同层面交错钢筋何梁在上何梁在下），以及在该相交处两方向梁箍筋的布置要求。

4.2.6 井字梁的端部支座和中间支座上部纵筋的伸出长度 a_0 值，应由设计者在原位加注具体数值予以注明。

当采用平面注写方式时，则在原位标注的支座上部纵筋后面括号内加注具体伸出长度值（图 8-12）；

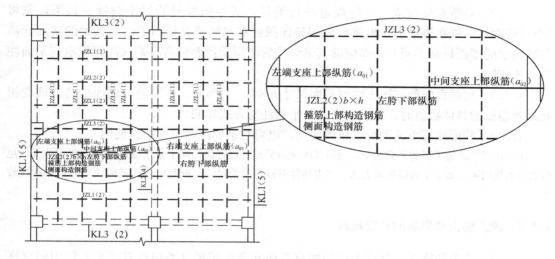

图 8-12 井字梁平面注写方式示例

注：本图仅示意井字梁的注写方法（两片网格区域），未注明截面几何尺寸 $b \times h$，支座上部纵筋延伸长度值 $a_{01} \sim a_{03}$，以及纵筋和箍筋的具体数值。

【例】贯通两片网格区域采用平面注写方式的井字梁，其中间支座上部纵筋注写为 6⊕25 4/2（3200/2400），表示该位置上部纵筋设置两排，上一排纵筋为 4⊕25，至支座边缘向跨内伸出长度 3200；下一排纵筋为 2⊕25，自支座边缘向跨内伸出长度为 2400。

当为截面注写方式时，则在梁端截面配筋图上注写的上部纵筋后面括号内加注具体伸出长度值（图 8-13）。

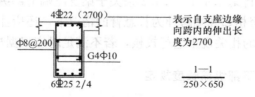

图 8-13 井字梁截面注写方式示例

设计时应注意：

I. 当井字梁连续设置在两片或多排网格区域时，才具有上面提及的井字梁中间支座。

II. 当某根井字梁端支座与其所在网格区域之外的非框架梁相连时，该位置上部钢筋的连续布置方式需由设计者注明。

4.2.7 在梁平法施工图中，当局部梁的布置过密时，可将过密区用虚线框出，适当放大比例后再用平面注写方式表示。

8.3.3 截面注写方式

4.3.1 截面注写方式，系在分标准层绘制的梁平面布置图上，分别在不同编号的梁中各选择一根梁用剖面号引出配筋图，并在其上注写截面尺寸和配筋具体数值的方式来表达梁平法施工图。

4.3.2 对所有梁按表 8-2 的规定进行编号，从相同编号的梁中选择一根梁，先将"单边截面号"画在该梁上，再将截面配筋详图画在本图或其他图上。当某梁的顶面标高与结构层的楼面标高不同时，尚应继其梁编号后注写梁顶面标高高差（注写规定与平面注写方式相同）。

4.3.3 在截面配筋详图上注写截面尺寸 $b×h$、上部筋、下部筋、侧面构造筋或受扭筋以及箍筋的具体数值时，其表达形式与平面注写方式相同。

4.3.4 截面注写方式既可以单独使用，也可与平面注写方式结合使用。

注：在梁平法施工图的平面图中，当局部区域的梁布置过密时，除了采用截面注写方式表达外，也可采用本规则第 4.2.7 条的措施来表达。当表达异形截面梁的尺寸与配筋时，用截面注写方式相对比较方便。

8.3.4 梁支座上部纵筋的长度规定

4.4.1 为方便施工，凡框架梁的所有支座和非框架梁（不包括井字梁）的中间支座上部纵筋的伸出长度 a_0 值在标准构造详图中统一取值为：第一排非通长筋及与跨中直径不同的通长筋从柱（梁）边起伸出至 $l_n/3$ 位置；第二排非通长筋伸出至 $l_n/4$ 位置。l_n 的取值规定为：对于端支座，l_n 为本跨的净跨值；对于中间支座，l_n 为支座两边较大一跨的净跨值。

4.4.2 悬挑梁（包括其他类型梁的悬挑部分）上部第一排纵筋伸出至梁端头并下弯，第二排伸出至 $3l/4$ 位置，l 为自柱（梁）边算起的悬挑净长。当具体工程需要将悬挑梁中的部分上部钢筋从悬挑梁根部开始斜向弯下时，应由设计者另加注明。

4.4.3 设计者在执行第 4.4.1、4.4.2 条关于梁支座端上部纵筋伸出长度的统一取值规定时，特别是在大小跨相邻和端跨外为长悬臂的情况下，还应注意按《混凝土结构设计规范》GB 50010—2010 的相关规定进行校核，若不满足时应根据规范规定进行变更。

8.3.5 不伸入支座的梁下部纵筋长度规定

4.5.1 当梁（不包括框支梁）下部纵筋不全部伸入支座时，不伸入支座的梁下部纵筋截断点距支座边的距离，在标准构造详图中统一取为 $0.1l_{nl}$（l_{nl} 为本跨梁的净跨值）。

4.5.2 当按第 4.5.1 条规定确定不伸入支座的梁下部纵筋的数量时，应符合《混凝土结构设计规范》GB 50010—2010 的有关规定。

8.3.6 其他

4.6.1 非框架梁、井字梁的上部纵向钢筋在端支座的锚固要求，图集标准构造详图中规定：当设计按铰接时，平直段伸至端支座对边后弯折，且平直段长度 $≥0.35l_{ab}$，弯折段长度 15d（d 为纵向钢筋直径）；当充分利用钢筋的抗拉强度时，直段伸至端支座对边后弯折，且直段长度≥0.6l_{ab}，弯折段长度 15d。设计者应在平法施工图中注明采用何种构造，当多数采用同种构造时可在图注中统一写明，并将少数不同之处在图中注明。

4.6.2　非抗震设计时，框架梁下部纵筋在中间支座的锚固长度，本图集的构造详图中按计算中充分利用钢筋的抗拉强度考虑。当计算中不利用该钢筋的强度时，其伸入支座的锚固长度对于带肋钢筋为 12d，对于光面钢筋为 15d（d 为纵向钢筋直径），此时设计者应注明。

4.6.3　非框架梁的下部纵向钢筋在中间支座和端支座的锚固长度，在本图集的构造详图中规定对于带肋钢筋为 12d；对于光面钢筋为 15d（d 为纵向钢筋直径）。当计算中需要充分利用下部纵向钢筋的抗压强度或抗拉强度，或具体工程有特殊要求时，其锚固长度应由设计者按照《混凝土结构设计规范》GB 50010—2010 的相关规定进行变更。

4.6.4　当非框架梁配有受扭纵向钢筋时，梁纵筋锚入支座的长度为 l_a，在端支座直锚长度不足时可伸至端支座对边后弯折，且平直段长度≥0.6l_{ab}，弯折段长度 15d。设计者应在图中注明。

4.6.5　当梁纵筋兼做温度应力钢筋时，其锚入支座的长度由设计确定。

4.6.6　当两楼层之间设有层间梁时（如结构夹层位置处的梁），应将设置该部分梁的区域划出另行绘制梁结构布置图，然后在其上表达梁平法施工图。

4.6.7　本图集 KZL 用于托墙框支梁，当托柱转换梁采用 KZL 编号并使用本图集构造时，设计者应根据实际情况进行判定，并提供相应的构造变更。

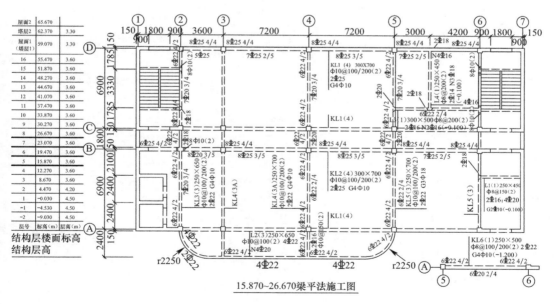

图 8-14　梁平法施工图截面注写方式示例

注：可在结构层楼面标高、结构层高表中加设混凝土强度等级等栏目。

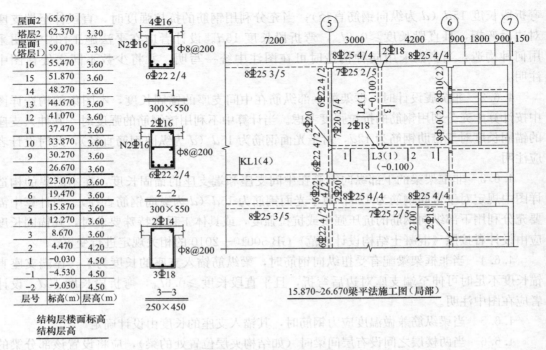

图 8-15　梁平法施工图截面注写方式示例

注：可在结构层楼面标高、结构层高表中加设混凝土强度等级等栏目。

第9章 混凝土框架结构设计计算实例

9.1 设计资料

某高校拟新建一栋大学生科技活动中心大楼，拟采用钢筋混凝土框架结构，建筑面积约为7000m²，共七层，层高均为3.6m，屋顶突出部分层高为2.7m，主要功能房间有办公室、会议室、多功能厅、活动室、资料室、杂物间等。建筑场地位于教学区内，地点适宜，场地宽敞，地势平坦，附近有池塘、树丛、草坪、四周自然景色优美。

9.1.1 场地地质条件

该楼位于某城市郊区，场地地表基本平整，场地区域范围为35m×65m，地表标高为32.59m。根据勘察的钻探取样试验原位测试结果表明：本场地地层自上而下分为：

(1) 冲填土（细砂）层：冲填时间约为5年，浅黄色细砂。主要矿物成分为石英，黏粒含量很少，厚度约0.3m，稍湿、中密。地基承载力特征值 $f_{ak}=130kPa$。

(2) 粉土层：呈褐黄色，含氧化铁和植物根；层厚为0.5m，硬塑至可塑，稍湿至很湿。

(3) 细砂层：呈灰色，层厚0.3～0.5m，稍密、饱和。

(4) 粉质黏土层：呈棕红色，有紫红条纹和白色斑点，为基岩强风化形成的残积物。层厚2.75～4.55m，层面高程变化于4.05～8.21m，地基承载力特征值为 $f_{ak}=289kPa$。

(5) 基岩：红色页岩，属白垩系，表层强风化，本层钻进深度约2.10～2.40m，地基承载力特征值 $f_{ak}=600kPa$。

本地下水位距地表1.3～2.1m，无腐蚀性。

9.1.2 其他相关条件

(1) 气象资料：

工程所在地主要气象资料如下：

最冷月平均：3.4℃，最热月平均：32.5℃；

年最高气温：40℃，年最低气温—5℃；

年降雨量：1043.3mm；

主导风向：夏季东南风，冬季西北风；

基本风压：0.35kN/m²；

基本雪压：0.3kN/m²。

（2）场地地震效应：

建筑场地所在地区地震设防烈度为 7 度，设计基本地震加速度值为 0.10g。拟建场地土类型为中软场地土，Ⅱ类建筑场地，设计地震分组为第一组。

（3）施工技术条件：

各种机械能够满足现浇结构要求。

9.2 建筑结构设计

9.2.1 建筑方案设计

建筑平面设计应主要考虑建筑物的功能要求，力求建筑物的美观大方，同时兼顾结构平面布置应尽量规则合理并满足抗震设防要求，以便于结构设计。综合考虑建筑和结构设计的要求，采用内廊式平面框架形式（平面图见图 9-1）。为了满足不同类型的房间对使用面积的要求，同时考虑结构的受力合理性及柱网的经济尺寸，本设计主楼部分柱网采用 6.6m×7.2m，部分地方适当调整柱网尺寸；走廊宽度取轴线宽度 2.4m，主要人流通道为主楼的三部楼梯和一部电梯。为了满足防火要求，在底层走廊的两端设有侧门，供紧急疏散用；由于阶梯教室面积大、层高高，层数少，在设计上同主楼完全分开，作为副楼附于主楼一侧。

结合平面设计中框架柱的布置，柱间多用窗少用墙，主楼两端加以弧顶窗搭配，使得整个立面形成虚实对比，颇有层次感，体现了大学建筑的明快、活泼，同时也得到了良好的采光效果。主楼中央饰以玻璃幕墙，使整个建筑物显得美观大方。大门采用钢化玻璃门，使整个大门显得现代，门厅空间显得通透；悬挂式雨篷的运用，和大门的设置一同起到了突出主要入口功能，并且起到了吸引人流导向的作用，同时大门入口设有盲道，充分体现了以人为本的理念；玻璃幕墙顶部中央用一对错开的半圆形窗户置于半圆形的墙面中，使得整个立面曲线免于单调（立面图见图 9-2、剖面图见图 9-3）。

9.2.2 结构选型及布置

本大学生科技活动中心采用钢筋混凝土框架结构，根据地质条件，拟采用独立基础。

（1）构件材料选择

考虑到强柱弱梁，施工顺序（现场浇注混凝土时一般梁、板一起整浇，柱单独浇注）等因素，拟选构件材料如下：

柱：采用 C40 混凝土，主筋采用 HRB400 钢筋，箍筋采用 HPB300 钢筋；

梁：采用 C30 混凝土，主筋采用 HRB400 钢筋，箍筋采用 HPB300 钢筋；

板：采用 C30 混凝土，钢筋采用 HRB400；

基础：采用 C35 混凝土，钢筋采用 HRB400 钢筋；

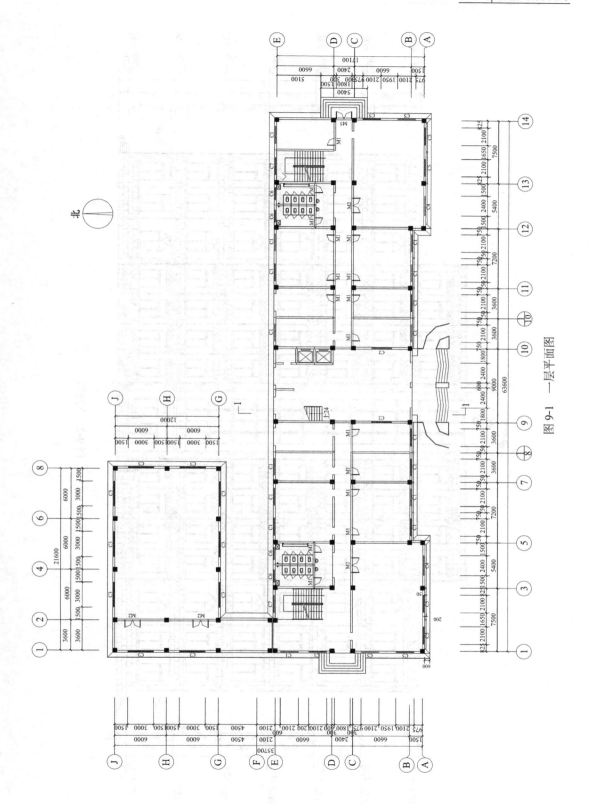

图 9-1　一层平面图

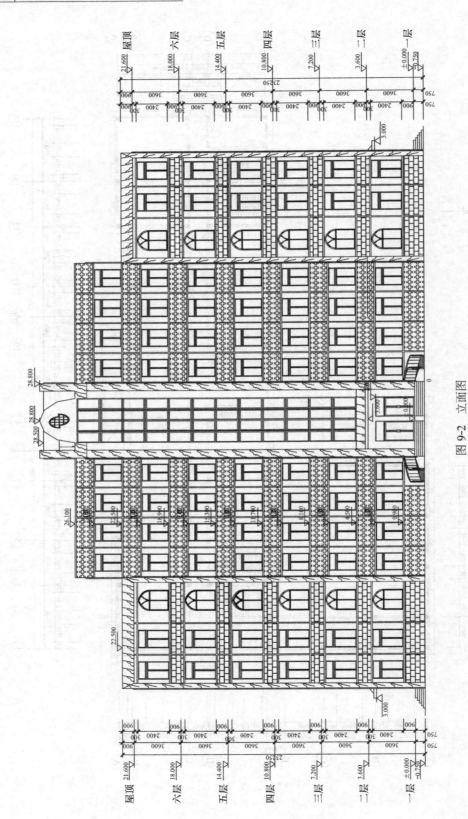

图 9-2 立面图

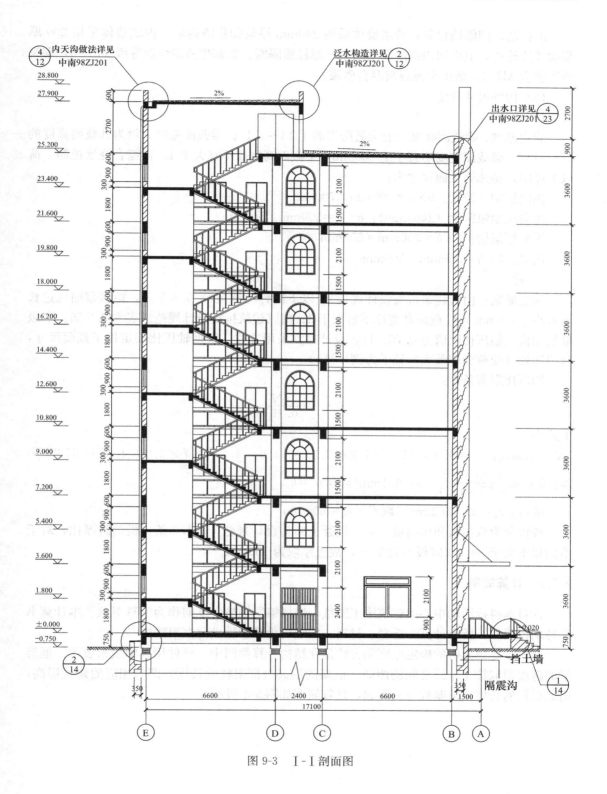

图 9-3 Ⅰ-Ⅰ剖面图

围护墙、间隔墙材料：外墙墙体采用 240mm 厚浆砌焦渣砖墙，内墙墙体采用 200 厚浆砌焦渣砖墙，卫生间内部隔断取用 100 厚轻质隔断。浆砌焦渣砖强度等级≥MU5，砌筑砂浆强度 M7.5，采用水泥石灰混合砂浆。

（2）构件尺寸确定

1）梁

确定原则：梁截面高度一般为其跨度的 1/14～1/10；梁截面宽度一般为其截面高度的 1/3～1/2。梁截面宽度不宜小于 200mm，梁截面高宽比不宜大于 4。再综合挠度控制、荷载等原因，初选梁截面尺寸为：

横向框架长跨梁：$b \times h = 300\text{mm} \times 700\text{mm}$

横向框架短跨梁（2400mm）：$b \times h = 300\text{mm} \times 500\text{mm}$

纵向框架梁：$b \times h = 300\text{mm} \times 550\text{mm}$

次梁：$b \times h = 300\text{mm} \times 500\text{mm}$

2）柱

确定原则：由《建筑抗震设计规范》（以下简称《抗规》）6.3.5 条，矩形截面柱边长不宜小于 400mm，柱截面高宽比不宜大于 3；由《建筑抗震设计规范》表 6.3.6 知：二级框架结构柱轴压比限值为 0.75。抗震设计时宜采用方柱，根据轴压比确定柱子截面尺寸，以门厅处（受荷面积最大）柱子为例计算：

轴压比限值条件：

$$b_c h_c \geqslant \frac{N}{0.75 f_c}$$

上式中：

$N = \gamma_G \omega s n \beta_1 \beta_2 = 1.3 \times 13 \times [(1.2 + 3.3) \times (3.6 + 4.5)] \times 7 \times 1.0 \times 1.05 = 4528\text{kN}$

即：$b_c h_c \geqslant \dfrac{4528 \times 10^3}{0.75 \times 19.1} = 316091\text{mm}^2$ 且令 $b_c = h_c$

解得：$b_c = h_c \geqslant 563\text{mm}$ 取 $b_c = h_c = 600\text{mm}$

楼板分为双向板和单向板，据《混凝土结构设计规范》9.1.2 条：板的跨厚比，对于单向板不大于 30，双向板不大于 40，故板厚取为 100mm。

9.2.3 计算简图

针对本科技活动中心的建筑施工图纸，选择第⑦轴横向框架作为手算对象。本计算书除特别说明外，所有计算、选型、材料、图纸均为第⑦轴横向框架数据。

选取计算单元时的确定原则和方法是在结构计算简图中，杆件用其轴线来表示。框架梁的跨度即取柱子轴线之间的距离；框架的层高（框架柱的长度）即为相应的建筑层高，而底层柱的长度应从基础顶面算起，计算简图如图 9-4 所示。

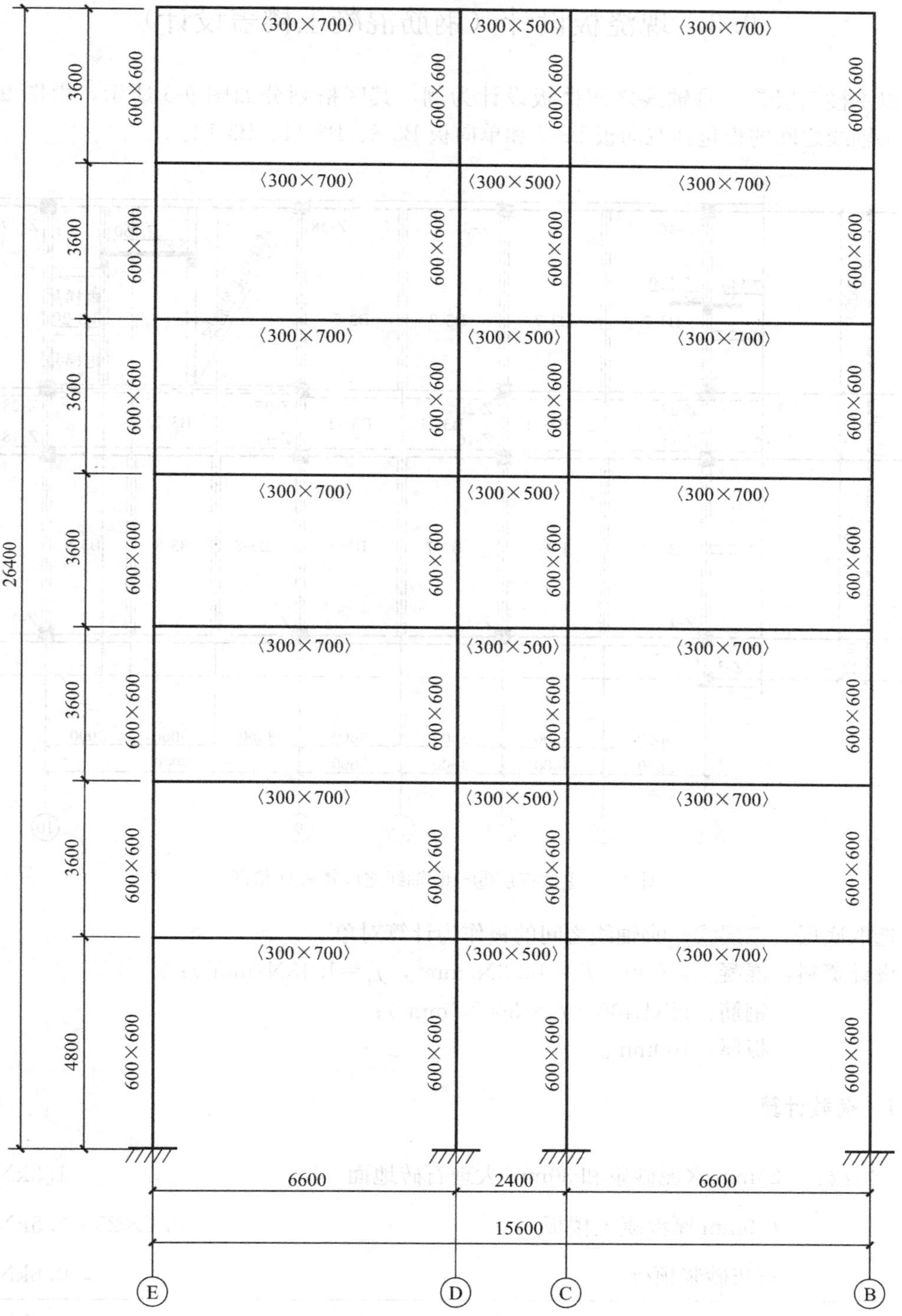

图 9-4 第⑦轴框架计算简图

9.3 现浇板设计（钢筋混凝土楼盖设计）

以主楼三层⑤～⑩轴线之间楼板设计为例，其区格划分如图9-5所示，由图9-5知⑤～⑩轴线之间的板包括双向板B3-7和单向板B3-8、B3-11、B3-12。

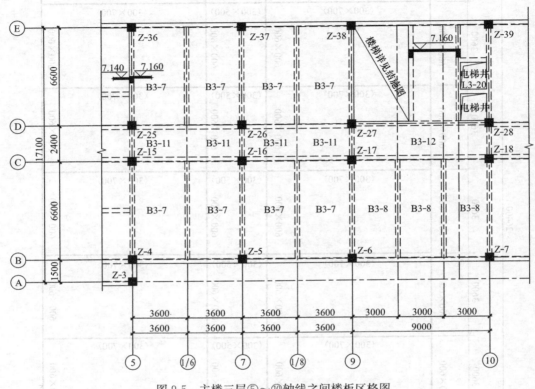

图9-5 主楼三层⑤～⑩轴线之间楼板区格图

选取底层、三层⑤～⑩轴线之间的板作为计算对象。

设计资料：混凝土：C30（$f_c=14.3\text{N/mm}^2$，$f_t=1.43\text{N/mm}^2$）；

钢筋：HRB400（$f_y=360\text{N/mm}^2$）；

板厚：100mm。

9.3.1 荷载计算

恒载：	25mm水泥砂浆和30mm大理石砖地面	1.3kN/m^2
	100mm厚混凝土楼板	$0.1\times25=2.5\text{kN/m}^2$
	石灰砂浆顶棚	0.6kN/m^2
	小计	4.4kN/m^2

活载：由荷载计算部分知道，普通办公室、标准办公室活载值均取2.0kN/m^2，走廊部分取2.5kN/m^2。

办公室部分荷载设计值：

永久荷载控制的组合：

$$q_G = \gamma_g g + \psi_q \gamma_q q = 1.35 \times 3.90 + 0.7 \times 1.4 \times 2.0 = 7.23 \text{kN/m}^2$$

可变荷载控制的组合：

$$q_Q = \gamma_g g + \gamma_q q = 1.2 \times 4.4 + 1.4 \times 2.0 = 8.08 \text{kN/m}^2$$

由此确定其设计用荷载取：$q = 8.08 \text{kN/m}^2$

走廊部分荷载设计值：

永久荷载控制的组合：

$$q_G = \gamma_g g + \psi_q \gamma_q q = 1.35 \times 4.4 + 0.7 \times 1.4 \times 2.5 = 8.39 \text{kN/m}^2$$

可变荷载控制的组合：

$$q_Q = \gamma_g g + \gamma_q q = 1.2 \times 4.4 + 1.4 \times 2.5 = 8.78 \text{kN/m}^2$$

由此确定设计用荷载取：$q = 8.78 \text{kN/m}^2$

9.3.2 双向板

1. 内力计算

双向板 B3-7 进行设计，采用塑性铰线法设计板，由于板两端与梁（柱）整体连接，因此计算跨度取其净跨：

长跨：$l_{02} = 6600 + 600 - 300 \times 2 = 6600 \text{mm}$；

短跨：$l_{01} = 3600 - 300 = 3300 \text{mm}$。

因 $\dfrac{l_{02}}{l_{01}} = \dfrac{6600}{3300} = 2 < 3.0$，按双向板设计。

板 B3-7 为三边连续一短边简支，计算简图见图 9-6。

由以上可知：

$$M_{1u} = n m_{1u} l_{01}, \quad M_{2u} = \alpha m_{1u} l_{01},$$

$$M'_{1u} = M''_{1u} = n\beta m_{1u} l_{01}, \quad M''_{2u} = \alpha\beta m_{1u} l_{01}, \quad M'_{2u} = 0$$

其中：$n = \dfrac{l_{02}}{l_{01}} = \dfrac{6600}{3300} = 2$，$\alpha = \dfrac{m_2}{m_1} = \dfrac{1}{n^2} = 0.25$

$$\beta = \frac{m'_1}{m_1} = \frac{m''_1}{m_1} = \frac{m'_2}{m_2} = \frac{m''_1}{m_2} = 2.0$$

根据虚功方程，内力做功等于外力做功，得到：

$$2M_{1u} + 2M_{2u} + M'_{1u} + M''_{1u} + M'_{2u} + M''_{2u} = \frac{q l_{01}^2}{12}(3 l_{02} - l_{01})$$

解得：$m_{1u} = 2.82 \text{kN} \cdot \text{m/m}$

由此可依次得到：

$$m_{2u} = \alpha m_{1u} = 0.25 \times 2.82 = 0.705 \text{kN} \cdot \text{m/m}$$

$$m'_{1u} = m''_{1u} = \beta m_{1u} = 2.0 \times 2.82 = 5.64 \text{N} \cdot \text{m/m}$$

$$m'_{2u} = 0, m''_{2u} = \beta m_{2u} = 2.0 \times 0.705 = 1.41 \text{kN} \cdot \text{m/m}$$

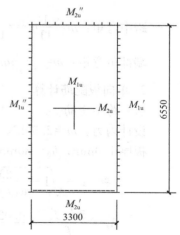

图 9-6　B3-7 计算简图

2. 双向板配筋计算

配筋计算过程详见表 9-1 所示。

双向板配筋计算

表 9-1

	l_{01}方向的板底正筋	l_{02}方向的板底正筋	l_{01}方向的板顶负筋	l_{02}方向的板顶负筋
设计内力	2.82kN·m/m	0.705kN·m/m	5.64kN·m/m	1.41kN·m/m
h_0	80mm	70mm	80mm	70mm
$\xi=1-\sqrt{1-\dfrac{2M}{\alpha_1 f_c b h_0^2}}$	0.031	0.010	0.064	0.020
计算所需钢筋 $A_s=\dfrac{\xi b h_0 f_c}{f_y}$	99.47mm²	28.12mm²	202.27mm²	56.53mm²
实配钢筋	$\phi8@200$ (251mm²)	$\phi8@200$ (251mm²)	$\phi8@200$ (251mm²)	$\phi8@200$ (251mm²)
最小配筋率验算	$\rho=0.3\%$ $>\rho_{min}=0.2\%$	$\rho=0.3\%$ $>\rho_{min}=0.2\%$	$\rho=0.3\%$ $>\rho_{min}=0.2\%$	$\rho=0.3\%$ $>\rho_{min}=0.2\%$

9.3.3 单向板

1. 内力计算

单向板以 B3-11 为例计算:

板的计算跨度:$l=2400-600=1800mm$

荷载设计值:$q=8.78kN/m^2$,取 1m 宽板带作为计算单元。

考虑到双向板对单向板的约束作用,参照连续单向板考虑塑性内力重分布的弯矩计算系数的取值,近似取单向板跨中弯矩系数为 $\dfrac{1}{11}$,板端负弯矩系数为 $-\dfrac{1}{14}$。

跨中弯矩:$m=\dfrac{1}{11}ql^2=\dfrac{1}{11}\times8.78\times1.80^2=2.59kN\cdot m/m$

端部负弯矩:$m=-\dfrac{1}{14}ql^2=-\dfrac{1}{14}\times8.78\times1.80^2=-2.03kN\cdot m/m$

2. 单向板配筋计算

(1) 跨中正筋

设计内力:$m=2.59kN\cdot m/m$

板厚 100mm,$h_0=80mm$

$$\xi=1-\sqrt{1-\frac{2M}{\alpha_1 f_c b h_0^2}}=1-\sqrt{1-\frac{2\times2.59\times10^6}{1.0\times14.3\times1000\times80^2}}=0.0287$$

$$A_s=\frac{\xi b h_0 f_c}{f_y}=\frac{0.0287\times1000\times80\times14.3}{360}=91.24mm^2$$

实配 $\phi8@200$ $A_s=251mm^2$

$\rho_{min}=(0.2\%,\ 0.45f_t/f_y)_{max}=0.2\%$

$\rho=\dfrac{251}{1000\times80}=0.3\%>\rho_{min}=0.2\%$,满足要求。

(2) 支座负筋

设计内力:$m=-2.03kN\cdot m/m$

板厚100mm，$h_0 = 80$mm

$$\xi = 1 - \sqrt{1 - \frac{2M}{\alpha_1 f_c b h_0^2}} = 1 - \sqrt{1 - \frac{2 \times 2.03 \times 10^6}{1.0 \times 14.3 \times 1000 \times 80^2}} = 0.0224$$

$$A_s = \frac{\xi b h_0 f_c}{f_y} = \frac{0.0224 \times 1000 \times 80 \times 14.3}{360} = 71.29 \text{mm}^2$$

实配 $\phi 8@200$　$A_s = 251$mm^2

$\rho_{min} = (0.2\%, 0.45 f_t/f_y)_{max} = 0.2\%$

$\rho = \dfrac{251}{1000 \times 80} = 0.3\% > \rho_{min} = 0.2\%$，满足要求。

其他单向板 B3-8、B3-12 计算步骤同上，现列表计算如表 9-2 所示，该表中配筋均满足：

$$\rho = \frac{251}{1000 \times 80} = 0.3\% > \rho_{min} = 0.2\%$$

板的配筋计算

表 9-2

截　面		弯矩设计值（kN·m）	$\xi = 1 - \sqrt{1 - \dfrac{2M}{\alpha_1 f_c b' h_0^2}}$	计算配筋（mm^2） $A_s = \xi b h_0 f_c / f_y$	实际配筋（mm^2）
B3-8	跨中	5.35	0.0603	191.54	$\phi 8@200$ $A_s = 251$mm^2
	支座	−4.21	0.0471	149.71	$\phi 8@200$ $A_s = 251$mm^2
B3-12	跨中	2.59	0.0287	91.24	$\phi 8@200$ $A_s = 251$mm^2
	支座	−2.03	0.0224	71.29	$\phi 8@200$ $A_s = 251$mm^2

9.4　横向框架计算

9.4.1　荷载计算

1. 构件自重统计

（1）⑦轴框架 1~7 层自重计算：

1）板：

25mm 水泥砂浆和 30mm 大理石砖地面	1.3kN/m^2
100mm 厚混凝土楼板	$0.1 \times 25 = 2.5$kN/m^2
石灰砂浆顶棚	0.6kN/m^2
小计	4.4kN/m^2

2）横向框架梁以及横向次梁：

① 边跨（6600mm，700）：

钢筋混凝土梁	$(0.7-0.12)\times0.3\times25=4.35$kN/m
石灰砂浆顶棚	$(0.7-0.12)\times2\times0.24=0.28$kN/m

小计	4.63kN/m

② 中跨（2400mm）及横向次梁：

钢筋混凝土梁	$(0.5-0.12)\times0.3\times25=2.85$kN/m
石灰砂浆顶棚	$(0.5-0.12)\times2\times0.24=0.18$kN/m

小计	3.03kN/m

3) 纵向框架梁：

① 边梁：

钢筋混凝土梁	$(0.55-0.12)\times0.3\times25=3.22$kN/m
外墙面砖	$0.55\times0.62=0.34$kN/m
内墙涂料	$(0.55-0.12)\times0.28=0.12$kN/m

小计	3.68kN/m

② 中梁：

钢筋混凝土梁	$(0.55-0.12)\times0.3\times25=3.23$kN/m
内墙涂料	$(0.55-0.12)\times2\times0.28=0.24$kN/m

小计	3.47kN/m

4) 柱：

① 边柱：

钢筋混凝土柱	$0.6\times0.6\times3.6\times25=32.4$kN
外墙面砖、涂料（平均取比重）	$0.6\times3.6\times0.45=0.972$kN
内墙涂料	$[0.6+(0.6-0.24)\times2]\times3.6\times0.28=1.33$kN

小计	34.70kN

② 中柱：

钢筋混凝土柱	$0.6\times0.6\times3.6\times25=32.4$kN
内墙涂料	$[0.6\times2+(0.6-0.20)\times2]\times3.6\times0.28=2.02$kN

小计	34.42kN

5) 墙：

① 浆砌焦渣砖内墙（200mm）：

砌体	$(3.6-0.7)\times0.2\times14=8.12$kN/m
内墙涂料	$2\times(3.6-0.7)\times0.28=1.62$kN/m

小计	9.74kN/m

② 浆砌焦渣砖外墙（240mm）：

砌体	$(3.6-0.55)\times0.24\times14=10.25$kN/m
内墙涂料	$(3.6-0.55)\times0.28=0.85$kN/m
外墙面砖、涂料（平均取比重）	$(3.6-0.55)\times0.45=1.37$kN/m

小计	12.47kN/m

（2）⑦轴框架顶层自重计算：

1）板：

防水屋面	3.61kN/m²
120 厚钢筋混凝土楼板	0.12×25＝3.0kN/m²
石灰砂浆顶棚	0.24kN/m²
小计	6.85kN/m²

2）女儿墙：

砌体	0.9×0.24×14＝3.02kN/m
外墙面砖	0.9×0.62＝0.56kN/m
内墙面 20 厚水泥粉刷	0.9×0.02×20＝0.36kN/m
小计	3.94kN/m

（3）门窗

1）木门　　0.2kN/m²

2）钢铁门　0.4kN/m²

3）铝合金窗　0.4kN/m²

2. 恒载计算

（1）中间层梁、柱恒载计算

1）边跨梁上线荷载计算

边跨梁上线荷载＝边跨梁自重＋板重＋墙重，其中板自重按 45°分配，如图 9-7 所示。

由此可知梁上分布荷载为一均布荷载与一梯形荷载叠加，只要求出控制点的荷载值，就可绘出该梁上荷载分布图。

最大值：4.63＋3.60×4.40＋9.74＝30.21kN/m

最小值：4.63＋9.74＝14.37kN/m

由此绘出该梁恒载分布图如图 9-8 所示。

2）中跨梁上线荷载计算：

中跨梁上线荷载＝中跨梁自重

其值为常值：3.03kN/m

由此绘出该梁恒载分布图如图 9-9 所示。

3）边柱集中力计算

边柱集中力＝边柱自重＋纵向框架梁承受的荷载

纵向框架梁承受的荷载＝部分板重＋横向次梁自重＋纵向框架梁自重＋外墙重

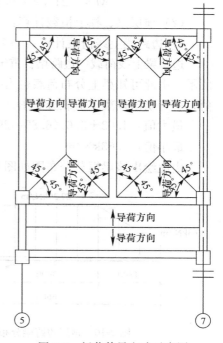

图 9-7　板荷传导方式示意图

其中，板重：4.40×[0.5×0.5×3.6×3.6＋0.5×（6.6×2－3.6）×0.5×3.6]＝52.27kN

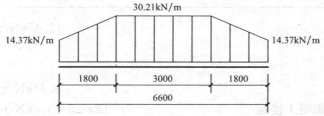
图 9-8 中间层边跨梁恒载图

图 9-9 中间层中跨梁分布恒载图

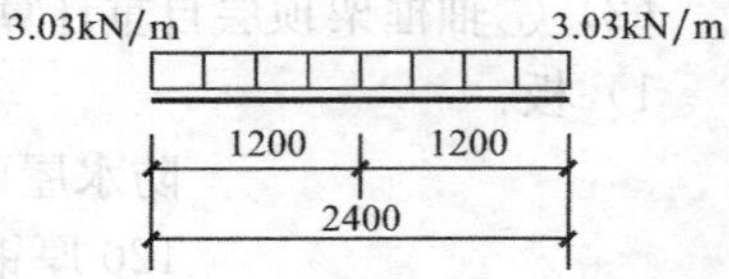

横向次梁自重：$3.03 \times 0.5 \times 6.6 = 10.00$kN

纵向框架梁自重：$3.68 \times (3.6 \times 2 - 0.6) = 24.29$kN

墙重：$12.47 \times (3.6 \times 2 - 0.6) = 82.30$kN

因此，边柱上集中力：$34.70 + 52.27 + 10.00 + 24.29 + 82.30 = 203.56$kN

4）中柱集中力计算：

同理：中柱上集中力：

$34.42 + 4.40 \times [0.5 \times 0.5 \times 3.6 \times 3.6 + 0.5 \times (6.6 \times 2 - 3.6) \times 0.5 \times 3.6 + 0.5 \times 2.4 \times 3.6] + 3.03 \times 0.5 \times 6.6 + 3.47 \times (3.6 \times 2 - 0.6) + 9.74 \times (3.6 \times 2 - 0.6) = 221.89$kN

5）边柱与梁交点处弯矩：

$$M = 203.56 \times 0.15 = 30.53\text{kN} \cdot \text{m（柱内侧受拉）}$$

6）中柱与梁交点处弯矩：

$$M = 221.89 \times 0.15 = 33.28\text{N} \cdot \text{m（柱靠室内一侧受拉）}$$

（2）顶层梁、柱上恒载计算：

1）边跨梁上线荷载计算：

边跨梁上线荷载＝边跨梁自重＋板重，其中，板自重按双向板塑性铰线分配，如图 9-10 所示，由此可知梁上分布荷载也为一均布荷载与一梯形荷载叠加，只要求出控制点的荷载值，就可绘出该梁上荷载分布图。

最大值：$4.63 + 3.6 \times 6.85 = 29.29$kN/m

最小值：4.63kN/m

由此绘出该梁恒载分布图如图 9-11。

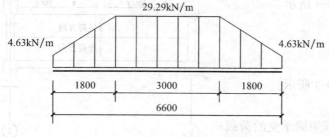
图 9-10 顶层边跨梁分布恒载图

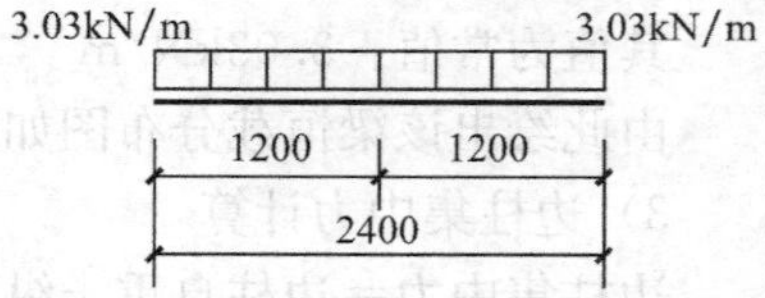

图 9-11 顶层中跨梁分布恒载图

2）中跨梁上线荷载计算：

同理，中跨梁上线荷载＝中跨梁自重＋板重

其值为常值：3.03kN/m

由此绘出该梁恒载分布图如图 9-11 所示。

3）边柱集中力计算：

边柱集中力＝边柱自重＋纵向框架梁的传力

其中：纵向框架梁传来的力＝部分板重＋横向次梁自重＋纵向框架梁自重＋女儿墙自重

因此，边柱上集中力：

$$34.70＋6.85×[0.5×0.5×3.6×3.6＋0.5×(6.6×2－3.6)×0.5×3.6]$$
$$＋3.68×(3.6×2－0.6)＋3.94×(3.6×2－0.6)＝166.37kN$$

4）中柱集中力计算：

同理，中柱上集中力：

$$34.42＋6.85×[0.5×0.5×3.6×3.6＋0.5×(6.6×2－3.6)×0.5×3.6$$
$$＋0.5×2.4×3.6]＋3.03×0.5×6.6＋3.47×(3.6×2－0.6)＝178.29kN$$

5）边柱与梁交点处弯矩：

$$M＝166.37×0.15＝24.96kN·m（柱内侧受拉）$$

6）中柱与梁交点处弯矩：

$$M＝178.29×0.15＝26.74kN·m（柱靠室内一侧受拉）$$

通过以上计算，可绘出第⑦轴横向框架恒载图（图 9-12）。

3. 活载计算

通过查阅《建筑结构荷载规范》GB 50009—2012（以下简称《荷载规范》），将本次计算所要用到的活载类型汇总如表 9-3 所示。

活载汇总表 表 9-3

类 型	标准值（kN/m²）	组合值系数 ψ_c	频遇值系数 ψ_f	准永久值系数 ψ_q
普通办公室	2.0	0.7	0.5	0.4
中等办公室	2.0	0.7	0.6	0.5
走廊	2.5	0.7	0.6	0.5
电梯机房	7.0	0.9	0.9	0.8
屋面活载	2.0	0.7	0.5	0.4

注：1. 中等办公室按教室的标准确定；

2. 屋面活载按"上人屋面"确定；

3. 不考虑"积灰荷载"；"雪荷载"同"屋面活载"不同时考虑。

（1）顶层框架梁柱活载计算：

上人屋面活载：2.0kN/m²

雪荷载：$\mu_r S_0＝1.0×0.5＝0.5kN/m^2$

活载取：2.0kN/m²

1）边跨梁上线荷载：

同恒载求解方法，得：

最大值：3.6×2.0＝7.2kN/m

最小值：0

绘线荷载图如图 9-13 所示。

2）中跨梁上线荷载：

同恒载求解方法，其值为 0。

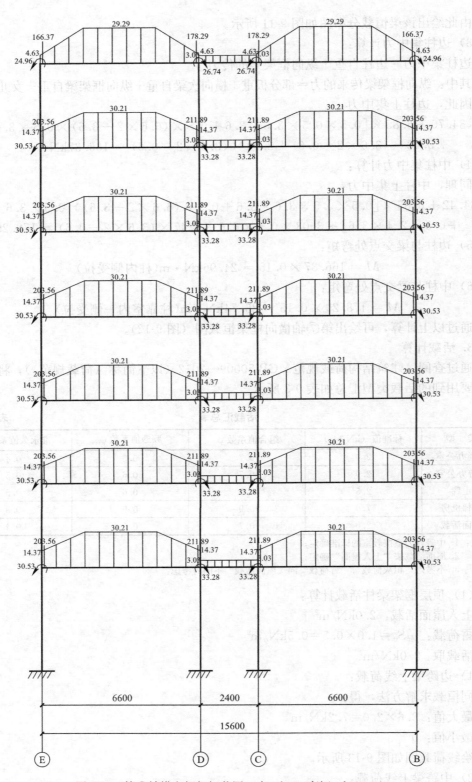

图 9-12 第⑦轴横向框架恒载图（力：kN；弯矩：kN·m）

3）边柱集中力：

边柱集中力＝部分板上活载传力

$F = 2.0 \times [0.5 \times 0.5 \times 3.6 \times 3.6 + 0.5 \times (6.6 \times 2 - 3.6) \times 0.5 \times 3.6] = 23.76\text{kN}$

4）中柱集中力：

中柱集中力＝部分板上活载传力

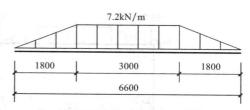

图9-13 顶层边跨梁线活载示意图

$$F = 2.0 \times [0.5 \times 0.5 \times 3.6 \times 3.6 + 0.5 \times (6.6 \times 2 - 3.6) \times 0.5 \times 3.6 + 2.4 \times 3.6] = 41.04\text{kN}$$

5）边柱集中力矩：

边柱集中力矩＝边柱集中力×梁柱偏心

$$M = 23.76 \times 0.15 = 3.564\text{kN} \cdot \text{m}$$

6）中柱集中力：

中柱集中力矩＝边柱集中力×梁柱偏心

$$M = 41.04 \times 0.15 = 6.16\text{kN} \cdot \text{m}$$

（2）中间层框架梁、柱活载计算：

普通办公室活载：2.0kN/m^2

中等办公室活载：2.0kN/m^2

走廊活载：2.5kN/m^2

1）边跨梁上线荷载：

同以上求解方法，得：

最大值：$3.6 \times 2.0 = 7.2\text{kN/m}$

最小值：0

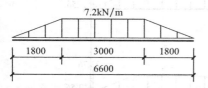

图9-14 中间层边跨梁线活载示意图

绘线荷载如图9-14所示。

2）中跨梁上线荷载：

同恒载求解方法，其值为0。

3）边柱集中力：

边柱集中力＝部分板上活载传力

$F = 2.0 \times [0.5 \times 0.5 \times 3.6 \times 3.6 + 0.5 \times (6.6 \times 2 - 3.6) \times 0.5 \times 3.6] = 23.76\text{kN}$

4）中柱集中力：

中柱集中力＝部分板上活载传力

$$F = 2.0 \times [0.5 \times 0.5 \times 3.6 \times 3.6 + 0.5 \times (6.6 \times 2 - 3.6) \times 0.5 \times 3.6]$$
$$+ 2.5 \times 2.4 \times 3.6 = 45.36\text{kN}$$

5）边柱集中力矩：

边柱集中力矩＝边柱集中力×梁柱偏心

$$M = 23.76 \times 0.15 = 3.564\text{kN} \cdot \text{m}$$

6）中柱集中力：

中柱集中力矩＝边柱集中力×梁柱偏心

$$M = 45.36 \times 0.15 = 6.80\text{kN} \cdot \text{m}$$

通过以上计算，可绘出第⑦轴横向框架活载图（图9-15）。

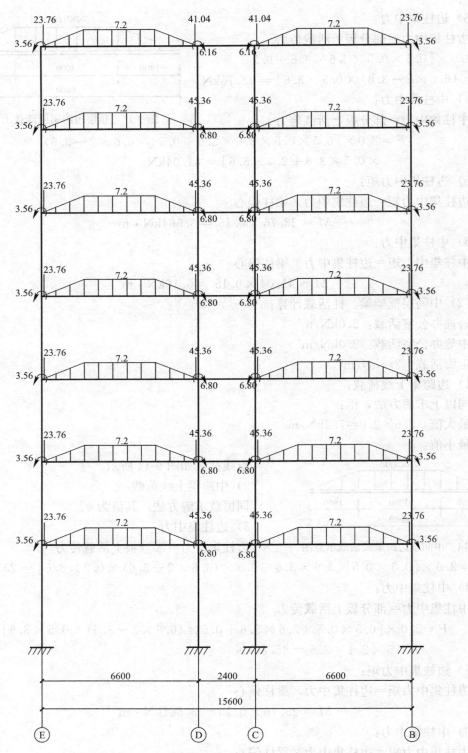

图 9-15 第⑦轴横向框架活载图（力：kN；弯矩：kN·m）

4. 风载计算

计算资料：

本建筑位于城市郊区，属 B 类场地；基本风压 $\omega_0 = 0.35 \text{kN/m}^2$。

对于"L"形平面建筑，风载体型系数 $\mu_s = 0.8 + 0.5 = 1.3$

因结构高度 $H = 26.55\text{m} < 30\text{m}$，可取 $\beta_z = 1.0$

风压：$\omega_k = \beta_z \mu_s \mu_z \omega_0 = 1.0 \times 1.3 \times \mu_z \times 0.35 = 0.455\mu_z$

将风荷载换算成作用于第⑦轴横向框架的线荷载：

$$\omega'_k = B\omega_k = 7.2 \times 0.455\mu_z = 3.276\mu_z$$

风压高度变化系数 μ_z 可查荷载规范表 7.2.1，取 $Z = 4.10$（实为 4.05），7.7，11.3，14.9，18.5，22.1，25.7，分别计算出 ω'_k，然后将线荷载换算到每层框架节点上的集中荷载，列于表 9-4 中。

标准高度风载计算 表 9-4

Z (m)	μ_z	ω'_k	F_k
4.1	1.000	3.28	12.55
7.7	1.000	3.28	11.81
11.3	1.036	3.39	12.20
14.9	1.137	3.72	13.39
18.5	1.217	3.99	14.36
22.1	1.286	4.21	15.16
25.7	1.347	4.41	11.91

由此绘出第⑦轴横向框架风载图（图 9-16）。

5. 水平地震作用计算

（1）计算重力荷载代表值

本设计中，主楼和附楼在结构上是断开的（包括基础），并且选取计算的一榀横向框架是主楼的第⑦号轴线，因此可以只计算主楼的重力荷载代表值。

$G_i = $ 恒载 $+ 0.5 \times$ 活载

1）中间层（三～五层）

① 楼盖面积（扣除柱所占的面积）为：

$(17.1 + 0.6) \times (63.6 + 0.6) - 0.6 \times 0.6 \times 43 - 23.4 \times 1.5 = 1085.76\text{m}^2$

注：这里未扣除楼梯间、电梯间的楼面面积，由于楼梯间的梯段板自重较水平投影面积相同的 100 厚混凝土楼面板重，而电梯间则没有板，故近似认为二者相互抵消，同时为简化计算，后续计算中局部亦有近似处理，就不作附注。

因此，楼盖部分自重为：$4.40 \times 1085.76 = 4777.34\text{kN}$

② 梁、柱自重

横向框架梁：

$4.63 \times [(6.6 - 0.6) \times 14 + (8.1 - 0.6) \times 6] + 3.03 \times (2.4 - 0.6) \times 10 = 651.81\text{kN}$

纵向框架梁：

$3.68 \times (63.6 - 0.6 \times 10) \times 2 + 3.47 \times (63.6 - 0.6 \times 9) \times 2 = 827.84\text{kN}$

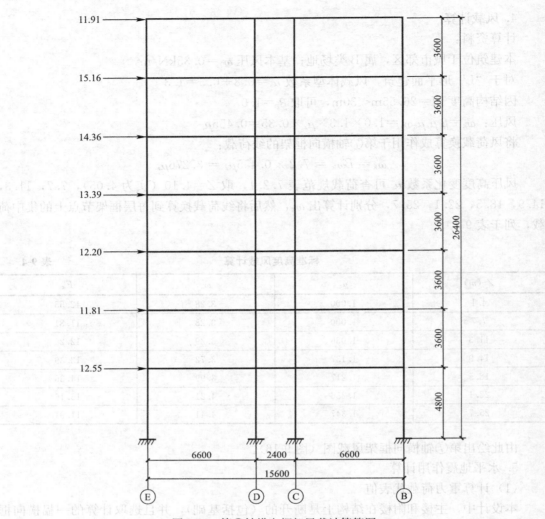

图 9-16　第⑦轴横向框架风载计算简图

附加次梁：

$$3.03 \times [8.1 \times 2 + (12.9 - 0.6) \times 2 + 6.6 \times 14 + (5.4 + 4.5)$$
$$\times 2 + 3.6 + (2.0 - 0.3) \times 2] = 484.8 \text{kN}$$

柱：$34.7 \times 27 + 34.42 \times 16 = 1487.62 \text{kN}$

标准层梁柱自重为：$651.81 + 827.84 + 484.8 + 1487.62 = 3252.07 \text{kN}$

③ 填充墙、门窗自重

外墙门窗面积：

$$2.1 \times 2.1 \times 20 + 2.1 \times 2.4 \times 10 + 2.1 \times 0.9 \times 3 + 1.5 \times 0.9 \times 4$$
$$+ 1.5 \times 2.1 \times 2 + 5.4 \times 3.6 = 175.41 \text{m}^2$$

外墙门窗自重：$0.4 \times 175.41 = 70.16 \text{kN}$

外墙面积：

$$[(63.6 - 0.6 \times 10) + (63.6 - 0.6 \times 9) + (17.1 - 0.6 \times 3) \times 2]$$
$$\times (3.6 - 0.6) - 175.41 = 263.79 \text{m}^2$$

258

外墙自重：$12.47/(3.6-0.55) \times 263.79 = 1078.5$kN

内墙门窗面积：

$0.9 \times 2.1 \times 23 + 1.8 \times 2.4 \times 3 + 0.9 \times 2.4 \times 3 + 1.1 \times 2.1 \times 2 = 66.81$m²

内墙门窗自重：$0.2 \times 66.81 = 13.36$kN

内墙面：

$$[(63.6 - 0.6 \times 9) \times 2 + (6.6 - 0.6) \times 14 + 6.6 \times 7 - (3.9 - 0.2) \times 2$$
$$+ (9.0 - 2.0 - 0.2)] \times (3.6 - 0.6) - 66.81 = 671.19 \text{m}^2$$

内墙自重：$9.74/(3.6-0.7) \times 671.19 = 2254.27$kN

④ 活荷载

走廊、楼梯等活载：$2.5 \times [(2.4-0.6) \times 63.6 + 3.9 \times 6.6 \times 3] = 479.25$kN

办公室等活载：

$2.0 \times \{1084.14 - (2.4-0.6) \times 63.6 - 0.3 \times [(6.6-0.6) \times 14 + (8.1-0.6) \times 6$
$+ (2.4-0.6) \times 10 + (63.5 - 0.6 \times 10) \times 2 + (63.5 - 0.6 \times 9) \times 2]\} = 1712.4$kN

综上所述，中间层重力荷载代表值为：

$$G_{E3\sim6} = \sum G_{Ki} + 0.5 \sum Q_{Ki}$$
$$= (4777.34 + 3452.07 + 70.16 + 1078.5 + 13.36$$
$$+ 2254.27 + 0.5 \times (479.25 + 1712.4)$$
$$= 12741.53 \text{kN}$$

2）一、二层：

① 二层

二层相对三～五层扣除门厅部分的梁板即可。

楼盖部分永久荷载标准值为：$4.40 \times (1085.76 - 9.0 \times 6.6) = 4515.98$kN

附加次梁自重为：

$$3.03 \times [8.1 \times 2 + (12.9 - 0.6) \times 2 + 6.6 \times 12 + (5.4 + 4.5) \times 2$$
$$+ 3.6 + (2.0 - 0.3) \times 2] = 444.80 \text{kN}$$

二层梁柱自重标准值为：$651.81 + 827.84 + 444.80 + 1487.62 = 3412.07$kN

办公室活载为：$1712.4 - 2.0 \times 6.6 \times 9.0 = 1593.6$kN

因此，二层重力荷载代表值为：

$$G_{E2} = \sum G_{Ki} + 0.5 \sum Q_{Ki}$$
$$= (4515.98 + 3412.07 + 70.16 + 1078.5 + 13.36 + 2254.27)$$
$$+ 0.5 \times (479.25 + 1593.6)$$
$$= 12380.77 \text{kN}$$

② 一层

为简化计算，一层重力荷载代表值为：

$$G_{E1} = \sum G_{Ki} + 0.5 \sum Q_{Ki}$$
$$= [4515.98 + 3412.07 + \frac{4.4}{3.6}(70.16 + 1078.5 + 13.36 + 2254.27)]$$
$$+ 0.5 \times (479.25 + 1593.6)$$
$$= 13139.95 \text{kN}$$

3）六层：

① 主楼两侧屋面自重：

$$6.85 \times [12.9 \times (17.1 + 0.6) \times 2 - 0.6 \times 0.6 \times 17] = 3086.20\text{kN}$$

女儿墙自重：

$$3.94 \times (12.9 \times 2 + 17.1) \times 2 = 338.05\text{kN}$$

主楼中间楼盖自重：

$$4.40 \times [(37.8 + 0.6) \times (15.6 + 0.6) - 0.6 \times 0.6 \times 24] = 2699.14\text{kN}$$

② 梁柱自重

六层梁柱自重为：

$$(651.81 + 827.84 + 484.8) + [0.5 \times (34.70 \times 15 + 34.42 \times 4)$$
$$+ (34.70 \times 16 + 34.42 \times 8)] = 3124.1\text{kN}$$

③ 填充墙、门窗自重

外墙门窗面积：

$$0.5 \times 175.41 + 0.5 \times [2.1 \times 2.1 \times 17 + 2.1 \times 0.9 + 5.4 \times 3.6]$$
$$= 87.71 + 48.15 = 135.86\text{m}^2$$

外墙门窗自重：

$$0.5 \times 70.16 + 0.5 \times 0.4 \times [2.1 \times 2.1 \times 17 + 2.1 \times 0.9 + 5.4 \times 3.6] = 54.34\text{kN}$$

外墙面积：

$$0.5 \times 274.92 + 0.5 \times [(37.8 - 0.6 \times 6) \times 2 + (15.6 - 0.6 \times 6) \times 2]$$
$$\times (3.6 - 0.6) - 48.15$$
$$= 137.46 + 90.45$$
$$= 227.91\text{m}^2$$

外墙自重：$12.47/(3.6 - 0.6) \times 227.91 = 947.35\text{kN}$

内墙门窗面积：

$$0.5 \times 66.81 + 0.5 \times (0.9 \times 2.1 \times 17 + 1.1 \times 2.1 \times 2) = 33.41 + 18.38 = 51.79\text{m}^2$$

内墙门窗自重：$0.2 \times 51.79 = 10.36\text{kN}$

内墙面积：

$$0.5 \times 671.19 + 0.5 \times [(37.8 - 0.6 \times 6) \times 2 + (6.6 - 0.6) \times 8$$
$$+ 6.6 \times 5 - (9.0 - 2.0 - 0.2)] \times (3.6 - 0.6) - 18.38$$
$$= 335.595 + 195.525$$
$$= 531.12\text{m}^2$$

内墙自重：$9.74/(3.6 - 0.6) \times 531.12 = 1724.37\text{kN}$

④ 活荷载

主楼两侧屋面活载：

$$2.0 \times [12.9 \times (17.1 + 0.6) \times 2 - 0.6 \times 0.6 \times 17] = 901.08\text{kN}$$

走廊、楼梯活载：$2.5 \times [(2.4 - 0.5) \times 37.8 + 3.9 \times 6.6] = 234.45\text{kN}$

办公室等活载：$2.0 \times [6.6 \times 7.2 \times 8 + 6.6 \times 9.0 + 2.0 \times 2.4] = 888.72\text{kN}$

综上所述，六层重力荷载代表值为：

$$G_{E6} = \sum G_{Ki} + 0.5 \sum Q_{Ki}$$

$=(3086.199＋338.05＋2699.136＋3124.1＋54.34＋947.35＋10.36$

$＋1724.37)＋0.5×(901.08＋234.45＋888.72)$

$=12996.254kN$

4）七层

① 主楼中间屋面自重：

$$6.85×[(37.8＋0.6)×(15.6＋0.6)－(9.0＋0.6)×(7.8＋0.6)]$$

$=6.85×541.44＝3708.864kN$

女儿墙自重：

$$3.94×[(37.8×2＋15.6)×2－(9.0＋0.6)]＝680.832kN$$

② 梁柱自重

横向框架梁：$4.63×(6.6－0.6)×12＋3.03×(2.4－0.6)×6＝366.084kN$

纵向框架梁：$3.68×(37.8－0.6×6)×2＋3.47×(37.8－0.6×6)×2＝489.06kN$

附加次梁：$3.03×[6.6×12＋(2.0－0.3)×2]＝250.28kN$

七层梁柱自重为：

$$(366.084＋489.06＋250.28)＋0.5×(34.70×0.16＋34.42×8)$$

$$＋0.5×(34.70×2＋34.42×2)$$

$$＝1589.824kN$$

③ 填充墙、门窗自重

外墙门窗面积：$48.15＋0.5×(2.1×2.1＋2.1×0.9＋1.8×2.1)＝48.15＋5.04＝53.19m^2$

外墙门窗自重：$0.4×53.19＝21.28kN$

外墙面积：$90.45＋0.5×[(9.0－0.6)×2＋(7.8－0.6)×2]×(2.7－0.6)－5.04＝94.59＋28.72＝118.17m^2$

外墙自重：$12.47/(3.6－0.6)×118.17＝491.19kN$

内墙门窗面积：

$$18.38＋0.5×(0.9×2.1＋1.8×2.1×2)＝18.38＋4.73＝23.11m^2$$

内墙门窗自重：$0.2×23.11＝4.62kN$

内墙面积：

$195.525＋0.5×(5.61＋5.1)×(2.7－0.6)－4.73＝195.525＋6.5155＝202.041m^2$

内墙自重：$9.74/(3.6－0.55)×202.041＝645.206kN$

④ 活荷载

主楼中间屋面活载：$2.0×541.44＝1082.88kN$

配电室、电梯机房活载：$7.0×5.1×7.8＝278.46kN$

楼梯活载：$2.5×3.9×6.6＝64.35kN$

综上所述，七层重力荷载代表值为：

$$G_{E7}＝\sum G_{Ki}＋0.5\sum Q_{Ki}$$

$$＝(3708.864＋680.832＋1589.824＋21.28＋491.19＋4.62＋645.206)$$

$$＋0.5×(1082.88＋278.46＋64.35)$$

$$＝7854.661kN$$

5) 顶层

① 屋顶屋面自重：

$$6.85 \times (9.0 + 0.6) \times (7.8 + 0.6) = 6.85 \times 79.74 = 552.384 \text{kN}$$

女儿墙自重：

$$3.94 \times \frac{0.6}{0.9}(9.0 + 7.8) \times 2 = 88.26 \text{kN}$$

② 梁柱自重

顶层框架梁自重：$3.03 \times (9.0 + 7.8) \times 2 = 101.81 \text{kN}$

顶层梁柱自重为：

$$101.81 + 0.5 \times (29.40 \times 2 + 29.04 \times 2) = 101.81 + 58.44 = 160.25 \text{kN}$$

③ 填充墙、门窗自重

外墙门窗面积：$0.5 \times (2.1 \times 2.1 + 2.1 \times 0.9 + 1.8 \times 2.1) = 5.04 \text{m}^2$

外墙门窗自重：$0.4 \times 5.04 = 2.02 \text{kN}$

外墙面积：$0.5 \times [(9.0 - 0.6) \times 2 + (7.8 - 0.6) \times 2] \times (2.7 - 0.6) - 5.04 = 27.72 \text{m}^2$

外墙自重：$12.47/(3.6 - 0.6) \times 27.72 = 115.23 \text{kN}$

内墙门窗面积：$0.5 \times (0.9 \times 2.1 + 1.8 \times 2.1 \times 2) = 4.73 \text{m}^2$

内墙门窗自重：$0.2 \times 4.73 = 0.95 \text{kN}$

内墙面积：$0.5 \times (5.61 + 5.1) \times (2.7 - 0.55) - 4.73 = 6.78 \text{m}^2$

内墙自重：$9.74/(3.6 - 0.55) \times 6.78 = 21.65 \text{kN}$

④ 活荷载

屋顶屋面活载：$2.0 \times 79.74 = 159.48 \text{kN}$

综上所述，顶层重力荷载代表值为：

$$G_{E7} = \sum G_{Ki} + 0.5 \sum Q_{Ki}$$

$$= (5552.384 + 88.26 + 160.25 + 2.02 + 115.23 + 0.95 + 21.65) + 0.5 \times 159.48$$

$$= 1020.485 \text{kN}$$

(2) 梁柱刚度的计算

1) 梁的线刚度计算见表9-5，其中，在计算梁的线刚度时，考虑到现浇楼板对梁的约束作用（现浇板相当于框架梁的翼缘），对于两侧都有现浇板的梁（如：中横梁），其线刚度取 $I = 2I_0$。对于一侧有现浇板的梁（如：边横梁、楼梯间横梁），其线刚度取 $I = 1.5I_0$。

（C30 混凝土：$E = 3.0 \times 10^7 \text{kN/m}^2$）

梁的线刚度计算　　　　　　表 9-5

断面 $b(\text{m}) \times h(\text{m})$	跨度 $l(\text{m})$	截面惯性矩 I_0 (m^4)	边框架梁		中框架梁	
			$I = 1.5I_0$ (m^4)	$i_b = EI/l$ $(\text{kN} \cdot \text{m})$	$I = 2I_0$ (m^4)	$i_b = EI/l$ $(\text{kN} \cdot \text{m})$
0.30×0.70	6.60	8.58×10^{-3}	12.87×10^{-3}	5.85×10^4	17.16×10^{-3}	7.80×10^4
0.30×0.70	8.10	8.58×10^{-3}	12.87×10^{-3}	4.77×10^4	17.16×10^{-3}	6.36×10^4
0.30×0.70	1.50	8.58×10^{-3}	12.87×10^{-3}	25.74×10^4	17.16×10^{-3}	34.32×10^4
0.30×0.50	2.40	3.13×10^{-3}	4.70×10^{-3}	5.88×10^4	6.26×10^{-3}	7.83×10^4

2) 柱的侧移刚度 D 值按下式计算：

$$D = \alpha_c \frac{12i_c}{h_c^2}$$

式中，一般层：$\alpha_c = \dfrac{K}{2+K}$　$K = \dfrac{\sum i_b}{2i_c}$

底层：$\alpha_c = \dfrac{0.5+K}{2+K}$　$K = \dfrac{\sum i_b}{i_c}$

各层框架柱的抗侧移刚度计算见表 9-6（C40 混凝土：$E = 3.25 \times 10^7 \, \text{kN/m}^2$）

柱（0.6m×0.6m）的抗侧移刚度计算

表 9-6

楼层	柱类别	柱编号	i_c (kN·m)	h_c (m)	K	α	D_i	$\sum D_i$
1	边框架边柱	Z-1、Z-12	7.31×10^4	4.8	0.652	0.434	16523	928056
		Z-33、Z-43			0.800	0.464	17666	
	边框架中柱	Z-13、Z-22	7.31×10^4	4.8	1.457	0.566	21549	
		Z-23、Z-32			1.603	0.584	22235	
	中框架边柱	Z-2、Z-11	7.31×10^4	4.8	0.870	0.477	18161	928056
		Z-5、Z-8、Z-36、Z-37、Z-40、Z-41			1.066	0.511	19455	
		Z-34、Z-35、Z-38、Z-39、Z-6、Z-7、Z-42			0.800	0.464	17666	
		Z-3、Z-10			3.521	0.728	27717	
	中框架中柱	Z-14、Z-21	7.31×10^4	4.8	1.940	0.619	23567	928056
		Z-15、Z-16、Z-19、Z-20、Z-25、Z-26、Z-29、Z-30			2.137	0.637	24252	
		Z-4、Z-9			4.587	0.772	29392	
		Z-17、Z-18、Z-27、Z-28、Z-24、Z-31			1.872	0.613	23338	
2～6	边框架边柱	Z-1、Z-12	9.74×10^4	3.6	0.489	0.196	17676	1405878
		Z-33、Z-43			0.600	0.031	20832	
	边框架中柱	Z-13、Z-22	9.74×10^4	3.6	1.093	0.353	31835	
		Z-23、Z-32			1.203	0.376	33909	
	中框架边柱	Z-2、Z-11	9.74×10^4	3.6	0.653	0.246	22185	1208458
		Z-5、Z-6、Z-7、Z-8、Z-36、Z-37、Z-40、Z-41			0.801	0.286	25793	
		Z-34、Z-35、Z-38、Z-39、Z-42			0.600	0.231	20832	
		Z-3、Z-10			2.641	0.569	51315	
	中框架中柱	Z-14、Z-21	9.74×10^4	3.6	1.456	0.421	37967	1208458
		Z-15、Z-16、Z-17、Z-18、Z-19、Z-20、Z-25、Z-26、Z-29、Z-30			1.604	0.445	40132	
		Z-4、Z-9			3.441	0.632	56996	
		Z-27、Z-28、Z-24、Z-31			1.404	0.412	37156	

续表

楼层	柱类别	柱编号	i_c (kN·m)	h_c (m)	K	α	D_i	$\sum D_i$
7	边框架边柱	Z-4、Z-36、Z-9、Z-41	9.74×10^4	3.6	0.600	0.231	20833	636274
	边框架中柱	Z-15、Z-25、Z-20、Z-30	9.74×10^4	3.6	1.204	0.376	33909	
	中框架边柱	Z-5、Z-6、Z-7、Z-8、Z-37、Z-40	9.74×10^4	3.6	0.801	0.286	25793	636274
		Z-38、Z-39			0.600	0.231	20833	
	中框架中柱	Z-16、Z-17、Z-18、Z-19、Z-26、Z-29	9.74×10^4	3.6	1.604	0.445	40133	730504
		Z-27、Z-28、			1.404	0.412	37157	
8	框架柱	Z-27、Z-28、Z-38、Z-39	17.33×10^4	2.7	0.675	0.252	71983	287932

（3）自振周期的计算

按顶点位移法（适于质量、刚度沿高度分布均匀的框架）计算，考虑填充墙对框架刚度的影响，取基本周期调整系数 $\alpha_0=0.6$。计算公式为 $T_1=1.7\alpha_0\sqrt{\Delta_T}$，式中 Δ_T 为顶点位移，按 D 值法计算，见表 9-7，则：$T_1=1.7\times0.6\times\sqrt{0.2665}=0.53\text{s}$。

横向框架顶点位移计算 表 9-7

层 次	G_i (kN)	$\sum\limits_{i=1}^{7}G_i(\text{kN})$	D_i	$\Delta_i-\Delta_{i-1}=\dfrac{\sum G_i}{D}(\text{m})$	Δ_i (m)
7	7854.66	7854.66	730504	0.0108	0.2665
6	12996.25	20850.92	1405878	0.0148	0.2557
5	12741.53	33592.45	1405878	0.0239	0.2409
4	12741.53	46333.98	1405878	0.0330	0.2170
3	12741.53	59075.51	1405878	0.0420	0.1840
2	12380.77	71456.28	1405878	0.0508	0.1420
1	13139.95	84596.23	928056	0.0912	0.0912

（4）地震作用的计算

1）水平地震影响系数

该大学生活动中心所在场地属于Ⅱ类一组场地，7 度设防设计，查《抗规》表 5.1.4-1，多遇地震下，水平地震影响系数最大值 $\alpha_{max}=0.08$，$T_g=0.35\text{s}$。

已经求出 $T_1=0.53\text{s}$，由于 $T_g<T_1<5T_g$，一般钢筋混凝土结构 $\gamma=0.9$，$\eta_2=1$

故：$\alpha_1=\left(\dfrac{T_g}{T_1}\right)^{0.9}\times\alpha_{max}=\left(\dfrac{0.35}{0.53}\right)^{0.9}\times0.08=0.055$

2）利用底部剪力法求各楼层的水平地震作用

结构等效总重力荷载：

$$G_{eq} = 0.85 \sum_{i=1}^{8} G_{eqi} = 0.85 \times (12910.58 + 12152.53 + 12514.29 \times 3$$

$$+ 12846.00 + 7806.35 + 1017.08 + 1020.485)$$

$$= 72774.2 \text{kN}$$

则结构总水平地震作用标准值 $F_{Ek} = \alpha_1 G_{eq} = 0.055 \times 72774.2 = 4002.581 \text{kN}$

为了考虑高振型对水平地震作用沿高度分布的影响，需在顶部附加一集中水平力，由于 $T_1 = 0.53 > 1.4 T_g = 0.49$，且 $T_g \leqslant 3.5 \text{s}$，故顶部附加地震作用系数为：$\delta_n = 0.08 T_1 + 0.07 = 0.112 \text{s}$

i 楼层处的水平地震作用：

$$F_i = \frac{G_i H_i}{\sum\limits_{j=1}^{8} G_j H_j} F_{Ek}(1 - \delta_n)$$

其中：

$$\sum_{j=1}^{8} G_j H_j = 13139.95 \times 4.8 + 12380.77 \times 8.4 + 12741.53 \times (12.0 + 15.6 + 19.2)$$

$$+ 12996.254 \times 22.8 + 7854.661 \times 26.4 + 1020.485 \times 29.1$$

$$= 1296748 \text{kN} \cdot \text{m}$$

因此，第一层的水平地震作用为：

$$F_1 = \frac{G_1 H_1}{\sum\limits_{j=1}^{8} G_j H_j} F_{Ek}(1 - \delta_n) = \frac{13139.95 \times 4.8}{1296748} \times 4002.581 \times (1 - 0.112)$$

$$= 172.88 \text{kN}$$

同理，可得：

$$F_2 = 285.06 \text{kN} \quad F_3 = 419.10 \text{kN} \quad F_4 = 544.82 \text{kN}$$

$$F_5 = 670.55 \text{kN} \quad F_6 = 812.20 \text{kN}$$

另外，$F_7 = F_7 + F_{Ek}\delta_n = 568.38 + 448.29 = 1016.67 \text{kN}$

对于顶层，由于该层的重量和刚度相对于第七层突然变小，地震时将产生鞭梢效应，使得其地震反应特别强烈。为了简化计算，《抗规》规定，当采用底部剪力法计算这类小建筑的地震作用效应时，宜乘以增大系数 3，但此增大部分不应往下传递。

取 $\eta = 3$，则顶层处的水平地震作用为：

$$F_8 = \eta \frac{G_8 H_8}{\sum\limits_{j=1}^{8} G_j H_j} F_{Ek}(1 - \delta_n) = 3 \times \frac{1020.485 \times 29.1}{1296748} \times 4002.581 \times (1 - 0.112)$$

$$= 244.18 \text{kN}$$

（5）抗震验算

1)《抗规》5.5.1 规定："表 5.5.1 所列各类结构应进行多遇地震作用下的抗震变形验算，其楼层内最大的弹性层间位移应符合下式要求：$\Delta u_e \leqslant [\theta_e] h$"，计算过程如表 9-8 所示。

抗震变形验算 表 9-8

楼 层	水平地震力 F_i(kN)	层间剪力 V_i(kN)	层间刚度 D_i	$u_i - u_{i-1} = \dfrac{V_i}{D_i}$(m)	层高 h_i(m)	层间相对弹性转角
7	1016.67	1098.06	730504	0.0015	3.6	1/2400
6	812.20	1910.26	1405878	0.0014	3.6	1/2571
5	670.55	2580.81	1405878	0.0018	3.6	1/2000
4	544.82	3125.63	1405878	0.0022	3.6	1/1636
3	419.10	3544.73	1405878	0.0022	3.6	1/1440
2	285.06	272979	1208458	0.0027	3.6	1/1333
1	172.88	4002.67	928056	0.0043	4.8	1/1116

注：1. $V_7 = F_7 + \dfrac{1}{3}F_8 = 1016.67 + \dfrac{244.18}{3} = 1098.06 \text{kN}$；

2. $V_{i=1\sim6} = V_{i+1} + F_i$。

由《抗规》5.5.1 中查表 5.5.1，知钢筋混凝土框架的层间位移角限值为 1/550，表 9-8 中计算的结果均满足规范要求。

2)《抗规》5.2.5 规定："抗震验算时，结构任一楼层的水平地震剪力应符合：$V_{Eki} > \lambda \sum\limits_{j=i}^{n} G_j$"，查《抗规》表 5.2.5，$\lambda$ 取 0.016。

则：$V_{Ek1} = 4002.67 \text{kN} > \lambda \sum\limits_{j=1}^{n} G_j = 0.016 \times 84596.23 = 1353.54 \text{kN}$

同理，$V_{Ek2} = 3829.79 \text{kN} > \lambda \sum\limits_{j=2}^{n} G_j = 0.016 \times 71456.28 = 1143.28 \text{kN}$

$V_{Ek3} = 3544.73 \text{kN} > \lambda \sum\limits_{j=3}^{n} G_j = 0.016 \times 59075.51 = 945.21 \text{kN}$

$V_{Ek4} = 3125.63 \text{kN} > \lambda \sum\limits_{j=4}^{n} G_j = 0.016 \times 46333.98 = 741.34 \text{kN}$

$V_{Ek5} = 2580.81 \text{kN} > \lambda \sum\limits_{j=5}^{n} G_j = 0.016 \times 33592.45 = 537.48 \text{kN}$

$V_{Ek6} = 1910.26 \text{kN} > \lambda \sum\limits_{j=6}^{n} G_j = 0.016 \times 20850.92 = 333.61 \text{kN}$

$V_{Ek7} = 1098.06 \text{kN} > \lambda \sum\limits_{j=7}^{n} G_j = 0.016 \times 7854.661 = 125.67 \text{kN}$

均满足规范要求。

（6）⑦轴号横向框架水平地震的计算

上面计算的水平地震作用，是每个结构层所承受的总的荷载；进行框架计算时，需要按照各榀框架的抗侧刚度 D 将层间水平地震作用分配到每榀框架上去。由于本设计中手算只计算了第⑦轴线的横向框架，故这里也只计算⑦号轴线框架上分配的水平地震作用。

一榀框架每层的分配系数为：

$$\mu_i = \frac{\sum\limits_{k=1}^{m} D_{ik}}{\sum\limits_{j=1}^{n} D_{ij}}$$

式中，i 为层号，m 为本榀框架柱数目，n 为本层总的柱数目。

将 D 代入可分别计算出⑦轴号横向框架各层的分配系数：

$$\mu_1 = \frac{19455 \times 2 + 24252 \times 2}{928056} = 0.094$$

$$\mu_{2 \sim 6} = \frac{25793 \times 2 + 40132 \times 2}{1405878} = 0.094$$

$$\mu_7 = \frac{25793 \times 2 + 40132 \times 2}{730504} = 0.180$$

⑦轴号横向框架各层所分配到的水平地震作用：

$$F_{1 \sim 7} = \mu_1 F_1 = 0.094 \times 72.88 = 16.25\text{kN}$$

$$F_{2 \sim 7} = \mu_2 F_2 = 0.094 \times 285.06 = 26.80\text{kN}$$

$$F_{3 \sim 7} = \mu_3 F_3 = 0.094 \times 419.10 = 39.40\text{kN}$$

$$F_{4 \sim 7} = \mu_4 F_4 = 0.094 \times 544.82 = 51.21\text{kN}$$

$$F_{5 \sim 7} = \mu_5 F_5 = 0.094 \times 670.55 = 63.03\text{kN}$$

$$F_{6 \sim 7} = \mu_6 F_6 = 0.094 \times 812.20 = 76.35\text{kN}$$

$$F_{7 \sim 7} = \mu_7 F_7 = 0.176 \times 1016.67 = 178.93\text{kN}$$

将⑦轴号横向框架的地震作用标绘于计算简图上，如图 9-17 所示。

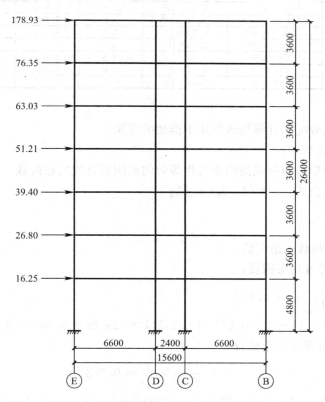

图 9-17　第⑦轴横向框架地震作用计算简图

9.4.2 内力计算

1. 恒载内力

(1) 梁、柱参数汇总

根据前文表 9-5、表 9-6 中梁柱截面参数计算，现将第⑦轴横向框架梁、柱相关参数作一汇总列表计算见表 9-9、表 9-10，其中第⑦轴横向框架为中框架，故折算惯性矩 $I = 2.0 \times I_0$。

第⑦轴框架梁几何参数　　　　　　　　表 9-9

断面 $b(m) \times h(m)$	跨度 $l(m)$	截面惯性矩 $I_0(m^4)$	第⑦轴框架梁	
			$I = 2I_0(m^4)$	$i_b = EI/l(kN \cdot m)$
0.30×0.70	6.60	8.58×10^{-3}	17.16×10^{-3}	7.80×10^4
0.30×0.50	2.40	3.13×10^{-3}	6.26×10^{-3}	7.83×10^4

第⑦轴框架柱几何参数　　　　　　　　表 9-10

柱类别	层次	截面 $b(m) \times h(m)$	$i_c (kN \cdot m)$	$h_c (m)$	K	α	D_i
边柱 (Z-5、Z-37)	7	0.60×0.60	9.74×10^4	3.6	0.801	0.286	25793
	6	0.60×0.60	9.74×10^4	3.6	0.801	0.286	25793
	5	0.60×0.60	9.74×10^4	3.6	0.801	0.286	25793
	4	0.60×0.60	9.74×10^4	3.6	0.801	0.286	25793
	3	0.60×0.60	9.74×10^4	3.6	0.801	0.286	25793
	2	0.60×0.60	9.74×10^4	3.6	0.801	0.286	25793
	1	0.60×0.60	7.31×10^4	4.8	1.066	0.511	19455
中柱 (Z-16、Z-26)	7	0.60×0.60	9.74×10^4	3.6	1.604	0.445	40132
	6	0.60×0.60	9.74×10^4	3.6	1.604	0.445	40132
	5	0.60×0.60	9.74×10^4	3.6	1.604	0.445	40132
	4	0.60×0.60	9.74×10^4	3.6	1.604	0.445	40132
	3	0.60×0.60	9.74×10^4	3.6	1.604	0.445	40132
	2	0.60×0.60	9.74×10^4	3.6	1.604	0.445	40132
	1	0.60×0.60	7.31×10^4	4.8	2.137	0.637	24252

(2) 弯矩计算

利用力矩二次分配法计算恒载作用下框架的弯矩。

1) 计算杆固端弯矩：

将梯形或三角形分布荷载按固端弯矩等效的原则折算成均布荷载：

梯形荷载折算公式：$q_e = (1 - 2\alpha_1^2 + \alpha_1^3)q'$

其中：$\alpha_1 = \dfrac{l_{01}}{l_{02}} \times \dfrac{1}{2}$；

q' 为梯形分布荷载的最大值。

① 顶层边跨等效均布荷载：

$$\alpha_1 = \frac{3600}{6600} \times \frac{1}{2} = 0.273$$

$$q_e = 4.63 + (1 - 2 \times 0.273^2 + 0.273^3) \times (29.29 - 4.63) = 26.12 kN/m$$

② 中间层边跨等效均布荷载：

$$\alpha_1 = \frac{3600}{6600} \times \frac{1}{2} = 0.273$$

$$q_e = 14.37 + (1 - 2 \times 0.273^2 + 0.273^3) \times (30.21 - 14.37) = 28.17 kN/m$$

由以上所求均布荷载，各杆固端弯矩计算如图 9-18 所示：

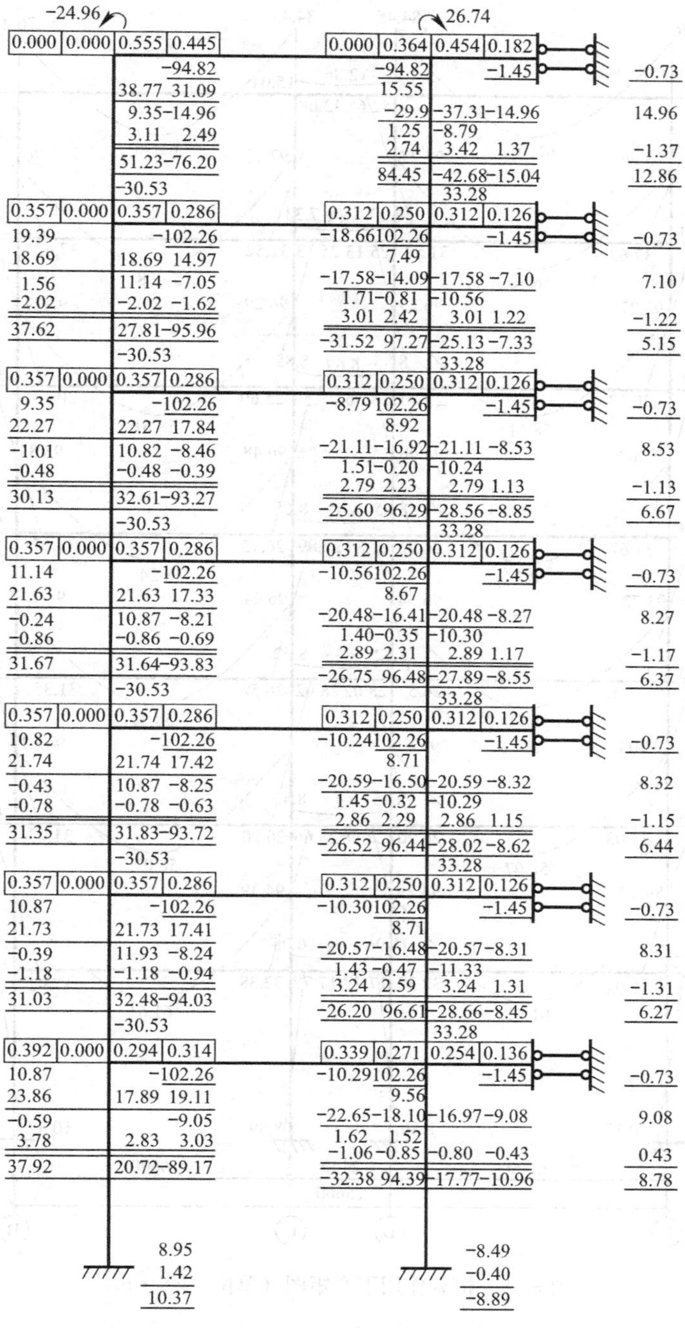

-24.96   26.74

0.000	0.000	0.555	0.445		0.000	0.364	0.454	0.182		
			-94.82		-94.82		-1.45			-0.73
	38.77	31.09			15.55					
		9.35	-14.96		-29.9	-37.31	-14.96			14.96
	3.11	2.49			1.25	-8.79				
		51.23	-76.20			2.74	3.42	1.37		-1.37
		-30.53			84.45	-42.68	-15.04			12.86
						33.28				

0.357	0.000	0.357	0.286		0.312	0.250	0.312	0.126		
19.39		-102.26			-18.66	102.26		-1.45		-0.73
18.69		18.69	14.97			7.49				
1.56		11.14	-7.05		-17.58	-14.09	-17.58	-7.10		7.10
-2.02		-2.02	-1.62		1.71	-0.81	-10.56			
37.62		27.81	-95.96		3.01	2.42	3.01	1.22		-1.22
		-30.53			-31.52	97.27	-25.13	-7.33		5.15
						33.28				

0.357	0.000	0.357	0.286		0.312	0.250	0.312	0.126		
9.35		-102.26			-8.79	102.26		-1.45		-0.73
22.27		22.27	17.84			8.92				
-1.01		10.82	-8.46		-21.11	-16.92	-21.11	-8.53		8.53
-0.48		-0.48	-0.39		1.51	-0.20	-10.24			
30.13		32.61	-93.27		2.79	2.23	2.79	1.13		-1.13
		-30.53			-25.60	96.29	-28.56	-8.85		6.67
						33.28				

0.357	0.000	0.357	0.286		0.312	0.250	0.312	0.126		
11.14		-102.26			-10.56	102.26		-1.45		-0.73
21.63		21.63	17.33			8.67				
-0.24		10.87	-8.21		-20.48	-16.41	-20.48	-8.27		8.27
-0.86		-0.86	-0.69		1.40	-0.35	-10.30			
31.67		31.64	-93.83		2.89	2.31	2.89	1.17		-1.17
		-30.53			-26.75	96.48	-27.89	-8.55		6.37
						33.28				

0.357	0.000	0.357	0.286		0.312	0.250	0.312	0.126		
10.82		-102.26			-10.24	102.26		-1.45		-0.73
21.74		21.74	17.42			8.71				
-0.43		10.87	-8.25		-20.59	-16.50	-20.59	-8.32		8.32
-0.78		-0.78	-0.63		1.45	-0.32	-10.29			
31.35		31.83	-93.72		2.86	2.29	2.86	1.15		-1.15
		-30.53			-26.52	96.44	-28.02	-8.62		6.44
						33.28				

0.357	0.000	0.357	0.286		0.312	0.250	0.312	0.126		
10.87		-102.26			-10.30	102.26		-1.45		-0.73
21.73		21.73	17.41			8.71				
-0.39		11.93	-8.24		-20.57	-16.48	-20.57	-8.31		8.31
-1.18		-1.18	-0.94		1.43	-0.47	-11.33			
31.03		32.48	-94.03		3.24	2.59	3.24	1.31		-1.31
		-30.53			-26.20	96.61	-28.66	-8.45		6.27
						33.28				

0.392	0.000	0.294	0.314		0.339	0.271	0.254	0.136		
10.87		-102.26			-10.29	102.26		-1.45		-0.73
23.86		17.89	19.11			9.56				
-0.59		-9.05			-22.65	-18.10	-16.97	-9.08		9.08
3.78		2.83	3.03		1.62	1.52				
37.92		20.72	-89.17		-1.06	-0.85	-0.80	-0.43		0.43
					-32.38	94.39	-17.77	-10.96		8.78

	8.95			-8.49	
	1.42			-0.40	
	10.37			-8.89	

图 9-18　恒载弯矩二次分配计算简图

注：图中单线条表示第一次分配结束，双线条表示第二次分配结束，虚线表示固端弯矩，粗实线表示最终杆端弯矩。节点外弯矩以顺时针为正，逆时针为负，标绘于计算简图上。

（3）剪力计算

为方便恒载作用下梁、柱端剪力计算，特将梁上的分布荷载折算成集中力：

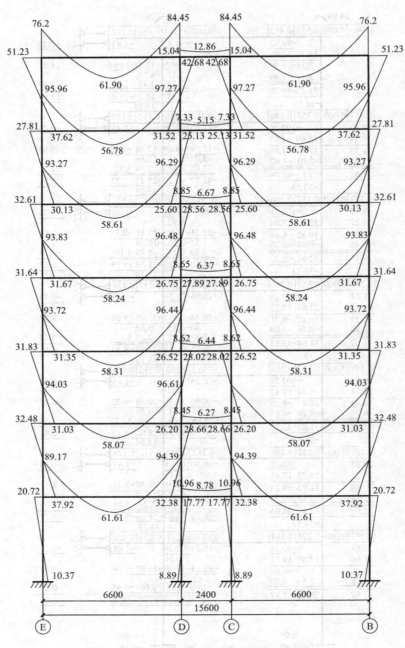

图 9-19　恒载作用下弯矩图（单位：kN·m）

① 顶层边跨：

$$F_{集} = 4.63 \times 6.60 + \frac{1}{2} \times (3.00 + 6.60) \times (29.29 - 4.63) = 148.93 \text{kN}$$

② 顶层中跨：

$$F_{集} = 3.03 \times 2.4 = 7.27 \text{kN}$$

③ 中间层边跨：

$$F_{集} = 14.37 \times 6.60 + \frac{1}{2} \times (3.00 + 6.60) \times (30.21 - 14.37) = 170.87\text{kN}$$

④ 中间层中跨：

$$F_{集} = 3.03 \times 2.4 = 7.27\text{kN}$$

分别取各个梁、柱作为隔离体，分别对两端取矩，列出力矩平衡方程，便可得该梁端、柱端剪力。计算简图见图 9-20，以 KL1-4DE 段为例，计算如下：

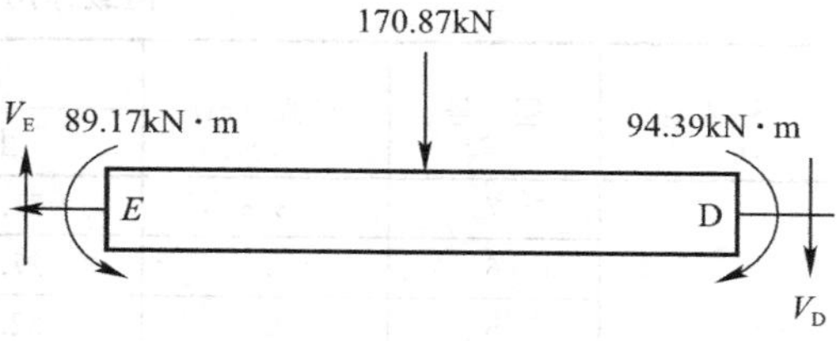

对 E 端取矩：$\sum M_i = 0$

$$89.17 = 170.87 \times 3.30 + 94.39 + V_D \times 6.60$$

$$\Rightarrow V_D = -86.23\text{kN}$$

所以：$V_D = 86.23\text{kN}$（↑）　$V_E = 84.64\text{kN}$（↑）

与此同时，可将梁的跨中弯矩一并计算出来：

对跨中截面取矩：$\sum M_i = 0$

$$M_0 = \frac{89.17 + 94.39}{2} - M_q = -61.61\text{kN} \cdot \text{m}$$

注意，计算跨中弯矩时，近似按折算后的均布荷载计算：

$$M_q = \frac{1}{2} q_e \left(\frac{l}{2}\right)^2 = 153.39$$

图 9-20　剪力计算简图

按以上方法，将第⑦轴横向框架各个杆件杆端剪力与跨中弯矩计算出来，列表计算如表 9-11 所示：

恒载作用下轴线处梁端剪力与跨中弯矩　　表 9-11

梁类型	层 号	梁长(m)	外荷(kN)	固端弯矩 (kN·m) 左	右	杆端剪力 (kN) 左	右	跨中弯矩 (kN·m)
D~E 轴边跨	7	6.60	148.93	−76.20	84.45	73.22	−75.72	−61.90
	6	6.60	170.87	−95.96	97.27	85.24	−85.63	−56.78
	5	6.60	170.87	−93.27	96.29	84.98	−85.89	−58.61
	4	6.60	170.87	−93.83	96.48	85.03	−85.84	−58.24
	3	6.60	170.87	−93.72	96.44	84.96	−85.93	−58.31
	2	6.60	170.87	−94.03	96.61	85.04	−85.85	−58.07
	1	6.60	170.87	−89.17	94.39	84.64	−86.23	−61.61
B~C 轴边跨	7	6.60	148.93	−84.45	76.20	75.72	−73.22	−61.90
	6	6.60	170.87	−97.27	95.96	85.63	−85.24	−56.78
	5	6.60	170.87	−96.29	93.27	85.89	−84.98	−58.61
	4	6.60	170.87	−96.48	93.83	85.84	−85.03	−58.24
	3	6.60	170.87	−96.44	93.72	85.93	−84.96	−58.31
	2	6.60	170.87	−96.61	94.03	85.83	−85.04	−58.07
	1	6.60	170.87	−94.39	89.17	86.23	−84.64	−61.61
中跨	7	2.40	7.27	−15.04	15.04	3.64	−3.64	12.86
	6	2.40	7.27	−7.33	7.33	3.64	−3.64	5.15
	5	2.40	7.27	−8.85	8.85	3.64	−3.64	6.67
	4	2.40	7.27	−8.55	8.55	3.64	−3.64	6.37
	3	2.40	7.27	−8.62	8.62	3.64	−3.64	6.44
	2	2.40	7.27	−8.45	8.45	3.64	−3.64	6.27
	1	2.40	7.27	−10.96	10.96	3.64	−3.64	8.78

注：弯矩和剪力均以使梁顺时针转动为正，跨中弯矩以使梁上表面受拉为正。

已知柱的两端弯矩，且柱高范围内无其他横向力。因此可以根据平衡方程得到公式：$V_u = V_b = -\dfrac{\sum M}{l_c}$，据此式列表计算柱的杆端剪力如表 9-12 所示。

恒载作用下轴线处柱端剪力

表 9-12

柱类型	层 号	柱高 (m)	固端弯矩 (kN·m)		杆端剪力 (kN)	
			上	下	上	下
E 轴柱	7	3.6	51.23	37.62	−24.68	−24.62
	6	3.6	27.81	30.13	−16.09	−16.09
	5	3.6	32.61	31.67	−17.86	−17.86
	4	3.6	31.64	31.35	−17.50	−17.50
	3	3.6	31.83	31.03	−17.46	−17.46
	2	3.6	32.48	37.92	−19.56	−19.56
	1	4.8	20.72	10.37	−6.48	−6.48
B 轴柱	7	3.6	−51.23	−37.62	24.68	24.68
	6	3.6	−27.81	−30.13	16.09	16.09
	5	3.6	−32.61	−31.67	17.86	17.86
	4	3.6	−31.64	−31.35	17.50	17.50
	3	3.6	−31.83	−31.03	17.46	17.46
	2	3.6	−32.48	−37.92	19.56	19.56
	1	4.8	−20.72	−10.37	6.48	6.48
D 轴柱	7	3.6	−42.68	−31.52	20.61	20.61
	6	3.6	−25.13	−25.60	14.09	14.09
	5	3.6	−28.56	−26.75	15.36	15.36
	4	3.6	−27.89	−26.52	15.11	15.11
	3	3.6	−28.02	−26.20	15.06	15.06
	2	3.6	−28.66	−32.38	16.96	16.96
	1	4.8	−17.77	−8.89	5.55	5.55
C 轴柱	7	3.6	42.68	31.52	−14.09	−14.09
	6	3.6	25.13	25.60	−15.36	−15.36
	5	3.6	28.56	26.75	−15.11	−15.11
	4	3.6	27.89	26.52	−15.06	−15.06
	3	3.6	28.02	26.20	−16.96	−16.96
	2	3.6	28.66	32.38	−5.55	−5.55
	1	4.8	17.77	8.89	−14.09	−14.09

注：弯矩和剪力均以使梁顺时针转动为正。

由以上计算，绘出恒载作用下的剪力图 9-21。

（4）轴力计算

根据配筋计算需要，只需求出柱的轴力即可，而不需求出梁轴力。

1）计算方法

柱轴力＝柱顶集中力(包括柱自重)＋梁端剪力

以七层 D 柱为例，具体计算如下：

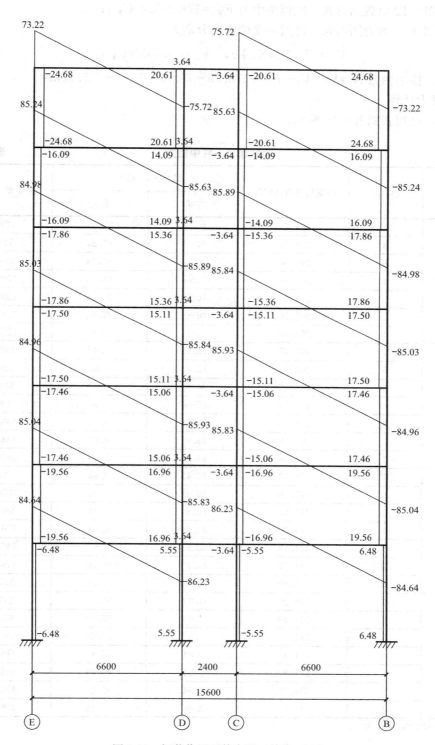

图 9-21 恒载作用下剪力图（单位：kN）

根据图 9-12 恒载图可知，柱顶集中力 $F_集 = 178.29 \text{kN}$（↓）；

根据图 9-21 剪力图可知，柱两端受梁剪力分别为：

$$V_l = 75.72 \text{kN}(\downarrow), \quad V_r = 3.64 \text{kN}(\downarrow)。$$

由此，柱中轴力 $N = V_l + V_r + F_集 = 178.29 + 75.72 + 3.64 = 257.65 \text{kN}$

2）轴力计算

同上，可列表如表 9-13 所示。

恒载作用下柱中轴力

表 9-13

柱类型	层　号	柱顶集中力（kN）	邻梁剪力（kN）		柱中轴力（kN）
			左梁	右梁	
E轴柱	7	166.37	0.00	73.22	239.59
	6	203.56	0.00	85.24	528.39
	5	203.56	0.00	84.98	816.93
	4	203.56	0.00	85.03	1105.52
	3	203.56	0.00	84.96	1394.04
	2	203.56	0.00	85.04	1682.64
	1	203.56	0.00	84.64	1970.84
B轴柱	7	166.37	73.22	0.00	239.59
	6	203.56	85.24	0.00	528.39
	5	203.56	84.98	0.00	816.93
	4	203.56	85.03	0.00	1105.52
	3	203.56	84.96	0.00	1394.04
	2	203.56	85.04	0.00	1682.64
	1	203.56	84.64	0.00	1970.84
D轴柱	7	178.29	75.72	3.64	257.65
	6	211.89	85.63	3.64	558.81
	5	211.89	85.89	3.64	860.23
	4	211.89	85.84	3.64	1161.60
	3	211.89	85.93	3.64	1463.06
	2	211.89	85.83	3.64	1764.42
	1	211.89	86.23	3.64	2066.18
C轴柱	7	178.29	3.64	75.72	257.65
	6	211.89	3.64	85.63	558.81
	5	211.89	3.64	85.89	860.23
	4	211.89	3.64	85.84	1161.60
	3	211.89	3.64	85.93	1463.06
	2	211.89	3.64	85.83	1764.42
	1	211.89	3.64	86.23	2066.18

注：柱中轴力以受压为正。

由以上计算，绘出恒载作用下的轴力图 9-22。

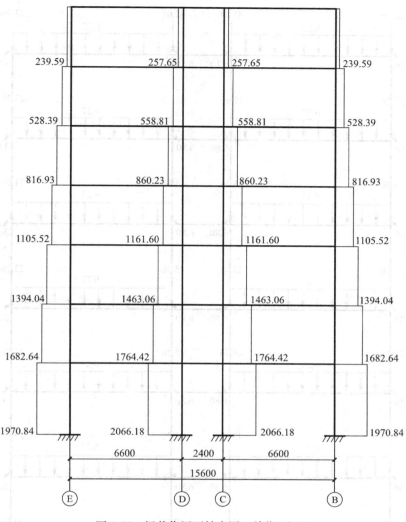

图 9-22　恒载作用下轴力图（单位：kN）

2. 活载内力

活载内力计算原理同恒载类似，此处活载内力采用结构力学求解器（version 2.0）进行电算，依据之前的活载图和计算简图可建立模型如图 9-23 所示。

将梯形或三角形分布荷载按固端弯矩等效的原则折算成均布荷载：

梯形荷载折算公式：$q_e = (1 - 2\alpha_1^2 + \alpha_1^3)q'$

其中：$\alpha_1 = \dfrac{l_{01}}{l_{02}} \times \dfrac{1}{2}$；$q'$ 为梯形分布荷载的最大值。

则边跨等效均布荷载：

$$\alpha_1 = \frac{3600}{6600} \times \frac{1}{2} = 0.273$$

$$q_e = (1 - 2 \times 0.273^2 + 0.273^3) \times 7.2 = 6.27 \text{kN/m}$$

根据电算所得弯矩、剪力、轴力，经整理将各内力列表分别如表 9-14、表 9-15、表 9-16 所示。

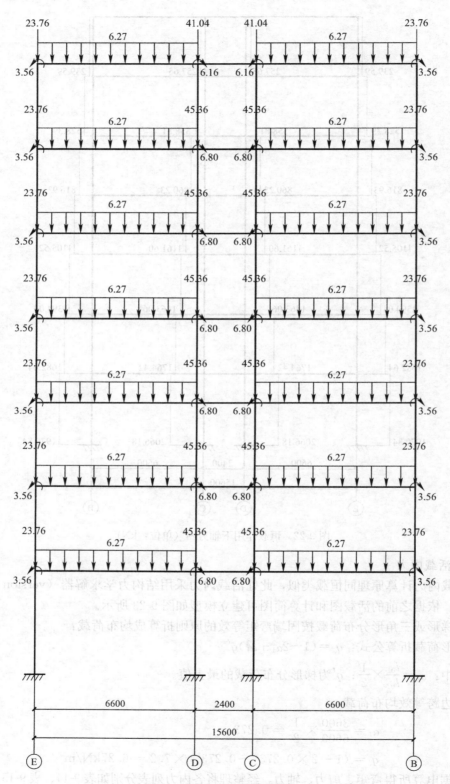

图 9-23 活载内力电算模型

活载作用下轴线处梁端剪力与跨中弯矩　　　　　　表 9-14

梁类型	层号	梁长（m）	固端弯矩（kN·m）		杆端剪力（kN）		跨中弯矩（kN·m）
			左	右	左	右	
D~E 轴边跨	7	6.60	−22.27	14.23	21.91	−19.47	−15.89
	6	6.60	−28.65	13.58	22.97	−18.41	−13.17
	5	6.60	−27.55	13.84	22.77	−18.61	−13.45
	4	6.60	−26.77	14.74	22.51	−18.87	−13.39
	3	6.60	−25.72	15.76	22.20	−19.18	−13.40
	2	6.60	−24.42	17.28	21.77	−19.61	−13.29
	1	6.60	−21.56	18.62	21.14	−20.25	−14.05
B~C 轴边跨	7	6.60	−14.23	22.27	19.47	−21.91	−15.89
	6	6.60	−13.58	28.65	18.41	−22.97	−13.17
	5	6.60	−13.84	27.55	18.61	−22.77	−13.45
	4	6.60	−14.74	26.77	18.87	−22.51	−13.39
	3	6.60	−15.76	25.72	19.18	−22.20	−13.40
	2	6.60	−17.28	24.42	19.61	−21.77	−13.29
	1	6.60	−18.62	21.56	20.25	−21.14	−14.05
中跨	7	2.40	−2.05	2.05	0.00	0.00	2.05
	6	2.40	−0.47	0.47	0.00	0.00	0.47
	5	2.40	−0.89	0.89	0.00	0.00	0.89
	4	2.40	−0.92	0.92	0.00	0.00	0.92
	3	2.40	−1.07	1.07	0.00	0.00	1.07
	2	2.40	−1.11	1.11	0.00	0.00	1.11
	1	2.40	−1.94	1.94	0.00	0.00	1.94

注：弯矩和剪力均以使梁顺时针转动为正，跨中弯矩以使梁上表面受拉为正。

活载作用下轴线处柱端弯矩与剪力　　　　　　表 9-15

柱类型	层号	柱高（m）	固端弯矩（kN·m）		杆端剪力（kN）	
			上	下	上	下
E 轴柱	7	3.6	18.71	13.54	−8.96	−8.96
	6	3.6	11.55	12.06	−6.56	−6.56
	5	3.6	11.93	11.76	−6.58	−6.58
	4	3.6	11.45	11.29	−6.32	−6.32
	3	3.6	10.87	10.54	−5.95	−5.95
	2	3.6	10.33	11.20	−5.98	−5.98
	1	4.8	6.79	3.60	−2.17	−2.17
B 轴柱	7	3.6	−18.71	−13.54	8.96	8.96
	6	3.6	−11.55	−12.06	6.56	6.56
	5	3.6	−11.93	−11.76	6.58	6.58
	4	3.6	−11.45	−11.29	6.32	6.32
	3	3.6	−10.87	−10.54	5.95	5.95
	2	3.6	−10.33	−11.20	5.98	5.98
	1	4.8	−6.79	−3.60	2.17	2.17
D 轴柱	7	3.6	−6.02	−4.05	2.80	2.80
	6	3.6	−2.26	−2.79	1.40	1.40
	5	3.6	−3.37	−3.40	1.88	1.88
	4	3.6	−3.63	−3.82	2.07	2.07
	3	3.6	−4.07	−4.13	2.28	2.28
	2	3.6	−5.24	−6.28	3.20	3.20
	1	4.8	−3.60	−1.78	1.12	1.12

续表

柱类型	层 号	柱高（m）	固端弯矩（kN·m）		杆端剪力（kN）	
			上	下	上	下
C 轴柱	7	3.6	6.02	4.05	−2.80	−2.80
	6	3.6	2.26	2.79	−1.40	−1.40
	5	3.6	3.37	3.40	−1.88	−1.88
	4	3.6	3.63	3.82	−2.07	−2.07
	3	3.6	4.07	4.13	−2.28	−2.28
	2	3.6	5.24	6.28	−3.20	−3.20
	1	4.8	3.60	1.78	−1.12	−1.12

注：弯矩和剪力均以使梁顺时针转动为正。

活载作用下柱中轴力 表 9-16

柱类型	层 号	柱顶集中力（kN）	邻梁剪力（kN）		柱中轴力（kN）
			左梁	右梁	
E 轴柱	7	23.76	0.00	21.91	45.67
	6	23.76	0.00	22.97	92.40
	5	23.76	0.00	22.77	138.93
	4	23.76	0.00	22.51	185.21
	3	23.76	0.00	22.20	231.16
	2	23.76	0.00	21.77	276.70
	1	23.76	0.00	21.14	321.59
B 轴柱	7	23.76	21.91	0.00	45.67
	6	23.76	22.97	0.00	92.40
	5	23.76	22.77	0.00	138.93
	4	23.76	22.51	0.00	185.21
	3	23.76	22.20	0.00	231.16
	2	23.76	21.77	0.00	276.70
	1	23.76	21.14	0.00	321.59
D 轴柱	7	41.04	19.47	0.00	60.51
	6	45.36	18.81	0.00	124.28
	5	45.36	18.61	0.00	188.26
	4	45.36	18.87	0.00	252.48
	3	45.36	19.18	0.00	317.03
	2	45.36	19.61	0.00	381.99
	1	45.36	20.25	0.00	447.60
C 轴柱	7	41.04	0.00	19.47	60.51
	6	45.36	0.00	18.81	124.28
	5	45.36	0.00	18.61	188.26
	4	45.36	0.00	18.87	252.48
	3	45.36	0.00	19.18	317.03
	2	45.36	0.00	19.61	381.99
	1	45.36	0.00	20.25	447.60

注：柱中轴力以受压为正。

根据电算，导出弯矩图、剪力图、轴力图分别见图 9-24、图 9-25、图 9-26。

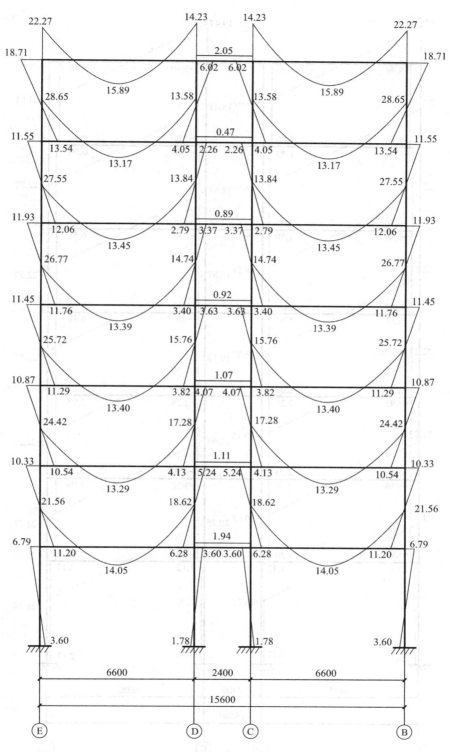

图 9-24　活载作用下弯矩图

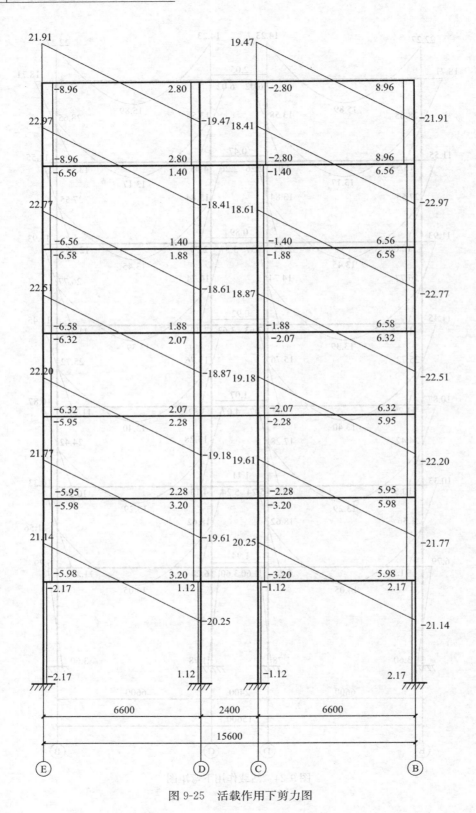

图 9-25 活载作用下剪力图

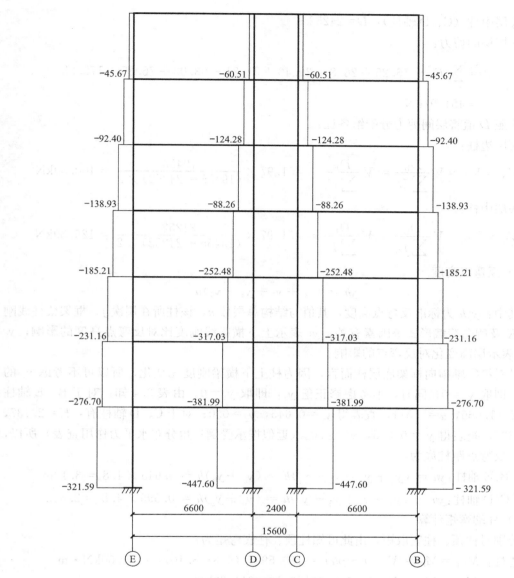

图 9-26　活载作用下轴力图

3. 水平地震作用内力

（1）计算原则

利用 D 值法计算水平荷载作用下框架的弯矩。根据各柱 D 值，将该层剪力分配至各个柱的反弯点处，其中反弯点处无弯矩，仅有剪力，由此便可利用求得的剪力与反弯点高度求出柱端弯矩；然后利用节点平衡，按梁抗弯刚度求出各个梁端弯矩；最后，利用求得的弯矩，可解出剪、轴力。以下以底层梁柱为例，计算其弯矩。

（2）底层梁柱受水平地震荷载内力计算

1）计算各个柱分配剪力

底层四柱 D 值分别为：

底层边柱（B、E 轴柱）：$D=19455$

底层中柱（C、D 轴柱）：$D=24252$

底层层间剪力：

$$V = \sum_{i=1}^{7} F_i = 16.25 + 26.8 + 39.40 + 51.21 + 63.03 + 76.35 + 178.93$$
$$= 451.97\text{kN}$$

依照 D 值将层间剪力分配给各柱：

底层边柱：

$$V_B = V_E = V\frac{D_B}{\sum D_i} = V\frac{D_E}{\sum D_i} = 451.97 \times \frac{19455}{(19455+24252)\times 2} = 100.59\text{kN}$$

底层中柱：

$$V_C = V_D = V\frac{D_C}{\sum D_i} = V\frac{D_D}{\sum D_i} = 451.97 \times \frac{24252}{(19455+24252)\times 2} = 125.39\text{kN}$$

2）反弯点高度

$$yh = (y_0 + y_1 + y_2 + y_3)h$$

其中：$y_0 h$ 为标准反弯点高度，其值与结构总层数 n，该柱所在层次 j、框架梁柱线刚度比 K 及侧向荷载形式等因素有关；y_1 表示上下横梁线刚度比对反弯点高度的影响；y_2 与 y_3 表示层高变化对反弯点的影响。

针对第⑦轴横向框架底层柱而言，因为柱上下横梁刚度无变化，所以可不考虑 y_1 的影响，即取 $y_1=0$；同时，不考虑修正值 y_3，即取 $y_3=0$。由表 3.4 知：对于 B、E 轴柱有：$K=1.066$，$\alpha=0.511$，查表得 $y_0=0.645$，$y_2=0.0$；对于 C、D 轴柱有：$K=2.137$，$\alpha=0.637$，查表得 $y_0=0.595$，$y_2=0.0$。（近似按承受倒三角分布水平力作用查表）所以，底层柱反弯点距柱底为：

B、E 轴柱：$yh = (y_0+y_1+y_2+y_3)h = (y_0+y_2)h = 0.645 \times 4.8 = 3.10\text{m}$

C、D 轴柱：$yh = (y_0+y_1+y_2+y_3)h = (y_0+y_2)h = 0.595 \times 4.8 = 2.86\text{m}$

3）柱端弯矩计算

分别对柱顶、柱底取矩，由此可知柱顶、柱底弯矩为：

边柱：$M_{B\text{上}} = M_{E\text{上}} = V_B(h-yh) = 100.59 \times (4.8-3.10) = 171.00\text{kN·m}$

$M_{B\text{下}} = M_{E\text{下}} = V_B yh = 100.59 \times 3.10 = 311.83\text{kN·m}$

中柱：

$M_{C\text{上}} = M_{D\text{上}} = V_C(h-yh) = 125.93 \times (4.8-2.86) = 243.26\text{kN·m}$

$M_{C\text{下}} = M_{D\text{下}} = V_C yh = 125.93 \times 2.86 = 358.62\text{kN·m}$

同理求出各层各柱端弯矩如表 9-17 所示。

左地震作用下柱端弯矩计算   表 9-17

层数	层高（m）	层间剪力（kN）	单层刚度	B、E 轴柱				
				D 值	剪力值（m）	反弯点高度 y（m）	$M_{\text{上}}$（kN·m）	$M_{\text{下}}$（kN·m）
7	3.6	178.93	131850	25793	35.00	1.26	−81.90	−44.10
6	3.6	255.28	131850	25793	49.94	1.44	−107.87	−71.91
5	3.6	318.31	131850	25793	62.27	1.62	−123.29	−100.88

层数	层高（m）	层间剪力（kN）	单层刚度	B、E 轴柱					
				D 值	剪力值（m）	反弯点高度 y（m）	$M_{上}$（kN·m）	$M_{下}$（kN·m）	
4	3.6	369.52	131850	25793	72.29	1.62	−143.13	−117.11	
3	3.6	408.92	131850	25793	79.99	1.80	−143.89	−143.98	
2	3.6	435.72	131850	25793	85.24	1.71	−161.10	−145.76	
1	4.8	451.97	87414	19455	100.59	3.10	−171.00	−311.83	

层数	层高（m）	层间剪力（kN）	单层刚度	C、D 轴柱					
				D 值	剪力值（m）	反弯点高度 y（m）	$M_{上}$（kN·m）	$M_{下}$（kN·m）	
7	3.6	178.93	131850	40132	54.56	1.48	−115.67	−80.75	
6	3.6	255.28	131850	40132	77.70	1.62	−153.85	−125.87	
5	3.6	318.31	131850	40132	96.89	1.73	−181.18	−167.62	
4	3.6	369.52	131850	40132	112.47	1.73	−210.32	−194.57	
3	3.6	408.92	131850	40132	124.47	1.80	−224.05	−224.05	
2	3.6	435.72	131850	40132	132.62	1.80	−238.72	−238.72	
1	4.4	451.97	87414	24252	125.39	2.86	−243.26	−358.62	

注：所求弯矩以使柱顺时针转动为正。

4）梁端弯矩计算

以底层边跨梁为例，计算其梁端弯矩，取左、右端节点为隔离体如图 9-27 所示。

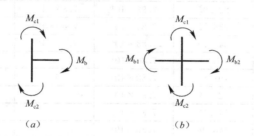

图 9-27 节点平衡图

① 左端弯矩

列平衡方程：$M_{c1}+M_{c2}+M_b=0$，可解得：

$$M_b=-M_{c1}-M_{c2}=145.76+171.00=316.76\text{kN}$$

② 右端弯矩

列平衡方程：$M_{c1}+M_{c2}+M_{b1}+M_{b2}=0$，可解得：

$$M_{b1}+M_{b2}=-M_{c1}-M_{c2}=238.72+243.26=481.98\text{kN}$$

左右梁按线刚度分配：

$$M_{b1}=\frac{S_1}{\sum S_i}(M_{c1}+M_{c2})=\frac{7.80\times10^4}{7.80\times10^4+7.83\times10^4}\times481.98=-240.51\text{kN}$$

$$M_{b2}=\frac{S_2}{\sum S_i}(M_{c1}+M_{c2})=\frac{7.83\times10^4}{7.80\times10^4+7.83\times10^4}\times481.98=-241.47\text{kN}$$

由此，可将各个梁的梁端弯矩求出，见表 9-18。

左地震作用下梁端弯矩计算 表 9-18

节点号	上柱弯矩 (kN·m)	下柱弯矩 (kN·m)	左梁线刚度 (kN·m)	右梁线刚度 (kN·m)	左梁弯矩 (kN·m)	右梁弯矩 (kN·m)
E-7	0	81.90	0	7.80×10^4	0	81.90
E-6	44.10	107.87	0	7.80×10^4	0	151.97
E-5	71.91	123.29	0	7.80×10^4	0	195.20
E-4	100.88	143.13	0	7.80×10^4	0	244.01
E-3	117.11	143.98	0	7.80×10^4	0	261.09
E-2	143.98	161.10	0	7.80×10^4	0	305.08
E-1	145.76	171.00	0	7.80×10^4	0	316.76
D-7	0	115.67	7.80×10^4	7.83×10^4	57.72	57.95
D-6	80.75	153.85	7.80×10^4	7.83×10^4	117.07	117.53
D-5	125.87	181.18	7.80×10^4	7.83×10^4	153.22	153.83
D-4	167.62	210.32	7.80×10^4	7.83×10^4	188.59	189.35
D-3	194.57	224.05	7.80×10^4	7.83×10^4	208.89	209.73
D-2	224.05	238.72	7.80×10^4	7.83×10^4	230.92	231.85
D-1	238.72	243.26	7.80×10^4	7.83×10^4	240.51	241.47
C-7	0	115.67	7.83×10^4	7.80×10^4	57.95	57.72
C-6	80.75	153.85	7.83×10^4	7.80×10^4	117.53	117.07
C-5	125.87	181.18	7.83×10^4	7.80×10^4	153.83	153.22
C-4	167.62	210.32	7.83×10^4	7.80×10^4	189.35	188.59
C-3	194.57	224.05	7.83×10^4	7.80×10^4	209.73	208.89
C-2	224.05	238.72	7.83×10^4	7.80×10^4	231.85	230.92
C-1	238.72	243.26	7.83×10^4	7.80×10^4	241.47	240.51
B-7	0	81.90	7.80×10^4	0	81.90	0
B-6	44.10	107.87	7.80×10^4	0	151.97	0
B-5	71.91	123.29	7.80×10^4	0	195.20	0
B-4	100.88	143.13	7.80×10^4	0	244.01	0
B-3	117.11	143.98	7.80×10^4	0	261.09	0
B-2	143.98	161.10	7.80×10^4	0	305.08	0
B-1	145.76	171.00	7.80×10^4	0	316.76	0

注：1. 所求弯矩以使梁顺时针转动为正；
　　2. 节点号如"E-5"表示：E 号轴线第五层节点，其他类似。

求出梁两端弯矩后，因为梁上无横向荷载，所以可以按线性关系求得跨中弯矩，标绘于弯矩图上。

5）剪力计算

利用杆件平衡求解杆端剪力。

计算简图如图 9-28 所示。

列力矩平衡方程：$\sum M_A = 0$，即 $M_{AB} + M_{BA} + V_B L = 0$

$$\Rightarrow V_B = \frac{-M_{AB} - M_{BA}}{L}$$

同理：

$$\Rightarrow V_A = \frac{-M_{AB} - M_{BA}}{L}$$

由此，可将梁柱在风载作用下的杆端剪力计算出来，如表 9-19 所示：

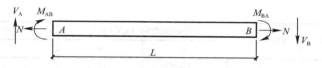

图 9-28 杆件剪力计算简图

左地震作用下梁端剪力

表 9-19

梁类型	层 号	梁长（m）	梁固端弯矩（kN·m）		梁端剪力（kN）	
			左	右	左	右
	7	6.60	81.90	57.72	−21.15	−21.15
	6	6.60	151.97	117.07	−40.76	−40.76
	5	6.60	195.20	153.22	−52.79	−52.79
D~E 轴边跨	4	6.60	244.01	188.59	−65.55	−65.55
	3	6.60	261.09	208.89	−71.21	−71.21
	2	6.60	305.08	230.92	−81.21	−81.21
	1	6.60	316.76	240.51	−84.43	−84.43
	7	6.60	57.72	81.90	−21.15	−21.15
	6	6.60	117.07	151.97	−40.76	−40.76
	5	6.60	153.22	195.20	−52.79	−52.79
B~C 轴边跨	4	6.60	188.59	244.01	−65.55	−65.55
	3	6.60	208.89	261.09	−71.21	−71.21
	2	6.60	230.92	305.08	−81.21	−81.21
	1	6.60	240.51	316.76	−84.43	−84.43
	7	2.40	57.95	57.95	−48.29	−48.29
	6	2.40	117.53	117.53	−97.94	−97.94
	5	2.40	153.83	153.83	−128.19	−128.19
中跨	4	2.40	189.35	189.35	−157.79	−157.79
	3	2.40	209.73	209.73	−174.78	−174.78
	2	2.40	231.85	231.85	−193.21	−193.21
	1	2.40	241.47	241.47	−201.23	−201.23

注：弯矩和剪力均以使梁顺时针转动为正。

同理，已知柱固端弯矩，可求出柱的两端剪力，详见表 9-20：

左地震作用下轴线处柱端剪力

表 9-20

柱类型	层 号	柱高（m）	柱固端弯矩（kN·m）		柱端剪力（kN）	
			上	下	上	下
	7	3.60	−81.90	−44.10	35.00	35.00
	6	3.60	−107.87	−71.91	49.94	49.94
	5	3.60	−123.29	−100.88	62.27	62.27
E轴柱	4	3.60	−143.13	−117.11	72.29	72.29
	3	3.60	−143.98	−143.98	79.99	79.99
	2	3.60	−161.10	−145.76	85.24	85.24
	1	4.80	−171.00	−311.83	100.59	100.59

续表

柱类型	层 号	柱高（m）	柱固端弯矩（kN·m）		柱端剪力（kN）	
			上	下	上	下
B轴柱	7	3.60	−81.90	−44.10	35.00	35.00
	6	3.60	−107.87	−71.91	49.94	49.94
	5	3.60	−123.29	−100.88	62.27	62.27
	4	3.60	−143.13	−117.11	72.29	72.29
	3	3.60	−143.98	−143.98	79.99	79.99
	2	3.60	−161.10	−145.76	85.24	85.24
	1	4.80	−171.00	−311.83	100.59	100.59
D轴柱	7	3.60	−115.67	−80.75	54.56	54.56
	6	3.60	−153.85	−125.87	77.70	77.70
	5	3.60	−181.18	−167.62	96.89	96.89
	4	3.60	−210.32	−194.57	112.47	112.47
	3	3.60	−224.05	−224.05	124.47	124.47
	2	3.60	−238.72	−238.72	132.62	132.62
	1	4.80	−243.26	−358.62	125.39	125.39
C轴柱	7	3.60	−115.67	−80.75	54.56	54.56
	6	3.60	−153.85	−125.87	77.70	77.70
	5	3.60	−181.18	−167.62	96.89	96.89
	4	3.60	−210.32	−194.57	112.47	112.47
	3	3.60	−224.05	−224.05	124.47	124.47
	2	3.60	−238.72	−238.72	132.62	132.62
	1	4.80	−243.26	−358.62	125.39	125.39

注：弯矩和剪力均以使柱顺时针转动为正。

6）轴力计算

柱轴力＝上柱传来集中力＋该层梁端剪力

具体计算方法同恒载作用下柱轴力的计算。

直接列表计算如表9-21所示：

左地震作用下柱中轴力 表9-21

柱类型	层 号	邻梁剪力（kN）		柱中轴力（kN）
		左	右	
E轴柱	7	0	−21.15	−21.15
	6	0	−40.76	−61.91
	5	0	−52.79	−114.70
	4	0	−65.55	−180.25
	3	0	−71.21	−251.46
	2	0	−81.21	−332.67
	1	0	−84.43	−417.10
B轴柱	7	−21.15	0	21.15
	6	−40.76	0	61.91
	5	−52.79	0	114.70
	4	−65.55	0	180.25
	3	−71.21	0	251.46
	2	−81.21	0	332.67
	1	−84.43	0	417.10
D轴柱	7	−21.15	−48.29	−27.14
	6	−40.76	−97.94	−84.32
	5	−52.79	−128.19	−159.72
	4	−65.55	−157.79	−251.96
	3	−71.21	−174.78	−355.53
	2	−81.21	−193.21	−467.53
	1	−84.43	−201.23	−584.33

续表

| 柱类型 | 层　号 | 邻梁剪力（kN） | | 柱中轴力（kN） |
		左	右	
	7	−48.29	−21.15	27.14
	6	−97.94	−40.76	84.32
	5	−128.19	−52.79	159.72
C轴柱	4	−157.79	−65.55	251.96
	3	−174.78	−71.21	355.53
	2	−193.21	−81.21	467.53
	1	−201.23	−84.43	584.33

注：柱中轴力以受压为正。

已知水平地震载作用下的内力，作出其内力图分别见图 9-29～图 9-31 所示。

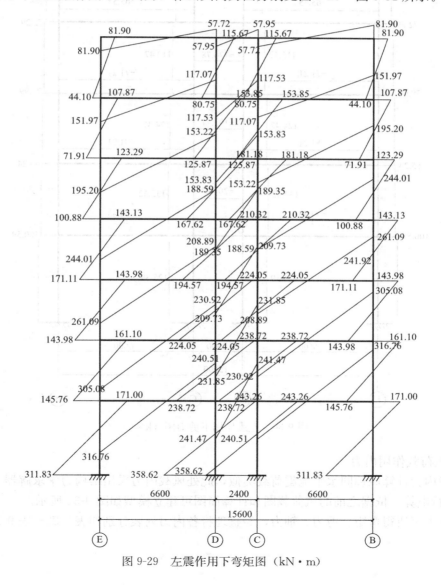

图 9-29　左震作用下弯矩图（kN·m）

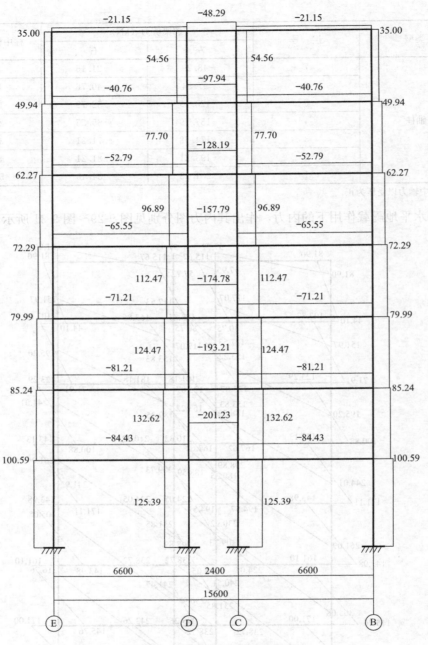

图 9-30　左震作用下剪力图（kN）

4. 风荷载作用内力

风载内力计算原理同水平地震荷载类似，此处风载内力采用结构力学求解器（version 2.0）进行电算，依据之前的风荷载图和计算简图可建立模型如图 9-32 所示。

根据电算所得弯矩、剪力、轴力，经整理将各内力列表分别如表 9-22～表 9-24 所示。

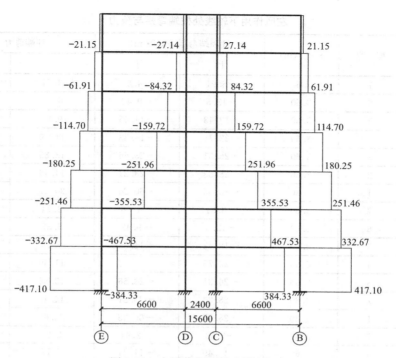

图 9-31 左震作用下轴力图（kN）

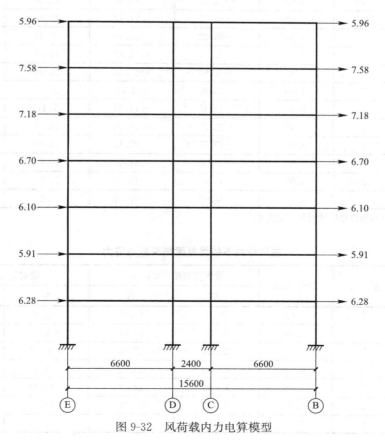

图 9-32 风荷载内力电算模型

左风作用下轴线处柱端弯矩与剪力 表 9-22

柱类型	层 号	柱高 (m)	柱固端弯矩 (kN·m)		柱端剪力 (kN)	
			上	下	上	下
E 轴柱	7	3.60	−8.91	−4.56	3.74	3.74
	6	3.60	−13.5	−9.42	6.37	6.37
	5	3.60	−18.43	−14.55	9.16	9.16
	4	3.60	−22.75	−19.33	11.69	11.69
	3	3.60	−26.31	−23.56	13.85	13.85
	2	3.60	−28.83	−23.21	14.46	14.46
	1	4.80	−38.95	−60.26	20.67	20.67
B 轴柱	7	3.60	−8.91	−4.56	3.74	3.74
	6	3.60	−13.5	−9.42	6.37	6.37
	5	3.60	−18.43	−14.55	9.16	9.16
	4	3.60	−22.75	−19.33	11.69	11.69
	3	3.60	−26.31	−23.56	13.85	13.85
	2	3.60	−28.83	−23.21	14.46	14.46
	1	4.80	−38.95	−60.26	20.67	20.67
D 轴柱	7	3.60	−5.06	−2.94	2.22	2.22
	6	3.60	−14.49	−11.34	7.17	7.17
	5	3.60	−22.27	−19.34	11.56	11.56
	4	3.60	−29.51	−27.12	15.73	15.73
	3	3.60	−36.32	−34.49	19.67	19.67
	2	3.60	−45.04	−44.87	24.97	24.97
	1	4.80	−52.94	−67.26	25.04	25.04
C 轴柱	7	3.60	−5.06	−2.94	2.22	2.22
	6	3.60	−14.49	−11.34	7.17	7.17
	5	3.60	−22.27	−19.34	11.56	11.56
	4	3.60	−29.51	−27.12	15.73	15.73
	3	3.60	−36.32	−34.49	19.67	19.67
	2	3.60	−45.04	−44.87	24.97	24.97
	1	4.80	−52.94	−67.26	25.04	25.04

注：弯矩和剪力均以使柱顺时针转动为正。

左风作用下轴线处梁端弯矩与剪力 表 9-23

梁类型	层 号	梁长 (m)	梁固端弯矩 (kN·m)		梁端剪力 (kN)	
			左	右	左	右
D~E 轴边跨	7	6.60	8.91	10.69	−2.97	−2.97
	6	6.60	18.06	18.01	−5.47	−5.47
	5	6.60	27.85	27.05	−8.32	−8.32
	4	6.60	37.30	35.72	−11.06	−11.06
	3	6.60	45.64	43.23	−13.47	−13.47
	2	6.60	52.38	49.21	−15.39	−15.39
	1	6.60	62.16	54.54	−17.68	−17.68

续表

梁类型	层　号	梁长（m）	梁固端弯矩（kN·m）		梁端剪力（kN）	
			左	右	左	右
B～C 轴边跨	7	6.60	10.69	8.91	−2.97	−2.97
	6	6.60	18.01	18.06	−5.47	−5.47
	5	6.60	27.05	27.85	−8.32	−8.32
	4	6.60	35.72	37.30	−11.06	−11.06
	3	6.60	43.23	45.64	−13.47	−13.47
	2	6.60	49.21	52.38	−15.39	−15.39
	1	6.60	54.54	62.16	−17.68	−17.68
中跨	7	2.40	−10.69	−10.69	8.05	8.05
	6	2.40	0.59	0.59	0.85	0.85
	5	2.40	6.55	6.55	−9.36	−9.36
	4	2.40	13.13	13.13	−18.76	−18.76
	3	2.40	20.20	20.20	−28.86	−28.86
	2	2.40	30.31	30.31	−43.30	−43.30
	1	2.40	43.27	43.27	−61.82	−61.82

注：弯矩和剪力均以使梁顺时针转动为正。

左风作用下柱中轴力 表 9-24

柱类型	层　号	邻梁剪力（kN）		柱中轴力（kN）
		左	右	
E 轴柱	7	0.00	−2.97	−2.97
	6	0.00	−5.47	−8.43
	5	0.00	−8.32	−16.75
	4	0.00	−11.06	−27.82
	3	0.00	−13.47	−41.28
	2	0.00	−15.39	−56.68
	1	0.00	−17.68	−74.36
B 轴柱	7	−2.97	0.00	2.97
	6	−5.47	0.00	8.43
	5	−8.32	0.00	16.75
	4	−11.06	0.00	27.82
	3	−13.47	0.00	41.28
	2	−15.39	0.00	56.68
	1	−17.68	0.00	74.36
D 轴柱	7	−2.97	8.05	11.02
	6	−5.47	0.85	17.33
	5	−8.32	−9.36	16.28
	4	−11.06	−18.76	8.58
	3	−13.47	−28.86	−6.81
	2	−15.39	−43.30	−34.72
	1	−17.68	−61.82	−78.85

续表

柱类型	层 号	邻梁剪力（kN）		柱中轴力（kN）
		左	右	
	7	−0.18	8.05	−11.02
	6	−5.16	0.85	−17.33
	5	−11.59	−9.36	−16.28
C 轴柱	4	−18.04	−18.76	−8.58
	3	−24.25	−28.86	6.81
	2	−30.42	−43.30	34.72
	1	−33.79	−61.82	78.85

注：柱中轴力以受压为正。

根据电算，导出弯矩图、剪力图、轴力图分别见图 9-33～图 9-35。

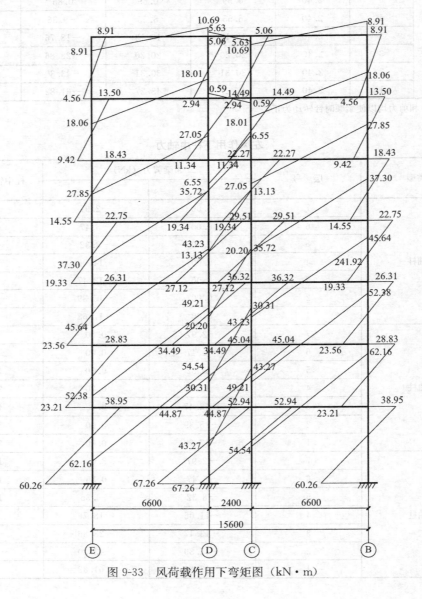

图 9-33 风荷载作用下弯矩图（kN·m）

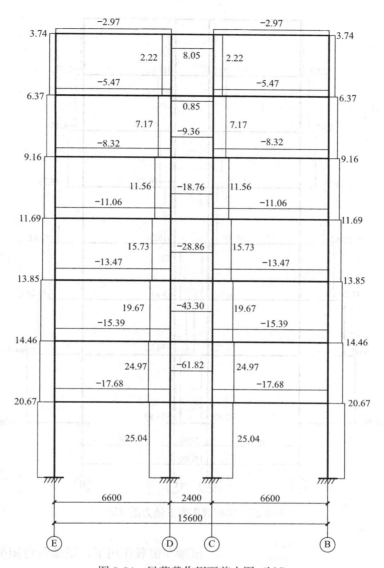

图 9-34 风荷载作用下剪力图（kN）

由于结构在实际工作状态下可同时受几种不同的荷载的作用，所以应该将计算第⑦轴横向框架的单项内力按照基于概率论的可靠度设计原理加以组合，然后进行截面设计。组合前，应将上章计算得到各种荷载作用下的单项内力加以调整。

9.4.3 内力组合

1. 弯矩调幅

为了减小支座处负钢筋的数量，方便钢筋的绑扎与混凝土的浇捣；同时为了充分利用钢筋，以达到节约钢筋的目的。在内力组合前将竖向荷载作用下支座处梁端负弯矩（使梁上面受拉）调幅，调幅系数 $\beta = 0.1$。

以七层边跨梁在恒载作用下的梁端负弯矩为例：

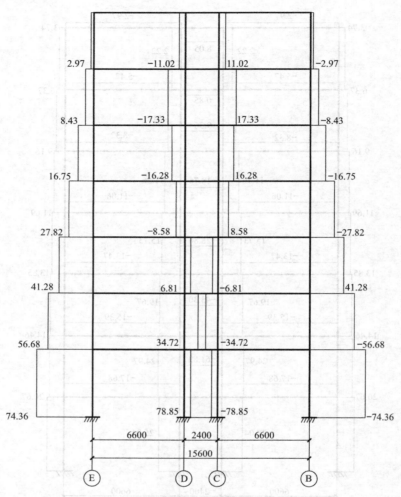

图 9-35　风荷载作用下轴力图（kN）

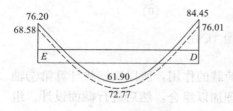

图 9-36　弯矩调幅示意图

该梁在恒载作用下，梁端负弯矩分别为：$M_E = 76.20\text{kN} \cdot \text{m}$，$M_D = 84.45\text{kN} \cdot \text{m}$，跨中正弯矩为 $M_0 = 61.90\text{kN} \cdot \text{m}$（图 9-36 实线）。

现将其调幅：

$$M'_E = (1-\beta)M_E = 0.9 \times 76.20 = 68.58\text{kN} \cdot \text{m}$$
$$M'_D = (1-\beta)M_D = 0.9 \times 84.45 = 76.01\text{kN} \cdot \text{m}$$

$$M'_0 = 1.02M_{c0} - \frac{M'_E + M'_D}{2} = 1.02 \times 142.22 - \frac{68.58 + 76.01}{2} = 72.77\text{kN} \cdot \text{m}$$

其中，$M_{c0} = \dfrac{|76.20 + 84.45|}{2} + 61.90 = 142.22\text{kN}$（简支梁计算跨中弯矩）

比较 M_0 与 M'_0 取大值，即调幅后跨中弯矩取为 72.77kN

每一根梁均按以上介绍的方法进行支座负弯矩与跨中正弯矩调幅，结果如表 9-25 所示。

恒载作用下梁端弯矩调幅   表 9-25

梁类型	层号	轴线处梁端弯矩（kN·m）		跨中弯矩（kN·m）	调幅后梁端弯矩（kN·m）		M_0'(kN·m)	调幅后跨中弯矩（kN·m）
		左	右		左	右		
D～E 轴边跨	7	−76.20	84.45	−61.90	−68.58	76.01	−72.78	−72.78
	6	−95.96	97.27	−56.78	−86.36	87.54	−69.51	−69.51
	5	−93.27	96.29	−58.61	−83.94	86.66	−71.16	−71.16
	4	−93.83	96.48	−58.24	−84.45	86.83	−70.82	−70.82
	3	−93.72	96.44	−58.31	−84.35	86.80	−70.89	−70.89
	2	−94.03	96.61	−58.07	−84.63	86.95	−70.67	−70.67
	1	−89.17	94.39	−61.61	−80.25	84.95	−73.86	−73.86
B～C 轴边跨	7	−84.45	76.20	−61.90	−76.01	68.58	−72.78	−72.78
	6	−97.27	95.96	−56.78	−87.54	86.36	−69.51	−69.51
	5	−96.29	93.27	−58.61	−86.66	83.94	−71.16	−71.16
	4	−96.48	93.83	−58.24	−86.83	84.45	−70.82	−70.82
	3	−96.44	93.72	−58.31	−86.80	84.35	−70.89	−70.89
	2	−96.61	94.03	−58.07	−86.95	84.63	−70.67	−70.67
	1	−94.39	89.17	−61.61	−84.95	80.25	−73.86	−73.86
中跨	7	−15.04	15.04	12.86	−13.54	13.54	11.31	12.86
	6	−7.33	7.33	5.15	−6.60	6.60	4.37	5.15
	5	−8.85	8.85	6.67	−7.97	7.97	5.74	6.67
	4	−8.55	8.55	6.37	−7.70	7.70	5.47	6.37
	3	−8.62	8.62	6.44	−7.76	7.76	5.53	6.44
	2	−8.45	8.45	6.27	−7.61	7.61	5.38	6.27
	1	−10.96	10.96	8.78	−9.86	9.86	7.64	8.78

注：梁端弯矩以顺时针为正，跨中弯矩以使梁上表面受拉为正。

同理，活载作用下梁端弯矩调幅见表 9-26。

活载作用下梁端弯矩调幅   表 9-26

梁类型	层号	轴线处梁端弯矩（kN·m）		跨中弯矩（kN·m）	调幅后梁端弯矩（kN·m）		M_0'(kN·m)	调幅后跨中弯矩（kN·m）
		左	右		左	右		
D～E 轴边跨	7	−22.27	14.23	−15.89	−20.24	12.81	−18.40	−18.40
	6	−28.65	13.58	−13.17	−25.79	12.22	−15.97	−15.97
	5	−27.55	13.84	−13.45	−24.80	12.46	−16.20	−16.20
	4	−26.77	14.74	−13.39	−24.09	13.27	−16.15	−16.15
	3	−25.72	15.76	−13.40	−23.15	14.18	−16.16	−16.16
	2	−24.42	17.28	−13.29	−21.89	15.55	−16.06	−16.06
	1	−21.56	18.62	−14.05	−19.40	16.76	−16.74	−16.74

续表

| 梁类型 | 层号 | 轴线处梁端弯矩（kN·m） | | 跨中弯矩（kN·m） | 调幅后梁端弯矩（kN·m） | | M_0'(kN·m) | 调幅后跨中弯矩（kN·m） |
		左	右		左	右		
B~C 轴边跨	7	−14.23	22.27	−15.55	−12.81	20.24	−18.40	−18.40
	6	−13.58	28.65	−13.35	−12.22	25.79	−15.97	−15.97
	5	−13.84	27.55	−13.84	−12.46	24.80	−16.20	−16.20
	4	−14.74	26.77	−13.72	−13.27	24.09	−16.15	−16.15
	3	−15.76	25.72	−13.78	−14.18	23.15	−16.16	−16.16
	2	−17.28	24.42	−13.64	−15.55	21.89	−16.06	−16.06
	1	−18.62	21.56	−14.25	−16.76	19.40	−16.74	−16.74
中跨	7	−2.05	2.05	2.05	−1.85	1.85	1.85	2.05
	6	−0.47	0.47	0.47	−0.42	0.42	0.42	0.47
	5	−0.89	0.89	0.89	−0.80	0.80	0.80	0.89
	4	−0.92	0.92	0.92	−0.83	0.83	0.83	0.92
	3	−1.07	1.07	1.07	−0.96	0.96	0.96	1.07
	2	−1.11	1.11	1.11	−1.00	1.00	1.00	1.11
	1	−1.94	1.94	1.94	−1.75	1.75	1.75	1.94

注：梁端弯矩以顺时针为正，跨中弯矩以使梁上表面受拉为正。

2. 内力调整

以上各章节计算与调幅的内力均是针对计算简图中轴线处而言，所求的杆端内力也就是柱中与梁中交点处（图 9-37 中 C 处）的内力。但是，实际结构构件的控制截面应选取如图 9-37 中的 Ⅰ—Ⅰ，Ⅱ—Ⅱ，Ⅲ—Ⅲ，Ⅳ—Ⅳ截面。因此，我们需要将计算简图上的轴线处内力调整为实际构件的端截面处内力。针对毕业设计而言，仅选取一层、三层与七层的边柱中柱各一根；一层、三层与七层梁，进行内力调整和内力组合。

调整方法：

采用力、力矩平衡的方法将 C 处的内力调整至梁端、柱端。下面以节点 D-1（D 号轴线第一层节点）为例，进行内力调整。

（1）梁内力调整

1）竖向荷载内力调整（以恒载内力为例）

对于节点 D-1，其左梁受恒载作用下的右端弯矩 $M_I' = 84.59$kN·m，剪力 $V_I' = -86.23$kN。同时受均布荷载（自重）与梯形分布荷载（板重）作用。取半柱宽梁段为隔离体，计算简图如图 9-38 所示。

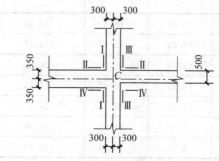

图 9-37　内力调整截面示意图

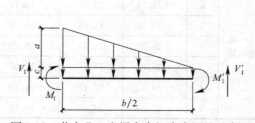

图 9-38　节点 D-1 左梁右弯矩内力调整示意图

对该隔离体列出平衡方程如下：

$$\sum F_y = 0 \Rightarrow V_{\mathrm{I}} + V'_{\mathrm{I}} = \frac{1}{2} \times \frac{b}{2} \times a + c \times \frac{b}{2}$$

$$\sum M_{左端} = 0 \Rightarrow M_{\mathrm{I}} + M'_{\mathrm{I}} + c \times \frac{b}{2} \times \frac{b}{4} + \frac{1}{2} \times \frac{b}{2} \times a \times \frac{1}{3} \times \frac{b}{2} = V'_{\mathrm{I}} \times \frac{b}{2}$$

求解出：

$$V_{\mathrm{I}} = \frac{ab}{4} + \frac{bc}{2} - V'_{\mathrm{I}}$$

$$M_{\mathrm{I}} = \frac{V'_{\mathrm{I}} b}{2} - \frac{ab^2}{24} - \frac{b^2 c}{8} - M'_{\mathrm{I}}$$

其中 $a = 4.63\mathrm{kN/m}$，$c = 14.37\mathrm{kN/m}$，$b = 550\mathrm{mm}$；

代入解得：

$$V_{\mathrm{I}} = -81.22\mathrm{kN}, \quad M_{\mathrm{I}} = -61.30\mathrm{kN \cdot m}。$$

同理将各节点梁端内力进行调整，见表9-27。

恒载作用下梁端弯矩与剪力　　　　　表 9-27

层号	梁类型	轴线处梁端弯矩 (kN·m)		轴线处梁端剪力 (kN)		梁端弯矩 (kN·m)		梁端剪力 (kN)		跨中剪力 (kN)
		左	右	左	右	左	右	左	右	
1	D~E轴边跨	−80.25	84.95	84.64	−86.23	57.08	−61.30	79.63	−81.22	−0.80
	C~D轴中跨	−9.86	9.86	3.64	−3.64	9.05	−9.05	2.95	−2.95	0.00
	B~C轴边跨	−84.95	80.25	86.23	−84.64	61.30	−57.08	81.22	−79.63	0.80
3	D~E轴边跨	−84.35	86.80	84.96	−85.93	61.08	−63.24	79.95	−80.92	−0.49
	C~D轴中跨	−7.76	7.76	3.64	−3.64	6.95	−6.95	2.95	−2.95	0.00
	B~C轴边跨	−86.80	84.35	85.93	−84.96	63.24	−61.08	80.92	−79.95	0.49
7	D~E轴边跨	−68.58	76.01	73.22	−75.72	48.83	−55.51	68.21	−70.71	−1.25
	C~D轴中跨	−13.54	13.54	3.64	−3.64	12.73	−12.73	2.95	−2.95	0.00
	B~C轴边跨	−76.01	68.58	75.72	−73.22	55.51	−48.83	70.71	−68.21	1.25

同理将活载作用下各节点梁端内力进行调整，见表9-28。

活载作用下梁端弯矩与剪力　　　　　表 9-28

层号	梁类型	轴线处梁端弯矩 (kN·m)		轴线处梁端剪力 (kN)		梁端弯矩 (kN·m)		梁端剪力 (kN)		跨中剪力 (kN)
		左	右	左	右	左	右	左	右	
1	D~E轴边跨	−19.40	16.70	21.14	−20.25	15.28	−12.84	16.13	−15.24	−0.95
	C~D轴中跨	−1.75	1.75	0.00	0.00	−2.03	2.03	0.00	0.00	0.00
	B~C轴边跨	−16.70	19.40	20.25	−21.14	12.84	−15.28	15.24	−16.13	0.95
3	D~E轴边跨	−23.15	14.18	22.20	−19.18	18.71	−10.64	17.19	−14.17	−1.51
	C~D轴中跨	−0.96	0.96	0.00	0.00	−1.24	1.24	0.00	0.00	0.00
	B~C轴边跨	−14.18	23.15	19.18	−22.20	10.64	−18.71	14.17	−17.19	1.51
7	D~E轴边跨	−20.24	12.81	21.91	−19.47	15.88	−9.19	16.90	−14.46	−1.22
	C~D轴中跨	−1.85	1.85	0.00	0.00	−2.13	2.13	0.00	0.00	0.00
	B~C轴边跨	−12.81	20.24	19.47	−21.91	9.19	−15.88	14.46	−16.90	1.22

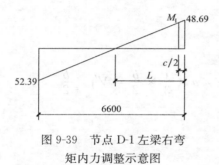

图 9-39 节点 D-1 左梁右弯
矩内力调整示意图

2）水平荷载内力调整（以风载为例）

水平风荷载作用下，由其剪力图知剪力延梁不变，所以不需调整；弯矩图则是沿梁呈线性变化，所以可利用线性关系调整。计算简图如图 9-39 所示。

对右侧三角形运用相似三角形定理，可得：

$$\frac{L-c/2}{L}=\frac{M_I}{48.69} \Rightarrow M_I = 48.69-\frac{48.69c}{2L}$$

其中 $c=600$mm，$L=3137$mm，代入，可解出：

$$M_I = 44.12 \text{kN} \cdot \text{m}$$

同理将各节点梁端内力进行调整，见表 9-29。

左风作用下梁端弯矩与剪力　　　　　　表 9-29

层　号	梁类型	梁端弯矩（kN·m）		梁端剪力（kN）		跨中剪力（kN）	跨中弯矩（kN·m）
		左	右	左	右		
1	D～E轴边跨	56.86	49.24	−17.68	−17.68	−17.68	3.81
	C～D轴中跨	39.34	39.34	−61.82	−61.82	−61.82	0.00
	B～C轴边跨	49.24	56.86	−17.68	−17.68	−17.68	−3.81
3	D～E轴边跨	41.60	39.19	−13.47	−13.47	−13.47	1.21
	C～D轴中跨	18.36	18.36	−28.86	−28.86	−28.86	0.00
	B～C轴边跨	39.19	41.60	−13.47	−13.47	−13.47	−1.21
7	D～E轴边跨	8.02	9.80	−2.97	−2.97	−2.97	−0.89
	C～D轴中跨	−9.72	−9.72	8.05	8.05	8.05	0.00
	B～C轴边跨	9.80	8.02	−2.97	−2.97	−2.97	0.89

同理，也将水平地震作用内力进行调整，见表 9-30。

左地震作用下梁端弯矩与剪力　　　　　　表 9-30

层　号	梁类型	梁端弯矩（kN·m）		梁端剪力（kN）		跨中剪力（kN）	跨中弯矩（kN·m）
		左	右	左	右		
1	D～E轴边跨	291.43	215.18	−84.43	−84.43	−84.43	−38.13
	C～D轴中跨	219.52	219.52	−201.23	−201.23	−201.23	0.00
	B～C轴边跨	215.18	291.43	−84.43	−84.43	−84.43	38.13
3	D～E轴边跨	239.73	187.53	−71.21	−71.21	−71.21	−26.10
	C～D轴中跨	190.66	190.66	−174.78	−174.78	−174.78	0.00
	B～C轴边跨	187.53	239.73	−71.21	−71.21	−71.21	26.10
7	D～E轴边跨	75.55	51.37	−21.15	−21.15	−21.15	−12.09
	C～D轴中跨	52.68	52.68	−48.29	−48.29	−48.29	0.00
	B～C轴边跨	51.37	75.55	−21.15	−21.15	−21.15	12.09

（2）柱内力调整

1）竖向荷载内力调整（以恒载为例）

由恒载作用下柱的剪力图知，沿柱不变，所以不需调整；其弯矩图则是沿梁呈线性变化，可利用线性关系调整。计算简图如图 9-40 所示。

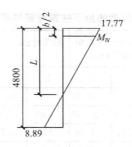

图 9-40　节点 D-1 下柱内力调整示意图

对上三角形利用相似三角形定理，可得：

$$\frac{M_{\text{IV}}}{17.77} = \frac{L - b/2}{L} \Rightarrow M_{\text{IV}} = 17.77 \times \left(1 - \frac{b}{2L}\right)$$

其中 $b = 700\text{mm}$，$L = 3199\text{mm}$，代入可得：

$$M_{\text{IV}} = 15.83\text{kN} \cdot \text{m}。$$

同理可将其他柱内力进行调整，见表 9-31。

恒载作用下柱端弯矩与剪力　　　　　　　表 9-31

柱类型	层号	柱端梁高（m）		轴线处柱端弯矩（kN·m）		轴线处柱端剪力（kN）		柱端弯矩（kN·m）		柱端剪力（kN）	
		上	下	上	下	上	下	上	下	上	下
E轴柱	1	0.7	0.7	20.27	10.37	−6.48	−6.48	18.45	8.10	−6.48	−6.48
	3	0.7	0.7	31.83	31.03	−17.46	−17.46	25.72	24.92	−17.46	−17.46
	7	0.7	0.7	51.23	37.62	−24.68	−24.68	42.59	28.98	−24.68	−24.68
D轴柱	1	0.7	0.7	−17.77	−8.89	5.55	5.55	−15.83	−6.95	5.55	5.55
	3	0.7	0.7	−28.02	−26.20	15.06	15.06	−22.75	−20.93	15.06	15.06
	7	0.7	0.7	−42.68	−31.52	20.61	20.61	−35.47	−24.31	20.61	20.61

同理可将活载作用下柱的内力进行调整，见表 9-32。

活荷载作用下柱端弯矩与剪力　　　　　　　表 9-32

柱类型	层号	柱端梁高（m）		轴线处柱端弯矩（kN·m）		轴线处柱端剪力（kN）		柱端弯矩（kN·m）		柱端剪力（kN）	
		上	下	上	下	上	下	上	下	上	下
E轴柱	1	0.7	0.7	6.79	3.60	−2.17	−2.17	6.03	2.84	−2.17	−2.17
	3	0.7	0.7	10.87	10.54	−5.59	−5.59	8.79	8.46	−5.59	−5.59
	7	0.7	0.7	18.71	13.54	−8.96	−8.96	15.57	10.40	−8.96	−8.96
D轴柱	1	0.7	0.7	−3.60	−1.78	1.12	1.12	−3.21	−1.39	1.12	1.12
	3	0.7	0.7	−4.07	−4.13	2.28	2.28	−3.27	−3.33	2.28	2.28
	7	0.7	0.7	−6.02	−4.05	2.80	2.80	−5.04	−3.07	2.80	2.80

2）水平荷载内力调整

因为水平荷载作用下，柱内力形式同竖向荷载作用时相同，所以可采用相同的方法。详见表 9-33，表 9-34。

左风载作用下柱端弯矩与剪力　　　　　　　表 9-33

柱类型	层 号	柱端梁高 (m)		轴线处柱端弯矩 (kN·m)		轴线处柱端剪力 (kN)		柱端弯矩 (kN·m)		柱端剪力 (kN)	
		上	下	上	下	上	下	上	下	上	下
E轴柱	1	0.7	0.7	−38.95	−60.26	20.67	20.67	−31.72	−53.03	20.67	20.67
	3	0.7	0.7	−26.31	−23.56	13.85	13.85	−21.46	−18.71	13.85	13.85
	7	0.7	0.7	−8.91	−4.56	3.74	3.74	−7.60	−3.25	3.74	3.74
D轴柱	1	0.7	0.7	−52.94	−67.26	25.04	25.04	−44.18	−58.50	25.04	25.04
	3	0.7	0.7	−36.32	−34.49	19.67	19.67	−29.44	−27.61	19.67	19.67
	7	0.7	0.7	−5.06	−2.94	2.22	2.22	−4.28	−2.16	2.22	2.22

左地震作用下柱端弯矩与剪力　　　　　　　表 9-34

柱类型	层 号	柱端梁高 (m)		轴线处柱端弯矩 (kN·m)		轴线处柱端剪力 (kN)		柱端弯矩 (kN·m)		柱端剪力 (kN)	
		上	下	上	下	上	下	上	下	上	下
E轴柱	1	0.7	0.7	−171.00	−311.83	100.59	100.59	−135.79	−276.62	100.59	100.59
	3	0.7	0.7	−143.98	−143.98	79.99	79.99	−115.98	−115.98	79.99	79.99
	7	0.7	0.7	−81.90	−44.10	35.00	35.00	−69.65	−31.85	35.00	35.00
D轴柱	1	0.7	0.7	−243.26	−358.62	125.39	125.39	−199.37	−314.73	125.39	125.39
	3	0.7	0.7	−224.05	−224.05	124.47	124.47	−180.48	−180.48	124.47	124.47
	7	0.7	0.7	−115.67	−80.75	54.56	54.56	−96.57	−61.65	54.56	54.56

3. 内力组合

(1) 内力组合

对一层、三层与顶层的边柱、中柱各一根；一层、三层与顶层的梁进行内力组合。参与内力组合的数据均为各个杆件控制截面的内力，均经过以上调整，且需要调幅的均已经过调幅处理。

本大学生科技活动中心大楼第⑦榀横向框架内力组合有以下几种组合形式：

1) 无地震作用效应组合：

$$S = \gamma_G S_{Gk} + \psi_Q \gamma_Q S_{Qk} + \psi_w \gamma_w S_{wk}$$

2) 有地震作用效应组合：

$$S_E = \gamma_G S_{GE} + \gamma_{Eh} S_{Ehk} + \gamma_{Ev} S_{Evk} + \psi_w \gamma_w S_{wk}$$

以上各符号意义详见《高层建筑混凝土结构技术规程》（以下简称《高规》）5.6。

由此，具体可分为以下八种内力组合形式：

$$S = 1.35 \times S_{Gk} + 1.4 \times 0.7 \times S_{Qk}$$

$$S = 1.0 \times S_{Gk} + 1.4 \times 0.7 \times S_{Qk}$$

$$S = 1.2 \times S_{Gk} + 1.4 \times S_{Qk} + 1.4 \times 0.6 \times S_{wk}$$

$$S = 1.0 \times S_{Gk} + 1.4 \times S_{Qk} + 1.4 \times 0.6 \times S_{wk}$$

$$S = 1.2 \times S_{Gk} + 1.4 \times 0.7 \times S_{Qk} + 1.4 \times S_{wk}$$

$$S = 1.0 \times S_{Gk} + 1.4 \times 0.7 \times S_{Qk} + 1.4 \times S_{wk}$$

$$S = 1.2 \times S_{GE} + 1.3 \times S_{Ehk} \quad （针对梁，不考虑竖向地震作用）$$

内力组合见本书末附表 9-46、附表 9-47（控制截面编号见表 9-35）。

内力组合中，没有考虑活荷载的最不利布置，而把活荷载同时作用在所有的框架上，乘以 1.1 的系数予以增大再直接进行内力组合。

（2）内力调整

本节内力调整针对与地震作用参与的组合，抗震设计时按照"强柱弱梁，强剪弱弯"的原则将梁端剪力，柱端弯矩，柱端剪力进行抗震调整。根据《高规》6.2 节调整原则如下：

框架梁端部截面组合的剪力设计值按下列公式计算：

$$V = \eta_{vb}(M_b^l + M_b^r)/l_n + V_{Gb}$$

式中　M_b^l、M_b^r——分别为梁左、右端逆时针或顺时针方向截面组合的弯矩设计值；

　　　η_{vb}——梁剪力增大系数，一、二、三级分别取 1.3、1.2、1.1；

　　　l_n——梁的净跨；

　　　V_{Gb}——考虑地震作用组合的重力荷载代表值作用下，按简支梁分析的梁端截面剪力设计值。

现以一层Ⅰ（DE 跨梁左端）截面为例计算按简支梁分析的梁端截面剪力设计值 V_{Gb}：

$$V_{Gb} = V_恒 + 0.5V_活 = \frac{V_{恒左} + V_{恒右}}{2} + 0.5 \times \frac{V_{活左} + V_{活右}}{2}$$

其中，$V_{恒左}$、$V_{恒右}$、$V_{活左}$、$V_{活右}$分别是前面内力计算中恒载和活载作用下计算所得的梁左右梁端的剪力，对Ⅰ截面有：

$$V_{恒左} = 79.63\text{kN}、\quad V_{恒右} = -81.22\text{kN}$$
$$V_{活左} = 16.13\text{kN}、\quad V_{活右} = -15.24\text{kN}$$

代入即得：

$$V_{Gb} = \frac{79.63 + 81.22}{2} + 0.5 \times \frac{16.13 + 15.24}{2} = 88.27\text{kN}$$

一层梁其他控制截面处的 V_{Gb} 计算如表 9-35 所示。

一层梁按简支梁分析的梁端截面剪力设计值　　　　　　　　　　表 9-35

控制截面	恒载作用下梁端截面剪力（kN）		活载作用下梁端截面剪（kN）		V_{Gb}（kN）
	左	右	左	右	
Ⅰ（DE 跨梁左端）	79.63	−81.22	16.13	−15.24	88.27
Ⅱ（DE 跨梁跨中）					
Ⅲ（DE 跨梁右端）	79.63	−81.22	16.13	−15.24	−88.27
Ⅳ（CD 跨梁左端）	2.95	−2.95	0.00	0.00	2.95
Ⅴ（CD 跨梁跨中）					
Ⅵ（CD 跨梁左端）	2.95	−2.95	0.00	0.00	−2.95
Ⅶ（BC 跨梁左端）	81.22	−79.63	15.24	−16.13	88.27
Ⅷ（BC 跨梁跨中）					
Ⅸ（BC 跨梁左端）	81.22	−79.63	15.24	−16.13	−88.27

同理，三层七层梁按简支梁分析的梁端截面剪力设计值计算分别见表 9-36、表 9-37。

三层梁按简支梁分析的梁端截面剪力设计值   表 9-36

控制截面	恒载作用下梁端截面剪力（kN）		活载作用下梁端截面剪力（kN）		V_{Gb}（kN）
	左	右	左	右	
Ⅰ（DE 跨梁左端）	79.95	−80.92	17.19	−14.17	88.28
Ⅱ（DE 跨梁跨中）					
Ⅲ（DE 跨梁右端）	79.95	−80.92	17.19	−14.17	−88.28
Ⅳ（CD 跨梁左端）	2.95	−2.95	0.00	0.00	2.95
Ⅴ（CD 跨梁跨中）					
Ⅵ（CD 跨梁左端）	2.95	−2.95	0.00	0.00	−2.95
Ⅶ（BC 跨梁左端）	80.92	−79.95	14.17	−17.19	88.28
Ⅷ（BC 跨梁跨中）					
Ⅸ（BC 跨梁左端）	80.92	−79.95	14.17	−17.19	88.28

七层梁按简支梁分析的梁端截面剪力设计值   表 9-37

控制截面	恒载作用下梁端截面剪力（kN）		活载作用下梁端截面剪力（kN）		V_{Gb}（kN）
	左	右	左	右	
Ⅰ（DE 跨梁左端）	68.21	−70.71	16.90	−14.46	77.3
Ⅱ（DE 跨梁跨中）					
Ⅲ（DE 跨梁右端）	68.21	−70.71	16.90	−14.46	−77.3
Ⅳ（CD 跨梁左端）	2.95	−2.95	0.00	0.00	2.81
Ⅴ（CD 跨梁跨中）					
Ⅵ（CD 跨梁左端）	2.95	−2.95	0.00	0.00	−2.81
Ⅶ（BC 跨梁左端）	70.71	−68.21	14.46	−16.9	77.3
Ⅷ（BC 跨梁跨中）					
Ⅸ（BC 跨梁左端）	70.71	−68.21	14.46	−16.9	−77.3

根据《高规》6.2：

柱端组合的弯矩设计值应按下列公式予以调整：

$$\sum M_c = \eta_c \sum M_b$$

式中　$\sum M_c$——节点上、下柱端截面顺时针或逆时针方向组合弯矩设计值之和；

$\quad\quad \sum M_b$——节点左、右梁端截面顺时针或逆时针方向组合弯矩设计值之和；

$\quad\quad \eta_c$——柱端弯矩增大系数，对框架结构，二级分别取 1.5。

框架柱端部截面的剪力设计值，按下列公式计算：

$$V = \eta_{vc}(M_c^t + M_c^b)/H_n$$

式中　M_c^t、M_c^b——分别为柱上、下端逆时针或顺时针方向截面组合的弯矩设计值；

$\quad\quad \eta_{vc}$——柱端剪力增大系数，对框架结构，二级取为 1.3；

$\quad\quad H_n$——柱的净高。

内力调整结果详见本章附表内力组合表。

据《高规》5.2.3（4），"截面设计时，框架梁跨中截面正弯矩设计值不应小于竖向荷载作用下按简支梁计算的跨中弯矩设计值的 50%。"以七层边跨梁为例验算。

七层边跨梁在恒载作用下以简支梁计算，跨中正弯矩为：

$$M_c^g = \frac{76.2 + 84.45}{2} + 61.9 = 142.22\text{kN} \cdot \text{m}$$

七层边跨梁在活载作用下以简支梁计算，跨中正弯矩为：

$$M_c^q = \frac{22.27 + 14.23}{2} + 15.89 = 34.14\text{kN} \cdot \text{m}$$

所以，竖向荷载作用下按简支梁计算的跨中弯矩设计值的50%为：

$$M_c = [1.35 \times M_c^g + 1.2 \times M_c^q]/2 = 116.48\text{kN} \cdot \text{m} > 115.20\text{kN} \cdot \text{m}(组合值)$$

所以，一层中跨梁跨中正弯矩设计值取116.48N·m。

同理，验算各个梁的跨中正弯矩，见表9-38。

跨中设计弯矩

表9-38

梁类型	层号	恒载作用下跨中弯矩 （kN·m）	活载作用下跨中弯矩 （kN·m）	简支梁跨中弯矩设计值的一半 （kN·m）	组合跨中弯矩 （kN·m）	设计用跨中弯矩 （kN·m）
D~E 轴边跨	7	142.22	34.14	116.48	115.20	116.48
	3	153.39	34.14	124.02	129.67	129.67
	1	153.39	34.14	124.02	149.25	149.25
B~C 轴边跨	7	142.22	34.14	116.48	118.09	118.09
	3	153.39	34.14	124.02	129.67	129.67
	1	153.39	34.14	124.02	149.25	149.25
中跨	7	2.18	0.00	1.47	−16.79	−16.79
	3	2.18	0.00	1.47	−8.44	−8.44
	1	2.18	0.00	1.47	−11.81	−11.81

9.4.4 截面设计

1. 设计内力

（1）梁设计内力的选择

梁是选择组合中最大的弯矩与剪力进行截面配筋计算，即利用弯矩设计纵向钢筋，利用剪力设计箍筋，其中最大的弯矩与剪力可以是来自不同组工况的内力，具体设计内力的选择见各个杆件截面设计。

（2）柱设计内力的选择

柱是偏压构件。大偏压时弯矩愈大愈不利，小偏压时轴力愈大愈不利，弯矩与轴力是耦合的，所以，两者必须来自于同一种工况。究竟哪一种工况最危险，需要借助于 $N-M$ 包络图来判断，必要时还要试算，哪一种配筋量大，哪一组即为设计内力。柱还要组合最大剪力用于设计箍筋，剪力可以取自不同于弯矩和轴力的工况（取最大值）。具体设计内力的选择见各个杆件截面设计。

2. 梁截面设计

（1）设计大致步骤

对于中间层边跨梁，考虑到前面内力组合中支座处正弯矩比跨中正弯矩要大，首先利用支座处正弯矩设计值，以T形截面来配置梁底纵筋；然后根据跨中正弯矩设计值结合支座处已配梁底纵筋或弯起或截断来确定跨中的梁底纵筋，利用支座负弯矩设计值以双筋矩形截面来配置梁顶纵筋；对于顶层边跨梁，则是跨中正弯矩比支座处正弯矩要大，类似上述步骤只是先确定跨中梁底纵筋，再确定支座处的梁底纵筋。纵筋的截断、锚固以构造要求确定。钢筋采用电渣压力焊接长，所以不考虑钢筋的搭接。然后按规范有关要求配置抗剪箍筋，验算梁抗剪承载力。

对于中跨梁，仍然利用支座正弯矩设计值，以T形截面来配置梁底纵筋，利用支座负弯矩设计值以双筋矩形截面来配置梁顶纵筋，由于跨中是负弯矩且很小，根据支座处已配梁顶架立筋直接作为跨中的梁顶纵筋就可满足其承载力要求，其余操作同边跨梁。

设计参数：

梁混凝土：C30（$f_c=14.3\text{N/mm}^2$，$f_t=1.43\text{N/mm}^2$）；

纵筋：HRB400（$f_y=360\text{N/mm}^2$）；箍筋：HPB330（$f_y=270\text{N/mm}^2$）；

纵筋保护层厚：$a=a'=25\text{mm}$。

（2）一层梁截面设计

1）边跨截面设计

① 跨中截面设计

设计内力：$M=300.28\text{kN·m}$；

有地震作用组合时，承载力抗震调整为：$\gamma_{RE}M=0.75\times300.28=225.21\text{kN·m}$。（《抗规》表5.4.2）

按T形单筋截面设计，根据《混凝土结构设计规范》表5.2.4知，T形截面梁的翼缘计算宽度按下式确定：

$$b'_f=\left(\frac{l_0}{3},b+s_n,b+12h'_f\right)_{\min}$$

其中：$\dfrac{l_0}{3}=\dfrac{6600}{3}=2200\text{mm}$；

$b+s_n=300+(3600-300)=3600\text{mm}$；

$h'_f/h_0=100/(700-35)=0.15>0.1$，可不考虑 $b+12h'_f$；

所以，$b'_f=2200\text{mm}$

截面简图如图9-41所示，$h_0=h-a_s=700-35=665\text{mm}$。

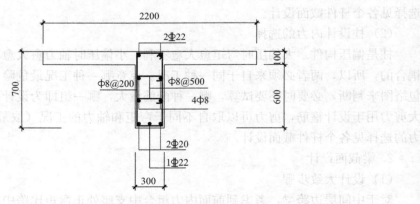

图9-41 一层边跨梁跨中截面

$$\alpha_1 f_c b_f' h_f'(h_0 - h_f'/2) = 1.0 \times 14.3 \times 2200 \times 100 \times (665 - 100/2)$$
$$= 1934.79 \text{kN} \cdot \text{m} > 225.21 \text{kN} \cdot \text{m}$$

属于第Ⅰ类 T 形截面。

$$\xi = 1 - \sqrt{1 - \frac{2M}{\alpha_1 f_c b_f' h_0^2}} = 1 - \sqrt{1 - \frac{2 \times 225.21 \times 10^6}{1.0 \times 14.3 \times 2200 \times 665^2}} = 0.0163 < \xi_b = 0.55$$

$$A_s = \frac{\xi \alpha_1 f_c b_f' h_0}{f_y} = \frac{0.0163 \times 1.0 \times 14.3 \times 2200 \times 665}{360} = 947.25 \text{mm}^2$$

支座截面实配正筋：2⏀20＋⏀22　$A_s = 1008.5 \text{mm}^2$；

跨中截面实配正筋：2⏀20＋⏀22　$A_s = 1008.5 \text{mm}^2$。

$$\rho = \frac{A_s}{bh_0} = \frac{1008.5}{300 \times 665} = 0.51\% > \rho_{min} = (0.25, 55f_t/f_y)_{max} = 0.25\%，满足要求。$$

$$\rho = \frac{A_s}{bh_0} = \frac{1008.5}{300 \times 665} = 0.51\% < 2.5\% = \rho_{max}$$（抗震设计时，梁端塑性铰区顶面受拉钢筋的配筋率不应大于 2.5%）

上述实配钢筋：2⏀20＋⏀22　$A_s = 1008.5 \text{mm}^2$，即跨中 2⏀20＋⏀22 直通支座（左）。

由于梁端右支座处设计内力：$M = 197.70 \text{kN} \cdot \text{m}$，同上述步骤算得所需钢筋面积 $A_s = 622.72 \text{mm}^2 < 628.4 \text{mm}^2$（2⏀20），故 1⏀22 钢筋可在距梁右端 500mm 处弯起（离充分利用截面距离 $\geq h_0/2$）一根做边跨梁右支座处负筋。

② 左支座处负筋配置

设计内力：$M = -457.44 \text{kN} \cdot \text{m}$，抗震调整为：$\gamma_{RE} M = -343.68 \text{kN} \cdot \text{m}$

$h_0 = h - a_s = 700 - 35 = 665 \text{mm}$，按双筋矩形截面设计

已知支座负弯矩作用下，受压钢筋为 2⏀20＋⏀22（$A_s = 1008.5 \text{mm}^2$）

$$\xi = 1 - \sqrt{1 - 2\frac{M - f_y' A_s'(h_0 - a')}{\alpha_1 f_c b h_0^2}}$$
$$= 1 - \sqrt{1 - 2 \times \frac{343.68 \times 10^6 - 360 \times 1008.5 \times (665 - 35)}{1.0 \times 14.3 \times 360 \times 665^2}}$$
$$= 0.0518 < 0.105 = \frac{2a_0'}{h_0}（A_s' 无法屈服）$$

所以，取 $x = 2a'$ 配筋：

$$A_s = \frac{M}{f_y(h_0 - a_s')} = \frac{343.68 \times 10^6}{360 \times (665 - 35)} = 1515.34 \text{mm}^2$$

实配：4⏀22　$A_s = 1520.4 \text{mm}^2$

其中，以上四根钢筋中，2⏀22 通长，于跨中处充当负筋（架立筋），2⏀22 于梁跨 1/3 处截断。

$$\rho_{min} = (0.3, 65f_t/f_y)_{max} = 0.3\%$$

$$\rho = \frac{A_s}{bh_0} = \frac{1520.4}{300 \times 665} \times 100\% = 0.76\% > 0.3\% = \rho_{min} 同时 \rho < \rho_{max} = 2.5\%，满足要求。$$

$$\frac{A_s'}{A_s} = \frac{1008.5}{1520.4} = 0.66 > 0.3$$（抗震设计时，梁端截面的底面和顶面纵向钢筋截面面积的

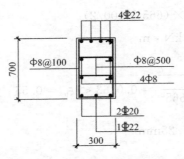

图 9-42 一层边梁左支座截面

比值不应小于 0.3）

经验算截面可以满足上述所配纵筋的间距。

截面纵向配筋简图见图 9-42。

③ 右支座处负筋配置

设计内力：$M=-361.77\text{kN}\cdot\text{m}$，抗震调整为：$\gamma_{RE}M=-271.33\text{kN}\cdot\text{m}$

$h_0=h-a_s=700-35=665\text{mm}$，按双筋矩形截面设计

已知支座负弯矩作用下，受压钢筋为 2⚫20（$A'_s=628.4\text{mm}^2$）

$$\xi=1-\sqrt{1-2\frac{M-f'_y A'_s(h_0-a')}{\alpha_1 f_c b h_0^2}}$$

$$=1-\sqrt{1-2\times\frac{271.33\times10^6-360\times628.4\times(665-35)}{1.0\times14.3\times300\times665^2}}$$

$$=0.070<0.105=\frac{2a'_0}{h_0}(A'_s\text{无法屈服})$$

所以，取 $x=2a'$ 配筋：

$$A_s=\frac{M}{f_y(h_0-a'_s)}=\frac{271.33\times10^6}{360\times(665-35)}=1196.34\text{mm}^2$$

实配：3⚫22+1⚫14　$A_s=1294.2\text{mm}^2$

其中，以上四根钢筋中，2⚫22 通长，于跨中处充当负筋（架立筋），1⚫14 于梁跨1/3 处截断，1⚫22 是底部纵筋于支座左侧梁跨 500mm 处弯起而得）。

$$\rho_{\min}=(0.3,\ 65f_t/f_y)_{\max}=0.3\%$$

$$\rho=\frac{A_s}{bh_0}=\frac{1294.2}{300\times665}\times100\%=0.65\%>0.3\%=\rho_{\min}\text{ 同时 }\rho<\rho_{\max}=2.5\%，满足要求。$$

$$\frac{A'_s}{A_s}=\frac{628.4}{1294.2}=0.49>0.3（抗震设计时，梁端截面的底面和顶面纵向钢筋截面面积的$$

比值二不应小于 0.3）

经验算截面可以满足上述所配纵筋的间距。

截面纵向配筋简图见图 9-43。

④ 箍筋配置

支座剪力 $V_{\max}=-220.68\text{kN}$，抗震调整为：$\gamma_{RE}V=-187.58\text{kN}$（$\gamma_{RE}$ 取 0.85）

跨中剪力 $V_{\max}=-111.35\text{kN}$，抗震调整为：$\gamma_{RE}V=-94.65\text{kN}$（$\gamma_{RE}$ 取 0.85）

根据《高规》6.2.6 验算受剪截面

$$V_c=0.2\beta_c f_c b h_0=0.2\times1.0\times14.3\times300\times665$$

$$=570.57\text{kN}>187.58\text{kN}$$

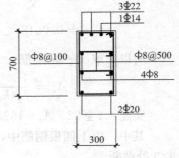

图 9-43 一层边梁右支座截面

截面满足要求。

根据《高规》6.3.2 可配置箍筋：

加密区配箍筋：Φ@100，加密区长度为 1050mm

非加密区配箍筋：Φ8@200

$$V_{u1} = 0.42f_t bh_0 + f_{yv}\frac{A_{sv}}{s}h_0$$

$$= 0.42 \times 1.43 \times 300 \times 665 + 270 \times \frac{101}{100} \times 665$$

$$= 301.17kN > 187.58kN$$

满足要求。

$$V_{u2} = 0.42f_t bh_0 + f_{yv}\frac{A_{sv}}{s}h_0$$

$$= 0.42 \times 1.43 \times 300 \times 665 + 270 \times \frac{101}{200} \times 665$$

$$= 210.49kN > 94.65kN$$

满足要求。

加密区配箍率：$\rho_{sv} = \frac{n \cdot A_{sv}}{bs} = \frac{2 \times 50.3}{300 \times 100} = 0.34\%$

非加密区配箍率：$\rho_{sv} = \frac{n \cdot A_{sv}}{bs} = \frac{2 \times 50.3}{300 \times 200} = 0.17\%$

所以，$\rho_{sv} = \frac{0.34\% \times 2100 + 0.17\% \times 3950}{6050} = 0.229\%$

$\rho_{svmin} = 0.28\frac{f_t}{f_{yv}} = 0.28 \times \frac{1.43}{210} = 0.191\% < \rho_{sv} = 0.229\%$，满足要求。

箍筋配置见图9-41～图9-43。

2）中跨梁截面设计

① 跨中截面设计

设计内力：$M = 273.18kN \cdot m$；抗震调整为：$\gamma_{RE}M = 204.89kN \cdot m$。

按 T 形单筋截面设计，根据《混凝土结构设计规范》表 7.2.3 知，T 形截面梁的翼缘计算宽度按下式确定：$b'_f = \left(\frac{l_0}{3}, b+s_n, b+12h'_f\right)_{min}$

其中：$\frac{l_0}{3} = \frac{2400}{3} = 800mm$；

$b + s_n = 300 + (7200 - 300) = 7200mm$；

$h'_f/h_0 = 100/(500 - 35) = 0.22 > 0.1$，不需考虑 $b + 12h'_f$；

所以，$b'_f = 800mm$

截面简图如图 9-44 所示，$h_0 = h - a_s = 500 - 35 = 465mm$。

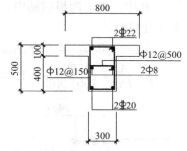

图 9-44 一层中跨梁跨中截面

$$\alpha_1 f_c b'_f h'_f (h_0 - h'_f/2)$$

$$= 1.0 \times 14.3 \times 800 \times 100 \times (465 - 100/2)$$

$$= 474.76kN \cdot m > 204.89kN \cdot m$$

属于第 I 类 T 形截面。

$$\xi = 1 - \sqrt{1 - \frac{2M}{\alpha_1 f_c b_f' h_0^2}} = 1 - \sqrt{1 - \frac{2 \times 204.89 \times 10^6}{1.0 \times 14.3 \times 800 \times 465^2}} = 0.0866 < \xi_b = 0.55,$$ 满足要求。

$$A_s = \frac{\xi \alpha_1 f_c b_f' h_0}{f_y} = \frac{0.0866 \times 1.0 \times 14.3 \times 800 \times 465}{360} = 1279.01 \text{mm}^2$$

支座截面实配正筋：$3 \oplus 20 + 1 \oplus 22$ $A_s = 1322.7 \text{mm}^2$

跨中截面实配正筋：$2 \oplus 20$ $A_s = 628.4 \text{mm}^2$

支座正筋的 $1 \oplus 20 + 1 \oplus 22$ 在梁 1/3 处截断

$$\rho = \frac{A_s}{bh_0} = \frac{628.4}{300 \times 465} = 0.45\% > \rho_{min} = (0.25, 55 f_t/f_y)_{max} = 0.25\%$$

同时 $\rho = \dfrac{A_s}{bh_0} = \dfrac{1322.7}{300 \times 465} = 0.95\% < \rho_{max} = 2.5\%$，满足要求。

② 支座处负筋配置

设计内力：$M = -297.57 \text{kN} \cdot \text{m}$，抗震调整为：$\gamma_{RE} M = -223.18 \text{kN} \cdot \text{m}$

$h_0 = h - a_s = 500 - 35 = 465 \text{mm}$，按双筋矩形截面设计

已知支座负弯矩作用下，受压钢筋为 $3 \oplus 20 + 1 \oplus 22$ $A_s = 1322.7 \text{mm}^2$

$$\xi = 1 - \sqrt{1 - 2 \frac{M - f_y' A_s' (h_0 - a')}{\alpha_1 f_c b h_0^2}}$$

$$= 1 - \sqrt{1 - 2 \times \frac{223.18 \times 10^6 - 360 \times 1322.7 \times (465 - 35)}{1.0 \times 14.3 \times 300 \times 465^2}}$$

$$= 0.020 < 0.151 = \frac{2a_0'}{h_0} (A_s' \text{无法屈服})$$

所以，取 $x = 2a'$ 配筋：

$$A_s = \frac{M}{f_y (h_0 - a_s')} = \frac{223.18 \times 10^6}{360 \times (465 - 35)} = 1441.73 \text{mm}^2$$

实配：$4 \oplus 22$ $A_s = 1520.4 \text{mm}^2$

其中，以上四根钢筋中，$2 \oplus 22$ 通长，于跨中处充当负筋（架立筋），$2 \oplus 22$ 于梁跨 1/3 处截断。

$$\rho_{min} = (0.3, 65 f_t/f_y)_{max} = 0.3\%$$

$$\rho = \frac{A_s}{bh_0} = \frac{1520.4}{300 \times 465} = 1.08\% > 0.30\% = \rho_{min} \text{ 同时 } \rho < \rho_{max} = 2.5\%,$$ 满足要求。

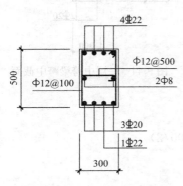

图 9-45 一层中跨梁支座截面

$$\frac{A_s'}{A_s} = \frac{1322.7}{1520.4} = 0.87 > 0.3,$$ 满足要求。

经验算截面可以满足上述所配纵筋的间距。

截面纵向配筋简图见图 9-45。

③ 箍筋配置

支座剪力 $V_{max} = 383.45 \text{kN}$，抗震调整为：$\gamma_{RE} V = 325.93 \text{kN}$（$\gamma_{RE}$ 取 0.85）

跨中剪力 $V_{max} = 261.60 \text{kN}$，抗震调整为：$\gamma_{RE} V = 222.36 \text{kN}$（$\gamma_{RE}$ 取 0.85）

根据《高规》6.2.6 验算受剪截面

$$V_c = 0.2\beta_c f_c bh_0 = 0.2 \times 1.0 \times 14.3 \times 300 \times 465 = 398.98\text{kN} > 325.93\text{kN}$$

截面满足要求。

根据《高规》6.3.2 可配置箍筋：

加密区配箍筋：Φ12@100，加密区长度为 750mm

非加密区配箍筋：Φ12@150

$$V_{u1} = 0.42 f_t bh_0 + f_{yv} \frac{A_{sv}}{s} h_0$$

$$= 0.42 \times 1.43 \times 300 \times 465 + 270 \times \frac{226}{100} \times 465，满足要求。$$

$$= 367.53\text{kN} > 325.93\text{kN}$$

$$V_{u2} = 0.42 f_t bh_0 + 1.25 f_{yv} \frac{A_{sv}}{s} h_0$$

$$= 0.42 \times 1.43 \times 300 \times 465 + 270 \times \frac{226}{150} \times 465，满足要求。$$

$$= 272.95\text{kN} > 222.36\text{kN}$$

加密区配箍率：$\rho_{sv} = \dfrac{n \cdot A_{sv}}{bs} = \dfrac{2 \times 113.5}{300 \times 100} = 0.76\%$

非加密区配箍率：$\rho_{sv} = \dfrac{n \cdot A_{sv}}{bs} = \dfrac{2 \times 113.5}{300 \times 150} = 0.50\%$

所以，$\rho_{sv} = \dfrac{0.76\% \times 1500 + 0.50\% \times 350}{1850} = 0.711\%$

$$\rho_{svmin} = 0.28 \frac{f_t}{f_{yv}} = 0.28 \times \frac{1.43}{210} = 0.191\% < \rho_{sv} = 0.711\%，满足要求。$$

箍筋配置见图 9-44、图 9-45。

（3）三、七层梁截面设计

三、七层梁截面设计步骤同一层梁，在此列表列出设计结果如表 9-39、表 9-40 所示。

三层梁截面设计

表 9-39

	三层边跨梁	三层中跨梁
正弯矩设计值	226.01	238.70kN·m
计算所需正筋	712.43	1111.26mm²
支座截面实配正筋	2Φ22（760.2）	3Φ22（1140.3mm²）
跨中截面实配正筋	2Φ22（760.2）	3Φ22（1140.3mm²）
正筋配筋率验算	$\rho = 0.38\% > \rho_{min} = 0.25\% < \rho_{max} = 2.5\%$	$\rho = 0.82\% > \rho_{min} = 0.25\% < \rho_{max} = 2.5\%$
正筋布置说明	正筋 2Φ22 贯通边跨底部	正筋 3Φ22 贯通边跨底部
负弯矩设计值	−397.29kN·m	−257.01kN·m
计算所需负筋	1313.80mm²	1245.22mm²
实配负筋	2Φ20+2Φ22（1388.6mm²）	4Φ20（1256.8mm²）
负筋配筋率验算	$\rho = 0.67\% > \rho_{min} = 0.3\% < \rho_{max} = 2.5\%$ $A'_s/A_s = 0.55 > 0.3$	$\rho = 0.90\% > \rho_{min} = 0.3\% < \rho_{max} = 2.5\%$ $A'_s/A_s = 0.91 > 0.3$
负筋布置说明	2Φ20 通长，于跨中处充当负筋（架立筋），2Φ22 于梁跨 1/3 处截断	2Φ20 通长，于跨中处充当负筋（架立筋），2Φ20 于梁跨 1/3 处截断

续表

	三层边跨梁	三层中跨梁
加密区箍筋配置	Φ 8@100	Φ 12@100
加密区长度	1050mm	750mm
非加密区箍筋配置	Φ 8@200	Φ 12@150
截面受剪承载力	支座跨中处均满足	支座跨中处均满足
箍筋配箍率验算	$\rho=0.229\%$ $>\rho_{min}=0.191\%$	$\rho=0.711\%$ $>\rho_{min}=0.191\%$

七层梁截面设计 表 9-40

	七层边跨梁	七层中跨梁
正弯矩设计值	116.48kN·m	52.24kN·m
计算所需正筋	366.07mm²	设计弯矩很小，可按构造最小配筋率并结合已配筋选配
支座截面实配正筋	2Φ18（509.8mm²）	2Φ18（509.8mm²）
跨中截面实配正筋	2Φ18（509.8mm²）	2Φ18（509.8mm²）
正筋配筋率验算	$\rho=0.26\%\geqslant\rho_{min}=0.25\%<\rho_{max}=2.5\%$	$\rho=0.36\%\geqslant\rho_{min}=0.25\%<\rho_{max}=2.5\%$
正筋布置说明	2Φ18 通长布置	2Φ18 通长布置
负弯矩设计值	−167.29kN·m	−84.73kN·m
计算所需负筋	553.22mm²	410.53mm²
实配负筋	1Φ18+1Φ20（694.3mm²）	2Φ18（509.8mm²）
负筋配筋率验算	$\rho=0.34\%\geqslant\rho_{min}=0.3\%<\rho_{max}=2.5\%$ $A_s'/A_s=0.73>0.3$	$\rho=0.36\%\geqslant\rho_{min}=0.3\%<\rho_{max}=2.5\%$ $A_s'/A_s=1>0.3$
负筋布置说明	1Φ18+1Φ20 通长布置	2Φ18 通长布置
加密区箍筋配置	Φ 8@100	Φ 8@100
加密区长度	1050mm	750mm
非加密区箍筋配置	Φ 8@200	Φ 8@200
截面受剪承载力	支座跨中处均满足	支座跨中处均满足
箍筋配箍率验算	$\rho=0.229\%$ $>\rho_{min}=0.191\%$	$\rho=0.308\%$ $>\rho_{min}=0.191\%$

以上将一层、三层及七层梁设计完毕，其余梁的设计参考以上设计过程与结果。

3. 柱截面设计

（1）设计大致步骤

柱按偏心受压构件设计。首先根据三种不利的设计内力（包括 $|M|_{max}$ 及相应的 N；N_{max} 及相应的 M；N_{min} 及相应的 M）判断是属于"大偏心受压柱"还是"小偏心受压柱"，然后分别采用对应的方法进行截面设计。

设计参数：

混凝土：C40（$f_t=1.71N/mm^2$，$f_c=19.1N/mm^2$）；

纵筋：HRB400（$f_y=360N/mm^2$）；

箍筋：HPB300（$f_y=270N/mm^2$）；

钢筋保护层厚：$a=a'=30mm$。

（2）一层边柱（600×600）

1）纵筋设计

根据内力组合表中柱设计内力，两控制截面中，以下六组内力均可能为最危险内力：

第一组：$M=343.08$kN·m，$V=-285.33$kN，$N=3119.49$kN；

第二组：$M=343.08$kN·m，$V=-285.33$kN，$N=3119.49$kN；

第三组：$M=-225.21$kN·m，$V=236.93$kN，$N=2035.03$kN；

第四组：$M=556.80$kN·m，$V=-285.33$kN，$N=3119.49$kN；

第五组：$M=556.80$kN·m，$V=-285.33$kN，$N=3119.49$kN；

第六组：$M=-522.02$kN·m，$V=236.93$kN，$N=2035.03$kN。

采用对称配筋，可利用下式分别判断各组内力作用下，该柱是属于"大偏心受压柱"还是"小偏心受压柱"。

$$x=\frac{N}{\alpha_1 f_c b}$$

$x\leqslant\xi_b h_0$ 时，为大偏心受压构件；$x>\xi_b h_0$ 时，为小偏心受压构件。

由《高规》表 6.4.2 知该柱轴压比限值为 0.75

$$\frac{N}{f_c bh}=\frac{3119.49\times10^3}{19.1\times600\times600}=0.45<0.75，满足要求。$$

另外：$\dfrac{N}{f_c bh}=\dfrac{2035.03\times10^3}{19.1\times600\times600}=0.30>0.15$

则承载力抗震调整系数取为：$\gamma_{RE}=0.8$（《抗规》表 5.4.2）

第一组：

$$x=\frac{\gamma_{RE}N}{\alpha_1 f_c b}=\frac{0.8\times3119.49\times10^3}{1.0\times19.1\times600}=217.77\text{mm}<\xi_b h_0=0.55\times560=308.00\text{mm}，为大偏$$

心受压。

同理可知：其他五组内力均为大偏压情况。

根据 N_u-M_u 相关曲线见图 9-46，判断哪组内力为最危险内力。

由于六组内力均为大偏心，所以均处于下部曲线包络图内。通过观察上面的包络图，得出定性结论：当轴力相同时，对于大偏心受压和小偏心受压，弯矩越大，所需配筋越多；当弯矩相同时，对于大偏心受压，轴力越小，所需配筋越多，对于小偏心受压，轴力越大，所需配筋越多。综上所述，第四组（或第五组）和第六组最危险，以这两组内力进行配筋计算再比较取大值，最终得出该柱所需的配筋。即设计内力如下：

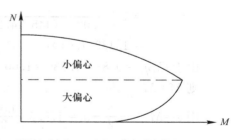

图 9-46　N_u-M_u 相关曲线

第四组：$M=556.80$kN·m，$V=-285.33$kN，$N=3119.49$kN；

第六组：$M=-522.02$kN·m，$V=236.93$kN，$N=2035.03$kN。

根据混凝土结构设计规范 6.2.4：框架柱考虑轴向压力在杆件中产生的二阶效应后控制界面的弯矩设计值，应按下列公式计算：

$$M=C_m\eta_{ns}M_2$$

$$C_m = 0.7 + 0.3\frac{M_1}{M_2}$$

$$\eta_{ns} = 1 + \frac{1}{1300(M_2/N + e_a)/h_0}\left(\frac{l_c}{h}\right)^2\zeta_c$$

$$\zeta_c = \frac{0.5f_cA}{N}$$

M_1、M_2——分别为已考虑侧移影响的偏心受压构件两端截面按结构弹性分析确定的对同一主轴的组合弯矩设计值，绝对值较大端为 M_2，绝对值较小端为 M_1，当构件按单曲率弯曲时，M_1/M_2 取正值，否则取负值。

当 $C_m\eta_{ns}$ 小于 1.0 时取 1.0；当 C_m 小于 0.7 时取 0.7；ζ_c 大于 1.0 时取 1.0。

现以第四组内力为例配纵筋计算如下（下面计算过程中括号内数字为第六组内力计算结果，无括号即相同）。

考虑有地震作用组合，承载力抗震调整为：

$$M_2 = 445.44\text{kN}\cdot\text{m}[-417.62\text{kN}\cdot\text{m}], \quad N = 2495.59\text{kN}[1628.02\text{kN}]$$

根据内力组合结果：$M_1 = 343.08\text{kN}\cdot\text{m}\ [-225.21\text{kN}\cdot\text{m}]$

考虑有地震作用组合，承载力抗震调整为：$M_1 = 274.46\text{kN}\cdot\text{m}\ [-180.17\text{kN}\cdot\text{m}]$

则：$C_m = 0.88(0.83)$

取 $a_s = a_s' = 40\text{mm}$

则 $h_0 = 600 - 40 = 560\text{mm}$

$$e_a = (b/30, 20)_{max} = 20\text{mm}$$

$$\zeta_c = \frac{0.5f_cA}{N} = \frac{0.5\times19.1\times600^2}{2495.95\times10^3} = 1.38[2.12] > 1.0\ \text{取}\ \zeta_c = 1.0。$$

$$l_c/h = 4800/600 = 8.00$$

$$\eta_{ns} = 1 + \frac{1}{1300(M_2/N + e_a)/h_0}\left(\frac{l_c}{h}\right)^2\zeta_c$$

$$= 1 + \frac{1}{1300\times(445.44/2495.59\times1000 + 20)/560}\left(\frac{4800}{600}\right)^2\times1.0$$

$$= 1.139(1.010)$$

由于 $C_m\eta_{ns} = 0.88\times1.139 = 1.00\ [0.83]$，取 $C_m\eta_{ns} = 1$

则 $M = M_2$

则 $e = M/N + \frac{h}{2} - a_s = 178.5 + \frac{600}{2} - 40 = 438.5\text{mm}\ [516.5\text{mm}]$

由于采用对称配筋：根据下面两平衡条件：

$$N = \alpha_1 f_c bx, \quad x = \frac{N}{\alpha_1 f_c b} = \frac{2495.59\times10^3}{1.0\times19.1\times600} = 217.77\text{mm}[142.06\text{mm}]$$

$$Ne = \alpha_1 f_c bx\left(h_0 - \frac{x}{2}\right) + f_y A_s(h_0 - a')$$

可得到：

$$A_s = A_s' = \frac{Ne - \alpha_1 f_c bx(h_0 - 0.5x)}{f_y'(h_0 - a')}$$

$$= \frac{2495.59 \times 10^3 \times 438.5 - 1.0 \times 19.1 \times 600 \times 217.77 \times (560 - 0.5 \times 217.77)}{360 \times (560 - 40)}$$

$$= -136.33 \text{mm}^2 < 0 [239.6 \text{mm}^2]$$

因此，两组内力计算实配钢筋：$4 \oplus 18$ $A_s = A_s' = 1017 \text{mm}^2$

由于以上只计算弯矩平面内该柱受力时所需钢筋，而未计算弯矩平面外方向上受力时所需钢筋，考虑到对称配筋，该方向受力时所需钢筋也为 $4 \oplus 18$，见图 9-47。

根据《高规》6.4.3 中规定："柱全部纵向钢筋的配筋率不应小于 0.8%，且柱截面的每一侧纵向钢筋不应小于 0.2%"；6.4.4 规定："全部纵向钢筋的配筋率，抗震设计时不应大于 5%"；"抗震设计时，截面尺寸大于 400mm 的柱，其纵向钢筋间距不宜大于 200mm"。

由此，验算单侧配筋率：$\rho = \dfrac{A_s}{bh_0} = \dfrac{1017}{600 \times 560} = 0.30\% > 0.2\% = \rho_{\min}$

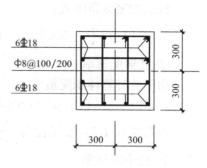

图 9-47 一层边柱截面

$\rho = \dfrac{A_s}{bh_0} = \dfrac{3051}{550 \times 560} = 1.09\% > 0.8\% = \rho_{\min}$ 同时 $\rho <$

$5\% = \rho_{\max}$，满足要求。

验算纵筋间距：$s = (600 - 2 \times 30 - 4 \times 18)/3 = 156 \text{mm} < 200 \text{mm}$，满足要求。

2）箍筋设计

仍以第四组内力为例配箍筋计算如下（下面计算过程中括号内数字为第六组内力计算结果，无括号即相同）

剪力设计值为：$V = -285.33 \text{kN} [236.93 \text{kN}]$

根据《高规》6.4.3 可配置箍筋：

加密区配箍筋：$\Phi 8@100$（4×4 复合箍）

非加密区配箍筋：$\Phi 8@200$（4×4 复合箍）

截面受剪承载力验算：

$$\lambda = \frac{M}{Vh_0} = \frac{556.80 \times 10^6}{285.33 \times 10^3 \times 560} = 3.48(3.93) > 3.0, \quad \text{取} \lambda = 3.0(3.0)$$

$$N = 3119.49 \text{kN} > 0.3 f_c A = 0.3 \times 19.1 \times 600^2 = 2062.8 \text{kN},$$

取 $N = 2062.8 \text{kN} [2035.03 \text{kN}]$

$$V_c = \frac{1}{\gamma_{RE}} \left(\frac{1.05}{\lambda + 1.0} f_t b h_0 + 0.056 N \right)$$

$$= \frac{1}{0.85} \left(\frac{1.05}{3.0 + 1.0} \times 1.71 \times 600 \times 560 + 0.056 \times 2062.8 \times 10^3 \right)$$

$$= 313.34 \text{kN} > 285.33 \text{kN} [299.19 \text{kN} > 236.93 \text{kN}]$$

故按构造配置即可满足要求，同时为了满足最小体积配箍率的要求，加密箍筋间距取为 100mm。

验算加密区箍筋配筋率：

① 确定加密区范围

根据《高规》6.4.6："底层柱的上端和其他各层柱的两端，应取矩形截面柱之长边尺寸（或圆形截面柱之直径）、柱净高之 1/6 和 500mm 三者之最大值范围"；"底层柱刚性地面上、下各 500mm 的范围"；"底层柱柱根以上 1/3 柱净高的范围"。

所以，柱顶加密区范围 l_u：

$$l_u = \left(h_b, \frac{l_n}{6}, 500\right)_{max} = \left(600, \frac{5100}{6}, 500\right)_{max} = 850mm,$$

取 $l_n = 850mm$。

柱底加密区范围 l_b：

$$l_b = \left(\frac{l_n}{3}, 500\right)_{max} = \left(\frac{5100}{3}, 500\right)_{max} = 1700mm, \quad 取 l_n = 1700mm$$

② 计算配箍率

由下式计算体积配箍率：

$$\rho_v = a_{sk}l_{sk}/(l_1 l_2 s) = 50.3 \times (600-80) \times 8/[(600-80)^2 \times 100] = 0.77\%$$

由高规 6.4.7：轴压比为 $\dfrac{N}{f_c bh} = \dfrac{3119.49 \times 10^3}{19.1 \times 600 \times 600} = 0.45$，故取 $\lambda_v = 0.10$（表 6.4.7）

③ 最小配箍率

$$\rho_{vmin} = \frac{\lambda_v f_c}{f_{yv}} = \frac{0.10 \times 19.1}{270} = 0.71\% < \rho_v, 满足！$$

3）验算平面外轴心受压承载力

$$\frac{l_0}{b} = \frac{4800}{600} = 8.0 \Rightarrow \varphi = 1.0$$

$$N_u = 0.9\varphi[f_c bh_0 + f'_y(A_s + A'_s)] = 0.9 \times 1.0 \times (19.1 \times 600 \times 560 + 360 \times 3054)$$

$$= 6765.34kN > 3119.49kN, 满足！$$

（3）一层中柱（600×600）

1）纵筋设计

根据内力组合表中柱设计内力，两控制截面以下六组内力均可能为最危险内力：

第一组：$M = 476.21kN \cdot m$，$V = 48.01kN$，$N = 2015.20kN$；

第二组：$M = 476.21kN \cdot m$，$V = -341.18kN$，$N = 3534.36kN$；

第三组：$M = -371.46kN \cdot m$，$V = 316.78kN$，$N = 2015.20kN$；

第四组：$M = -627.61kN \cdot m$，$V = 48.01kN$，$N = 2015.20kN$；

第五组：$M = 599.84kN \cdot m$，$V = -341.18kN$，$N = 3534.36kN$；

第六组：$M = -627.61kN \cdot m$，$V = 316.78kN$，$N = 2015.20kN$。

采用对称配筋，可利用下式分别判断各组内力作用下，该柱是属于"大偏心受压柱"还是"小偏心受压柱"。

$$x = \frac{N}{\alpha_1 f_c b}$$

$x \leqslant \xi_b h_0$ 时，为大偏心受压构件；$x > \xi_b h_0$ 时，为小偏心受压构件。

由《高规》表 6.4.2 知该柱轴压比限值为 0.75

$$\frac{N}{f_c bh} = \frac{3534.46 \times 10^3}{19.1 \times 600 \times 600} = 0.51 < 0.75, 满足！$$

另外：$\dfrac{N}{f_c bh} = \dfrac{2015.20 \times 10^3}{19.1 \times 600 \times 600} = 0.29 > 0.15$

则承载力抗震调整系数取为：$\gamma_{RE}=0.8$

第二组：

$x=\dfrac{\gamma_{RE}N}{\alpha_1 f_c b}=\dfrac{0.8\times3534.36\times10^3}{1.0\times19.1\times600}=246.73\text{mm}<\xi_b h_0=0.55\times560=308.00\text{mm}$，为大偏心受压。

同理可知：其他五组内力均为大偏压情况。

根据 N_u-M_u 相关曲线见图 9-46，判断哪组内力为最危险内力。

同前面计算一层边柱比较方式，可得出结论：第六组最危险。即设计内力如下：

第六组：$M=-627.61\text{kN}\cdot\text{m}$，$V=316.78\text{kN}$，$N=2015.20\text{kN}$。

现以第六组内力为例配纵筋计算如下：

考虑有地震作用组合，承载力抗震调整为：

$$M_2=-502.09\text{kN}\cdot\text{m}, \quad N=1612.16\text{kN}$$

根据内力组合结果：$M_1=476.21\text{kN}\cdot\text{m}$

考虑有地震作用组合，承载力抗震调整为：$M_1=380.97\text{kN}\cdot\text{m}$

则：$C_m=0.7$

取 $a_s=a_s'=40\text{mm}$

则 $h_0=600-40=560\text{mm}$

$$e_a=(b/30,20)_{\max}=20\text{mm}$$

$$\zeta_c=\frac{0.5f_c A}{N}=\frac{0.5\times19.1\times600^2}{1612.16\times10^3}=2.13>1.0 \quad \text{取 } \zeta_c=1.0。$$

$$l_c/h=4800/600=8.00$$

$$\eta_{ns}=1+\frac{1}{1300(M_2/N+e_a)/h_0}\left(\frac{l_c}{h}\right)^2\zeta_c$$

$$=1+\frac{1}{1300\times(502.09\times1000/1612.16+20)/560}\left(\frac{4800}{600}\right)^2\times1.0$$

$$=1.083$$

由于 $C_m\eta_{ns}=0.7\times1.083=0.76$，取 $C_m\eta_{ns}=1$

则 $M=M_2$

则 $e=M/N+\dfrac{h}{2}-a_s=\dfrac{502.09}{1612.16}+\dfrac{600}{2}-40=571.44\text{mm}$

由于采用对称配筋，根据下面两平衡条件：

$$N=\alpha_1 f_c bx, \quad x=\frac{N}{\alpha_1 f_c b}=\frac{1612.16\times10^3}{1.0\times19.1\times600}=140.68\text{mm}$$

$$Ne=\alpha_1 f_c bx\left(h_0-\frac{x}{2}\right)+f_y A_s(h_0-a')$$

可得到：

$$A_s=A_s'=\frac{Ne-\alpha_1 f_c bx(h_0-0.5x)}{f_y'(h_0-a')}$$

$$=\frac{1612.16\times10^3\times571.4-1.0\times19.1\times600\times140.68\times(560-0.5\times140.68)}{360\times(560-40)}$$

$$=704.27\text{mm}^2$$

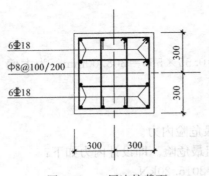

6⌷18
Φ8@100/200
6⌷18

图 9-48 一层边柱截面

因此，两组内力计算实配钢筋：4⌷18 $A_s = A'_s$ $=1017\text{mm}^2$。

由于以上只计算弯矩平面内该柱受力时所需钢筋，而未计算弯矩平面外方向上受力时所需钢筋，考虑到对称配筋，该方向受力时所需钢筋也为 4⌷18，见图 9-48。

根据《高规》6.4.3 中规定："柱全部纵向钢筋的配筋率不应小于 0.8%，且柱截面的每一侧纵向钢筋不应小于 0.2%"；6.4.4 规定："全部纵向钢筋的配筋率，抗震设计时不应大于 5%"；"抗震设计时，截面尺寸大于 400mm 的柱，其纵向钢筋间距不宜大于 200mm"。

由此，验算单侧配筋率：$\rho = \dfrac{A_s}{bh_0} = \dfrac{1017}{600 \times 560} = 0.30\% > 0.2\% = \rho_{\min}$

$\rho = \dfrac{A_s}{bh_0} = \dfrac{3051}{550 \times 560} = 1.09\% > 0.8\% = \rho_{\min}$ 同时 $\rho < 5\% = \rho_{\max}$，满足要求。

验算纵筋间距：$s = (600 - 2 \times 30 - 4 \times 18)/3 = 156\text{mm} < 200\text{mm}$，满足要求。

2）箍筋设计

仍以第六组内力为例配箍筋，计算如下：

剪力设计值为：$V = -316.78\text{kN}$

根据《高规》6.4.3 可配置箍筋：

加密区配箍筋：Φ8@90（4×4 复合箍）

非加密区配箍筋：Φ8@200（4×4 复合箍）

截面受剪承载力验算：

$$\lambda = \frac{M}{Vh_0} = \frac{627.61 \times 10^6}{316.78 \times 10^3 \times 560} = 3.54 > 3.0, \quad 取 \lambda = 3.0$$

$$N = 2015.20\text{kN} < 0.3f_cA = 0.3 \times 19.1 \times 600^2 = 2062.80\text{kN}$$

取 $N = 2015.20\text{kN}$

$$V \leqslant \frac{1}{\gamma_{RE}}\left(\frac{1.05}{\lambda + 1.0}f_t bh_0 + f_{yv}\frac{A_{sv}}{s}h_0 + 0.056N\right)$$

$$\Rightarrow \frac{A_{sv}}{s} \geqslant \left(\gamma_{RE} \cdot V - \frac{1.05}{\lambda + 1.0}f_t bh_0 - 0.056N\right)/f_{yv} \cdot h_0$$

$$= \left(0.85 \times 316.78 \times 1000 - \frac{1.05}{3 + 1} \times 1.71 \times 600 \times 560\right.$$

$$\left. - 0.056 \times 2015.20 \times 1000\right)/(270 \times 560)$$

$$= 0.037;$$

即 $s \leqslant 100.6/0.037 = 2718.9$

同时为了满足最小体积配箍率的要求，加密箍筋间距取为 90mm。

验算加密区箍筋配筋率：

① 确定加密区范围

根据《高规》6.4.6："底层柱的上端和其他各层柱的两端，应取矩形截面柱之长边尺寸（或圆形截面柱之直径）、柱净高之 1/6 和 500mm 三者之最大值范围"；"底层柱刚性地面上、下各 500mm 的范围"；"底层柱柱根以上 1/3 柱净高的范围"。

所以，柱顶加密区范围 l_u：

$$l_u = \left(h_b, \frac{l_n}{6}, 500\right)_{\max} = \left(600, \frac{5100}{6}, 500\right)_{\max} = 850mm$$

取 $l_n = 850mm$

柱底加密区范围 l_b：

$$l_b = \left(\frac{l_n}{3}, 500\right)_{\max} = \left(\frac{5100}{3}, 500\right)_{\max} = 1700mm，取 l_n = 1700mm$$

② 计算配箍率

由下式计算体积配箍率：

$$\rho_v = a_{sk}l_{sk}/(l_1l_2s) = 50.3 \times (600-80) \times 8/[(600-80)^2 \times 90] = 0.86\%$$

由高规 6.4.7：轴压比为 $\dfrac{N}{f_cbh} = \dfrac{3534.46 \times 10^3}{19.1 \times 600 \times 600} = 0.51$，故取 $\lambda_v = 0.111$

③ 最小配箍率：$\rho_{vmin} = \dfrac{\lambda_v f_c}{f_{yv}} = \dfrac{0.111 \times 19.1}{270} = 0.79\% < \rho_v$，满足要求。

3）验算平面外轴心受压承载力

$$\frac{l_0}{b} = \frac{4800}{600} = 8.0 \Rightarrow \varphi = 1.0$$

$$N_u = 0.9\varphi[f_cbh_0 + f'_y(A_s + A'_s)] = 0.9 \times 1.0 \times (19.1 \times 600 \times 560 + 360 \times 3054)$$

$$= 6765.34kN > 3119.49kN，满足！$$

（4）三、七层柱

三、七层柱截面设计步骤同一层柱，由表列出设计结果如表 9-41、表 9-42 所示。

三层柱截面设计　　　　　　　　　　　　　　　　　表 9-41

	三层边柱	三层中柱
从六组内力选取较危险同工况设计内力	$M = 297.97$ [-169.50] kN·m $N = 2152.31$ [1498.52] kN	$M = 424.05$kN·m $N = 1502.72$kN
计算单侧所需纵筋	$-680.41 < 0$ 【$-747.47 < 0$】	$315.39mm^2$
单侧实配纵筋	$4\Phi 18$（$1017mm^2$）	$4\Phi 18$（$1017mm^2$）
单侧配筋率验算	$\rho = 0.3\% > \rho_{min} = 0.2\%$	$\rho = 0.3\% > \rho_{min} = 0.2\%$
截面配筋率验算	$\rho = 1.09\% \geqslant \rho_{min} = 0.8\%$ $< \rho_{max} = 5\%$	$\rho = 1.09\% \geqslant \rho_{min} = 0.8\%$ $< \rho_{max} = 5\%$
纵筋间距验算	$s = 139mm < 200mm$	$s = 139mm < 200mm$
加密区箍筋配置	$\Phi 8@100$（4×4 复合箍）	$\Phi 8@100$（4×4 复合箍）
非加密区箍筋配置	$\Phi 8@200$（4×4 复合箍）	$\Phi 8@200$（4×4 复合箍）
截面受剪承载力	按构造配置箍筋即可满足	$\Phi 8@200$
柱头加密区范围	550mm	550mm
体积配箍率验算	$\rho_v = 0.77\% > \rho_{min} = 0.63\%$	$\rho_v = 0.77\% > \rho_{min} = 0.60\%$
平面外轴心受压承载力验算（轴力取六组内力中最大）	$N_u = 6765.34kN > 2152.31kN$	$N_u = 6765.34kN > 2427.10kN$

注：【 】内为第六组组合设计内力的计算结果。

七层柱截面设计 表 9-42

	七层边柱	七层中柱
从六组内力选取较危险同工况设计内力	$M=151.93\text{kN} \cdot \text{m}$ $N=345.15\text{kN}$	$M=-171.43\text{kN} \cdot \text{m}$ $N=335.43\text{kN}$
计算单侧所需纵筋	224.52mm^2	319.3mm^2
单侧实配纵筋	4 Φ 18（1017mm^2）	4 Φ 18（1017mm^2）
单侧配筋率验算	$\rho=0.30\%>\rho_{\min}=0.2\%$	$\rho=0.30\%>\rho_{\min}=0.2\%$
截面配筋率验算	$\rho=1.09\%\geqslant\rho_{\min}=0.8\%$ $<\rho_{\max}=5\%$	$\rho=1.09\%\geqslant\rho_{\min}=0.8\%$ $<\rho_{\max}=5\%$
纵筋间距验算	$s=139\text{mm}<200\text{mm}$	$s=139\text{mm}<200\text{mm}$
加密区箍筋配置	Φ 8@100（4×4 复合箍）	Φ 8@100（4×4 复合箍）
非加密区箍筋配置	Φ 8@200（4×4 复合箍）	Φ 8@200（4×4 复合箍）
截面受剪承载力	按构造配置箍筋即可满足	按构造配置箍筋即可满足
柱头加密区范围	550mm	550mm
体积配箍率验算	$\rho_v=0.77\%>\rho_{\min}=0.57\%$	$\rho_v=0.77\%>\rho_{\min}=0.57\%$
平面外轴心受压承载力验算（轴力取六组内力中最大）	$N_u=6765.34\text{kN}>345.15\text{kN}$	$N_u=6765.34\text{kN}>406.00\text{kN}$

4. 节点设计

柱、梁纵筋伸入节点长度应满足《高规》6.5 中相关规定，箍筋同柱加密区箍筋配置。

根据《混凝土结构设计规范》GB 50010—2010 11.6.2 条："抗震设计时，一、二、三级抗震等级的框架梁柱节点核心区的剪力设计值 V_j 应按下列规定计算：

（1）顶层中间节点和端节点

$$V_j = \frac{\eta_{jb} \sum M_b}{h_{b0} - a'_s}$$

（2）其他层中间节点和端节点

$$V_j = \frac{\eta_{jb} \sum M_b}{h_{b0} - a'_s} \left(1 - \frac{h_{b0} - a'_s}{H_c - h_b}\right)$$

式中　V_j——梁柱节点核心区组合的剪力设计值；

　　　　h_{b0}——梁截面有效高度，节点两侧梁截面高度不等时可采用平均值；

　　　　a'_s——梁受压钢筋合力点至受压边缘的距离；

　　　　H_c——柱的计算高度；

　　　　h_b——梁截面高度，节点两侧梁截面高度不等时可采用平均值；

　　　　η_{jb}——节点剪力增大系数，对于框架结构，二级取 1.35；

$\sum M_b$——为节点左、右梁端弯矩设计值。

因为梁、柱设计时，只选取部分楼层的梁、柱进行配筋的，所以只有近似取不同节点处的内力值进行验算。

由上式可知，$V_j \propto \sum M_b$，所以，取 $\sum M_{b\max}$ 进行验算最危险。

（1）顶层中间节点和端节点（以中间节点为例验算）

根据内力组合结果，取 $M_b^l = -139.46\text{kN} \cdot \text{m}$，$M_b^r = 52.24\text{kN} \cdot \text{m}$。

且 $\eta_{jb} = 1.35$；$h_{b0} = \dfrac{665 + 465}{2} = 565\text{mm}$；$a_s' = 30\text{mm}$

则 $V_j = \dfrac{1.35 \times (139.46 + 52.24) \times 10^6}{565 - 30} = 483.73$

（2）其他层中间节点和端节点（以中间节点为例验算）

根据内力组合结果，取 $M_b^l = -361.77\text{kN} \cdot \text{m}$，$M_b^r = 273.18\text{kN} \cdot \text{m}$。

且 $\eta_{jb} = 1.35$；$h_{b0} = \dfrac{665 + 465}{2} = 565\text{mm}$；$a_s' = 30\text{mm}$；$h_b = \dfrac{700 + 500}{2} = 600\text{mm}$；$H_c = l_0 = 1.0 \times 4800 = 4800\text{mm}$

则
$$V_j = \frac{\eta_c \sum M_b}{h_{b0} - a_s'}\left(1 - \frac{h_{b0} - a_s'}{H_c - h_b}\right)$$
$$= \frac{1.35 \times (361.77 + 273.18) \times 10^6}{565 - 30}\left(1 - \frac{565 - 30}{4800 - 600}\right)$$
$$= 1398.12\text{kN}$$

节点核心区截面受剪承载力按下式验算：

$$V_j \leqslant \frac{1}{\gamma_{RE}}\left(1.1\eta_j f_t b_j h_j + 0.05\eta_j N \frac{b_j}{b_c} + f_{yv} A_{svj} \frac{h_{b0} - a_s'}{s}\right)$$

式中 N——对应于组合剪力设计值的上柱组合轴向压力较小值，当 N 为拉力时取 $N = 0$，当 $N > 0.5 f_c b_c h_c$ 时，取 $N = 0.5 f_c b_c h_c$；

$\quad\quad b_j$——核心区截面有效验算宽度；

$\quad\quad h_j$——核心区截面高度，可采用验算方向的柱截面高度；

$\quad\quad A_{svj}$——核心区有效验算宽度范围内、验算方向同一截面箍筋的总截面面积；

$\quad\quad \eta_j$——梁的约束影响系数，楼板为现浇，梁柱中线重合，四侧各梁截面宽度不小于该侧柱截面宽度的 1/2 且正交方向梁高度不小于框架梁高的 3/4，可采用 1.5；9 度时宜采用 1.25；其他情况均采用 1.0。

则 $b_j = h_j = 600\text{mm}$，$A_{svj} = 14 \times 50.3 = 703.72\text{mm}^2$，$\eta_j = 1.0$

1. 顶层中间节点和端节点（以中间节点为例验算）

则取 $N = 0$

$$V_j \leqslant \frac{1}{\gamma_{RE}}\left(1.1\eta_j f_t b_j h_j + 0.05\eta_j N \frac{b_j}{b_c} + f_{yv} A_{svj} \frac{h_{b0} - a_s'}{s}\right)$$
$$= \frac{1}{0.85}\left(1.1 \times 1.5 \times 1.71 \times 600 \times 600 + 0 + 270 \times 703.72 \times \frac{565 - 30}{100}\right)$$
$$= 2390.90\text{kN} > 483.73\text{kN}，满足要求。$$

2. 其他层中间节点和端节点（以中间节点为例验算）

则 $N = 0.5 f_c b_c h_c = 0.5 \times 19.1 \times 600 \times 600 = 3438.00\text{kN}$

$$V_j \leqslant \frac{1}{\gamma_{RE}}\left(1.1\eta_j f_t b_j h_j + 0.05\eta_j N \frac{b_j}{b_c} + f_{yv} A_{svj} \frac{h_{b0} - a_s'}{s}\right)$$
$$= \frac{1}{0.85}(1.1 \times 1.5 \times 1.71 \times 600 \times 600 + 0.05 \times 1.5$$

$$\times 3438.00 \times \frac{600}{600} + 270 \times 703.72 \times \frac{565-30}{100}\Big)$$

$$=2391.20\text{kN} > 1398.12\text{kN}$$

满足要求。

同时，为避免核心区过早出现斜裂缝、混凝土破裂，核心区的平均剪应力不应过高。核心区组合的剪力设计值应符合下式要求：

$$V_j \leqslant \frac{1}{\gamma_{RE}}(0.30\eta_j\beta_c f_c b_j h_j)$$

$$=\frac{1}{0.85}(0.30 \times 1.0 \times 1.0 \times 19.1 \times 600 \times 600)$$

$$=2426.82\text{kN} > 1398.12\text{kN}$$

满足要求。

9.5 第⑦轴横向框架柱下基础设计

根据 9.1 节水文地质资料及柱间距，基础形式选取柱下独立基础和双柱联合基础两种。

采用的材料如下：C35 混凝土，$f_c=\text{N/mm}^2$，$f_t=1.57\text{N/mm}^2$

主筋 HPB400 钢筋，$f_y=360\text{N/mm}^2$；

构造钢筋 HPB300 钢筋，$f_y=270\text{N/mm}^2$。

9.5.1 基础梁设计

基础梁的设计同上部主体结构的框架梁设计，截面尺寸是：横向基础梁为 $300\text{mm}\times700\text{mm}$；纵向基础梁为 $300\text{mm}\times500\text{mm}$。

9.5.2 E 柱独立基础设计

1. 荷载计算

（1）柱传来的内力由内力组合表 9-47 得到 E 柱下的内力：

第一组：$M=556.80\text{kN}\cdot\text{m}$，$V=-285.33\text{kN}$，$N=3119.49\text{kN}$；

第二组：$M=556.80\text{kN}\cdot\text{m}$，$V=-285.33\text{kN}$，$N=3119.49\text{kN}$；

第三组：$M=-522.02\text{kN}\cdot\text{m}$，$V=236.93\text{kN}$，$N=2035.03\text{kN}$；

其中，第一（二）组内力起控制作用。

（2）基础梁传来的内力

1）横向基础梁

基础梁上恒载设计值：$q=1.35\times\Big(4.63+9.74\times\dfrac{2.70-0.70}{3.60-0.70}\Big)=15.32\text{kN/m}$

考虑到基础与柱为现浇，故基础梁传给基础的内力为：

$$N=\frac{1}{2}ql=\frac{1}{2}\times15.32\times6.60=50.56\text{kN}；$$

$$M=\frac{1}{12}ql^2=\frac{1}{12}\times15.32\times6.60^2=55.61\text{kN}\cdot\text{m}。$$

2) 纵向基础梁

基础梁上恒载设计值：$q = 1.35 \times \left(3.68 + 12.47 \times \dfrac{2.70 - 0.55}{3.60 - 0.55}\right) = 16.83 \text{kN/m}$

考虑到基础与柱为现浇，故基础梁传给基础的内力为：

$$N = ql = 16.83 \times 7.20 = 121.18 \text{kN};$$

综上所述，基础顶部的内力设计值：

$$M_y = 556.80 + 55.61 = 612.41 \text{kN} \cdot \text{m};$$

$$V_x = 285.33 \text{kN};$$

$$N = 3119.49 + 50.56 + 121.18 = 3291.23 \text{kN}。$$

2. 基础底面尺寸的确定

（1）初步确定矩形基础底面尺寸

假定基础高度 $h = 1000 \text{mm}$，基础底面标高为：$-(1.20 + 1.00) = -2.20 \text{m}$

由于基础埋深 $d = 2.20 \text{m} > 0.5 \text{m}$，故需对地基承载力标准进行修正，查《建筑地基基础设计规范》GB 50007—2011 表 5.2.4 知，其承载力修正系数 $\eta_d = 1.6$，$\eta_b = 0.3$，现已知 $f_{ak} = 600 \text{kPa}$，代入式 $f_a = f_{ak} + \eta_d \gamma_m (d - 0.5)$，得到 $f_a = 631.68 \text{kPa}$

考虑到荷载偏心，将基础底面积初步增大 20%，于是有：

$$A = 1.2 F_k / (f_a - \gamma_G d) = 1.2 \times 3291.23 / (631.68 - 20 \times 2.20) = 6.72 \text{m}^2$$

取基底长短边之比为 1.5，于是选取

$$l = 3.90 \text{m}, \quad b = 2.60 \text{m}$$

因 $b = 2.60 \text{m} < 3.00 \text{m}$，故承载力无需作宽度修正。

（2）验算基底压力

基底处的总竖向压力：$N = 3291.23 + 20 \times 2.60 \times 3.90 \times 2.20 = 3737.39 \text{kN}$

基底处的总力矩：$M_y = 612.41 + 285.33 \times 1.00 = 897.74 \text{kN} \cdot \text{m}$

偏心距：$e = M_y / N = 897.74 / 3737.39 = 0.240 \text{m} < l/6 = 0.65 \text{m}$，满足要求。

基底最大压力：

$$P_{max} = \frac{N}{A}\left(1 + \frac{6e}{l}\right)$$

$$= \frac{3737.39}{3.90 \times 2.60} \times \left(1 + \frac{6 \times 0.240}{3.90}\right)$$

$$= 504.67 \text{kPa} < 1.2 f_a = 758.02 \text{kPa}, \quad \text{满足要求。}$$

基底最小压力：

$$P_{min} = \frac{N}{A}\left(1 - \frac{6e}{l}\right)$$

$$= \frac{3737.39}{3.90 \times 2.60} \times \left(1 - \frac{6 \times 0.240}{3.90}\right)$$

$$= 232.49 \text{kPa} > 0, \quad \text{满足要求。}$$

该基础底部地质条件中无软弱下卧层，可不作地基软弱下卧层承载力验算，故选定基础底面尺寸为 $l \times b = 3.90 \text{m} \times 2.60 \text{m}$。

3. 基础立面尺寸的确定

（1）基底净反力设计值

$$P_j = \frac{N}{A} = \frac{3291.23}{3.90 \times 2.60} = 324.58 \text{kPa}$$

（2）净偏心距

$$e = \frac{M}{N} = \frac{897.74}{3291.123} = 0.273 \text{m}$$

（3）基底最大净反力设计值

$$P_{jmax} = \frac{N}{A}\left(1 + \frac{6e}{l}\right) = 324.58 \times \left(1 + \frac{6 \times 0.273}{3.90}\right) = 460.90 \text{kPa}$$

（4）基础高度

1）柱边截面

取 $h = 1000 \text{mm}$，$a_s = 35 \text{mm}$，$h_0 = 965 \text{mm}$，则

$$b_c + 2h_0 = 0.6 + 2 \times 0.965 = 2.53 \text{m} < b = 2.60 \text{m}$$

因偏心受压，在下式计算中用 P_{jmax} 代替 P_j

$$p_{jmax}\left[\left(\frac{l}{2} - \frac{a_c}{2} - h_0\right)b - \left(\frac{b}{2} - \frac{b_c}{2} - h_0\right)^2\right] \leqslant 0.7\beta_{hp}f_t(b_c + h_0)b$$

该式左边：

$$p_{jmax}\left[\left(\frac{l}{2} - \frac{a_c}{2} - h_0\right)b - \left(\frac{b}{2} - \frac{b_c}{2} - h_0\right)^2\right]$$

$$= 460.90 \times \left[\left(\frac{3.9}{2} - \frac{0.6}{2} - 0.965\right) \times 2.6 - \left(\frac{2.6}{2} - \frac{0.6}{2} - 0.965\right)^2\right]$$

$$= 820.30 \text{kN}$$

该式右边：

$$0.7\beta_{hp}f_t(b_c + h_0)h_0 = 0.7 \times 0.98 \times 1570 \times (0.6 + 0.965) \times 0.965$$

$$= 1626.54 \text{kN} > 820.30 \text{kN}$$

满足要求。

基础分两级，下阶 $h_1 = 500 \text{mm}$，$h_{10} = 465 \text{mm}$，

另外，取 $l_1 = 1.95 \text{m}$，$b_1 = 1.30 \text{m}$。

2）变阶处截面

$$b_1 + 2h_{01} = 1.30 + 2 \times 0.465 = 2.23 \text{m} < 2.6 \text{m}$$

冲切力

$$p_{jmax}\left[\left(\frac{l}{2} - \frac{l_1}{2} - h_{01}\right)b - \left(\frac{b}{2} - \frac{b_1}{2} - h_{01}\right)^2\right]$$

$$= 460.90 \times \left[\left(\frac{3.9}{2} - \frac{1.95}{2} - 0.465\right) \times 2.6 - \left(\frac{2.6}{2} - \frac{1.3}{2} - 0.465\right)^2\right]$$

$$= 595.38 \text{kN}$$

抗冲切力

$$0.7\beta_{hp}f_t(b_1 + h_{01})h_{01} = 0.7 \times 0.98 \times 1570 \times (1.30 + 0.465) \times 0.465$$

$$= 883.94 \text{kN} > 595.38 \text{kN}$$

满足要求。

4. 基础配筋的计算

(1) 基础长边方向

取Ⅰ-Ⅰ截面（如图9-49所示），其弯矩设计值为：

$$M_I = \frac{1}{48}\left[(p_{jmax} + p_j)(2b + b_c) + (p_{jmax} - p_j)b\right](l - a_c)^2$$

$$= \frac{1}{48} \times \left[(460.90 + 324.58) \times (2 \times 2.6 + 0.6) + (460.90 - 324.58) \times 2.6\right]$$

$$\times (3.90 - 0.6)^2$$

$$= 1114.01 \text{kN} \cdot \text{m}$$

$$A_I = \frac{M_I}{0.9 f_y h_0} = \frac{1114.01 \times 10^6}{0.9 \times 360 \times 965} = 3563.01 \text{mm}^2$$

Ⅲ-Ⅲ截面：

$$M_{III} = \frac{1}{48}\left[(p_{jmax} + p_j)(2b + b_1) + (p_{jmax} - p_j)b\right](l - l_1)^2$$

$$= \frac{1}{48} \times \left[(460.90 + 324.58) \times (2 \times 2.6 + 1.3) + (460.90 - 324.58) \times 2.6\right]$$

$$\times (3.90 - 1.95)^2$$

$$= 432.54 \text{kN} \cdot \text{m}$$

$$A_{III} = \frac{M_I}{0.9 f_y h_0} = \frac{432.54 \times 10^6}{0.9 \times 360 \times 465} = 2870.97 \text{mm}^2$$

比较A_I和A_{III}，应按A_I配筋，现于2.6m宽度范围内配：

14Φ18，$A_s = 3563.70 \text{mm}^2 > 3563.01 \text{mm}^2$，满足要求。

验算纵筋间距：$s = (2600 - 14 \times 18 - 35 \times 2)/13 = 175.2 \text{mm} > s_{min} = 100 \text{mm}$，

同时$s = 175.2 \text{mm} < s_{max} = 200 \text{mm}$，满足要求。

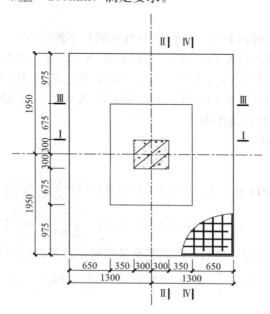

图9-49 基础计算示意图

（2）基础短边方向

取Ⅱ-Ⅱ截面，弯矩设计值按下式：

$$M_{\mathrm{II}} = \frac{1}{24} p_j (b - b_c)(2l + a_c)$$

$$= \frac{1}{24} \times 324.58 \times (2.6 - 0.6)^2 \times (2 \times 3.9 + 0.6)$$

$$= 454.41 \mathrm{kN \cdot m}$$

$$A_{\mathrm{II}} = \frac{M_{\mathrm{II}}}{0.9 f_y h_0} = \frac{454.41 \times 10^6}{0.9 \times 360 \times (965 - 18)} = 1480.99 \mathrm{mm}^2$$

Ⅳ-Ⅳ截面：

$$M_{\mathrm{IV}} = \frac{1}{24} p_j (b - b_1)^2 (2l + l_1)$$

$$= \frac{1}{24} \times 324.58 \times (2.6 - 1.2)^2 \times (2 \times 3.9 + 1.95)$$

$$= 258.45 \mathrm{kN \cdot m}$$

$$A_{\mathrm{IV}} = \frac{M_{\mathrm{IV}}}{0.9 f_y h_{01}} = \frac{258.45 \times 10^6}{0.9 \times 360 \times (465 - 18)} = 1784.53 \mathrm{mm}^2$$

比较 A_{II} 和 A_{IV}，应按 A_{IV} 配筋，现于 3.9m 宽度范围内配：

20 Φ 14，$A_s = 3078 \mathrm{mm}^2 > 1784.53 \mathrm{mm}^2$，满足要求。

验算纵筋间距：$s = (3900 - 20 \times 14 - 35 \times 2)/19 = 186.84 \mathrm{mm} > s_{\min} = 100 \mathrm{mm}$

同时 $s = 186.84 \mathrm{mm} < s_{\max} = 200 \mathrm{mm}$，满足要求。

9.5.3 C、D 双柱联合基础设计

1. 荷载计算

（1）柱传来的内力

由内力组合表 9-47 得到 D 柱（C 柱与 D 柱相同）下的内力：

第一组：$M = -627.61 \mathrm{kN \cdot m}$，$V = 48.01 \mathrm{kN}$，$N = 2015.20 \mathrm{kN}$；

第二组：$M = 599.84 \mathrm{kN \cdot m}$，$V = -341.18 \mathrm{kN}$，$N = 3534.46 \mathrm{kN}$；

第三组：$M = -627.61 \mathrm{kN \cdot m}$，$V = 316.78 \mathrm{kN}$，$N = 2015.20 \mathrm{kN}$。

其中，第二组内力起控制作用。

（2）基础梁传来的内力

1）横向基础梁

基础梁上恒载设计值：$q_1 = 1.35 \times \left(4.63 + 9.74 \times \dfrac{2.70 - 0.70}{3.60 - 0.70}\right) = 15.32 \mathrm{kN/m}$

$$q_2 = 1.35 \times \left(3.03 + 9.74 \times \frac{2.70 - 0.70}{3.60 - 0.70}\right) = 13.16 \mathrm{kN/m}$$

考虑到基础与柱为现浇，且基础两端都有基础梁，故基础梁传给基础的内力为：

$$N = \frac{1}{2} q_1 l_1 + \frac{1}{2} q_2 l_2 = \frac{1}{2} \times 15.32 \times 6.60 + \frac{1}{2} \times 13.16 \times 2.40 = 66.35 \mathrm{kN};$$

$$M = -\frac{1}{12} q_1 l_1^2 + \frac{1}{12} q_2 l_2^2$$

$$=-\frac{1}{12}\times15.32\times6.60^2+\frac{1}{12}\times13.16\times2.40^2=-49.29\text{kN}\cdot\text{m}$$

2）纵向基础梁

基础梁上恒载设计值：$q=1.35\times\left(3.68+9.74\times\dfrac{2.70-0.60}{3.60-0.60}\right)=14.17\text{kN/m}$

考虑到基础与柱为现浇，故基础梁传给基础的内力为：

$$N=ql=14.17\times7.20=102.02\text{kN};$$

综上所述，D柱（C柱与之对称）传给基础顶部的内力设计值：

$$M_y=599.84-49.29=550.55\text{kN}\cdot\text{m}$$

$$V_x=-341.18\text{kN}$$

$$N=3534.46+66.35+102.02=3702.83\text{kN}$$

2. 双柱联合基础尺寸的确定

为方便施工单位的施工和支模，将双柱联合基础的立面设计成与柱下独立基础相同，两基础端部至柱边各伸出1650mm，如图9-50所示。

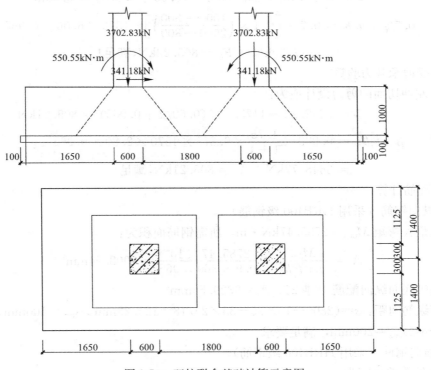

图 9-50　双柱联合基础计算示意图

3. 双柱联合基础内力计算

由于基础结构对称，并且所受荷载也对称，故荷载中心与基础底面形心重合。

净反力设计值：$p_j=\dfrac{2N}{lb}=\dfrac{3702.83\times2}{2.8\times6.3}=419.82\text{kPa}$

$$bp_j=419.82\times2.8=1175.5\text{kN/m}$$

由剪力和弯矩的计算结果绘出 V、M 分别见图9-51、图9-52。

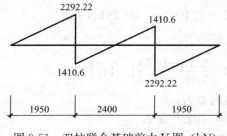

图 9-51 双柱联合基础剪力 V 图（kN）

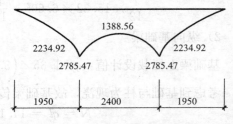

图 9-52 双柱联合基础弯矩 M 图（kN·m）

4. 双柱联合基础高度验算

基础高度 $h=1000\text{mm}$，$h_0=965\text{mm}$ 基础宽度 $b=2800\text{mm}$，由双柱的柱冲切破坏锥体形状可知，两柱均有四个冲切面，经比较取 D 柱左冲切面验算。

（1）受冲切承载力验算

$$F_l = 1175.5 \times (1.650 - 0.965) = 805.22\text{kN}$$

$$u_m = 4 \times (b_c + 2h_0) = 4 \times (0.55 + 0.965) = 6.06\text{m}$$

$$0.7\beta_{hp}f_t u_m h_0 = 0.7 \times \left[0.1 \times \left(\frac{1000-800}{2000-800} \right) \right] \times 1570 \times 6.06 \times 0.965$$

$$= 6317.59\text{kN} > F_l = 805.22\text{kN}, \text{满足！}$$

（2）受剪承载力验算

D 柱左冲切面的剪力设计值为：

$$V = 2292.22 - 1175.5 \times (0.60/2 + 0.965) = 805.21\text{kN}$$

$$\beta_{hs}\alpha f_t b h_0 = 0.983 \times \frac{1.75}{1+1} \times 0.875 \times 1570 \times 2.80 \times 0.965$$

$$= 3648.77\text{kN} > V = 805.21\text{kN}, \text{满足！}$$

（3）配筋计算

1）纵向钢筋（采用 HRB400 级钢筋）

基底最大弯矩 $M_{max} = 2785.47\text{kN·m}$，所需钢筋面积为：

$$A_s = \frac{M_{max}}{0.9 f_y h_0} = \frac{2785.47 \times 10^6}{0.9 \times 360 \times 965} = 8908.94\text{mm}^2$$

故基础底面纵向配筋 19 Φ 25，$A_s = 9329.56\text{mm}^2$

验算纵筋间距：$s = (2800 - 19 \times 25 - 35 \times 2)/18 = 125.28\text{mm} > s_{min} = 100\text{mm}$，同时 $s = 125.28\text{mm} < s_{max} = 200\text{mm}$，满足要求。

2）横向钢筋（采用 HRB400 级钢筋）

柱 D 处等效梁宽为：

$$a_c + 1.5h_0 = 0.60 + 1.5 \times 0.965 = 2.05\text{m}$$

$$M = \frac{1}{2} \times \frac{F_D}{b} \left(\frac{b-b_c}{2} \right)^2 = \frac{1}{2} \times \frac{3702.83}{2.8} \times \left(\frac{2.8-0.60}{2} \right)^2 = 800.08\text{kN·m}$$

$$A_s = \frac{M}{0.9 f_y h_0} = \frac{800.08 \times 10^6}{0.9 \times 360 \times (965-25)} = 2627.00\text{mm}^2$$

折算成每米板宽内的配筋面积为：$\dfrac{2627.00}{2.05} = 1281.46\text{mm}^2$

故基础底面等效梁宽范围内配筋：7 $\underline{\Phi}$ 22，$A_s=2660.7\text{mm}^2$，等效梁宽以外区段按构造要求配置Φ 10@200。

9.6 楼梯设计

以本科技活动中心正对门厅处的楼梯为例进行设计。

设计资料：

混凝土：C30 （$f_c=14.3\text{N/mm}^2$，$f_t=1.43\text{N/mm}^2$）；

钢筋：板采用 HPB400 （$f_y=360\text{N/mm}^2$）

梁采用 HRB400 （$f_y=360\text{N/mm}^2$）；

层高：3600mm；

踏步尺寸：150mm×300mm；

楼梯均布活荷载：由《建筑结构荷载规范》表 4.1.1 知，办公楼楼梯荷载取 2.5kN/m^2，但考虑到该楼梯可能会充当消防疏散楼梯，所以活载取 3.5kN/m^2。

由于本楼梯水平跨度 3.30m＞3.00m，应该采用梁式楼梯，梁式楼梯由踏步板、斜梁、平台板和平台梁组成。

9.6.1 梯段板设计

梯段板两端支撑在斜梁上，按梁端简支的单向板计算，一般取一个踏步作为计算单元。梯段板作为梯形截面，板的截面高度可近似取平均高度 $h=(h_1+h_2)/2$ （图 9-53）。

取板厚 60mm；

板倾斜角：$\tan\alpha=150/300=0.5$，$\cos\alpha=0.894$；

则　　$h_1=60/\cos\alpha=67.11\text{mm}$，$h_2=h_1+150$

　　　　$=217.11\text{mm}$

　　　　$h=(h_1+h_2)/2=142.11\text{mm}$ （取 $h=$

　　　　142mm）

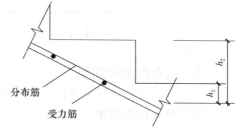

图 9-53　梁式楼梯的梯段板

1. 荷载计算

恒载：　25mm 水泥砂浆和 25mm 大理石砖地面　　$1.16\times(0.3+0.15)=0.52\text{kN/m}^2$

　　　　三角形踏步　　　　　　　　　　　　　　　　$0.5\times0.3\times0.15\times25=0.56\text{kN/m}^2$

　　　　混凝土板　　　　　　　　　　　　　　　　　$0.06\times0.3\times25/0.894=0.50\text{kN/m}^2$

　　　　板底抹灰　　　　　　　　　　　　　　　　　$0.02\times17/0.894=0.38\text{kN/m}^2$

　　　　小计　　　　　　　　　　　　　　　　　　　　　　　　　　　　1.96kN/m^2

活载：　　　　　　　　　　　　　　　　　　　　　$0.3\times3.50=1.05\text{kN/m}^2$

永久荷载控制的组合：

　　$q_G=\gamma_g g+\psi_q\gamma_q q=1.35\times1.96+0.7\times1.4\times1.05=3.68\text{kN/m}^2$

可变荷载控制的组合：

　　$q_Q=\gamma_g g+\gamma_q q=1.2\times1.96+1.4\times1.05=3.82\text{kN/m}^2$

由此确定其设计用荷载取：$q = 3.82 \text{kN/m}^2$

2. 截面设计

梯段板计算跨度：$l_0 = 1.80 - 0.2 = 1.60 \text{m}$（暂且近似按斜梁宽 200mm 计算）

跨中弯矩设计值：$M_{max} = \dfrac{1}{8} q l_0^2 = \dfrac{1}{8} \times 3.82 \times 1.60^2 = 1.22 \text{kN} \cdot \text{m}$

板的有效高度：$h_0 = h - a = 142 - 20 = 122 \text{mm}$

$$\xi = 1 - \sqrt{1 - \dfrac{2M}{\alpha_1 f_c b h_0^2}} = 1 - \sqrt{1 - \dfrac{2 \times 1.22 \times 10^6}{1.0 \times 14.3 \times 300 \times 122^2}} = 0.0193$$

$$A_s = \dfrac{\xi b h_0 f_c}{f_y} = \dfrac{0.0193 \times 300 \times 122 \times 14.3}{360} = 28.06 \text{mm}^2$$

选配：$2\Phi 6$ $A_s = 57 \text{mm}^2$ 满足每一踏步布置不少于 $2\Phi 6$ 的受力钢筋。

9.6.2 斜梁设计

斜梁为一简支梁，其水平计算跨度为：$l_0 = 3.30 \text{m}$；

斜梁高设计为：$h = l_n/12 \sim l_n/10 = 275 \sim 330 \text{mm}$，取 $h = 300 \text{mm}$；

梁宽设计为：$b = 200 \text{mm}$。

1. 荷载计算

恒载：	踏步传来自重	$0.5 \times 1.96/0.3 = 3.27 \text{kN} \cdot \text{m}$
	梁自重	$(0.30 - 0.06) \times 0.20 \times 25/0.894 = 1.34 \text{kN/m}$
	梁底抹灰	$0.02 \times (0.30 \times 2 + 0.20) \times 17/0.894 = 0.30 \text{kN/m}$

小计   4.91kN/m

活载： $0.5 \times 1.54 \times 3.50 = 2.70 \text{kN/m}$

永久荷载控制的组合：

$$q_G = \gamma_G g + \psi_q \gamma_q q = 1.35 \times 4.91 + 0.7 \times 1.4 \times 2.70 = 9.27 \text{kN/m}$$

可变荷载控制的组合：

$$q_Q = \gamma_g g + \gamma_q q = 1.2 \times 4.91 + 1.4 \times 2.70 = 9.67 \text{kN/m}$$

由此确定其设计用荷载取：$q = 9.67 \text{kN/m}$

2. 截面设计

斜梁水平计算跨度：$l_0 = 3.30 \text{m}$；

跨中弯矩设计值：$M_{max} = \dfrac{1}{8} q l_0^2 = \dfrac{1}{8} \times 9.67 \times 3.30^2 = 13.16 \text{kN} \cdot \text{m}$

支座处剪力：$V_{max} = \dfrac{1}{2} q l_0 \cos\alpha = \dfrac{1}{2} \times 9.67 \times 3.30 \times 0.894 = 14.26 \text{kN} \cdot \text{m}$

由于斜梁与踏步板整浇在一起，故斜梁按倒 L 形截面受弯进行计算。

倒 L 形梁翼缘厚度为 $h_f' = 60 \text{mm}$，由《混凝土结构设计规范》表 7.2.3，L 形截面梁的翼缘计算宽度按下式确定：

$$b_f' = \left(\dfrac{l_0}{6}, b + s_n/2, b + 5h_f' \right)_{min}$$

其中：$\dfrac{l_0}{3} = \dfrac{3300}{6} = 550 \text{mm}$；

$$b+s_n = 200+(1540-200)=1540\text{mm};$$
$$b+5h'_f = 200+5\times60=500\text{mm};$$

所以，$b'_f=500\text{mm}$

斜梁的有效高度：$h_0=300-35=275\text{mm}$，截面简图如图 9-54 所示。

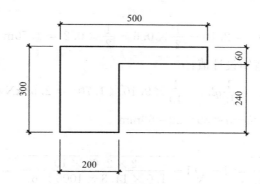

图 9-54　斜梁截面计算简图

$$\alpha_1 f_c b'_f h'_f (h_0-h'_f/2) = 1.0\times14.3\times500\times60\times(275-60/2)$$
$$= 105.11\text{kN}\cdot\text{m} > 13.16\text{kN}\cdot\text{m}$$

属于第 I 类 L 形截面。

$$\xi = 1-\sqrt{1-\frac{2M}{\alpha_1 f_c b'_f h_0^2}} = 1-\sqrt{1-\frac{2\times13.16\times10^6}{1.0\times14.3\times500\times275^2}} = 0.0246 < \xi_b = 0.55$$

$$A_s = \frac{\xi\alpha_1 f_c b'_f h_0}{f_y} = \frac{0.0246\times1.0\times14.3\times500\times275}{360} = 134.36\text{mm}^2$$

实配钢筋：$2\Phi10$　$A_s=157\text{mm}^2$

$$\rho = \frac{157}{200\times300} = 0.26\% > \rho_{min} = (0.2\%, 0.45f_t/f_y)_{max} = 0.2\%，满足要求。$$

$$V_u = 0.7\beta_h f_t bh_0 = 0.7\times1.0\times1.43\times200\times275 = 55.06\text{kN} > 14.26\text{kN}$$

斜截面受剪承载力满足条件。故按构造配置箍筋$\Phi6@200$。

9.6.3　平台板设计

初取平台板厚 80mm，取 1m 宽板带计算。

1. 荷载计算

恒载：	25mm 水泥砂浆和 25mm 大理石砖地面	1.16kN/m^2
	80mm 厚混凝土板	$0.08\times25=2.00$kN/m^2
	板底抹灰	$0.02\times17=0.34$kN/m^2
	小计	3.50kN/m^2
活载：		3.5kN/m^2

永久荷载控制的组合：

$$q_G = \gamma_g g + \psi_q \gamma_q q = 1.35\times3.50+0.7\times1.4\times3.50 = 8.16\text{kN/m}^2$$

可变荷载控制的组合：

$$q_Q = \gamma_g g + \gamma_q q = 1.2 \times 3.50 + 1.4 \times 3.50 = 9.10 \text{kN/m}^2$$

由此确定其设计用荷载取：$q = 9.10 \text{kN/m}^2$

2. 截面设计

平台板计算跨度：

$$l_0 = 2.10 - \frac{1}{2} \times 0.6 - \frac{1}{2} \times 0.2 = 1.70 \text{m}$$

按单向板设计，其弯矩设计值：

$$M_{max}^+ = \frac{1}{10} q l_0^2 = \frac{1}{10} \times 9.10 \times 1.70^2 = 2.63 \text{kN} \cdot \text{m}$$

板的有效高度：$h_0 = h - a = 80 - 20 = 60 \text{mm}$

板底配筋：

$$\xi = 1 - \sqrt{1 - \frac{2M}{\alpha_1 f_c b h_0^2}} = 1 - \sqrt{1 - \frac{2 \times 2.63 \times 10^6}{1.0 \times 14.3 \times 1000 \times 60^2}} = 0.0525 < \xi_b = 0.55$$

$$A_s = \frac{\xi b h_0 f_c}{f_y} = \frac{0.0525 \times 1000 \times 60 \times 14.3}{360} = 125.13 \text{mm}^2$$

选配：$\Phi 6@200$ $A_s = 141 \text{mm}^2$

$$\rho = \frac{141}{1000 \times 60} = 0.24\% > \rho_{min} = (0.2\%, 0.45 f_t / f_y)_{max} = 0.2\%, \quad \text{满足要求。}$$

9.6.4 平台梁设计

平台梁尺寸设计为 $h \times b = 350 \text{mm} \times 250 \text{mm}$

1. 荷载计算

均布荷载：

梁自重	$0.25 \times (0.35 - 0.08) \times 25 \times 1.2 = 2.03 \text{kN/m}$
梁侧粉刷	$0.02 \times (0.35 - 0.08) \times 2 \times 17 \times 1.2 = 0.22 \text{kN/m}$
平台板传力	$0.5 \times 9.10 \times 1.70 = 7.74 \text{kN/m}$

设计值小计	9.99kN/m
斜梁传来集中荷载设计值：	$F = 0.5 \times 9.67 \times 3.30 = 15.96 \text{kN}$

2. 截面设计

平台梁计算跨度：$l_0 = 3.90 \text{m}$，计算模型为：一简支梁受到自重和平板传来的均布荷载以及斜梁传来的集中荷载（4 个）。

$$\text{支座反力：} F_R = \frac{1}{2} \times (9.99 \times 3.90 + 15.96 \times 4) = 51.40 \text{kN}$$

内力设计值：

$$M_{max} = \frac{1}{2} \times 51.40 \times 3.90 - \frac{1}{8} \times 9.99 \times 3.90^2 - 15.96 \times (1.95 - 0.30 - 0.10)$$

$$- 15.96 \times 0.10$$

$$= 54.90 \text{kN} \cdot \text{m}$$

$$V_{max} = 51.40 - 9.99 \times \frac{1}{2} \times 0.30 = 49.90 \text{kN}$$

由于平台梁与平台板整浇在一起，故斜梁按倒 L 形截面受弯进行计算。

倒 L 形梁翼缘厚度为 $h'_f = 80\text{mm}$，由《混凝土结构设计规范》表 7.2.3，L 形截面梁的翼缘计算宽度按下式确定：

$$b'_f = \left(\frac{l_0}{6}, b + s_n/2, b + 5h'_f\right)_{\min}$$

其中：$\frac{l_0}{3} = \frac{3900}{6} = 650\text{mm}$；

$$b + s_n = 250 + (2100 - 250) = 1540\text{mm}；$$

$$b + 5h'_f = 250 + 5 \times 80 = 650\text{mm}；$$

所以，$b'_f = 650\text{mm}$

斜梁的有效高度：$h_0 = 350 - 35 = 315\text{mm}$，截面简图如图 9-55 所示。

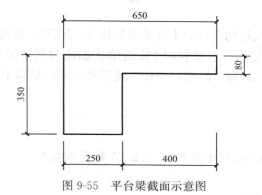

图 9-55　平台梁截面示意图

$$\alpha_1 f_c b'_f h'_f (h_0 - h'_f/2) = 1.0 \times 14.3 \times 650 \times 80 \times (315 - 80/2)$$
$$= 204.49\text{kN·m} > 54.90\text{kN·m}$$

属于第一类 L 形截面。

$$\xi = 1 - \sqrt{1 - \frac{2M}{\alpha_1 f_c b'_f h_0^2}} = 1 - \sqrt{1 - \frac{2 \times 54.90 \times 10^6}{1.0 \times 14.3 \times 650 \times 315^2}} = 0.0614 < \xi_b = 0.55$$

$$A_s = \frac{\xi \alpha_1 f_c b'_f h_0}{f_y} = \frac{0.0614 \times 1.0 \times 14.3 \times 650 \times 315}{360} = 499.47\text{mm}^2$$

实配：2 ⽥ 18　$A_s = 509.8\text{mm}^2$

$$\rho = \frac{509.8}{250 \times 350} = 0.58\% > \rho_{\min} = (0.2\%, 0.45 f_t/f_y)_{\max} = 0.2\%，满足要求。$$

$$V_u = 0.7\beta_h f_t b h_0 = 0.7 \times 1.0 \times 1.43 \times 250 \times 315 = 78.83\text{kN} > 49.90\text{kN·m}$$

斜截面受剪承载力满足条件。故按构造配置箍筋Φ 6@200。

9.6.5　构造措施

1. 锚固长度

（1）平台板：

$$l_a = \alpha \frac{f_y}{f_t} d = 0.16 \times \frac{360}{1.27} \times 8 = 362.83\text{mm}　取 370\text{mm}。$$

（2）斜梁：

$$l_a = \alpha \frac{f_y}{f_t} d = 0.14 \times \frac{360}{1.27} \times 12 = 476.22mm \quad 取\ 480mm。$$

（3）平台梁

$$l_a = \alpha \frac{f_y}{f_t} d = 0.14 \times \frac{360}{1.27} \times 16 = 634.96mm \quad 取\ 640mm。$$

2. 平台梁构造

考虑平台梁受扭，按一般梁设计配筋完成后，依照梁顶、梁底钢筋的大值，采用对称配筋。且箍筋全长加密，以保证计算时未考虑的扭矩。

9.7 电 算

此次电算利用在建筑结构设计中十分常用的软件：PKPM 系列软件。大致步骤为：首先利用 PMCAD 对主楼建模；然后利用 PK 对第⑦榀横向框架进行计算分析，接着利用 SATWE 进行三维有限元计算，配筋，验算。最后将电算结果同手算结果比较，从而对软件、手算过程进行评估。

9.7.1 PKPM 电算

本次电算采用的 PKPM 程序为 2011.1.2.25 新规范版本。

1. PMCAD 建模

（1）建筑模型和荷载输入

1）轴线输入

利用轴线输入中"正交轴线"命令输入本建筑物主楼的定位轴线并予以轴线命名；然后利用"生成网格"命令使轴线交点自动生成网点，网点的连线为网格线。

2）楼层定义

框架结构，主要是定义两种结构构件，即柱和梁。本建筑物主楼柱子统一为：600mm×600mm；梁的类型则有：300mm × 700mm、300mm × 500mm、300mm × 550mm 等三种梁。

3）设计参数

在"设计参数"菜单中对以上定义的标准层中的构件信息、计算参数等进行确定。

将第一结构标准层建立起来后，同样的步骤利用"换标准层"命令建立其余标准层。根据本建筑物情况，需要建立 4 个结构标准层，分别架构：一层、二~五层、六层和七层。

4）楼面恒活荷载定义

因为 PKPM 系列结构软件无法自动计算楼板恒载，所以，需要我们利用"荷载定义"命令将楼面恒载（楼板自重）与楼面活载以面荷载的形式布置于楼面之上，PKPM 计算时会自动将其导算至相应的梁上。

5）荷载输入

主要输入梁间荷载，本建筑物主楼的梁上只有"浆砌焦渣砖墙"，输入其自重即可。注意内、外墙的自重不同。对于门厅处的玻璃幕墙，此处用外墙模拟。这样增加了荷载，不仅弥补了未考虑屋顶女儿墙带来的荷载减小，而且对于结构来说是偏于安全的。

6）楼层组装

每一楼层均是"结构"与"荷载"的集合体，所以，要用以上定义的结构层与荷载层组装成实际的结构。同时定义每一楼层的层高。组装完成后，利用PMCAD三维建模的工作便结束，存盘退出，形成结构整体数据文件，为以后计算做好准备。

（2）结构楼面布置信息

1）修改板厚

综合考虑到电梯井、楼梯间、卫生间地面等特殊情况。作如下简化处理：

对于电梯井，采用"楼板开洞"处理；

对于楼梯间，板厚仍为120mm（普通楼板厚）。这样处理主要是基于以下几个原因：

① 刚度问题：

楼梯间处楼板虽然断开，但是实际上还有楼梯斜板相联系。若采用"楼板开洞"或"楼板厚为0"的方式，则无法考虑实际斜板的刚度对楼层的影响，造成计算误差较大。

② 导荷问题：

采用"楼板开洞"方式模拟楼梯间，会使该处无荷载，不符合实际情况（楼梯活载$3.5kN/m^2$）；若利用人工计算的方式将楼梯荷载化为集中力而置于柱上，会有以下两方面弊端：首先，使建模复杂化，不利于控制；再者，人工干预电算，将对电算结果产生不稳定因素。

所以，采用板厚不变的方式模拟楼梯间，既可省去手算过程，使电算纯粹化；又可比较真实的模拟楼梯的刚度与荷载。

对于卫生间，板厚定位100mm。这是考虑到防止卫生间中污水外溢而在结构层采取的措施。当然，在建筑地面铺装时也应注意到这个问题。

同理可将其他结构标准层定义完毕。

（3）楼面荷载传导计算

1）楼面荷载

因为楼面恒载、活载已经在"荷载标准层"建模时输入过一部分，所以，只需修改部分荷载即可。注意以下变化：

电梯井：将恒、活载变为0.0；

走廊：将活载设为$2.5kN/m^2$；

机房活载：$5.0 kN/m^2$；

楼梯间活载：$3.5 kN/m^2$。

同时，应注意某些楼层局部为一般楼层楼板局部为屋面楼板，在此应据实际荷载进行修正

2）次梁荷载

本建筑物部分次梁上有"浆砌焦渣砖墙"，输入其自重即可。

生成"各荷载标准层传至基础的数据"。

由此，利用PMCAD建模完毕。

2. PK 计算第⑦轴横向框架

（1）形成 PK 文件

仍利用 PMCAD 中"形成 PK 文件"命令，生成第⑦榀横向框架的 PK 数据文件，为接下来的平面分析作准备。

（2）PK 数据交互输入与计算

在该菜单下，便可对照电算导荷结果同手算导荷结果的区别。

有关电算与手算结果对比分析详见 9.7.2 节。

3. SATWE 空间计算主楼

（1）接 PM 生成 SATWE 数据文件

根据 PMCAD 的建模与信息输入，SATWE 可以提取数据用于形成自己的数据文件。

（2）结构内力，配筋计算

利用以上形成的 SATWE 数据文件，程序自动进行结构内力和配筋计算。

（3）分析结果图形与文本显示

1）结构总信息

在该菜单下可查阅以上分析计算的结果，经整理部分结构信息见表 9-43。

结构总信息 表 9-43

层　数	刚心（m）		质心（m）		偏心率		上下层抗侧刚度比	
	X	Y	X	Y	n_x	n_y	k_x	k_y
1	27.5775	12.1087	27.6549	12.6375	0.0036	0.0247	1.0000	1.0000
2	27.5775	12.1087	27.6545	12.5187	0.0036	0.0192	1.0261	1.1659
3	27.5775	12.1087	27.6545	12.5187	0.0036	0.0192	0.9846	0.9940
4	27.5775	12.1087	27.6545	12.5187	0.0036	0.0192	0.9988	0.9837
5	27.5775	12.1087	27.6545	12.5187	0.0036	0.0192	1.0020	0.9785
6	27.5775	12.1087	27.5398	12.3346	0.0018	0.0106	0.9617	0.9356
7	27.5775	12.6944	27.5912	12.7042	0.0010	0.0007	0.6209	0.6079

由表 9-43 可知：

① 各个楼层刚心、质心偏心率很小，最大不超过 2.47%。说明结构平面布置比较合理，由于偏心而引起的扭转很小；

② 上下层抗侧刚度比均满足《高规》3.5.2"对框架结构，楼层与其相邻上层的侧向刚度比 γ_1 可按式（3.5.2-1）计算，且本层与相邻上层的比值不宜小于 0.7，与相邻上部三层刚度平均值的比值不宜小于 0.8"。

2）梁弹性挠度的验算

该挠度值是按梁的弹性刚度和短期作用效应组合计算的，未考虑长期作用效应的影响。根据《混凝土结构设计规范》表 3.4.3 知："当构件跨度 l_0 为 7~9m 时，挠度限制为 $l_0/250$"。针对一层几根挠度较大的梁，根据 SATWE 验算挠度如表 9-44 所示。

挠度验算   表 9-44

梁　号	跨度（mm）	最大挠度（mm）	允许挠度（mm）
KL1-13	9000	8.66	36.00
L1-4	6600	6.15	26.40
L1-13	6600	5.88	26.40
L1-15	6600	5.76	26.40

由表 9-44 中数据对比知均满足要求。

3）柱轴压比的验算

因为底层柱轴力最大，所以只验算底层柱的轴压比即可，由 SATWE 数据显示一层所有的柱轴压比均小于 0.75，满足《混凝土结构设计规范》表 11.4.16 要求。

4）水平力作用下侧移验算

① 地震作用下侧移验算

根据 SATWE 输出文件，地震力作用下 X、Y 方向上分最大楼层反应力曲线布如图 9-56 所示。

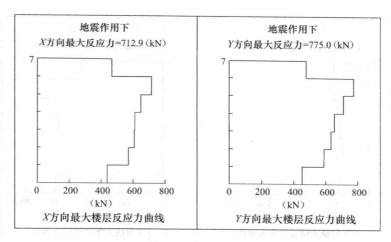

图 9-56　X、Y 方向上地震作用分布图

对图 9-56 分析如下：

一层到二层地震作用突增，是因为地震作用作为一种惯性力，其同重力荷载代表值成正比例。一层重力荷载代表值包括：半层高范围内的柱自重，墙自重等，与二层重力荷载代表值相比缺少了楼板自重和活载。所以二层的惯性力（地震作用）比一层大很多；

五～六层地震作用突增的原因也是这样，由荷载计算部分知：六层的重力荷载代表值比五层的要大，造成地震作用突增；

七层地震作用减小的原因也是由于结构布置的需要，使重力荷载代表值减小的缘故。

由于地震作用，引起的楼层位移角分布如图 9-57 所示。

根据《高规》4.6.3 之规定，框架结构楼层最大位移角限值为 1/550。所以，该建筑物主楼层间位移满足要求：

② 风载作用下侧移验算

根据 SATWE 输出文件，风载力作用下 X、Y 方向上分最大楼层反应力曲线布如图 9-58 所示。

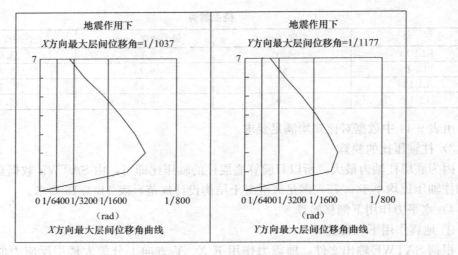

图 9-57　地震作用下 X、Y 向最大层间位移角

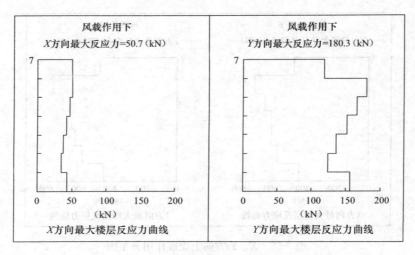

图 9-58　X、Y 方向上风载作用分布图

分析图 9-58 可知：

X 方向（建筑纵向）风载明显小于 Y 方向（建筑横向）风载。这是因为 X 方向迎风面远远小于 Y 方向迎风面宽度的缘故；一～六层，风载逐渐增大是因为随着高度的升高，风压高度变化系数逐渐增大的缘故。而七层风载减小，是因为由于竖向体型的缘故，迎风面减小所造成的。

由于风载作用，引起的楼层位移角分布如图 9-59 所示。

根据《高规》3.7.3 之规定，框架结构楼层最大位移角限值为 1/550。所以，该建筑物主楼层间位移满足要求。

9.7.2　电算、手算结果比较与分析

在 9.7.1 中主要介绍了毕业设计中利用 PMCAD 建模、SATWE 计算分析的过程，并对计算结果进行了初步的分析。接下来，具体针对第⑦榀横向框架，将利用 PKPM 电算

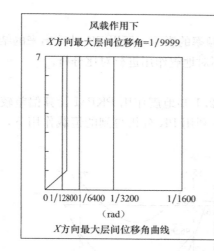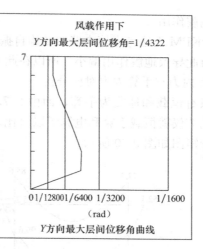

图 9-59 风载作用下 X、Y 向最大层间位移角

的结果同手算结果作一对比分析，以评估手算成果的精度和电算成果的合理性，为今后实际工程打下基础。由于在前面内力计算部分，恒载和地震荷载是通过手算的，活载和风载是通过结构力学求解器计算的，因此此节主要是比较恒载和地震荷载的电算手算结果。

1. 电算导荷与手算荷载的比较

利用 PMCAD 形成第⑦榀横向框架的数据文件 pk_7.jh，然后利用 PK 模块对其进行计算分析。首先，利用"PK 数据交互输入和计算"命令对自动形成的数据文件进行检查。

（1）恒载作用

将电算恒载导荷结果同手算恒荷载结果列表如下：

注意：由于 PK 软件输入的"恒载"并不是真正意义上的恒载，而是未包括"梁、柱自重"组分的"恒载"。所以在下表的比较中，"手算结果"中已经人工排除了梁、柱自重的组分（其中中间层横向框架梁自重：长跨：4.63kN/m，短跨：3.03kN/m）。

恒载汇总　　　　　　　　　　　　　　表 9-45

项　　目	电算结果（kN/m）	手算结果（kN/m）	绝对误差	相对误差
顶层边跨恒载最大值	24.70	24.66	−0.04	0.162%
中间层边跨恒载最大值	26.50	25.58	0.08	0.313%
顶层中跨恒载最大值	0	0	0	0.00
中间层中跨恒载最大值	0	0	0	0.00
顶层边柱集中力	174.1	166.37	−7.73	4.646%
顶层中柱集中力	190.6	178.29	−12.31	6.904%
中间层边柱集中力	214.5	221.89	7.39	3.331%
中间层中柱集中力	223.7	203.56	−20.14	9.894%

由表 9-45 知：

恒载作用下分布荷载和柱上集中力偏差均不大，而柱上集中力矩则需要用"节点荷载"重新修改，因为手算时边柱偏心矩是以集中力作用在墙轴线上计算的（例如边柱集中力偏心矩计算为 0.155m），而此次建模 PKPM 会自动将集中力作用在梁轴线上计算（PKPM 自动计算为 0.125m），这样会引起柱上集中力矩的电算和手算结果相差较大，因此需要对电算荷载进行局部修改。

（2）地震作用

因为 PKPM 无法考虑填充墙对结构自振频率的影响，所以 PK 计算出来的结构自振频率偏大。由此导致地震作用偏小。所以在此不对地震作用进行对比分析。

2. 电算内力与手算内力对比分析

前文只有恒载和地震为手算，而由 9.7.2.1 知地震作用 PKPM 计算偏差较大暂不对比，因此此节仅就恒载手算和电算予以对比。利用 PK 分析得到的恒载作用下，第⑦榀横向框架的弯矩图如图 9-60 所示。

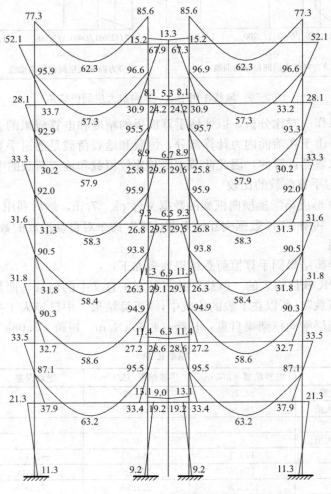

图 9-60　电算恒载弯矩图

同手算弯矩图（图 9-19）相比较，发现相差不大。因为 PK 是采用经典结构力学的求解方法求解恒载弯矩，所以可以认为是精确解。而手算是利用"力矩二次分配法"近似求解恒载弯矩的。由此对比可知，"力矩二次分配法"基本可以满足实际工程的精度要求，前文手算正确无误。

关于恒载作用下第⑦榀横向框架的剪力、轴力。通过对比分析，同样可以得到以上结论，在此就不一一绘图阐明了。

第10章 毕业设计中常见问题

10.1 建筑设计中常见问题

1. 简述建筑方案设计的步骤。

2. 建筑方案设计时如何兼顾结构设计和其他工种设计？

3. 如何确定房间的门窗数量、面积、尺寸、开启方向及具体位置？

4. 建筑物的安全疏散路线应满足哪些要求？

5. 如何确定走道的宽度和长度？试说明走道的类型、特点及适用范围。

6. 疏散楼梯的设计条件有哪些？

7. 民用建筑楼梯间按其使用特点及防火要求可采用哪几种形式？各楼梯间形式的特点有哪些？

8. 如何确定楼梯的数量、宽度和选择楼梯的形式？

9. 说明门厅的作用及设计要求？如何确定门厅的大小及布置形式？门厅导向设计有几种处理手法？

10. 建筑平面组合有几种形式？说明各种组合形式的特点和适用范围。

11. 框架结构体系对建筑平面组合的要求有哪些？

12. 建筑平面设计应考虑哪些要求？分为几个基本部分？

13. 如何计算建筑面积？如何计算使用面积？

14. 建筑设计中以什么为依据确定建筑的平面轴线？

15. 绘制建筑平面图时应注意哪些问题？在平面图设计中重点解决了哪些问题？

16. 建筑剖面设计的内容有哪些？剖面图与断面图在表达上有何区别？

17. 什么是房屋的层高？什么是房间的净高？净高和层高的关系是什么？建筑物层高和层数的确定受哪些因素影响？结构标高与建筑标高有无差别？

18. 剖面设计应考虑哪些要求？与平面设计有何关系？

19. 简述建筑剖面施工图的设计要点。

20. 勒脚的作用是什么？其常用做法有哪些？

21. 墙身水平防潮层的做法有哪些？水平防潮层应设在什么位置？

22. 什么情况下设置垂直防潮层？试简述其构造做法。

23. 散水和明沟的作用是什么？其构造做法有哪几种？

24. 窗台的构造做法有哪些？

25. 变形缝有哪几种？各有什么特点？

26. 现代建筑中，常用的外装修有哪些类型？各适用在什么类型建筑中？

27. 隔墙有哪些类型？各有什么特点？

28. 幕墙有哪些类型？各有什么特点？玻璃幕墙与房屋结构如何连接？

29. 楼板按所用材料的不同可分为哪几类？楼板层和地坪层各由哪些部分组成？各起什么作用？

30. 现浇钢筋混凝土楼板的特点和适用范围是什么？

31. 现浇钢筋混凝土楼板根据受力情况的不同可以分为哪几类？各有什么特点？

32. 阳台分类有哪些？阳台设计应满足哪些构造要求？

33. 雨篷的作用是什么？雨篷表面的排水有哪几种方式？雨篷在构造上应解决好哪些问题？

34. 楼梯的设计需考虑哪些因素？

35. 楼梯主要由哪几部分组成？

36. 楼梯分类及其作用是什么？

37. 楼梯和坡道的坡度范围是多少？楼梯的适宜坡度是多少？

38. 楼梯段的最小净宽有何规定？平台宽度和梯段宽度的关系如何？

39. 楼梯的净空高度有哪些规定？如何调整首层通行平台下的净高？

40. 现浇钢筋混凝土楼梯有哪几种？在荷载的传递上有何不同？

41. 楼梯设置有何重要性？应满足哪些要求？

42. 楼梯扶手的高度要求是多少？阳台的扶手呢？上人屋面的女儿墙呢？

43. 试简述所设计楼梯的类型及其楼梯构造设计的步骤。

44. 踏步的防滑措施有哪些？各有何特点？

45. 楼梯的栏杆和扶手应满足哪些构造要求？

46. 建筑台阶的设计应满足哪些构造要求？

47. 电梯布置有哪些要求？对结构方案可能产生哪些影响？

48. 电梯井道尺寸如何确定？

49. 屋顶的类型有哪几种？屋顶由哪几部分组成？各组成部分的作用是什么？

50. 平屋顶有哪些特点？其主要构造组成有哪些？

51. 屋顶的排水方式有哪些？各自的适用范围是什么？

52. 什么是柔性防水层面？有哪些基本构造层次？

53. 什么是刚性防水层面？有哪些基本构造层次？

54. 柔性防水层施工时应注意哪些问题？

55. 卷材防水屋面上人时如何做保护层？

56. 提高刚性防水层防水性能的措施有哪些？

57. 坡屋顶的承重方式有哪几种？各自有何特点？

58. 坡屋顶在檐口、山墙等处有哪些形式？

59. 坡屋顶在檐口处如何进行防水及泛水处理？

60. 平屋顶的隔热措施有哪些？

61. 形成层顶坡度的两种方式分别是什么？有何构造特点？

62. 屋顶施工图设计应重点解决哪些问题？简述屋面排水设计的内容。

63. 屋顶保温和隔热设计有哪些具体措施？

64. 毕业设计中，如何应用建筑构造标准图集？选用了几种标准构造？

65. 通过毕业设计，在建筑设计方面你有哪些收获？

66. 如何体现建筑节能环保要求？建筑材料选用时怎样考虑地区差别的影响？

10.2 混凝土结构设计中常见问题

1. 结构设计的要求有哪些？结构设计有哪些内容？

2. 结构布置的作用是什么？对结构性能有何影响？如何进行结构布置？

3. 建筑结构安全等级是按什么原则划分的？

4. 抗震概念设计有哪些基本原则？如何体现？

5. 什么是结构的极限状态？结构的极限状态分为哪几类？其含义各是什么？

6. 结构可靠性的含义是什么？它包含哪些功能要求？结构超过极限状态会产生什么后果？

7. 房屋结构有哪几种主要体系？试述各种结构体系的优缺点，受力和变形特点，适用层数和应用范围？

8. 《建筑抗震设计规范》将建筑物按重要性程度分为哪几类？你设计的房屋属于哪一类？主要采取的抗震构造措施有哪些？

9. 在抗震结构中为什么要求平面布置简单、规则、对称，竖向布置刚度均匀？怎样布置可以使平面内刚度均匀，减小水平荷载引起的扭转？沿竖向布置可能出现哪些刚度不规则的情况？

10. 防震缝、伸缩缝和沉降缝在什么情况下设置？各种缝的特点、设置要求及不设缝的措施是什么？在抗震结构中，怎么处理好这三种变形缝？

11. 根据什么原则决定主楼与裙房之间是否设沉降缝？若要设置时如何设置？

12. 框架结构简化为平面框架时做了哪些假定？

13. 延性结构的特点是什么？为什么抗震结构要设计成延性结构？延性框架设计的原则是什么？

14. 地震区框架结构房屋的最大高度与宽高比限值是如何规定的？

15. 如何确定框架结构的抗震等级？

16. 按施工方法及按承重体系，框架结构各分为哪几种类型？各有什么特点？

17. 框架体系的优点是什么？试说明它的应用范围。

18. 试简述框架结构的设计步骤。

19. 柱的间距、梁的跨度、板的跨度之间有何关系？

20. 什么是荷载标准值？什么是可变荷载的频遇值和准永久值？什么是荷载的组合值？对正常使用极限状态验算，为什么要区分荷载的标准组合和荷载的准永久组合？如何考虑荷载的标准组合和荷载的准永久组合？

21. 结构承受的风荷载和哪些因素有关？

22. 结构风荷载计算时，基本风压、结构体型系数和高度变化系数应分别如何取值？

23. 风载计算时的结构周期与地震作用计算时的周期有无差别？抗震设计时计算结构自振周期的方法有哪些？

24. 地震作用与哪些因素有关？计算地震作用的方法有哪些？如何进行选用？

25. 地震基本烈度与设防烈度的关系是怎样的？烈度与震级呢？

26. 结构抗震等级分几级？与哪些因素有关？选择抗震等级时的烈度与结构设防烈度有何不同？

27. 反应谱底部剪力法和振型分解反应谱法在计算地震作用时有何异同？

28. 在计算地震作用时，什么情况下采用动力时程分析法？计算时有哪些要求？

29. 多层框架结构水平地震作用计算，采用基底剪力法的条件是什么？

30. 水平地震作用下，如何采用底部剪力法计算突出屋面的小塔楼地震作用及其作用效应？

31. 地震作用计算时，建筑物的重力代表值如何确定？如何用顶点位移法计算基本周期？

32. 在什么情况下需考虑竖向地震作用效应？

33. 什么是荷载效应组合？有地震作用组合和无地震作用组合的区别是什么？

34. 在进行承载力验算和位移验算中，有地震作用组合和无地震作用组合有什么区别？为什么？

35. 抗震设计时，承载力抗震调整系数如何取值？

36. 为什么要限制高层建筑的水平位移？如果验算位移不能满足规范要求，应采取哪些措施改进设计？

37. 哪些情况下要求进行罕遇地震作用的变形验算？如何确定结构的薄弱层？

38. 何谓单向板？何谓双向板？如何判别？现浇板的厚度如何确定？为什么一般未对板进行抗剪计算？

39. 单向板中有哪些受力钢筋和构造钢筋？各起什么作用？如何设置？

40. 在哪些情况下不能采用塑性内力重分布进行结构设计？

41. 什么是"塑性内力重分布"？它与"塑性铰"有什么关系？

42. 受弯构件为什么要求 $\xi \leqslant \xi_b$？考虑弯矩调幅时为什么对 ξ 的限值要求更为严格一些？

43. 试比较钢筋混凝土塑性铰与结构力学中理想铰的区别。

44. 按考虑塑性内力重分布设计连续梁是否比按弹性方法设计节省钢筋？为什么？

45. 如何进行竖向荷载下框架梁端负弯矩的调幅？调幅后跨中弯矩如何计算？支座负筋的配筋率有什么要求？

46. 为什么连续梁内力按弹性计算方法与按塑性计算方法计算时，梁计算跨度的取值是不同的？

47. 按弹性理论计算连续板和次梁时，为什么取折算荷载？

48. 多跨连续梁、板按弹性理论计算时如何进行最不利荷载的布置？

49. 多跨连续现浇梁、板当跨差或荷载相差较大时如何进行设计计算？

50. 现浇单向板肋梁楼盖中的主梁按连续梁进行内力分析的前提条件是什么？

51. 双向板板底钢筋，两个方向的上下位置关系如何？如何确定其有效高度 h_0？

52. 连续梁、板支座负钢筋截断的根据是什么？如何确定梁、板负钢筋的截断长度？

53. 连续板边支座看作简支，是否存在弯矩？如何处理？对梁有何影响？

54. 双向板传给支承梁的荷载如何计算？

55. 现浇板中受力钢筋的间距有什么规定？板的纵向受力钢筋的锚固长度如何考虑？现浇板的板面构造负筋的数量、截断位置有什么规定？

56. 板的配筋方式有哪两种？各有什么优缺点？分离式配筋的适用范围是什么？

57. 外伸板的配筋构造如何处理？

58. 板上开洞时如何进行钢筋的设置与加固？

59. 无梁楼盖在受力上有何特点？如何计算无梁楼盖的内力？

60. 钢筋混凝土梁正截面有哪几种破坏形式？有何区别？

61. 钢筋混凝土梁斜截面有哪几种主要破坏形态？

62. 什么叫少筋梁、适筋梁和超筋梁？在实际工程中为什么应避免采用少筋梁和超筋梁？

63. 在什么情况下可采用双筋截面梁？双筋梁的基本计算公式为什么要验算适用条件 $x \geqslant 2a'_s$？$x < 2a'_s$ 的双筋梁出现在什么情况下，这时应如何计算？

64. T形截面梁的受弯承载力计算公式与单筋矩形截面及双筋矩形截面梁的受弯承载力计算公式有何异同点？

65. 为了保证梁斜截面受弯承载力，对纵筋的弯起、锚固、截断以及箍筋的间距，有什么构造要求？

66. 试述梁斜截面受剪破坏的三种形态及其破坏特征？

67. 计算梁斜截面受剪承载力应选取哪些计算截面？

68. 梁的纵向受力筋的最小直径、净距、保护层厚度、锚固长度、搭接接头、支座构造负筋的构造要求有何规定？

69. 等跨连续梁和不等跨连续梁支座负筋的截断位置有什么规定？

70. 弯起钢筋有哪些主要构造要求？鸭筋的作用？鸭筋与吊筋有什么区别？

71. 梁箍筋的设置、配箍率、间距、肢数等有哪些构造规定？

72. 梁控制 $\rho_{sv} > \rho_{sv,min}$ 及 $V \leqslant 0.25 f_c b h_0$ 的目的是什么？

73. 梁侧构造筋在什么情况下设置，如何设置？它与受扭构件的纵向受扭筋有什么不同？

74. 钢筋混凝土纯扭构件可能发生少筋破坏、适筋破坏、超筋破坏或部分超筋破坏，它们各有什么特点？在受扭计算中如何避免少筋破坏和超筋破坏？

75. 最大裂缝宽度计算公式是怎样建立起来的？为什么不用裂缝宽度的平均值而用最大值作为评价指标？

76. 现浇楼盖中主梁在支座及跨中的计算截面形式分别是怎样的？

77. 次梁与主梁相交处，应设置什么钢筋？为什么？

78. 常用现浇楼梯有哪几种形式？各自的受力特点与适用范围如何？

79. 楼梯在楼层半高位置休息平台处的支承关系是怎样的？

80. 板式楼梯的斜板、平台板、平台梁的荷载及内力如何计算？斜板的配筋构造如何？

81. 简述梁式楼梯的踏步板计算方法、配筋构造，平台梁的计算简图、配筋构造？

82. 如何进行折线形楼梯的内力计算？受拉区内折角如何处理？

83. 雨篷的设计包括哪些内容？钢筋混凝土板式雨篷的破坏形式有哪几种？

84. 钢筋混凝土雨篷设计时，雨篷板上作用的荷载有哪些？ 如何组合？

85. 如何验算雨篷的抗倾覆？

86. 如何确定多层框架结构的计算简图？

87. 框架计算简图与抗震设计时的计算简图、风载计算时的计算简图有无差别？ 如何协调？

88. 框架计算简图中的底层柱高为多少？

89. 如何进行框架的荷载统计？

90. 如何初步确定框架梁、柱的截面尺寸？

91. 如何确定钢筋混凝土框架梁的截面惯性矩？ 抗震设计时，如何保证框架梁塑性铰区有足够的延性？

92. 为什么要控制梁截面的受压区高度？

93. 钢筋混凝土柱为何要控制轴压比？ 如何控制？

94. 中间框架与边框架在设计上有何差异？ 中柱与边柱呢？

95. 什么是 "强柱弱梁"？ 柱的截面大于梁的截面是否就是 "强柱弱梁"？ 柱的线刚度大于梁的线刚度是否就是 "强柱弱梁"？

96. 为什么要 "强柱弱梁"？ 如何实现？

97. 什么是 "强剪弱弯"？ 为什么要 "强剪弱弯"？ 如何实现？

98. 什么是 "强节点强锚固"？ 为什么要 "强节点强锚固"？ 如何实现？

99. 如何进行框架梁的弯矩调幅？

100. 如何计算框架联系梁传来的节点力和节点力矩？ 当联系梁受扭矩时，框架节点力矩如何计算？ 内力计算时节点力矩如何处理？

101. 选择内力变形计算方法时应考虑哪些要求？

102. 试分析框架结构在水平荷载作用下，框架柱反弯点高度的影响因素有哪些？

103. 反弯点法计算要点是什么？ 适用范围是什么？ 求得柱端弯矩后，如何求出梁端弯矩？

104. 试分析单层单跨框架结构受水平荷载作用，当梁柱的线刚度比由零变到无穷大时，柱反弯点高度是如何变化的？

105. D 值法中 D 值的物理意义是什么？ D 值法与反弯点法有什么相同点和不同点？

106. 梁、柱杆件的轴向变形、弯曲变形和剪切变形对框架在水平荷载作用下侧移变形有何影响？

107. 弯矩二次分配法与弯矩分配法比较有什么不同？ 如何用弯矩二次分配法求杆端弯矩？

108. 对于框架竖向活载的布置，工程上一般有哪几种处理方法？ 哪种方法适宜于手算？ 其适用范围如何？ 对其所产生的误差如何调整？

109. 分层法计算框架竖向荷载下内力时，如何进行分层？ 柱线刚度如何折减？ 传递系数为多少？ 柱端弯矩如何叠加？ 最后节点处弯矩不平衡怎么办？

110. 如何用迭代法计算无侧移框架竖向荷载下的杆端弯矩？

111. 求得竖向荷载下的杆端弯矩后，如何求出梁柱的剪力、梁的跨中弯矩及柱的轴力？

112. 轴心受压普通箍筋短柱与长柱的破坏形态有何不同？轴心受压柱的稳定系数 φ 如何确定？

113. 怎样进行不对称配筋矩形截面偏心受压构件正截面受压承载力的设计与计算？

114. 如何区分对称配筋矩形截面偏心受压构件大、小偏心受压类型？

115. 为满足受扭构件受扭承载力计算和构造规定要求，配置受扭纵筋及箍筋应注意哪些问题？

116. 框架梁的控制截面位置在哪里？最不利内力有几种组合？

117. 框架柱的控制截面位置在哪里？最不利内力有几种组合？

118. 框架设计时为什么要进行内力组合？内力组合的种类有哪些？

119. 对框架进行内力组合时为什么要考虑左风、右风？

120. 框架梁、柱端箍筋如何加密？目的何在？

121. 次梁是否也要设置箍筋加密区？为什么？

122. 如何通过梁柱截面设计及节点抗震验算，保证框架结构的"强柱弱梁"和"强剪弱弯"？

123. 为什么抗震设计时框架梁中不宜采用弯起钢筋？

124. 抗震设计时框架梁、柱在不出现超筋的前提下是否配筋越多越安全？

125. 进行框架结构内力组合时，对地震区和非地震区其最不利内力各应取哪几种荷载效应组合？

126. 非地震区框架梁支座负筋截断位置如何确定？

127. 非地震区框架柱的纵筋配筋率、直径、根数、间距、搭接位置及插筋数量有哪些构造规定？箍筋直径、间距、形式各有什么规定？

128. 考虑地震作用组合的钢筋混凝土结构构件，其配置的受力钢筋的锚固和接头、箍筋末端做法应满足哪些要求？

129. 地震区框架梁、柱截面尺寸如何确定？

130. 地震区框架梁端、柱端、节点箍筋加密区长度内的构造要求有何规定？

131. 地震区框架柱的纵筋最小配筋率、箍筋加密区外的箍筋数量有什么规定？

132. 地震区如何加强框架与填充墙的拉结？

133. 地震区关于规则结构应符合哪些要求？

134. 框架柱的箍筋有哪些作用？为什么轴压比大的柱配箍特征值也大？如何计算体积配箍率？

135. 柱的剪跨比如何计算？为什么要限制框架梁、柱和节点区的剪压比？为什么跨高比不大于 2.5 的梁、剪跨比不大于 2 的柱的剪压比限制要严格一些？

136. 梁柱节点区的可能破坏形态是什么？如何避免节点区破坏？

137. 非地震区框架角节点、边节点、中间节点构造如何处理？

138. 框架梁、柱纵向钢筋在节点内的锚固有何要求？

139. 地震区框架边节点、角节点、中间节点纵向钢筋的构造如何处理？

140. 工程地质勘察报告一般由哪几部分内容组成？如何根据工程地质报告确定基础类型、持力层位置及施工方案？

141. 天然地基浅基础的类型主要有哪几类？各自的适用范围是什么？

142. 基础的埋置深度如何确定？

143. 如何确定地基承载力设计值？

144. 刚性基础设计应注意哪些问题？

145. 基础方案应考虑哪些影响因素？怎样避免基础不均匀沉降？

146. 地基基础有几种类型？各有什么特点？各适用于什么情况？

147. 什么叫做地基承载力的宽度和深度修正？如何修正？

148. 地基承载力验算包括哪些内容？如何进行地基承载力验算？

149. 建筑物的地基变形引起的基础沉降分为哪几种类型？框架结构受哪些地基特征变形值控制？

150. 与无筋扩展基础相比，钢筋混凝土扩展基础有什么优点？

151. 何谓基础的冲切破坏？如何验算基础的冲切破坏？

152. 不均匀沉降会造成哪些危害？如何从建筑物的布置上减轻不均匀沉降？有哪些结构措施可以减轻建筑物的不均匀沉降？

153. 连续基础与一般浅基础相比有哪些优点？其各类基础分别在什么情况下采用？

154. 如何确定现浇柱下独立基础的基础高度？底板配筋如何计算？主要构造要求有哪些？

155. 柱下阶梯形基础与锥形基础在计算上有无差别？

156. 对柱下独立基础设置混凝土垫层的目的是什么？

157. 基础梁的作用有哪些？柱下独立基础的基础梁下填回填土时应注意什么问题？

158. 对于横向框架承重体系主要受力基础梁应如何设置？基础梁伸出边柱一定距离时，对基础梁内力有什么影响？

159. 如何用倒梁法求基础梁的内力？其适用范围如何限制？

160. 常用的地基模型有哪些？简要说明各模型的适用条件。

161. 钢筋混凝土柱下条形基础的适用范围是什么？

162. 钢筋混凝土柱下条形基础的主要构造要求有哪些？其梁高一般如何确定？

163. 裙房与主体结构设沉降缝时基础的处理方法是怎样的？该处不设缝时又该采取哪些措施？

164. 什么是单桩的竖向承载力特征值？如何验算桩基的竖向承载力？

165. 单桩的水平承载力和哪些因素有关？如何确定单桩的水平承载力特征值？

166. 何种情况下应计入桩侧负摩阻力？

167. 对于桩身周围有液化土层的桩基，如何考虑其对单桩承载力的影响？

168. 何谓群桩效应？

169. 什么叫负摩阻力、中性点？怎样确定中性点的位置及负摩阻力的大小？

170. 如何确定承台的平面尺寸及厚度？承台设计时应做哪些验算？

171. 桩端进入持力层的深度有何规定，桩的有效长度与施工长度如何确定？桩的最小中心距有何限制？如何进行桩的排列？

172. 桩顶荷载效应如何计算，如何验算桩基的竖向承载力？

173. 结构施工图与建筑施工图在表达内容上有何差异？楼梯建施图与结施图在表达内容上有何区别？表达时的剖切位置可有不同？

174. 一套完整的施工图包括哪些图纸？一般各图的绘制比例为多大？

175. 各型图纸的图幅尺寸是多少？图签的具体内容有哪些？

10.3 毕业设计评分参考标准

毕业设计评分标准详见表 10-1 所示。

毕业设计评分标准　　　　　　　　　　　　　表 10-1

评分项目	分值	优秀（100～90）参考标准	良好（89～80）参考标准	中等（79～70）参考标准	及格（69～60）参考标准	不及格（60以下）参考标准	评分
调研论证	5	能独立查阅文献以及从事其他形式的调研，能较好地理解课题任务并提出实施方案，有分析整理各类信息、从中获取新知识的能力	除全部阅读教师指定的参考资料、文献外，还能阅读一些自选资料，能较好地分析整理各类信息，并提出较合理的实施方案	能阅读教师指定的参考资料、文献，能分析整理各类信息能力，有实施方案	能阅读教师指定的参考资料，有实施方案	未完成教师指定的参考资料及文献的阅读，无信息分析整理，实施方案不合理	
设计创新	5	对设计项目能深刻理解或有独到之处，有重大或独特见解	对设计项目能正确理解，有较新颖的见解	对设计项目能较正确理解，能提出自己的见解	对某些问题有一定见解	缺乏设计能力，设计理念陈旧	
设计技术水平	15	设计很合理，有很强的实际动手能力和计算机应用能力，很好地掌握了有关基础理论与专业知识	设计合理，有较强的实际动手能力和计算机应用能力，较好地掌握了有关基础理论与专业知识	设计较合理，有一定的实际动手能力和计算机应用能力，基本掌握了有关基础理论与专业知识	设计基本合理，对基础理论和专业知识基本掌握	设计不合理，实际动手能力差，基础理论和专业知识很不扎实	
设计说明书质量	25	设计说明书层次清晰，文字流畅，分析正确，计算数据准确可靠，完全符合规范化要求	设计说明书层次分明，文字流畅，理论分析正确，计算数据较准确，达到规范化要求	设计说明书层次较为分明，文理通顺，理论分析基本正确，计算数据基本准确，基本达到规范化要求	设计说明书结构基本合理，文字尚通顺，理论分析与计算无大错，勉强达到规范化要求	设计说明书结构混乱，文字表达不清，理论分析有原则性错误，计算数据不可靠，达不到规范化要求	
设计图纸质量	25	设计图纸数量齐全，图纸无错误，能正确表达设计意图，图面布置、线条、字体等完全符合制图规范要求	设计图纸数量齐全，图纸基本无错误，能较正确表达设计意图，图面布置、线条、字体等符合制图规范要求	设计图纸数量较齐全，图纸存在少量错误，能基本正确表达设计意图，图面布置、线条、字体等较好	设计图纸数量基本齐全，图纸有错误，尚能表达设计意图，图面布置、线条、字体等一般	设计图纸数量不齐全，图纸错误多，不能表达设计意图，图面布置、线条、字体等不好	
答辩情况	10	能简明扼要、重点突出地阐述毕业设计的主要内容，能准确流利地回答各种问题	能比较流利、清晰地阐述毕业设计的主要内容，能较恰当地回答与毕业设计有关的问题	基本能叙述出毕业设计的主要内容，对提出的主要问题一般能回答，无原则错误	能阐明自己的基本观点，答辩错误经提示后能作补充或进行纠正	不能阐明自己的基本观点，主要问题答不出或有原则错误，经提示后仍不能回答有关问题	

续表

评分项目	分值	优秀（100～90）参考标准	良好（89～80）参考标准	中等（79～70）参考标准	及格（69～60）参考标准	不及格（60以下）参考标准	评分
学习态度	10	学习态度认真，科学作风严谨，严格保证设计时间并按任务书中规定的进度开展各项工作	学习态度比较认真，科学作风良好，能按期圆满完成任务书规定的任务	学习态度尚好，遵守组织纪律，基本保证设计时间，按期完成各项工作	学习态度尚可，在指导教师的帮助下能按期完成任务	学习马虎，纪律涣散，工作作风不严谨，不能保证设计时间和进度	
外文翻译	5	按要求按时完成外文翻译，译文准确，质量好	按要求按时完成外文翻译，译文质量较好	按要求按时完成外文翻译，译文质量尚可	按要求按时完成外文翻译	外文翻译达不到要求	